北京市高等教育精品教材立项项目
普通高等教育能源动力类系列教材

电厂燃气轮机概论

主　编　付忠广　张　辉
参　编　徐　钢　韩振兴　钱亚杰

机械工业出版社

本书是在北京市高等教育精品教材立项项目的资助下完成的,是学习电厂燃气轮机及其联合循环发电知识的入门教材。本书内容在撰写时力求通俗易懂,突出基本知识,不对技术的细节做深入的理论推演。书中包括电厂燃气轮机技术的最新发展动态以及对其未来发展趋势的一些介绍,力求使读者能够尽快对电厂燃气轮机及其联合循环发电知识有一个系统的了解。全书共11章,包括三部分主要内容:第一部分是燃气轮机的基本原理和结构,第二部分是燃气-蒸汽联合循环发电系统与设备,第三部分是燃气轮机及燃气-蒸汽联合循环机组的运行、维护、控制和保护。

本书为普通高等院校能源动力类专业本科生教材,可供从事电厂燃气轮机及其联合循环机组安装、调试、运行、检修及管理工作的工程技术人员阅读或作为培训教材使用,也可供专业硕士等相关专业人员学习参考。

本书配有电子课件,向授课教师免费提供,需要者可登录机工教育服务网(www.cmpedu.com)下载。

图书在版编目(CIP)数据

电厂燃气轮机概论/付忠广,张辉主编. —北京:机械工业出版社,2013.8(2025.7重印)

北京市高等教育精品教材立项项目　普通高等教育能源动力类系列教材
ISBN　978-7-111-43762-8

Ⅰ.①电… Ⅱ.①付…②张… Ⅲ.①发电厂—燃气轮机—高等学校—教材　Ⅳ.①TM621.3

中国版本图书馆 CIP 数据核字(2013)第 197575 号

机械工业出版社(北京市百万庄大街22号　邮政编码100037)
策划编辑:蔡开颖　责任编辑:蔡开颖
责任校对:刘秀芝　封面设计:张　静
责任印制:刘　媛
北京富资园科技发展有限公司印刷
2025年7月第1版第7次印刷
184mm×260mm · 15.25 印张 · 374 千字
标准书号:ISBN 978-7-111-43762-8
定价:43.00 元

电话服务　　　　　　　　　网络服务
客服电话:010-88361066　　机　工　官　网:www.cmpbook.com
　　　　　010-88379833　　机　工　官　博:weibo.com/cmp1952
　　　　　010-68326294　　金　书　　网:www.golden-book.com
封底无防伪标均为盗版　　　机工教育服务网:www.cmpedu.com

前　言

在环境保护及可持续发展战略的指导下，国家正在不断地调整能源结构。由于以天然气为燃料的基于电厂燃气轮机的联合循环发电技术良好的经济性和环保性，一大批新型的联合循环电厂不断投入运行，联合循环发电技术在国内得到大力推广。电厂燃气轮机及其燃气-蒸汽联合循环在洁净煤发电技术的发展中也占有重要的地位。

发电用重型燃气轮机作为一种高技术的动力机械，在一定程度上反映了一个国家的综合国力和工业化水平。通过燃气轮机将天然气、煤气、生物质制气以及煤油、柴油、重油等气体和液体燃料的能量转化为电能或热能，是国家重要的战略举措。随着大量洁净优质的油气能源被高效率地用于电力生产，国家急需一大批掌握电厂燃气轮机及其联合循环发电技术的技术人员，以保证数量日益增长的联合循环电厂安全、经济地运行。与此同时，在教学上急需编写一部与教学需求相适应的教学参考书，特别是电厂燃气轮机的入门教材，更是专业教学所迫切需要的。为适应教学的需要，编者在北京市高等教育精品教材立项重点项目的资助下编写完成了本书。

燃气轮机涉及燃烧学、空气动力学、热力学和传热学等学科，还涉及材料、强度、振动、转子动力学和自动控制等理论。目前国内介绍燃气轮机的书籍，大多选取燃气轮机内容的几个部分作重点介绍，比如侧重航空方面，侧重新技术方面，侧重热力循环方面；也有分几册全面介绍燃气轮机内容的。本书定位为入门教材，内容撰写力求通俗易懂，突出最重要的基本知识，不对技术的细节作深入的理论推演。既对燃气轮机相关内容作广泛的介绍，又注重与同类部件间的对比，比如地面燃气轮机与航空燃气轮机、涡轮机与压气机等内容的对比，使读者既学到了燃气轮机的知识，又能够与其他相关内容相联系，举一反三。

全书共11章，包括三个主要部分：第一部分（第1～5章）为燃气轮机的基本原理和结构，第二部分（第6～8章）为燃气-蒸汽联合循环发电系统与设备，第三部分（第9～11章）为燃气轮机及燃气-蒸汽联合循环机组的运行、维护、控制和保护。

第1、2章对燃气轮机作了简要的介绍，并讲述了燃气轮机及燃气-蒸汽联合循环的热力学原理。

第3～5章分别介绍了电厂燃气轮机三大组件：压气机、燃烧室和涡轮机的工作原理和基本结构特征。

第6～8章在对燃气-蒸汽联合循环基本情况进行说明的基础上，重点介绍了常规燃气-蒸汽联合循环系统和设备以及几种燃煤联合循环。

第9章介绍了燃气轮机的控制调节原理，重点介绍了GE的MARK VI控制系统。

第10章介绍了燃气轮机的保护系统。

第11章先介绍了燃气轮机的几个辅助系统，然后介绍了燃气轮机的运行、维护和常见故障知识。

本书第1、2章由付忠广、张辉编写；第3～5章主要由张辉编写；第6～8章主要由徐钢编写，其中第7章第3节的主要内容由韩振兴编写；第9～11章主要由韩振兴编写；钱亚杰为全书提供了重要的图片和数据资料。

全书由付忠广教授统稿，张辉对全书内容进行了编排和整理。

在本书编写过程中，编者参阅了多台燃气轮机的产品说明书、座谈报告、授课课件等。在此对给予编者帮助的各位同仁深表谢意。

由于编者水平和能力有限，错误和不当之处在所难免，恳请读者批评指正。

编　者

目 录

前言
第1章 绪论 ……………………………… 1
  1.1 燃气轮机的工作原理 …………… 1
  1.2 燃气轮机的主要应用 …………… 3
  1.3 世界主要燃气轮机厂商介绍 …… 4
  1.4 燃气-蒸汽联合循环 ……………… 5
  1.5 燃气-蒸汽联合循环发电
      装置在国内外的发展情况 ……… 9
  复习思考题 …………………………… 12
第2章 燃气轮机的热力过程 …………… 13
  2.1 基本热力学知识 ………………… 13
  2.2 燃气轮机基本的热力过程 ……… 15
    2.2.1 电站燃气轮机基本的热力
          过程 ……………………… 15
    2.2.2 环境参数变化对燃气轮机
          性能的影响 ……………… 19
    2.2.3 航空燃气轮机基本的
          热力过程 ………………… 21
  2.3 燃气复杂循环 …………………… 23
  2.4 燃气注蒸汽循环 ………………… 25
  2.5 燃气-蒸汽联合循环的多种形式 … 26
  复习思考题 …………………………… 26
第3章 压气机 …………………………… 27
  3.1 压气机的增压原理 ……………… 27
  3.2 单级压气机性能及影响因素 …… 29
  3.3 压气机非稳定工作特性 ………… 31
  3.4 多级轴流压气机工作特性 ……… 32
  3.5 压气机的防喘措施机理 ………… 34
  3.6 压气机结构特点 ………………… 34
  3.7 各燃气轮机厂商压气机技术特点 … 38
  复习思考题 …………………………… 39
第4章 燃烧室 …………………………… 40
  4.1 燃烧的基本知识 ………………… 40
    4.1.1 燃烧基本原理 …………… 40
    4.1.2 气体燃料燃烧 …………… 41
    4.1.3 液体燃料燃烧 …………… 42
  4.2 燃烧室的燃烧组织 ……………… 43
  4.3 低污染燃烧 ……………………… 47
  4.4 主要燃气轮机厂商燃烧室
      技术特点 ………………………… 49
  复习思考题 …………………………… 52
第5章 涡轮机 …………………………… 53
  5.1 涡轮机工作原理 ………………… 53
  5.2 涡轮机性能特点 ………………… 54
  5.3 涡轮机与压气机的协调 ………… 56
  5.4 涡轮机的结构 …………………… 57
  5.5 涡轮机热保护 …………………… 58
    5.5.1 冷却介质和冷却方式 …… 59
    5.5.2 涡轮机冷却结构布置 …… 60
    5.5.3 涡轮机叶片腐蚀、氧化及
          保护 ……………………… 61
  复习思考题 …………………………… 61
第6章 多种形式的燃气-蒸汽
      联合循环 ……………………… 62
  6.1 常规联合循环 …………………… 62
    6.1.1 无补燃的余热锅炉型
          联合循环 ………………… 62
    6.1.2 补燃的余热锅炉型联合循环 … 63
    6.1.3 增压锅炉型联合循环 …… 63
    6.1.4 排气助燃型联合循环 …… 64
    6.1.5 给水加热型联合循环 …… 64
  6.2 燃煤联合循环 …………………… 65
    6.2.1 整体煤气化联合循环 …… 65
    6.2.2 增压流化床燃煤
          联合循环 ………………… 66
    6.2.3 常压流化床燃煤
          联合循环 ………………… 66
  6.3 新型联合循环 …………………… 67
    6.3.1 注蒸汽燃气轮机联合循环 … 67
    6.3.2 湿空气涡轮机联合循环 … 68
    6.3.3 以卡琳娜循环为底循环的
          联合循环 ………………… 69
    6.3.4 氢氧联合循环 …………… 69
  复习思考题 …………………………… 70

第7章 常规燃气-蒸汽联合循环发电系统及设备 ………………… 71
- 7.1 联合循环中燃气轮机的特点 ……… 71
- 7.2 燃气-蒸汽联合循环的蒸汽系统 …… 72
  - 7.2.1 联合循环中蒸汽系统的构成及特点 ………………… 72
  - 7.2.2 联合循环中的余热锅炉 …… 74
  - 7.2.3 联合循环中的汽轮机 ……… 79
  - 7.2.4 联合循环中蒸汽系统设计的主要约束条件 …………… 80
- 7.3 燃气-蒸汽联合循环的主要辅助系统与设备 …………………… 82
  - 7.3.1 联合循环装置的轴系配置与总体布置 ……………… 82
  - 7.3.2 燃气轮机主要辅助系统概述 … 84
  - 7.3.3 燃气轮机主要辅助系统与设备 … 84
- 7.4 联合循环系统的热力性能 ………… 102
  - 7.4.1 联合循环热力性能参数的计算与分析 …………… 102
  - 7.4.2 主要设计参数对联合循环性能的影响 ……………… 105
- 7.5 燃气轮机的变工况 ……………… 107
  - 7.5.1 单轴燃气轮机的变工况性能 … 109
  - 7.5.2 燃气轮机带动发电机时的性能 … 110
- 7.6 部件性能恶化与进排气压力损失对机组性能的影响 …………… 110
  - 7.6.1 压气机叶片积垢或磨损的影响 …………………… 111
  - 7.6.2 涡轮机叶片积垢或磨损对性能的影响 ……………… 111
  - 7.6.3 进排气压力损失变化对性能的影响 ……………… 112
- 复习思考题 …………………………… 113

第8章 燃煤联合循环发电系统 ……………… 114
- 8.1 整体煤气化联合循环（IGCC）系统 …………………………… 114
  - 8.1.1 整体煤气化联合循环（IGCC）系统概述 ……………… 114
  - 8.1.2 典型 IGCC 热力系统方案概念性设计 ……………… 117
  - 8.1.3 典型 IGCC 电站运行情况 … 119
  - 8.1.4 IGCC 未来的发展趋势 …… 121
- 8.2 增压流化床联合循环系统 ………… 122
  - 8.2.1 增压流化床联合循环系统概述 …………………… 122
  - 8.2.2 第一代增压流化床联合循环系统 ………………… 124
  - 8.2.3 第二代增压流化床联合循环系统 ………………… 128
- 8.3 常压流化床联合循环系统 ………… 129
- 8.4 其他燃煤联合循环系统 …………… 130
  - 8.4.1 直接燃煤燃气轮机联合循环系统 ………………… 130
  - 8.4.2 外燃式燃煤联合循环系统 … 131
  - 8.4.3 整体煤气化燃料电池联合循环系统 ……………… 131
  - 8.4.4 燃煤的磁流体发电联合循环 … 132
- 复习思考题 …………………………… 133

第9章 燃气轮机组调节与控制系统 …………………………… 135
- 9.1 燃气轮机发电机组调节基础 ……… 135
  - 9.1.1 转速自动调节系统 ………… 135
  - 9.1.2 速度调节系统静态特性 …… 140
  - 9.1.3 调节系统动态特性及过渡过程 …………………… 144
- 9.2 燃气轮机控制系统 Mark Ⅵ ……… 147
  - 9.2.1 Mark Ⅵ 系统组成及特点 … 148
  - 9.2.2 燃气轮机主控系统 ………… 149
  - 9.2.3 燃气轮机顺序控制系统 …… 165
  - 9.2.4 进口导叶（IGV）的控制 … 170
  - 9.2.5 压气机入口抽气加热控制 … 174
  - 9.2.6 燃料控制系统 ……………… 176
- 9.3 燃气轮机控制系统 DIASYS Netmation 简介 ………………… 183
- 9.4 燃气轮机控制系统 TELEPERM XP 简介 ……………………… 185
- 复习思考题 …………………………… 187

第10章 燃气轮机保护系统 …………… 188
- 10.1 通用燃气轮机保护系统 …………… 188
  - 10.1.1 超速保护 …………………… 188
  - 10.1.2 超温保护 …………………… 191
  - 10.1.3 熄火保护 …………………… 193
  - 10.1.4 燃烧监测保护 ……………… 194
  - 10.1.5 振动保护 …………………… 198

10.1.6 液压遮断油系统⋯⋯⋯⋯ 202
10.2 三菱公司燃气轮机保护
系统简介⋯⋯⋯⋯⋯⋯⋯⋯ 205
10.3 西门子公司燃气轮机保
护系统简介⋯⋯⋯⋯⋯⋯⋯ 207
复习思考题⋯⋯⋯⋯⋯⋯⋯⋯⋯ 208

第11章 燃气轮机组的运行与维护⋯ 209
11.1 燃气轮机起动⋯⋯⋯⋯⋯⋯ 209
11.1.1 正常的起动过程⋯⋯⋯⋯ 209
11.1.2 并网、带负荷⋯⋯⋯⋯⋯ 210
11.1.3 快速起动和快速加载起动⋯ 211
11.1.4 起动过程中的参数变化⋯ 212
11.2 燃气轮机发电设备的运行监视⋯ 213
11.3 燃气轮机的停运⋯⋯⋯⋯⋯ 214
11.3.1 正常停机⋯⋯⋯⋯⋯⋯ 215
11.3.2 冷拖停机⋯⋯⋯⋯⋯⋯ 215
11.3.3 手动紧急停机⋯⋯⋯⋯⋯ 216
11.3.4 冷机⋯⋯⋯⋯⋯⋯⋯⋯ 216
11.4 燃气轮机日常检查与维护⋯ 216
11.4.1 日常检查项目⋯⋯⋯⋯⋯ 216
11.4.2 燃气轮机的清洗⋯⋯⋯⋯ 217
11.5 燃气轮机的内部孔窥检查⋯ 220
11.6 燃气轮机发电设备的检修⋯ 221
11.6.1 燃气轮机检修范围划分⋯ 221
11.6.2 燃气轮机检修周期⋯⋯⋯ 223
11.7 联合循环发电设备运行事故⋯ 226
11.7.1 燃气轮机故障、事故处理
原则⋯⋯⋯⋯⋯⋯⋯⋯ 226
11.7.2 燃气轮机的运行故障、典型
事故及处理⋯⋯⋯⋯⋯⋯ 227
复习思考题⋯⋯⋯⋯⋯⋯⋯⋯⋯ 234

参考文献 ⋯⋯⋯⋯⋯⋯⋯⋯⋯⋯⋯ 235

第1章 绪　　论

本章主要介绍以下几方面内容：①燃气轮机的工作原理以及与其他动力装置的区别和联系；②燃气轮机的主要应用；③世界主要燃气轮机厂商介绍；④燃气-蒸汽联合循环及其发电装置在国内外的发展情况。

1.1 燃气轮机的工作原理

燃气轮机是一种将热能转化为机械功的动力装置。从热力学的角度看，燃气轮机与蒸汽机、内燃机、汽轮机十分类似，都是利用高压、高温工质的焓降输出有用的机械功。这四类装置的主要区别体现在形成工质高压、高温状态的方式，以及利用工质焓降的形式两个方面。

气体工质的高压状态由两种方式产生。第一种方式是通过相变，即将液态工质加热并限制其体积，从而产生高压，蒸汽机、汽轮机工质的高压状态，即由这种方式产生；第二种方式是通过对气体做功产生高压，内燃机和燃气轮机工质的高压状态由这种方式产生。气体做功增压的形式有两种，如图1-1所示。燃气轮机中采用的是旋转式压缩，气体通过连续旋转的叶轮实现增压；内燃机中采用的是往复式压缩，气体的压缩过程不是连续的。与气体工质增压做功相类似，高温、高压气态工质的膨胀也有旋转式和往复式两种形式，燃气轮机中这一个膨胀过程也是通过连续旋转的叶轮实现的，而内燃机中的膨胀过程则是与气体的增压过程组合在一起，周期性地实现一个热力过程。

表1-1给出了上述四种动力装置的比较，较高的压力是这些动力装置对外输出机械功的关键，特别是动力输出过程中压力的变化，在某种程度上决定了对外输出功率的水平。图1-2所示为电厂燃气轮机基本工作原理图。其动力输出采用涡轮机，增压部分由压气机完成，压气机与涡轮机共轴并由涡轮机带动，工质升温部分由燃烧室完成。由于蒸汽机和内燃机是通过活塞在气缸中往复移动实现对工质做功，其做功间歇及单缸容积较小两个因素限制了蒸汽机和内燃机的大功率输出。与其相比，汽轮机和燃气轮机则可以实现较大功率设计。汽轮机的入口压力较高而出口压力较低，且压降较大，故而功率可有较大输出。燃气轮机与汽轮机相比，其入口端温度高，而压力低，且出口端压力较高，导致其单机最大功率不如汽轮机大。

表1-1 四种动力装置的比较

	蒸汽机	内燃机	汽轮机	燃气轮机
工质	水蒸气	燃气	水蒸气	燃气
压力水平①	10MPa	8.5～14MPa	15～30MPa	30压比
温度水平②	450℃	1800℃	600℃	1400℃
功率水平	3kW～18MW	13kW～4MW	500MW～1000MW	10kW～300MW
高压产生原理	活塞压缩	活塞压缩	汽包	压气机
高温产生	锅炉加热	燃料燃烧	锅炉加热	燃料燃烧
设备运动形式	往复	往复	旋转	旋转

① 目前工业使用的较高压力值。
② 目前工业使用的较高温度值。

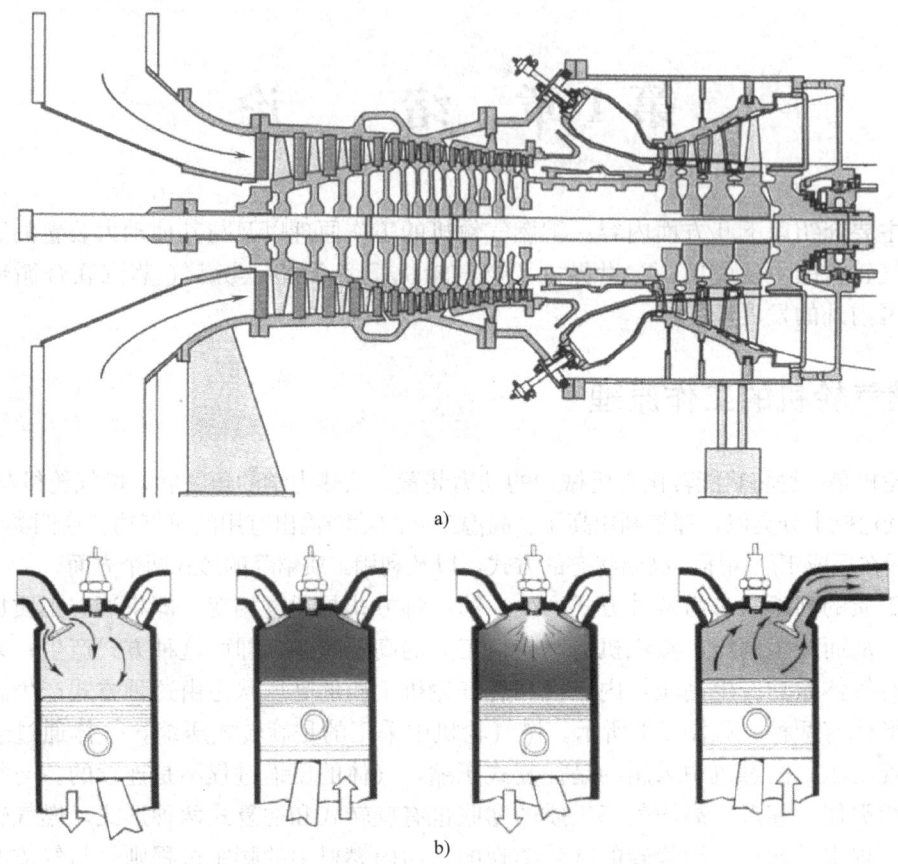

图 1-1 旋转式与往复式动力机械的差异[1]
a) 旋转式动力机械 b) 往复式动力机械

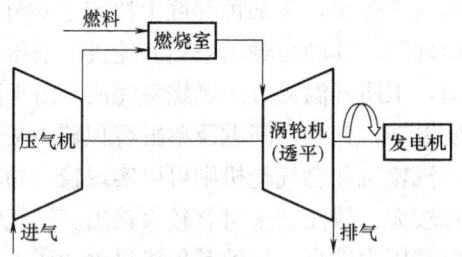

图 1-2 电厂燃气轮机基本工作原理图

表 1-1 中所列的内燃机和燃气轮机结构紧凑，整体可以移动，整个系统的重量较轻。其主要的原因有两个：一是内燃机和燃气轮机均是以空气为工质的开式系统，即从大气中引入空气，再将气体排入大气。而蒸汽机和汽轮机以水为工质，需要较多的辅助设备实现水的循环。另一个原因是表 1-1 中所列的动力装置，都有一个对工质升温增压的过程，内燃机和燃气轮机采用做功和燃料直接燃烧的办法对工质升温增压，而蒸汽机和汽轮机则采用对水加压和相变加热的办法实现，水的相变过程需要利用较多的管束，这就显著增加了系统的复杂性和重量。在四种动力装置中，蒸汽机和汽轮机多使用煤燃料，内燃机和燃气轮机则使用天然气及液体燃料，故而污染物的排放也有所差异。

1.2 燃气轮机的主要应用

从燃气轮机的工作原理可以看出，高温、高压的燃气膨胀可以输出转矩来驱动发电机，也可以将高焓值的燃气通过喷管高速向后喷出，产生向前的推力，从而将燃气轮机作为航空器的动力装置使用。图1-3所示为不同用途的燃气轮机示意图。图1-3a所示为电厂用燃气轮机，其发电机与压气机和涡轮机共轴，发电机和压气机的驱动力矩都由涡轮机来提供，力矩分配一般是压气机约为发电机的2倍，发电机也可接于涡轮机后面。图1-3b所示为螺桨类航空燃气轮机，它与电厂用燃气轮机十分相似，螺旋桨叶在燃气轮机外部，通过高速旋转驱动气流向后流动，从而产生推力，作为飞行器的动力。图1-3c所示为典型的喷气类燃气轮机，涡轮机输出的力矩全部用于压气机的增压，燃气的剩余焓值将全部用于产生高速的向后气流。图1-3d所示为用于非恒速负载的燃气轮机，由于其所带负载要求转速随负载变化而变化，为了保证燃气轮机压气机、涡轮机的稳定工作，需要独立出动力涡轮机，且动力涡轮机不与压气机共轴，其转速可以随负载的变化而变化，而前面压气机轴的转速可以保持不变，从而保证燃气轮机整体的稳定工作。

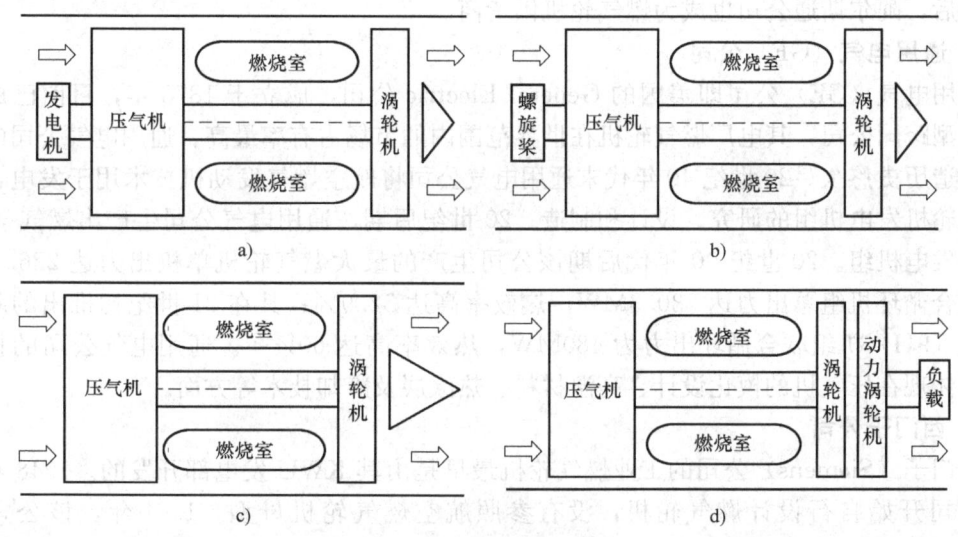

图 1-3 不同用途燃气轮机示意图
a) 电厂类 b) 螺桨类 c) 喷气类 d) 动力涡轮类

不同尺寸、类型的燃气轮机输出功率为 $10kW \sim 300MW$，大的功率输出范围使燃气轮机可以应用在很多需要动力装置的设备上，其主要的应用类型有驱动类和推力类两种。

首先，在航空航天领域，主要应用图1-3b和图1-3c所示的类型，兼有驱动和推力两种应用类型。可以说是燃气轮机开启了飞机动力的新时代，使飞机由活塞式发动机过渡到喷气式发动机，飞机飞行速度也由原来的亚音速飞跃到超音速。由于燃气轮机技术在航空领域发展速度最快，航空燃气轮机技术的运用已成为其他领域燃气轮机技术发展的捷径。

其次，在电力领域，主要应用图1-3a所示的类型。目前，中国的电厂中以汽轮机作为发电动力装置的占主体地位，包括燃煤的火电厂及核电厂。进入21世纪后，随着人们对环境保护问题的日益关注，燃气-蒸汽联合循环电厂发展迅速。从机组发电功率的输出水平来看，单台燃气轮机的输出功率在 250MW 左右，燃气-蒸汽联合循环整体的输出功率在 400MW 左右，这与目前 1000MW 的汽轮机相比有一定差距，但可以采用 2～4 台燃气轮机组合，以输出较大的功率。

驱动类型的燃气轮机除了用于电厂外，也可以作为发动机用于机车、汽车、坦克等地面运输机械和舰船驱动，但存在传动减速、倒车和起动转矩三个问题；还可以作为大型泵与风机的动力，在能源、石油、化工等领域也有重要的应用。读者可通过阅读相关文件资料进一步了解燃气轮机在航空航天、电力、能源、交通等领域的应用情况。

1.3 世界主要燃气轮机厂商介绍

世界范围内最早拥有自主燃气轮机技术体系的四个代表性厂商为通用电气（GE）公司、西屋（Westinghouse）公司、西门子（Siemens）公司和布朗勃法瑞（ABB）公司。目前西门子公司和西屋公司合并在一起，但各自拥有自主燃气轮机产品；原生产西屋公司燃气轮机的日本三菱重工经发展已成为燃气轮机的一大供货商；ABB 公司被阿尔斯通（Alstom）公司收购后，阿尔斯通公司也成为燃气轮机供货商。

1. 通用电气（GE）公司

通用电气（GE）公司即美国的 General Electric 公司，成立于 1878 年，目前已成为一个特大型跨国公司，其电厂燃气轮机在世界范围内的市场占有率最高。通用电气公司的燃气轮机制造历史悠久。20 世纪 40 年代末通用电气公司将航空燃气发动机技术用于发电，开始了燃气轮机发电机组的研究、设计和制造。20 世纪后期，通用电气公司生产出燃气-蒸汽联合循环发电机组。20 世纪 90 年代后期该公司生产的最大燃气轮机单机出力达 226.5MW，单轴联合循环机组总出力达 330.3MW，热效率高达 52.9%；其在 21 世纪初推出的新型燃气轮机（9H）机组联合循环出力为 480MW，热效率高达 60%[2]。通用电气公司的技术特点主要体现在压气机的模化设计、高温材料、热涂层及冷却技术等方面。

2. 西门子公司

西门子（Siemens）公司的工业燃气轮机最早是由其 KWU 发电部开发的。1948 年，西门子公司开始自行设计燃气轮机，没有参照航空燃气轮机母型。1961 年，该公司投运 25MW 燃气轮机，并于 1984 年使用 114MW 的 V94.2 型燃气轮机组成 750MW 的完全补燃型联合循环机组。1998 年，西门子公司收购西屋（Westinghouse）公司的发电事业部（PG-BU）成立西门子-西屋（Siemens-Westinghouse）动力公司（SWPC）。西屋公司于 1886 年由 G. 威斯汀豪斯在美国宾夕法尼亚州创立，其主要业务领域涉及发电设备、输变电设备、用电设备和电控制设备、电子产品等。

3. 阿尔斯通公司

阿尔斯通（Alstom）公司燃气轮机的技术实际上来源于 ABB 公司。1999 年，阿尔斯通公司将自己原有的重型燃气轮机业务出售给通用电气（GE）公司，与 ABB 公司合资成立了 ABB-Alstom 公司。2000 年，阿尔斯通收购了 ABB 的股份，成立 Alstom 电力部。ABB 由两个 100 多年历史的国际性企业——瑞典的阿西亚公司（ASEA）和瑞士的布朗勃法瑞公司（BBC，Brown Boveri），于 1988 年合并而成，两家公司分别成立于 1883 年和 1891 年。因而目前阿尔斯通的燃气轮机继承的是 BBC 的技术。BBC 公司于 1939 年投运了世界首台燃气轮机，于 1948 年研制成功第一台双轴有再热的燃气轮机，并于 1956 年投运首台燃气-蒸汽联合循环机组。1996 年研制成 GT24（60Hz）和 GT26（50Hz）再热式燃气轮机。

4. 三菱公司

三菱（即三菱重工，MIT；Mitsubishi Heavy Industries）公司在 20 世纪 60 年代引进了西屋（Westinghouse）公司的燃气轮机技术，并在此基础上进行了联合开发及自主开发，发展很快。1963 年，三菱公司生产出第一台 M171 型燃气轮机。1986 年，第一台三菱公司自行独立设计的 MF111 型燃气轮机投用。1998 年，西屋公司被西门子公司收购后，三菱公司与西屋公司的合作终止。1999 年的时候三菱公司推出了自己的燃气轮机产品 M701G。

1.4 燃气-蒸汽联合循环

1. 燃气-蒸汽联合循环原理

常见的热机循环多为简单循环，且大多采用一种工质。由于所采用工质的性质和金属材料耐温性等的限制，热机只能局限于狭窄的温度区间内工作，因而热功转换的效率比较低。

随着技术的不断进步，目前发电用的燃气轮机循环（布雷顿循环）燃气初温普遍可达 1300℃以上（F 级重型燃气轮机）。最新技术的先进发电燃气轮机的初温则可达 1430℃（H 级重型燃气轮机）。这些重型燃气轮机的排气温度也很高，且燃气工质的流量很大，致使大量热能随排气进入大气而损失掉，进而导致单独燃气轮机循环的热效率并不高（一般在 35%～45%）。而另一种发电系统常用的热力循环——朗肯循环（汽轮机循环）的排汽温度则可以低到接近大气温度，但由于设备受到材料限制，蒸汽初温不能很高（550～650℃），因而其热效率的提高也受到很大限制（一般在 35%～45%）。若将具有不同工作温度区间的上述两种热机循环联合起来，互为补充，即利用高温循环热机的排热作为低温循环的热源，就有望大幅降低总的排热损失，进而提高整体循环效率，这种联合装置叫燃气-蒸汽联合循环。

大型燃气轮机出口排气温度达 400～650℃，与一般汽轮机的进汽温度相当。且燃气轮机的排气量高达 600kg/s，这样高热容量的排气可以用来加热水，使其在一定程度上扮演燃煤火电厂中锅炉的角色。最后产生的过热蒸汽则可以驱动汽轮机旋转对外做功。这种形式的发电系统就是当前普遍应用的燃气-蒸汽联合循环。余热锅炉在该系统中相当于换热器，水在余热锅炉里与燃气轮机排气换热后成为过热蒸汽。

与常规燃煤电厂相比，燃气-蒸汽联合循环电厂最大的优势在于使用了更为清洁的气体燃料（也包含液体燃料），对环境污染小，而且燃气轮机不需要大量的冷却水，联合循环的耗水量在一般情况下仅相当于同容量火电厂的 1/3 左右[3]。其次，燃气-蒸汽联合循环机组启停快捷，调峰性能好。例如，燃气轮机可以实现 20min 内从起动到满负荷，联合循环机组可实现 60min 内满负荷运行。另外，联合循环电厂占地少、建厂周期短、自动化程度高、运行人员少。

2. 联合循环机组的基本结构

联合循环机组的热力原理图和基本结构如图 1-4 所示。燃气-蒸汽联合循环机组主要由燃气轮机、余热锅炉、汽轮机以及相应的辅机系统组成。下面将分别进行介绍。

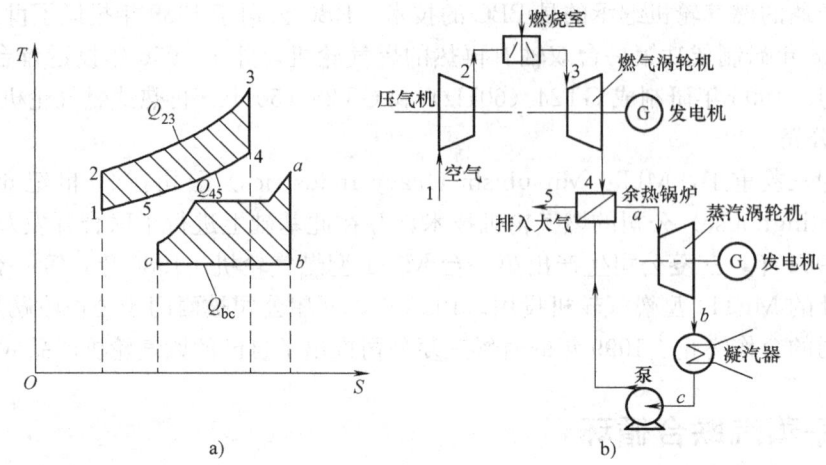

图 1-4 燃气-蒸汽联合循环机组的热力原理及基本结构
a) 热力原理图　b) 基本结构图

（1）燃气轮机　燃气轮机是以空气和燃气为工质的热机，一般由压气机、燃烧室和涡轮机三大部件组成。压气机的作用是提高工质的压力；燃烧室的作用是提高工质的温度，将燃料的化学能转换为工质的热能；涡轮机的作用是通过工质的膨胀将其热能转换为机械功。燃气轮机中的压气机是由涡轮机直接驱动的，涡轮机产生的机械功在抵消掉压气机的耗功之后才能带动发电机产生电能。

（2）余热锅炉（HRSG）　余热锅炉（HRSG：Heat Recovery Steam Generator）是利用工业生产过程中余热产生蒸汽的设备。燃气-蒸汽联合循环中的余热锅炉是联合循环电厂中的关键设备之一，它处于燃气循环和蒸汽循环的交接点上，接受燃气轮机的排气余热，并产生汽轮机所需的蒸汽；由于余热锅炉与燃气轮机、汽轮机的联系密切，所以其性能在很大程度上受这些设备的影响，同时也在很大程度上影响这些设备。

（3）汽轮机　联合循环机组所用的汽轮机与常规电站所用的汽轮机相比，其基本原理和工作过程与常规电站汽轮机相同，但在设计和运行方面存在着较大的不同。其主要特点为：全变压、无抽汽和增设补汽。此外，联合循环汽轮机的末级叶片长度较常规电站汽轮机有所加长，对汽轮机的制造水平提出了更高的要求。

（4）主要辅助设备和系统　余热锅炉型联合循环机组需配备的辅助设备和系统一般有起动装置、润滑油系统、燃料系统、冷却水系统、进气系统，以及通流部分清洗设备、离合器等。

3. 燃气-蒸汽联合循环发电机组配置方式

联合循环机组由燃气轮机、余热锅炉、汽轮机、发电机组成。其中，燃气轮机和汽轮机是两个动力输出设备，它们与发电机的连接方式在实际使用中可有多种形式。

（1）单轴布置　单轴布置是指一台燃气轮机、一台汽轮机、一台发电机，三体一轴的形式。单轴布置具体分为四种情况，其关键区别在于发电机是中置还是偏置，以及燃气轮机是冷端输出功率还是热端输出功率。所谓发电机中置是指发电机轴向位置在燃气轮机和汽轮机中间（见图 1-5a），而发电机在一侧则为发电机偏置（见图 1-5b）。

发电机中置是被大家所推崇的一种形式，其主要特点是发电机和汽轮机之间可安装同步离合器，能够大大提高电厂运行灵活性（见图 1-6）。由于离合器的采用，在起动过程中，燃

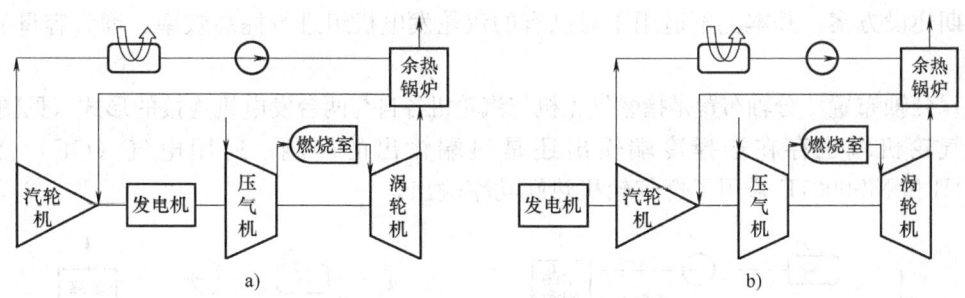

图 1-5 单轴联合循环系统示意图
a）发电机中置 b）发电机偏置

气轮机可以先按简单循环方式起动和运行。汽轮机处于脱开状态，一旦汽轮机转速升至额定转速，离合器就自动同步燃气轮发电机和汽轮机；在汽轮机停运的时候，也可以单独启运燃气轮机，即以燃气轮机简单循环进行工作。此外，发电机中置的结构也使得汽轮机排汽可轴向输出，与径向输出相比，其损失可以减少。发电机中置的缺点是在检修时无法轴向抽取发电机转子，给检修工作带来不便。

燃气轮机冷端输出是指从压气机端接入汽轮机或发电机轴（见图1-5a），而热端输出是指从涡轮机端接入汽轮机或发电机轴。目前，燃气轮机的功率输出多采用冷端输出的方式，其主要的考虑是压气机冷

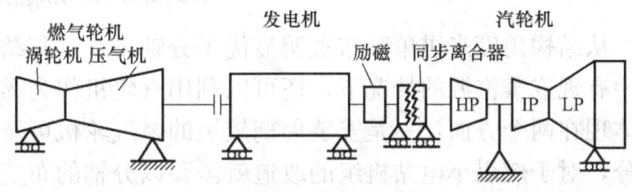

图 1-6 发电机中置连接结构示意图

端温度较低，冷、热态间的轴向移动位移可以较小，同时涡轮机排气也是轴向输出的，排气损失较小。

单轴布置只有一台发电机及相关的输变电设备，余热锅炉一般不需加装旁通烟囱和挡板，辅助设施（如冷却水系统）可以统一布置，使控制系统的运行和维护简化、布置紧凑、厂房面积减小、土建成本降低，且整个电厂紧凑高效，电站投资较低（见图1-7）。因而单轴布置近年来被迅速推广应用，特别是在新一代大功率联合循环中广泛采用单轴机组。单轴布置的不足之处是不能采用前期安装简单循环的燃气轮机先行投入运行，后期按需增加蒸汽循

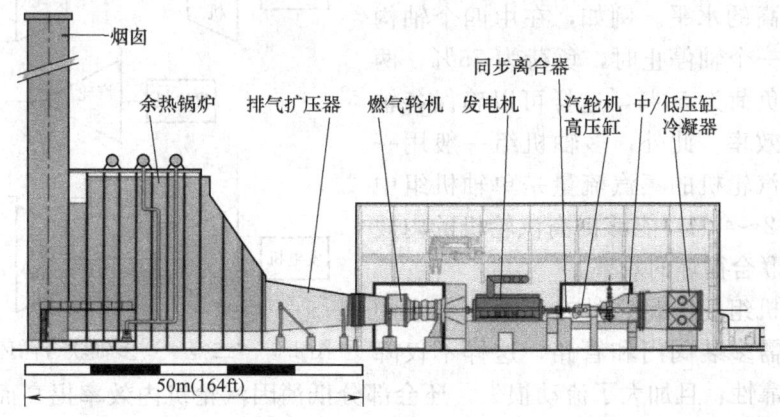

图 1-7 单轴联合循环电厂厂房布置示意图

环的分期建设方案，基本上不适用于对已有的汽轮发电机组进行提高效率、增大容量的技术改造。

（2）分轴布置　分轴布置是指燃气轮机与汽轮机各自与两台发电机连接的形式（见图1-8），其中燃气轮机端也存在选择冷端输出还是热端输出的问题。通用电气（GE）公司的MS6001B和MS9001E采用了燃气轮机热端功率输出。

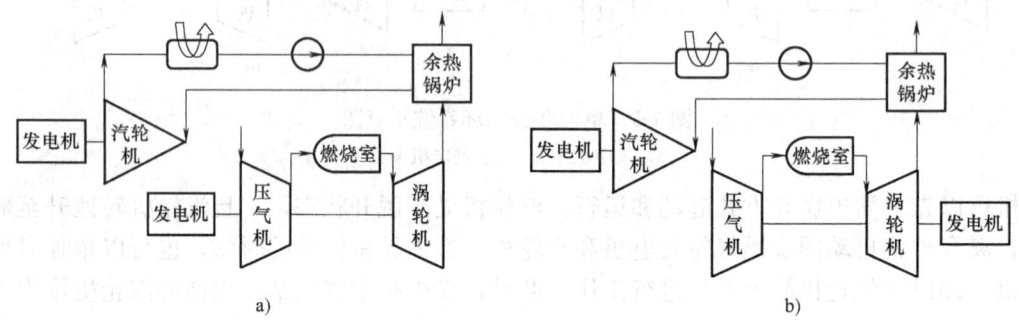

图1-8　分轴联合循环系统示意图
a）冷端输出　b）热端输出

从结构角度来讲单轴布置明显优于分轴布置，其结构紧凑，相关部件少，成本低。在电站中有现成蒸汽源的情况下，还可以利用汽轮机作为燃气轮机的起动机。分轴布置的优势主要体现在两个方面：一是安装周期较短的燃气轮机可及早投产运行，而后逐步建成蒸汽循环部分，对于燃煤小电站机组的改造就需要以分轴的布置方式进行；二是分轴布置方式设备的检修较单轴的便利。

（3）多轴布置　多轴布置是指两台或多台燃气轮机排气所产生的蒸汽汇集到一起，共同驱动一台汽轮机的布置形式，也被简单地称为"二拖一"或"多拖一"方式。上面所述单轴和分轴布置形式也可被称为"一拖一"方式。图1-9所示为"二拖一"多轴联合循环系统示意图，即两台燃气轮机的排气经各自的余热锅炉所产生的蒸汽供给一台汽轮机。

多轴布置结构中，各个轴可以单独运行。所以某一个轴停运时，其他轴可以在额定负荷下运行，使机组整体在部分负荷运行时的效率能够保持在较高的水平。例如，在由四个轴构成的机组中，一个轴停止时，负荷为75%，两个轴停止时，负荷为50%，这样可以确保各轴额定状态下的效率。此外，多轴机组一般用一台汽轮机，该汽轮机的蒸汽流量是单轴机组中单台汽轮机的2～4倍，能够提高汽轮机的内效率，从而提高联合循环的效率。

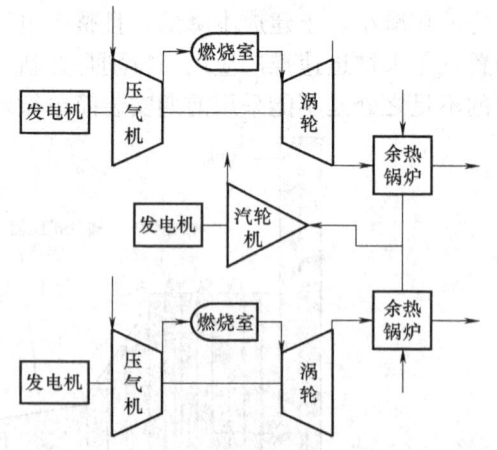

图1-9　"二拖一"多轴联合循环系统示意图

多轴布置机组的不足之处在于蒸汽和水的管路复杂化，需多装阀门和管路，这样不仅降低了运行的可靠性，且加大了流动损失，还会部分抵消因汽轮机内效率提高而带来的好处。从运行方面来看，多轴布置会使机组操作复杂化。

多轴联合循环机组中燃气轮机、余热锅炉、汽轮机和发电机的相互布局关系不仅会影响联合循环电站的总体布置和投资费用，而且还会影响联合循环装置的运行性能。因此，在场地允许、技术经济比较合理的情况下，联合循环机组的布置应力求紧凑、对称，尽量减少主蒸汽管道的长度。

1.5 燃气-蒸汽联合循环发电装置在国内外的发展情况

燃气-蒸汽联合循环是从20世纪40年代开始登上电力工业舞台的。1949年世界首套燃气-蒸汽联合循环机组投入运行。该机组安装在美国奥克拉何马州阿尔杜·黑依电厂，是利用燃气轮机排气加热锅炉给水，燃气初温为760℃，功率为3.5MW，锅炉给水由65℃加热到148℃，涡轮机排气由415℃降至171℃。由于各种因素的限制，20世纪80年代之前建设的联合循环电厂，机组容量小、热效率比较低，在电力系统中只能作为紧急备用电源和调峰机组使用，并没有得到太多的应用。

20世纪80年代以后，燃气轮机的初温提高到1100～1288℃，排气温度达500～600℃，这使联合循环发电效率超过50%，明显超过了当时的大型煤电机组发电效率。再加上世界范围内天然气资源的进一步开发，使得燃气轮机及其联合循环装置得到迅猛发展。其在世界电力工业中的地位也不断升高，不仅可以作为紧急备用电源和调峰机组使用，而且大量被用作基本负荷电站。20世纪末与本世纪初，联合循环机组技术又出现大飞跃，各公司相继推出了先进的大功率、高效率的燃气轮机系列及联合循环机组，燃气初温超过1300℃，联合循环效率可达55%～58%，400～1000MW级单轴或双轴联合循环装置批量投入商业运行。近期，新一代的H级燃气轮机及其联合循环投入运行，其燃气轮机初温高达1430℃，相应的联合循环效率达到60%、单机容量达到480MW、各种污染物排放量极低，呈现出更强的竞争力和广阔的发展前景。现在，燃气-蒸汽联合循环在电力系统中的地位也发生明显变化，在世界发电容量中所占份额快速增长。目前，全世界每年新增的发电容量中，有35%以上采用燃气-蒸汽联合循环机组，而美国更是高达48%，在新增的发电设备总装机容量中，联合循环发电装置将超过常规火电站，占电力发展的主导地位。表1-2为目前世界商业应用的典型联合循环燃气轮机型号与性能参数。

表1-2　目前世界商业应用的联合循环燃气轮机主要型号与性能参数

厂家	型号	功率/MW	效率(%)	压比	燃气初温/℃	排气温度/℃	排气流量/(kg/s)
通用电气	PG9001H	292	39.5	23	1430	595	702.6
	PG9351FA	255.6	36.9	15.4	1327	609	624
	PG9231EC	169.2	34.9	14.2	1240	558	508
	PG9171E	123.4	33.8	12.3	1124	538	404
三菱重工	M701G	334	39.5	21	1415	587	738
	M701F	270.3	38.2	17	1400	586	651
	M701	144	34.8	14	1250	542	441
西门子	V94.3A	265.9	38.6	17	1316	584	656
	V94.2A	190.7	35.3	13.9	1177	584	520
	V94.2	155.6	34.2	11.3	1177	537	509

(续)

厂家	型号	功率/MW	效率(%)	压比	燃气初温/℃	排气温度/℃	排气流量/(kg/s)
阿尔斯通	GT26	262	38.2	30	1235	630	562
	GT24	179	37.5	30	1235	630	390
	GT13E2	165	35.7	14.6	1100	524	532
俄罗斯	GTE-180	178.6	36.7	15	1310	547	536.6
	GTE-150	161	31.5	13	1100	530	642.2

总体上看,燃气-蒸汽联合循环是以烧天然气和液体燃料为前提的,燃气-蒸汽联合循环在20世纪80年代以后的迅猛发展也是以燃气轮机技术的日益成熟以及天然气和石油资源的广泛应用为后盾的。表1-3给出了2010年世界主要国家一次能源消费的构成情况。从中可见,多数工业发达国家的一次能源消费中,以石油和天然气为主是一个显著的特点,这也正是世界范围内燃气轮机及其联合循环发展的基础。

表1-3 2010年世界主要国家中一次能源消费的构成情况[14]

项目 国别	原油(%)	天然气(%)	煤炭(%)	核电(%)	水电(%)
美国	37.19	27.17	22.95	8.41	2.57
俄罗斯	21.36	53.94	13.58	5.57	5.51
中国	17.62	4.03	70.45	0.69	6.71
英国	35.25	40.41	14.92	6.74	0.38
日本	16.99	24.70	13.22	3.85	1.02
德国	36.03	22.91	23.94	9.95	1.35
法国	33.04	16.72	4.79	38.39	5.67
意大利	42.50	39.83	7.97	—	6.51
加拿大	32.30	26.68	7.39	6.41	26.18
印度	29.66	10.63	52.96	0.99	4.81
西班牙	49.77	20.71	5.54	9.29	6.41
荷兰	49.75	39.16	7.89	0.90	—

中国是一次能源消费以煤炭为主的国家,煤炭占一次能源消费量的70%以上,煤电的发电量则占到总发电量的80%左右。然而,随着世界范围内燃气轮机及其联合循环的应用与发展,中国的电力工业对于燃气轮机及其联合循环的需求也会越来越强烈。

首先,中国各跨省电力系统的负荷峰谷差一般约为最大负荷的30%~40%,高峰时甚至能达到50%以上。该现象在大中城市尤为严重,这对调峰提出了更高的要求。与此同时,随着近些年可再生能源利用技术的发展,特别是生物质能、太阳能以及风能等的应用,对电能调节提出了新的要求。燃气轮机及其联合循环具有起动快、调峰特性好、建设周期短等特点,是解决上述矛盾的有效办法之一,特别是对于水电比重较小的缺水或者平原地区(如某些东部沿海地区)。事实证明:中国的电力工业对燃气轮机及其联合循环的需求是旺盛的,而且已经打破了过去政府规定的"发电设备只准烧煤"的燃料政策限制。

其次，环境保护政策的逐步制订与实施，也为促进燃气轮机及其联合循环在中国的使用提供了机会。目前，因煤炭燃烧而造成的环境污染问题已经引起了社会各界的关注。2000年4月29日，中国政府公布了新修订的《中华人民共和国大气污染防治法》，2012年1月1日开始实施《火电厂大气污染排放标准》。在具备天然气资源的条件下，将燃煤电站改造成燃气轮机及其联合循环电站不仅能够节约能源，更是减少中心城市环境污染最简捷有效的途径。

另外，以燃气轮机为核心的高端发动机是一个大国核心制造能力的重要体现。中国的燃气轮机制造起步于20世纪60年代，经过近半个世纪的发展，已经取得了长足的进步。特别是进入21世纪以来，中国通过"打捆招标"等方式，从通用电气和阿尔斯通引进了100MW等级E型机组，建设了一批燃气电站。其中，绝大部分为联合循环电站，目前已经有70多座电站投入运行。从2003年开始，中国又从通用电气、西门子和三菱重工引进F级大型燃机，其单机功率可达260~280MW，联合循环单机功率可达390~400MW，循环效率可达57%~58%。至2012年底，中国已有燃气轮机电站总装机容量已经超过3827万kW，约占全国发电总装机容量的3.3%。其中，大规模燃气轮机电厂近60余座，主要集中在京津唐、长三角和珠三角地区。"十二五"期间，受节能减排、环境保护和城市供热等多重因素的影响，燃气轮机电站将迎来第二次建设高峰期。预计到2015年，我国天然气发电总装机容量将达6000万kW。

鉴于中国油气资源有限、煤炭资源丰富的国情，大力发展煤气化联合循环也是重要思路。整体煤气化联合循环（IGCC，Intergrated Gasfication Combinated Cycle）是20世纪70年代开始发展的一项清洁煤发电技术。自1973年德国的凯勒曼（Kellerman）电厂建设了第一座IGCC示范电站以来，发达国家一直在对IGCC技术进行研究和探索。20世纪90年代以来，国际上先后建设了五座以煤为原料、大型化的（250~300MW）商业示范电站，分别是美国的Wabash River电站和TECO Tampa电站、荷兰的Nuon Buggnum电站、西班牙的Puertollano电站、日本的Nakoso电站。目前全球已经建成并投运的IGCC电站约30余座，总装机容量约10000MW。在建和拟建的IGCC电站约50余座，总装机约25000MW。这些电站主要分布在美国、欧洲、日本等国家和地区，韩国、印度等国也在积极推动IGCC的发展。美国和欧洲是IGCC技术发展的引领者和推动者。据美国能源部统计，截止到2008年，美国国内在建和获批的IGCC电站有6座，对外发布的IGCC电站有22座。目前，美国还要规划建设一批新的IGCC标准电站，以推动IGCC电站的商业应用。欧洲在化石领域的IGCC发电技术已经获得商业推广，同时为了应对气候变化，欧洲各国还探索将IGCC和二氧化碳（CO_2）的捕获与储存（CCS：Carbon Capture and Storage）相结合，建设燃烧前脱碳示范电站。日本在IGCC技术方面以自主创新为主，采用三菱重工的空气气化炉和低热值合成气燃气轮机建设的250MW IGCC示范电站已经于2008年投运。IGCC技术自上个世纪70年代开始，通过30多年的努力，国外技术已经取得了初步的成效，基本走过了商业示范阶段，技术成熟，具备了大规模商业开发的条件。

中国的IGCC技术起步于20世纪90年代，由科技部、原国家电力公司牵头的项目组，对中国发展IGCC发电技术进行了充分的可行性研究，同时在"九五"国家科技攻关计划中进行了IGCC关键技术的研究。在此基础上，1999年国家批准了IGCC示范电站项目建议书，IGCC 项目正式立项，落户天津。天津的 IGCC 示范工程建设的是中国第一台 250MW IGCC 机组，于 2012 年 12 月 12 日投产。

复习思考题

1-1　简要回答燃气轮机是什么设备？主要用于哪些领域？
1-2　什么是燃气-蒸汽联合循环发电？
1-3　燃气-蒸汽联合循环发电的主要优点是什么？
1-4　燃气轮机、汽轮机和发电机的轴系布置大致有哪几种？请各画出一种结构示意图。
1-5　燃气轮机和联合循环技术的发展趋势是什么？

第 2 章 燃气轮机的热力过程

理解燃气轮机的工作原理，需要从工程热力学的基本知识开始。本章主要内容为：①燃气轮机所涉及的基本热力学知识；②燃气轮机的热力过程及地面燃气轮机和航空燃气轮机热力过程的差异；③燃气轮机主要的复杂热力循环特点；④燃气注蒸汽循环及燃气-蒸汽联合循环的简要介绍。

2.1 基本热力学知识

1. 能量守恒定律

能量守恒的深层次内涵应该属于哲学范畴，即物质或者能量是不能自行产生和消灭的，只能从一种状态转变成另一种状态。其实际的应用则与人们对能量种类的理解及对该能量所限定的范围有关。比如，不考虑温度变化的运动质点其总能量守恒一般简化为机械能守恒，即动能和势能守恒。势能的表述内容也根据具体情况而变化。例如，研究固体球的自由落体过程时，势能的大小由球体所处的位置决定，而研究流体运动的时候，势能除了与流体所处的位置有关外，还与压力的变化有关。

当对象涉及温度变化的情况时，则需要引入内能；另外，如果考虑到燃烧的情况，则需要引入化学能。因此，在流体力学、热力学以及具体热力机械的教材中，我们会发现不同的能量守恒表述形式，但是其核心思想是相同的。在分析具体问题的时候，首先应在能量种类上加以简化。比如在分析泵及低增压风机时，由于内能变化较小，可近似忽略，故可以不引入温度参数，仅使用机械能和损失项来建立能量守恒等式，虽然这里面的损失项是内能的一部分。而对于高增压的压气机以及压力变化较大的涡轮机来说，温度、内能变化较大，则需要引入温度项，以内能和机械能的形式来建立能量守恒等式。涉及燃料燃烧的问题时，则会有两种分析形式。比如，一种动力装置，燃烧天然气，对外输出机械功，假定整个系统是绝热的，系统内部是稳态的，如果引入化学能，则能量守恒定律表达式为

$$D_f(u+e_M+e_C)_f + D_a(u+e_M+e_C)_a = D_G(u+e_M+e_C)_G + P_{gt} \tag{2-1}$$

式中　D_f——燃料流量（kg/s）；

D_a——空气流量（kg/s）；

D_G——排气混合物流量（kg/s）；

u——内能（kJ/kg）；

e_M——机械能 $e_M = pv$（kJ/kg）；

e_C——化学能（kJ/kg）；

P_{gt}——燃气轮机功对外输出机械功（kW）。

如果不引入化学能，则能量守恒定律表达式为

$$D_f(u+e_M)_f + D_a(u+e_M)_a + Q_l = D_G(u+e_M)_G + P_{gt} \tag{2-2}$$

可以看出，不引入化学能对于大多动力装置定性的热力分析来说更为简便。特别是在吸

热量已知的情况下，还可以做定量分析。但是如果要进行热力计算，则采用式（2-1）更合适，因为其将工质的系统进、出口参数值与燃料的热值联系在了一起。

2. 能量传递

分析一个系统的热力过程，在能量守恒的基础上，需要对能量进行描述，首先要说的是"焓"。焓本身不是对具体能量形式的定义，它是表示物质系统能量的一个状态函数，等于该工质的内能加上其比体积与绝对压力的乘积，即

$$h = u + pv \tag{2-3}$$

式中 h——工质的比焓（kJ/kg）；

p——工质的绝对压力（kPa）；

v——工质的比体积（m³/kg）。

式（2-3）中的内能 u 广义来讲应包含以分子不规则运动为依据的热能（动能、旋转动能、振动能）、化学能和原子核的势能等。燃料的燃烧仅涉及热能和化学能两种，在具体使用的时候，为了方便常常将内能中化学能的部分以放出的热量来表述，这时内能就仅包含热能的部分。利用焓的定义，可以将式（2-1）和式（2-2）简化为

$$D_f h_f + D_a h_a = D_G h_G + P_{gt} \tag{2-4}$$

$$D_f h_f + D_a h_a + Q_1 = D_G h_G + P_{gt} \tag{2-5}$$

式中 h_f——燃料的比焓（kJ/kg）；

h_a——空气的比焓（kJ/kg）；

h_G——排气混合物（燃气）的比焓（kJ/kg）；

Q_1——吸热量（kW）。

显然，式（2-4）和式（2-5）中比焓的内容是不同的。式（2-5）也常被用来测定燃料的发热量，即热值。热值的定义为：单位质量（或体积）的燃料完全燃烧时所放出的热量。燃料热值的测定通常是在一定温度下，燃烧一定燃料，并将燃烧产物的温度冷却到燃烧前温度，计算整个过程中放出的热量，即为燃料热值。由于燃料燃烧产物中的 H_2O 在冷凝的过程中会放出潜热，该潜热包括在量热计所测的数值中，所以测出的数值称为高位热值。这部分潜热在动力装置中一般是无法利用的，因此要将这部分热量从高位热值中减去，燃料在燃烧室中燃烧后放出的有效热量称为低位热值。在分析动力装置燃料热值时，通常使用低位热值。

功、热量是能量的过程量，而内能、机械能、焓等是能量的状态量。在状态量与过程量建立关系的时候，需要将状态量进行定积分，但从实际应用的角度，显然不能采用这种方法。在实际应用中，通常采用以下三种方法：查表法、查图法、简化公式法。

1）查表法，即热力表法，是将不同的状态参数的取值列表，并通过插值的手段，获取状态改变时状态量与过程量的对应。这种方法具有较高的精度。

2）查图法，即曲线法，是根据理论公式或者热力表，总结出一些通用性较强的曲线，在分析具体问题的时候，通过查曲线图而获得近似值。这种方法精度不高，但是可以完全满足定性分析的要求。

3）简化公式法，是在理论分析的基础上，通过简化，获得一些简单的公式，从而可以快速分析系统的大致热力过程。这种方法精度较差，仅可以进行粗略的定性分析。

对于消耗化学能的动力设备来说，能量传递的共同形式是使高焓值的气态工质膨胀、对

外做功从而实现对外的动力输出,无论内燃机还是燃气轮机都是这样的。在这个过程中有两个关键点:一个是气态工质焓值所能达到的高度,这其中也包含了实现工质高焓值的手段;另一个是气态工质的膨胀形式,如燃气轮机的涡轮机旋转或者内燃机的曲柄连杆形式等。这两个关键点对于从能量的角度来分析燃气轮机很重要,后面将具体阐述。

2.2 燃气轮机基本的热力过程

第一章介绍了燃气轮机的用途,其功用的主要区别在于输出功还是输出高动能的气流。前者主要用于带动发电机或者转动设备,而后者主要是为航空器提供动力支持。下面分别从地面和航空角度介绍燃气轮机基本的热力过程。

2.2.1 电站燃气轮机基本的热力过程

正如上面的分析,作为动力装置的燃气轮机其主要的动力输出形式是将高温、高压的气态工质经可以旋转的涡轮机来膨胀,从而实现动力输出。而高温、高压气态工质的获得就需要经过对气体压缩和燃烧燃料加热两个过程。燃气轮机基本的热力过程被称为布雷顿(Brayton)循环,即气体工质经过耗功压缩、吸热温升、膨胀做功、放热焓降四个过程所形成的循环,如图 2-1 所示。气体的耗功压缩过程是在压气机中实现的,地面燃气轮机压气机出口气流的压力可以达到 1.5MPa 以上,而压气机消耗的功则来自于燃气轮机内部的涡轮机。气体的吸热温升是在燃烧室中进行的。燃烧室出口的气体为高温、高压、高焓值的气体,这些高焓值的气体在涡轮中膨胀做功。涡轮机大约 2/3 的功供给压气机消耗,剩余的则用于对外输出。压气机的压比和涡轮的膨胀比大致相同。

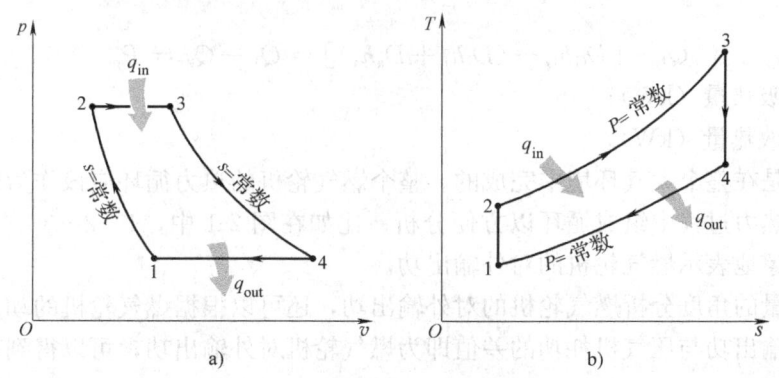

图 2-1 燃气轮机热力过程(等熵过程)
a) 压容图 b) 温熵图
q_{in}—吸收的热量 q_{out}—放出的热量

燃气轮机结构紧凑,其压气机、燃烧室、涡轮机的功用紧密地联系在一起。首先燃烧室的加热增温是必要的,否则涡轮机总的膨胀输出功,将低于压气机的耗功,会导致燃气轮机的对外输出变为零;其次,为了增加对外输出功,提高压力是一种办法。但在提高压气机压比的同时,压气机耗功也会提高,且往往需要提高燃烧室的温度,而温度的提高又会遇到材料、结构等方面的限制。目前,较先进的地面燃气轮机的燃烧室出口燃气温度为 1300~

1500℃，有望进一步提高到 1700℃，压气机压比为 15～30。

为了对燃气轮机的热力过程有个总体的把握，下面以理想简单循环来分析燃气轮机的热力过程。首先，理想循环是指燃气轮机中压气机的压缩过程和涡轮机的膨胀过程被认为是等熵过程。对等熵过程，可以将压力与温度的变化建立起简单的关系式，这样在分析热力过程的时候能够大为简化。其次，简单循环意味着热力过程是典型的布雷顿循环，过程中没有引入其他的加热、冷却过程等。图 2-1 所示为燃气轮机理想简单循环的热力过程图。

表 2-1 表示了燃气轮机理想简单循环的热力过程中热量和做功的变化。其中，以 $c_p\Delta T$ 来描述焓，这是一种简化的表示。严格地说，焓的变化应该是以温度为变量的函数定积分。因为 c_p 也是温度的函数，为了减少使用 $c_p\Delta T$ 带来的计算误差，可以选取温度变化中间值的 c_p 进行计算。一般在温度变化不大的情况下，c_p 的值变化较小（具体请参见气体热物性表）。

表 2-1　燃气轮机理想简单循环的热力过程功能参数

热力过程	过程中吸、放热	过程中做功
1—2 等熵压缩	无	耗功：$c_p(T_2^*-T_1^*)$
2—3 定压加热	吸热：$c_p(T_3^*-T_2^*)$	无
3—4 等熵膨胀	无	做功：$c_p(T_4^*-T_3^*)$
4—1 等压放热	放热：$c_p(T_4^*-T_1^*)$	无

注：c_p 为等压比热容；$T_1^* \sim T_4^*$ 分别为图 2-1 中 1～4 点的绝对温度。

燃气轮机的热力过程的能量方程见式（2-5），图 2-1 中"4—1 等压放热"过程是将排气混合物的焓与燃烧前燃料和空气焓相减，其值为放热量。通过变换，式（2-5）变为如下形式

$$Q_1-[D_G h_G-(D_f h_f+D_a h_a)]=Q_1-Q_2=P_{gt} \tag{2-6}$$

式中　Q_1——吸热量（kW）；

　　　Q_2——放热量（kW）。

放热过程是在整个大气环境中完成的。整个燃气轮机的热力循环应该作为开式系统，将放热过程引入热力过程中组成循环以方便分析。比如在图 2-1 中，1—2—3—4—1 所围成的面积，可以形象地表示燃气轮机的对外输出功。

除了从能量的角度分析燃气轮机的对外输出功，还可以根据燃气轮机的动力输出原理进行分析。涡轮输出功与压气机耗功的差值即为燃气轮机对外输出功，可以得到对外输出功的两种表达

$$P_{gt}=Q_{2-3}-Q_{4-1}=P_{3-4}-P_{1-2} \tag{2-7}$$

式中　Q_{2-3}——图 2-1 中 2—3 过程的吸热量（kW）；

　　　Q_{4-1}——图 2-1 中 4—1 过程的放热量（kW）；

　　　P_{3-4}——图 2-1 中 3—4 过程的做功量（kW）；

　　　P_{1-2}——图 2-1 中 1—2 过程的耗功量（kW）。

单位质量工质的对外输出功（比功）为

$$P_{gt}=c_p(T_3^*-T_2^*)-c_p(T_4^*-T_1^*)=c_p(T_3^*-T_4^*)-c_p(T_2^*-T_1^*)=F(c_p,\tau,\pi) \tag{2-8}$$

式（2-8）中，温比 τ 和压比 π 分别为 $\dfrac{T_3^*}{T_1^*}$ 和 $\dfrac{p_2^*}{p_1^*}$，P_{gt} 与温比 τ 和压比 π 的关系如图 2-2 所示。

从图 2-2 中可以看出，在压比 π 一定的情况下，对外输出功随温比 τ 的升高而增大；而在温比 τ 一定的情况下，对外输出功最大值对应的是某个最佳压比 π。过大或过小的压比都将使比功接近于 0，如图 2-3 所示。且这个最佳压比与温比 τ 有关。

根据式（2-8），燃气轮机的热效率有如下计算式

$$\eta = \frac{P_{gt}}{Q_{2-3}} = \frac{P_{gt}}{c_p(T_3^* - T_2^*)} = f(\pi) \quad (2\text{-}9)$$

将式（2-9）画成图，如图 2-4 所示。可以看出，在理想简单循环情况下，燃气轮机的热效率 η 仅是压比 π 的函数，热效率 η 随着压比 π 的升高而增加。

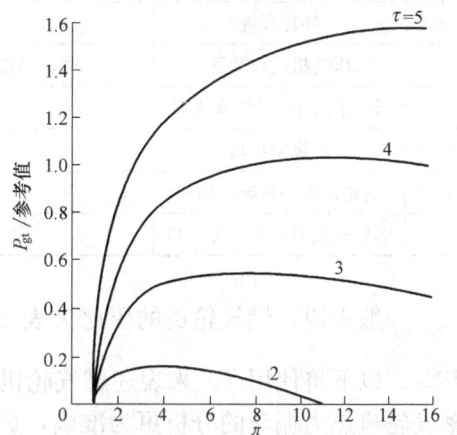

图 2-2 理想简单循环比功变化图

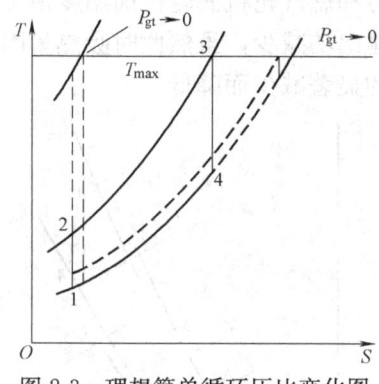

图 2-3 理想简单循环压比变化图

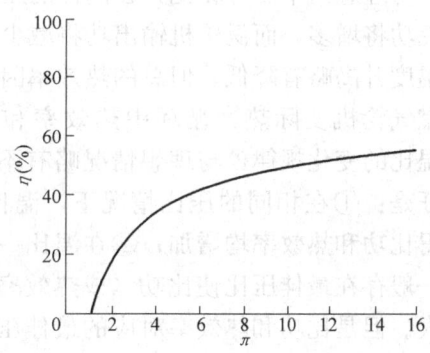

图 2-4 理想简单循环热效率

以上是对燃气轮机理想简单循环的分析，实际简单循环是在理想简单循环的基础上，通过考虑熵增及流动损失经修正得到的，另外也需要考虑燃气轮机的结构。图 2-5 所示为典型燃气轮机的结构剖面图。从图中可以看到，图 2-1 中热力过程点的位置实际上是一个范围，在进行热力分析时需要具体加以确定。表 2-2 列出了燃气轮机各热力过程点的位置描述。

图 2-5 典型燃气轮机的结构剖面图

表 2-2 燃气轮机热力过程点的位置描述

位置	描述	温度、压力	备注
0	外界环境	大气温度、压力	
1	压气机进口截面	T_1^*,p_1^*,总温与大气温度相同,总压低于大气压力	进气道压力损失
2	压气机出口/燃烧室进口	T_2^*,p_2^*	
3—1	燃烧室出口	T_{3-1}^*,p_{3-1}^*,总压有损失	燃烧室流动压损
3—2	涡轮机第一排导叶出口	T_{3-2}^*,p_{3-2}^*	气流膨胀温度降低压力降低
4	涡轮机最后一排叶片出口	T_4^*,p_4^* 总压略高于大气压力	承担出口流动压损

一般来说,燃气轮机的压比为表 2-2 中的 $\dfrac{p_2^*}{p_1^*}$,温比为 $\dfrac{T_{3-2}^*}{T_1^*}$,燃气轮机涡轮机前温度为 T_{3-2}^*。以下将使用 T_3^* 来表述燃气轮机涡轮机前温度,即燃气初温,如此定义该温度能够使燃气轮机热力循环的分析更为准确,燃气温度的其他定义可以参见文献[3]。

考虑到气体的压缩和膨胀过程是熵增过程。燃气轮机实际简单循环的热力过程如图 2-6 所示。与理想简单循环相比,在同样的压气机出口压力和燃气轮机涡轮机前温度情况下,压气机耗功将增多,而涡轮机输出功将减少,从而对外输出功减少,虽然此时吸热量因压气机出口温度升高略有降低,但总的热效率因对外输出功的显著减少而降低。

燃气轮机实际热力循环中热效率和比功随压比、温比的变化规律,与理想情况略有不同。其主要特征是:①在相同的压比情况下,温比的提高,可使得比功和热效率均增加;②在温比一定的情况下,一般存在最佳压比使比功(或热效率)能够达到最大。但是比功和热效率对应的最佳压比并不相同。简单地说,温比反映了燃气轮机的等级,而在一定等级即一定温比的情况下,存在最佳压比。

对外输出功和热效率无疑是燃气轮机最重要的两个热力指标,他们直接关系到燃气轮机的应用和发展。这两个指标受燃气的高压和高温影响,而燃气的高压需要良好的压气机来配合,否则即使达到了很高的压力,也会由于在压气机处付出太多的功率造成整体对外输出功和热效率的降低;另外,较

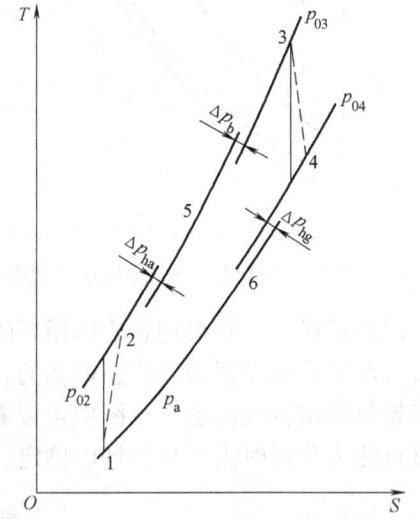

图 2-6 燃气轮机实际简单循环的热力过程[4]

高的温度也需要材料技术的发展以及相应的冷却措施来保证。由此可以看出,压气机和高温冷却技术的技术水平决定了燃气轮机的发展阶段,或者说在某个时期,压气机和高温冷却技术水平在一定程度受到限制的时候,简单的燃气轮机循环所能达到的对外输出功和热力效率就会受到限制。然而,在不改变最高压力和最高温度的前提下,通过调整热力循环形式,可同样实现增大对外输出功或提高循环效率的目的,这便是燃气复杂循环、燃气注蒸汽循环、燃气-蒸汽联合循环等若干循环形式。

燃气轮机比功与质量流量的乘积描述的是功率。由于当地的大气压力和大气温度对已选定的燃气轮机性能有一定的影响,因此对于燃气轮机的功率有如下的描述:

1）标准额定功率：是指在 ISO 工况下（环境温度为 15℃、海平面高度、相对湿度为 60％以及燃用天然气的工况下连续运行），发电机出线端的最大持续功率。

2）合同额定功率：是指在事先确定的运行工况下连续运行，发电机能够保证的出力。

3）现场额定功率：是指在燃气轮机发电厂当前所处的环境条件下（大气压、大气温度等）的最大持续功率。

4）尖峰功率：是指在规定的运行条件下，保持一个约定的短时间内，燃气轮机以高于连续额定功率安全运行的最大功率。

工程上也常用热耗率来衡量机组的热功转换效率，即机组每输出 1 度电（1kW·h），需要多少焦耳的热量。由燃料的热值，也可以算出相应的燃料量。由此可以看出，油耗、煤耗、热耗率和热效率是从不同的角度来衡量机组热功转换效率的，它们是互相关联的、可互相折算的。

2.2.2 环境参数变化对燃气轮机性能的影响

1. 大气温度的影响

众所周知，大气温度对于简单循环燃气轮机及其联合循环的功率和效率有相当大的影响，这是由于以下三方面原因造成的，即：①随着大气温度的升高，空气的密度变小，吸入压气机的空气质量流量减少，机组的做功能力随之减小；②压气机的耗功量随吸入的空气热力学温度成正比关系，大气温度升高时，燃气轮机的净出力减小；③当大气温度升高时，即使机组的转速和燃气涡轮机前的燃气初温保持恒定，压气机的压缩比也会有所下降，这将导致燃气涡轮机做功量的减少，而燃气涡轮机的排气温度将有所升高。这样会使得燃气轮机及其联合循环的效率和净功率随大气温度的变化而发生变化，其关系如图 2-7 和图 2-8 所示（图 2-7 和图 2-8 中相对值是相对于标准状态的值）。

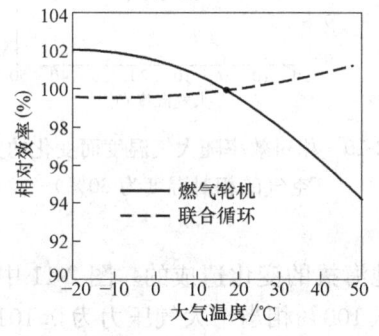
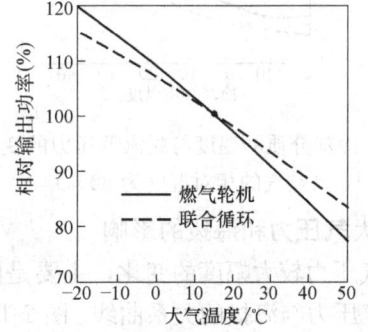

图 2-7　相对效率与大气温度的变化关系　　图 2-8　相对输出功率与大气温度的变化关系
　　　（冷却水温恒定为 20℃）　　　　　　　　　　（冷却水温恒定为 20℃）

由图 2-7 中可以看出：随着大气温度的升高，燃气轮机的相对效率是下降的，但其联合循环的相对效率却反而略有增高的趋势。这是由于当大气温度升高时，压气机的出口温度也会升高。为了保证燃气涡轮机前的燃气初温恒定，则喷入燃烧室的燃料量要减少，其减少的程度将较联合循环总输出功率的减少程度多一些，致使总的热效率反而略有增大。相反，随着大气温度的下降，联合循环的效率反而会略微减小。

由图 2-8 可知：随着大气温度的升高，燃气轮机及其联合循环的相对输出功率都是减小的，但是联合循环的相对输出功率减小得要比燃气轮机平缓。这是由于燃气涡轮机的排气温度略有升高，余热锅炉可以获得更多的能量，蒸汽轮机可做更多机械功的缘故。反之，当大气温度下降时，联合循环的相对输出功率增大的程度则要比燃气轮机少。这是由于当机组的转速和燃气初温保持恒定时，压气机的压缩比略有增高，致使燃气涡轮机的排气温度有所下降，最后导致蒸汽轮机的做功量有所减少的缘故。

必须指出的是，图 2-7 和图 2-8 所示的关系是以直流冷却式凝汽器的冷却水温恒定（保持 20℃），即凝汽器的背压恒定不变为前提的。显然，这并不符合实际情况。众所周知，随着大气温度的变化，河水的温度也会相应变化。一般来说，河水温度总是要比大气温度略低几度。也就是说，随着大气温度的变化，即使是直流冷却式凝汽器的背压也会发生变化。大气温度较高时，凝汽器的背压就高；大气温度降低时，凝汽器的背压则较低。这种情况对于采用直接空气冷却式凝汽器以及湿式冷却塔式凝汽器的机组来说更是如此。图 2-9 中给出了冷却介质（空气或冷却水）的温度与凝汽器压力的变化关系，可以显示其影响程度。图 2-10 对比了湿式冷却和空气直接冷却联合循环机组的相对效率随大气温度而变化的关系（图 2-10 中的相对值是相对于标准状态的值）。通过图 2-9 和图 2-10 可以看出：大气温度对于联合循环性能的影响程度与机组选用的凝汽器的形式有密切关系。当采用直接空气冷却式凝汽器时，大气温度对联合循环性能的影响程度较大。

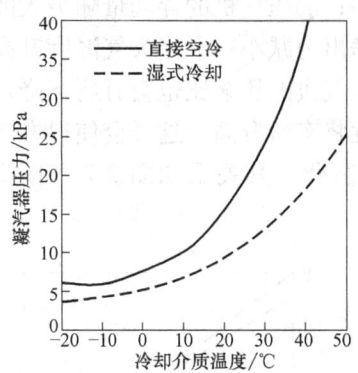

图 2-9　冷却介质的温度与凝汽器压力的变化关系
（空气的相对湿度为 60%）

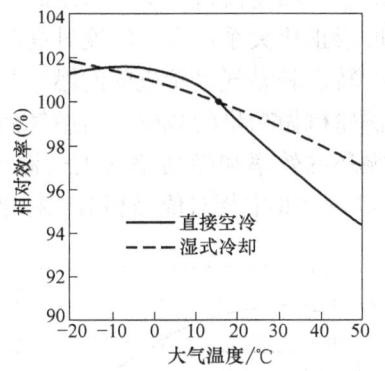

图 2-10　相对效率随大气温度而变化的关系
（空气的相对湿度为 60%）

2. 大气压力和海拔的影响

大气压力较大幅度的变化，主要是由于机组所在地海拔的变化造成的。图 2-11 中给出了相对大气压力与海拔的关系曲线。图 2-11 中相对大气压 100% 相当于大气压力为 0.1013MPa。

通常，燃气轮机都是按大气压力为 0.1013MPa 的标准状态进行设计的。不同的海拔将导致不同的平均大气压力。对于既定地区，大气压力的变化范围一般很小，不影响燃气轮机效率，因此人们主要关注大气温度变化对于燃气轮机效率的影响。

研究表明：如果大气的温度保持恒定不变，那么大气压力的变化不会导致燃气轮机效率的增或减，即大气压力对燃气轮机效率的影响为零。然而，燃气轮机的功率与吸

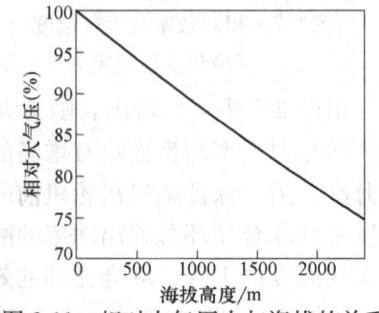

图 2-11　相对大气压力与海拔的关系

入的空气压力有密切关系,因为燃气轮机的功率与所吸入的空气的质量流量成正比,而空气的质量流量又与吸气压力(即大气压力)成正比,所以燃气轮机的功率应与大气压力成正比。

在大气温度、机组的转速以及燃气涡轮机前的燃气温度均保持恒定不变的前提下,燃气轮机排气的质量流量以及余热锅炉中的余热同样会随大气压力按正比关系发生变化。假设蒸汽循环的效率不变(实际情况正是如此),那么在联合循环中蒸汽轮机的功率也将与大气压力成正比。可见,在联合循环中由于燃气轮机和蒸汽轮机的功率都与大气压力成正比,因而,联合循环的总功率必然也与大气压力成正比。

由于喷入联合循环机组的燃料量与压气机吸入的空气质量流量成正比,即与大气压力成正比,故联合循环机组的效率与大气压力无关,即:大气压力变化时,联合循环机组的效率将恒定不变。

3. 空气绝对湿度的影响

大气的湿度会影响压气机吸入空气中所含水蒸汽的含量,并影响湿空气的比热容值,相应地还会影响到压气机的压缩功、涡轮机的膨胀功以及燃料室中燃料的供给量,进而影响燃气轮机的比功和效率。

当大气温度较低时,即使相对湿度很高,大气中的水蒸汽含量仍然很少,其影响是可以忽略不计的。此时,相对湿度对于燃气轮机的比功和效率均无影响。只有当大气温度高于 37℃ 以后,相对湿度的增加将使燃气轮机的净比功增大,而热效率却有所下降。

燃气轮机根据大气绝对湿度的大小,通过各自的修正系数 C_{HR} 和 C_P 对机组的热耗率和出力进行修正。修正曲线如图 2-12 所示。

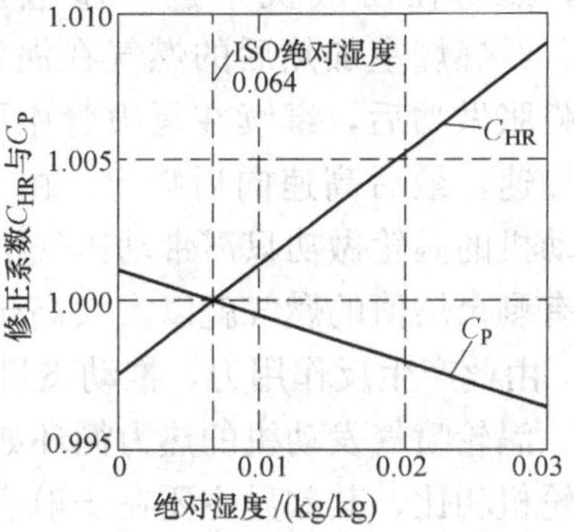

将试验工况下测得的热耗率和功率折合到设计工况大气湿度条件下的热耗率 q_{gt0} 和功率 P_{gt0},可用如下公式

$$q_{gt0} = q_{gt}/G_{HR} \tag{2-10}$$

$$P_{gt0} = C_P P_{gt} \tag{2-11}$$

图 2-12 湿度对燃机热耗率和出力的修正曲线

2.2.3 航空燃气轮机基本的热力过程

航空燃气轮机与电站燃气轮机类似,也由压气机、燃烧室和涡轮机三大主要部件组成,其基本原理是一致的。它们之间的差异主要有三点:一是航空燃气轮机由于对重量的要求,一般需要选用强度和刚度满足要求的轻质材料,整体尺寸也较小,且为了实现较高的性能,每分钟转速可达上万转;二是航空燃气轮机的进气条件与电站燃气轮机有所不同。简单地说,电站燃气轮机的进气总压近似为环境气压,而航空燃气轮机的进气总压为环境压力和与飞行速度相关的动压之和;三是航空燃气轮机的动力输出有两种形式,一种是以转矩形式带动螺旋桨,另一种是以高速气流的形式直接喷出。前者与电站燃气轮机驱动发电机的形式是相同的。

以下针对航空燃气轮机的两种动力输出形式,具体介绍航空发动机基本的热力过程(为了和航空术语一致,下面使用"发动机"代替"燃气轮机")。首先,简要介绍一下一般飞机的飞行原理。简单地说,飞机向前的动力来源于发动机将气流高速吹向后面所产生的反作用力,从而形成飞机推力;飞机的升力来源于气流流过飞机的机翼时,由于压力分布差异所形成的向上的力,如图 2-13 所示。飞机向后高速气流的产生与航空发动机两种动力输出形式相关联,即通过螺旋桨高速转动向后吹气和高速气流直接从发动机尾部喷出。

图 2-13 飞机飞行原理

1. 涡轮喷气发动机

图 2-14 所示为涡轮喷气发动机的示意图。当飞机以一定速度向前飞行时,空气就以该速度流入发动机的进气道。在这一过程中,气流的速度降低、压力升高,然后在压气机中进一步被压缩。经燃烧室加热后的燃气在涡轮中膨胀做功后,继续在尾喷管中膨胀加速,最后高速向后喷出。由于

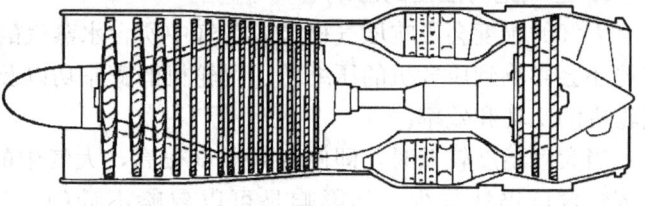

图 2-14 涡轮喷气发动机示意图

发动机的涡轮做功只需带动压气机和辅机以及克服轴承等摩擦耗能,不对外输出功率,因而具有剩余焓值的燃气就以大大高于飞行速度的速度向后喷出,由此产生反作用力,推动飞机向前飞行。

涡轮喷气发动机的热力循环如图 2-15 所示。与电站燃气轮机相比,其差异主要在于航空发动机的压气机进口气流压力高些,以及燃气在涡轮中未达到完全膨胀。

在气动性能方面,航空发动机要高于电站燃气轮机。涡轮前温度在 1400℃ 以上,总增压比一般都在 20 以上,并且由于飞行时气动增压,实际的涡轮前压力根据飞行速度不同,可以达到 40～100。

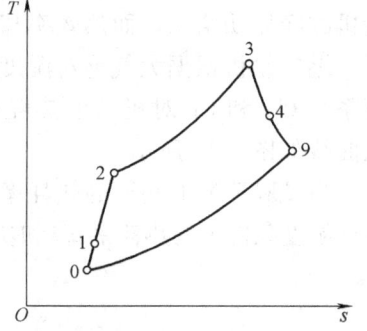

图 2-15 涡轮喷气发动机热力循环

2. 涡桨喷气发动机

图 2-16 所示为涡桨喷气发动机的示意图。螺旋桨旋转所需功率是由涡轮提供的,这与电站燃气轮机类似,涡桨喷气发动机尾喷管喷气的推力较小。使用涡桨喷气发动机的飞机,一般飞机速度较低,主要是由于螺旋桨的迎风面积较大。涡桨喷气发动机在低速飞行范围内,其耗油量较低,多用于运输机。

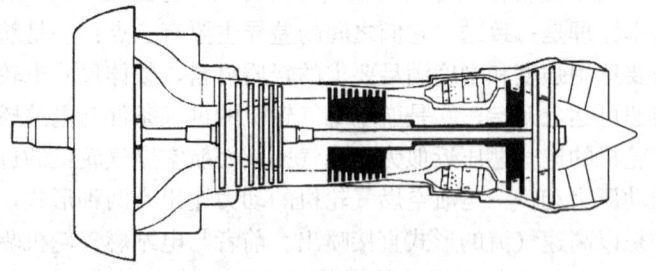

图 2-16 涡桨喷气发动机示意图

3. 涡扇喷气发动机

涡扇喷气发动机是介于涡轮喷气和涡桨喷气之间的一种类型。由图 2-17 的示意图可以看出,涡扇喷气发动机进气道后面的大风扇类似于涡桨喷气发动机的螺旋桨,但是其外径较

小，而且有内外机匣将风扇后面的气流包围成内外流道，即内外涵道。另外，涡扇喷气发动机的动力输出与涡轮喷气发动机类似，并由于内外涵道气流的掺混，使得喷气温度降低。与涡轮喷气发动机相比，涡扇喷气发动机损失较少，推进效率有所提高，耗油量有所降低，广泛应用于民航飞机。

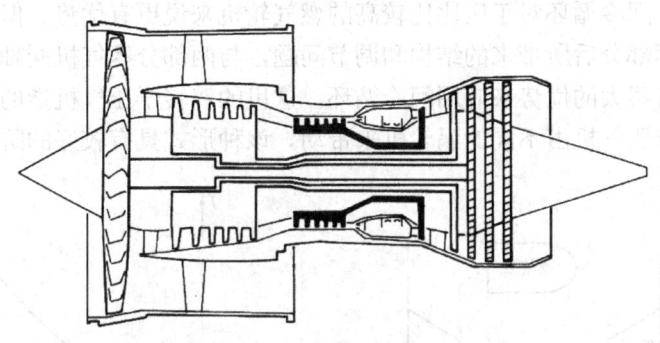

图 2-17 涡扇喷气发动机示意图

2.3 燃气复杂循环

燃气复杂循环指的是仅以燃气为工质，通过改变燃气压力、温度变化过程实现增大对外输出功或者热力效率的循环形式。具体循环形式主要有回热、间冷、再热三种。

1. 回热循环

图 2-18 所示为回热循环示意图，回热循环利用涡轮机排气加热压气机出口空气。与燃气轮机简单循环相比，回热循环增加了热交换器，其目的是减少燃料、提高热效率。

显然，涡轮机出口温度比压气机出口温度高是实现回热循环的前提条件。另外，从传热的角度考虑，压气机出口空气加热后的温度不会比涡轮机出口的温度高，那么只有涡轮机出口温度比压气机出口温度大到一定值的时候，回热循环才有意义。从温熵图（见图 2-19）上可以看出，回热循环仅仅适用于压比不太高（压气机出口温度不高）或燃烧室出口温度较高（涡轮机出口温度较高）的情况。由此可见，舰船或者列车上使用的燃气轮机更有应用回热循环的可能，而在当前的大型发电用燃气轮机上，涡轮机出口排气用于更佳的燃气蒸汽联合循环，就没有采用回热循环的必要了。

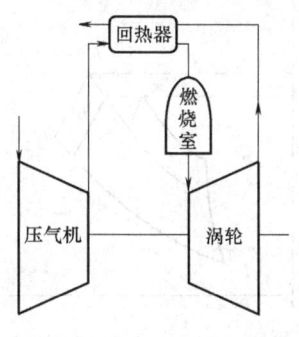

图 2-18 回热循环示意图

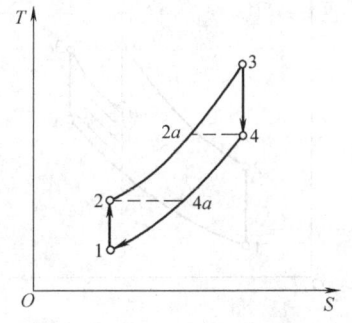

图 2-19 回热循环温熵图

2. 间冷循环

图 2-20 所示为间冷循环示意图，间冷循环在空气的压缩过程中，加入了冷却部分。与简单循环相比，间冷循环将压气机分成两部分，增加了冷却器，目的是增加对外输出功。间冷循环的等熵温熵图如图 2-21 所示。由于图 2-21 中阴影部分的面积可以表述为燃气轮机对外输出功增加的等熵部分，间冷循环对于压比比较高的燃气轮机来说更有优势。但采用间冷循环也要面对压气机被分成两部分后所带来的结构和调节问题，与两部分压气机同轴同速转动相比，双转子压气机显然具有很大的优势来应用间冷循环。这里的双转子压气机指的是采用套轴形式的分轴压气机，两部分压气机由不同的涡轮机来带动，该种形式具有较好的防喘能力。

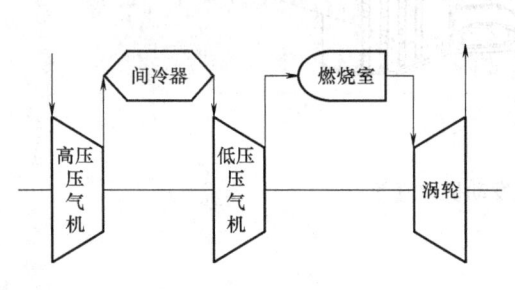

图 2-20　间冷循环示意图

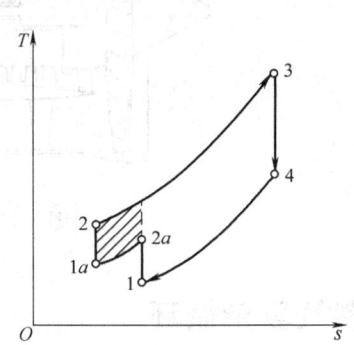

图 2-21　间冷循环的等熵温熵图

3. 再热循环

图 2-22 所示为等熵再热循环示意图，其温熵图如图 2-23 所示。再热循环是在燃气的膨胀过程中，加入再热部分。与简单循环相比，再热循环将涡轮机分成两部分，增加了再热器，目的是增加对外输出功。

与图 2-20 类似，再热循环对于压比比较高的燃气轮机来说更有优势。对于电厂用大型燃气轮机来说，当燃烧室出口温度一定时，压气机压比较大会减小燃气轮机对外输出功率，而且涡轮机出口的温度也将降低，这会影响到利用涡轮机排气的蒸汽侧循环。解决这个问题的办法就是采用再热循环，如图2-24所示，阿尔斯通公司的GT24/26燃气轮机就采用这种形

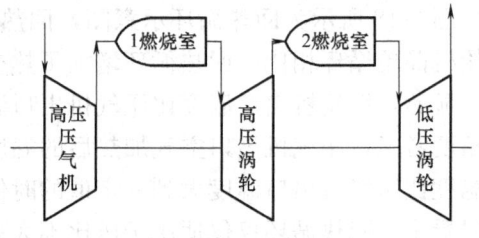

图 2-22　等熵再热循环示意图

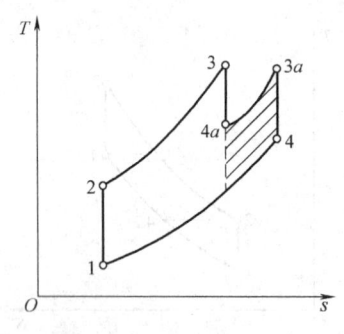

图 2-23　再热循环温熵图

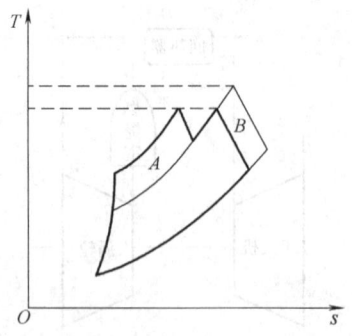

图 2-24　GT24/26燃气轮机再热循环系温熵图

式。结合图 2-23 和图 2-24，可以看出：①在最高压比和所有燃烧室出口温度与常规循环相同的情况下，通过采用再热循环，对外输出功和涡轮机出口温度都有所增加；②如果保证最高压比和对外输出功相同，则再热循环燃烧室出口温度可以降低，对设备长期运行有利；③当再热循环的最高压比较常规循环的压比高，而燃烧室出口温度较普通循环低时，再热循环的对外输出功可以和非再热循环的对外输出功相同。

在结构上再热循环的最大特点在于涡轮机被分成两部分。为了运行调节方便，该循环适合采用双轴的形式，即连接压气机的高压涡轮机与连接负载的低压涡轮机不同轴。再热循环也是涡喷类航空燃气轮机经常采用的一种形式，它可以提高飞机发动机的推力。

2.4 燃气注蒸汽循环

燃气注蒸汽循环是指在燃气轮机简单循环的基础上向燃气轮机中注入蒸汽的循环，从这个意义上说，燃气注蒸汽循环更恰当的说法应该是双工质燃气轮机循环。

燃气轮机应用注蒸汽（或水）技术，可追溯到 20 世纪 50 年代初。当时，有些航空用发动机夏天起动时，用喷水来短期增加推力。后来，不少人从不同角度去研究应用回注蒸汽技术，如降低 NO_x 排放量、夏天运行时恢复燃气轮机的设计功率等。1974 年，美籍华人程大酉博士开始从热力学角度系统分析和研究这种新热力循环，并申请到专利，称为"程氏循环"。图 2-25 所示为注蒸汽燃气轮机循环示意图。

程氏循环的燃气轮机将高温排气（通常为 400～600℃）通入余热锅炉产生蒸汽，再将蒸汽回注到燃烧室（及其他部位），形成燃气-蒸汽混合工质，然后到同一燃气涡轮机中膨胀做功，最后在较低温度下从余热锅炉排向大气。该循环在燃气轮机循环高温优势基础上，利用水有效地回收排气中的能量，把排气温度降低，因而高温段和低温段的能量都得到较好的利用。这样，就相当于把布雷顿循环和朗肯循环结合起来，组成具有效率高、比功大等特点的新热力循环装置。

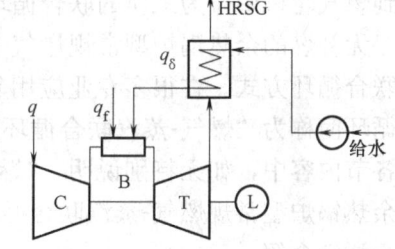

图 2-25　注蒸汽燃气轮机循环示意图
C—压气机　B—燃烧室　T—燃气涡轮机
HRSG—余热锅炉　L—负荷

在燃气轮机的压气机、燃烧室、涡轮机的入口和中间位置都可以注入蒸汽，其注入形式分为注水然后在内部转变为蒸汽和直接注蒸汽两种。直接注蒸汽的形式需要锅炉来配合，特别是有余热锅炉产生两种压力蒸汽的注入，可以在两个不同的位置注入蒸汽。

围绕燃气注蒸汽循环主要有三个问题：一是注蒸汽后有何收益；二是在燃气轮机的什么地方注蒸汽；三是注多少蒸汽。由于蒸汽一般是在燃气轮机正常循环基础上注入的，所以蒸汽的注入首先是使输出功率增加，这也是注蒸汽的最主要的目的。文献[3]中给出的一个例子是：当注蒸汽流量为压气机空气流量的 5%、注蒸汽温度为 257℃ 时，该试验燃气轮机的功率增加了 24%。其次，在燃烧室中注入少量蒸汽，可显著降低燃烧过程中产生的 NO_x 量，减少污染物排放。

蒸汽的注入量可以用注汽率来表述，即注入蒸汽流量与压气机进口空气流量之比。从目前注蒸汽燃气轮机的情况来看，注汽率一般不超过 10%。其原因大致有三个：一是蒸汽随燃气排到大气中，很难回收；二是蒸汽所含杂质在高温下对流道、叶片等的腐蚀；三是涡轮机通流面积和轴转矩的限制也使得注蒸汽量不能过大。

与常规的联合循环相比,注蒸汽燃气轮机循环可以看成是余热锅炉型联合循环的变形,它把燃气涡轮机和蒸汽轮机合二为一,省去了汽轮机及相应的附属系统和设备,减小了设备的尺寸和质量,降低了生产成本。但是,为了减轻涡轮机叶片的腐蚀和结垢问题,注蒸汽的燃气轮机循环对水质要求高。而且由于排气中的水不易回收,余热锅炉的给水全部是新处理的软水,水的耗量大,增加了运行费用。对于大功率机组,只适于装在水源充足的地区。

2.5 燃气-蒸汽联合循环的多种形式

将燃气轮机的涡轮机出口排气与蒸汽工质循环相结合是燃气蒸汽联合循环的核心内容。但从实际的情况来看,由于燃气轮机燃气产生来源不同,且涡轮机排气的利用形式不同,从而造成燃气-蒸汽联合循环有多种形式。

从燃气产生的来源上可以分为使用原始气态或液态燃料的联合循环和使用煤燃料的联合循环。使用原始气态或液态燃料的联合循环主要区别在于涡轮机出口排气的利用形式存在差异,可以分为余热锅炉型联合循环、排气补燃(排气助燃)型联合循环、增压燃烧锅炉型联合循环以及加热锅炉给水型联合循环。使用煤燃料的联合循环主要有两种形式:一种是先将煤气化,然后以气态燃料供给燃气轮机的联合循环方式;另一种是将煤燃烧后的气态产物输入到燃气轮机中作为工质的联合循环方式。

无补燃的余热锅炉型常规燃气-蒸汽联合循环是目前应用最多、技术最成熟、效率最高的联合循环方式。在很多专业应用领域中,也将这种无补燃的余热锅炉型常规燃气-蒸汽联合循环简称为"燃气-蒸汽联合循环"或"联合循环"。本教材也将沿用这种简称。因此在后面各节内容中,如无特别说明,"燃气-蒸汽联合循环"或"联合循环"也是特指这种无补燃的余热锅炉型常规燃气-蒸汽联合循环。各种不同形式的燃气-蒸汽联合循环系统将在第6章进行详细介绍。

复习思考题

2-1 简述燃气轮机简单循环的热力过程。
2-2 利用温熵图说明燃气轮机理想简单循环和实际简单循环的差异,并指出输出功的区域。
2-3 简述环境参数对燃气轮机的影响。
2-4 简述什么是燃气轮机的回热循环。
2-5 利用温熵图说明航空燃气轮机与地面燃气轮机的区别和联系。
2-6 画出燃气轮机回热、间冷、再热循环结构示意图。
2-7 简述回热循环不适合用于压比较高的燃气轮机的原因。
2-8 利用温熵图说明采用再热循环的燃气轮机可以在较低燃烧室出口温度下,实现相同的对外输出功。
2-9 简述燃气注蒸汽循环的优缺点。

第3章 压气机

压气机是燃气轮机的一个重要部件,其主要的作用是将环境大气吸入并压缩、增压,向燃烧室提供高压空气。本章主要介绍压气机的工作原理;压气机叶片几何和气动布局;压气机工作特性;压气机失速与喘振。本章主要解答以下问题:①旋转的叶片是如何对气体增压的?②增压的效果如何?③压气机的主要问题有哪些?

3.1 压气机的增压原理

燃气轮机中压气机的主要功用是对气体增压,区别于相变增压的方法,压气机是通过对气体做功实现对气体增压的;区别于活塞往复运动对气缸中的气体做功,压气机是通过旋转的叶片连续地对气体做功,进入压气机的气体在往下游流动的过程中逐渐提高自己的压力。而这也显示出,压气机进口和出口的流动环境将影响到压气机对流体做功。下面对压气机的增压原理做具体的阐述。

根据气体在压气机叶轮中的流动过程,可以将压气机分成轴流式、离心式及斜流式三种形式。轴流式即气体以轴向流入叶轮,并以轴向流出,由轮毂圆面和外机壳圆面形成流道;离心式即气体以轴向流入叶轮,以径向流出叶轮,由包围叶轮的外部壳体形成气体的流出流道;斜流式即气体以轴向流入叶轮,但整体以一定角度斜向流出叶轮。分析压气机做功的原理需要分析两要素:力和位移。分析过程可应用动量定理来阐述,在旋转设备中,动量定理转化为动量矩定理。如图3-1所示,气体流经压气机叶轮时,气体的流动方向发生变化,显示了气体与叶片间力的作用,该力在叶轮旋转的方向上有正的分量,从而使叶轮对气体做功。将轴流式叶轮某个径向位置截面展开成平面,或者选取离心式叶轮的某个轴向位置截

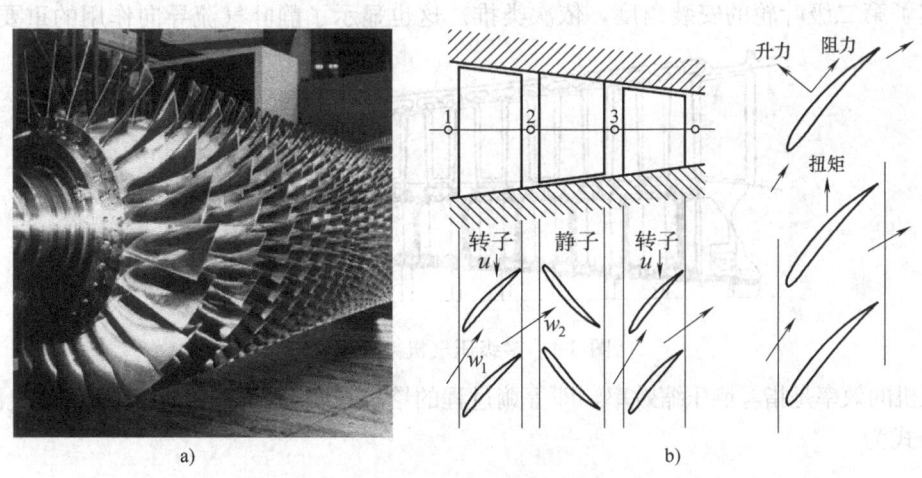

图3-1 轴流式压气机及其对气流做功原理分析图
a) 轴流式压气机照片 b) 原理分析图

面,通过在平面上分析流动,可以建立速度变化与力以及压气机做功间的关系,如图 3-2 所示。

当气流在压气机槽道内的流速均低于气流当地音速时,该压气机就称为亚音速压气机,当槽道气流接近音速或超过音速时,则称为跨音速压气机或超音速压气机,两种压气机的叶片形状和增压原理也有所不同。图 3-3 所示为跨音/超音速压气机的增压原理,超音速气流经激波后降速增压是其中的关键。目前地面燃气轮机多为亚音速压气机,随着电厂用地面燃气轮机的性能向高压比方向发展,跨音/超音速压气机也将会出现在电厂用燃气轮机中。

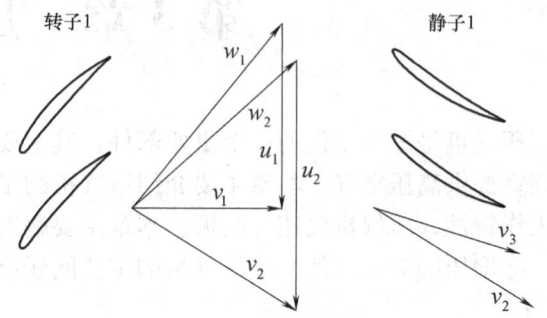

图 3-2 轴流式压气机级平面速度三角形

燃气轮机的热力循环需要压气机对气体有较高的增压,且需要采用多级压气机来实现,而电厂燃气轮机在大功率输出的需求下,要求压气机的气体流量较大,因而不适合采用离心式压气机,电厂燃气轮机的压气机基本都采用十几级轴流式压气机。

图 3-4 所示为多级压气机的剖面图,每一排转动的动叶负责对气体做功,动叶后的静叶负责对气体进行导向和增压。所有的

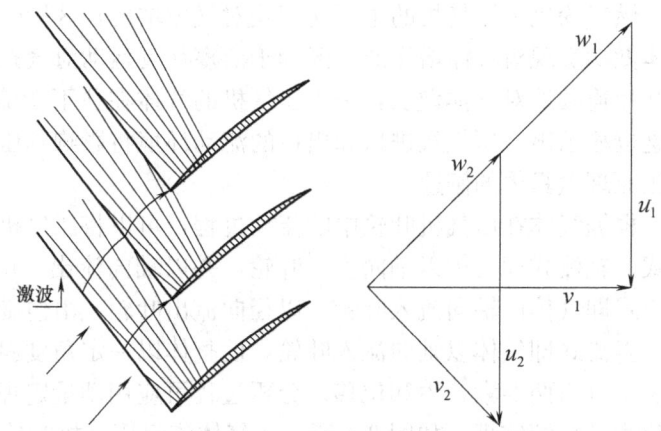

图 3-3 跨音/超音速压气机增压原理图

动叶都按相同的转速旋转,而气流则是依次流过每一级叶轮。因此,第一级出口气流方向事实上限定了第二级叶轮的安装角度,依次类推。这也显示了静叶气流导向作用的重要性。

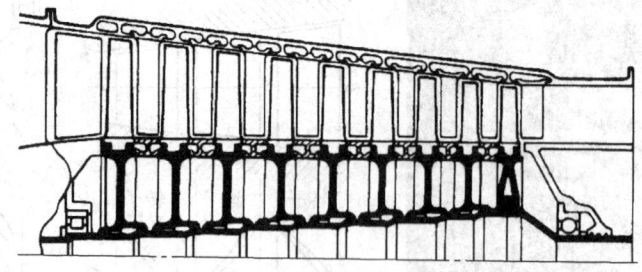

图 3-4 多级压气机剖面图

压气机的效率是指等熵压缩效率,即等熵过程的焓增与实际过程的焓增的比值(见图 3-5)。其计算公式为

$$\eta_C = \frac{h_{2s}^* - h_1^*}{h_2^* - h_1^*} \approx \frac{T_{2s}^* - T_1^*}{T_2^* - T_1^*} = \frac{T_1^*(\pi_T^{\frac{\gamma-1}{\gamma}} - 1)}{T_2^* - T_1^*} \quad (3-1)$$

虽然 $h^* = c_p T^*$，但 c_p 是温度的函数，所以上式中温差之比与压气机真实的效率之间存在一定的误差，但是该式可以估算压气机的进出口参数。例如：在已知 T_1^*，压气机总压比 π_T，参考空气的比热比 $\gamma = 1.4$ 以及压气机效率范围（见表 3-1）时，就可以求出大致的压气机出口空气温度 T_2^*。

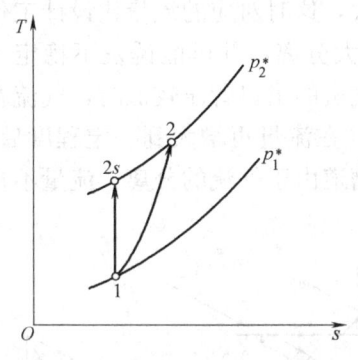

图 3-5　压气机压缩过程温熵图

表 3-1　轴流压气机效率特点[5]

用途	类型	进口相对马赫数	单级压比	效率（%）
工业型	亚音速	0.4~0.8	1.05~1.2	88~92
航空型	跨音速	0.7~1.1	1.15~1.6	80~85
研究型	超音速	1.05~2.5	1.8~2.2	75~85

3.2　单级压气机性能及影响因素

压气机叶片结构细节、动静叶匹配以及外部情况等都会对压气机的工作造成影响。

首先，压气机叶片的形状会影响压气机的增压情况。经过分析得出，气体在叶片流道中的速度方向变化幅度及圆周速度分别对应叶片对气体的作用力及作用位移。提高这两个因素可以提高压气机对气体的做功和增压。提高气体在叶片中的方向变化幅度，可以理解为使图 3-2 中的转子叶片更加弯曲，这在一定的范围内是有效果的。但是当叶片弯曲角度增加一定值以后，情况会适得其反，主要的原因是流动分离。在逆压流动中，如果扩张角度过大，就会导致流动分离。这可以从图 3-6 中看出。而压气机动叶流道正是一个逆压流道。对于圆周速度的提高，可以提高转速及叶轮直径。对于电厂来说，转速限制于发电频率，而叶轮直径则可以在材料、结构强度等允许的范围内做一定的提高。即使在相同的叶片尺寸、弯曲角度下，不同的叶型也会给压气机的增压带来影响（图 3-7）。叶型对压气机增压的影响不如弯曲角度的影响大，在要求较高压气机效率的时候，会比较关注叶型。

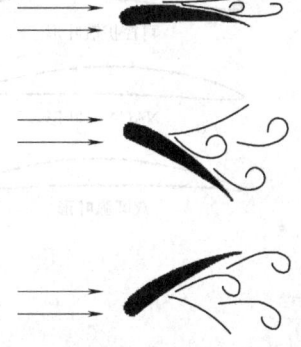

图 3-6　逆压流动分离

其次，动、静叶片间的匹配对压气机增压也有明显的影响。由上面的分析可以得出，动叶和静叶都具有对气体增压的效果，但是静叶并没有对气体做功，而是将动叶对气体做功的一部分动能转化为压力，这一部分压力占该级叶片对气体总增压的比例，称为级反动度。级反动度会影响压气机对气体的增压效率。也就是说获得相同的增压，不同的级反动度，压气机所耗功率是不同的。造成这一情况的机理在于，较大气流动能无论在动叶中还是在静叶中进行减速增压都会带来较大的损失，通常压气机的级反动度在 0.5 左右。

再次，在压气机运行过程中，其增压效果会受到外部条件的影响。如果将单级压气机单独安置在压气机实验台上，使用电动机来驱动，则驱动力不是一个主导因素。在压气机转速不变的情况下，单级压气机的增压水平由压气机出口背压环境来限定。而流量则随着压气机的增压水平来变化，叶片流道内气流流动如图 3-8 所示。从图中可以看出，当气流大致按照叶片弯曲的形状流动的时候，叶片流道内的气流分离是最少的，通常将这种情况作为燃气轮机的设计工作点。但设计工作点并不一定对应最大的增压情况，当气流在动叶进出口有较大的总体偏转时，动叶与气流的作用力增大，从而使增压变化大，这时对应的流量比设计工作点小。当流量再减小到一定程度，叶片流道内气流已出现较大分离，并可能诱发不稳定工况，压气机的增压就显著降低了，甚至无有效的增压。当压气机的出口背压较低时，气流在叶片中的折转幅度较小，相比设计点，增压变小，流量增大。在流量再增大到一定程度后，会出现堵塞状态，即在压气机出口有限的增大范围内，叶片槽道由于气流的分离，流量不再发生显著变化的一种状态。

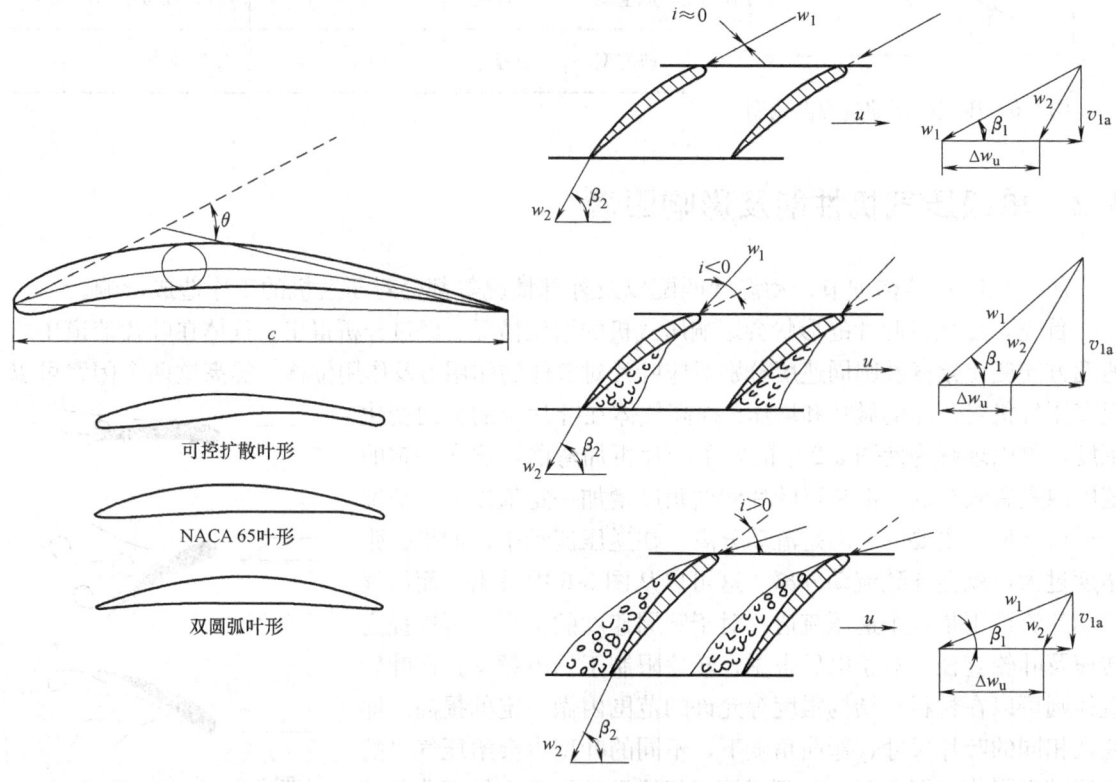

图 3-7 叶片叶形的厚度分布　　　　图 3-8 不同流量下压气机叶片槽道内流动特征

根据上面的分析结果，单级压气机的性能曲线如图 3-9 所示。其主要的特点是：在大流量时会趋向于堵塞的状态从而特性线较陡；在小流量时由于气流在流道内分离（见图 3-8）从而进入不稳定工作区。值得注意的是，压气机的最大效率点大多接近压气机的不稳定工作区，容易引发压气机的工作失常。

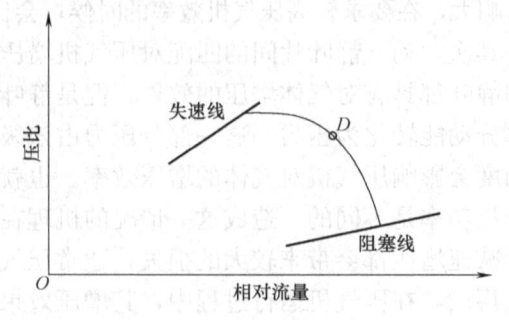

图 3-9 单级压气机性能曲线

从能量的角度看，单级压气机的情况与泵、风机很类似，即流体通过单级压气机/泵与风机（压比较低种类）的时候，流体的内能没有明显增加。也就是说，单级压气机可以认为仅仅增加流体的机械能。这样就可以近似使用总压升与体积流量的乘积来计算所耗功率，流体密度与流过叶片的速度对单级压气机性能的影响是相互独立的。而多级压气机中情况有很大的变化，经过多级的压缩，气体的压力升高的同时，温度也显著增加。也就是说多级压气机表现的是机械能和内能的同时上升，在功率计算和性能分析方面也会有很大不同。

3.3 压气机非稳定工作特性

针对图 3-9 所示的压气机非稳定工作情况的研究显示出，压气机会出现失速和喘振两种典型工作失常。它们所表现出来的总体特征是一致的，即压气机出口的流量和压力出现明显的脉动，同时由于气动力作用会导致流道的相关设备出现显著机械振动。但是压气机内部气流脉动的形式、压气机出口性能参数脉动的强度，以及设备机械振动幅度及频率等有明显的差异。

1. 失速

失速或者说旋转失速，是轴流式耗功类叶片式的流体机械，在一定小流量下都会发生的非稳定工作状态。其主要后果是压气机出口流量和压力的高频脉动，而导致这一后果的原因是小流量状态下流动分离在叶片流道间的交替呈现，如图 3-10 所示。其主要特征是在流量减小到一定程度时，一个或若干压气机叶片流道出现了流

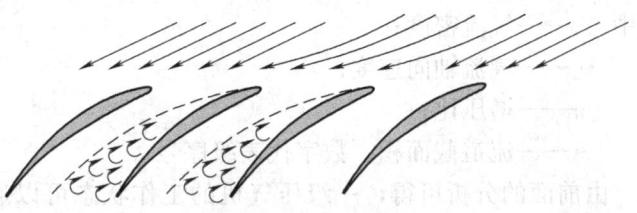

图 3-10 旋转失速现象示意图[6]

道堵塞，而且流道阻塞区的位置并不固定，它沿周向在不同流道间移动。且失速气流的脉动频率与转速频率为相同量级。

根据阻塞区所占据叶片流道的程度，旋转失速有两种典型的情况，如图 3-11 所示。当叶片较短时，阻塞区占据整个叶片流道，一旦发生，压气机的压力将会发生突跃式的降低；当叶片较长时，阻塞区仅能沿周向占据部分槽道，从而压气机的压力降低发生的较平缓。

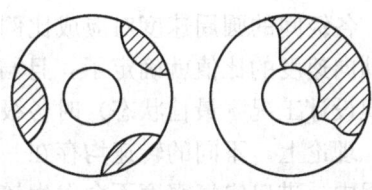

图 3-11 不同旋转失速类型

失速所造成的破坏主要是机械振动导致的部件疲劳损坏。当失速频率接近叶片自振频率时，也可能造成叶片损坏。

2. 喘振

喘振是压气机深度失速后，通常都会导致的一类更为严重的非稳定状态。喘振现象类似于腔体的受迫振动，如图 3-12 所示，也就是说需要满足封闭或类似封闭的腔体和激振力两个基本的条件。对于压气机和燃气轮机来说，压气机的失速所造成的流量和压力脉动提供了激振力条件，而流道提供了腔体的条件。脉动的气流在向下游流动的过程中，可能因流动分离而造成的堵塞也使得腔体的

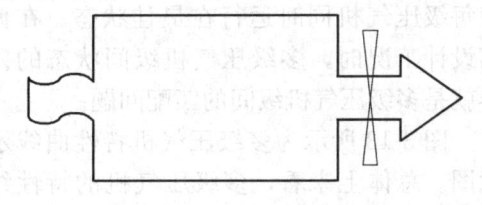

图 3-12 喘振示意图

类似封闭状态最终形成，导致喘振。喘振和失速有着显著的区别，见表 3-2。

表 3-2 喘振和失速的区别

工作失常	失速	喘振
发生部位	压气机内部	压气机内部或压气机下游
频率特征	高频	低频
失常后果	轻微到严重	十分严重

3.4 多级轴流压气机工作特性

在多级压气机中，气流依次流过每一级压气机时，压力、温度等参数也会发生变化。在设计情况下，每一级压气机的进口气流条件，即速度大小、方向，密度，压力等参数，都是符合当前级的设计要求的，这样逐级组合起来，实现了整体压气机在某个工况点下的稳定工作。在这个过程中，各级流量和压比的关系如下

$$\rho_1 v_{1a} A_1 = \rho_2 v_{2a} A_2 = \rho_3 v_{3a} A_3 = \cdots = \rho_k v_{ka} A_k \tag{3-2}$$

$$\pi = \pi_1 \pi_2 \cdots \pi_k \tag{3-3}$$

式中 ρ——气流密度；

v_a——气流轴向速度；

π——增压比；

A——流道截面积、数字代表级序号。

由前面的分析可得，一级压气机的工作状态可以通过其进口速度三角形来表述。或者说，如果某级压气机进口气流的相对速度方向与叶片进口设计的进口气流角度方向相差较少，那么该级压气机就可以稳定并相对高效地工作，否则就会出现流量过大或过小的问题。因此，每一级压气机的最佳进口速度三角形都是确定的，即圆周速度和轴向速度的比值是确定的。又由于各级压气机都以同样的转速旋转，在动叶、静叶叶片安装角度不改变的情况下，各级间的圆周速度对应成比例，其比值与转速无关。由此，各级压气机均达到最佳状态的轴向速度的比值就确定了，且与转速无关。将这个结论与式（3-2）结合起来分析，就会发现设计工况（最佳状态）时各级间的密度之比是确定的。

理论上，不同的转速均存在一个设计工况（最佳状态）。但是由于压气机在实际使用的过程中，进口空气密度不会发生较大变化，从而在转速变化时，各级的压比将会发生变化，导致各级进口气流密度发生变化，最终会导致各级密度之比与轴向速度之比不再一致。也就是说除了设计转速下的设计工况点（最佳状态）外，在进口密度不变的情况下，无论是速度还是流量都会发生变化，不可能使每级压气机同时运行在最佳状态。在偏离设计工况时，多级压气机级间状态的差异就是多级压气机级间的匹配问题。

图 3-13 所示为多级压气机特性曲线示意图。总体上来看，多级压气机的特性线与单级压气机的特性线在总体趋势上是一

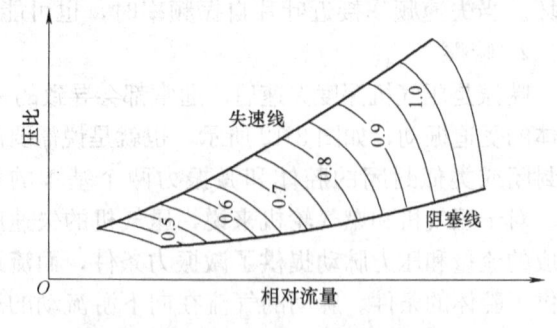

图 3-13 多级压气机特性曲线示意图

样的。随着流量的减小，压气机压比升高，并最终进入不稳定工作区。与单级压气机相比，多级压气机不稳定工作最基本的原因还是叶片流道的汽流分离，但主要的诱因是多级压气机级间的匹配问题，即多级压气机流量相同和接力压升与具体流动的不匹配。

在多级压气机中，气体要依次流过压气机的每一级，上一级出口的气流速度与下一级的叶片安装角度要匹配。但是当流道尺寸、叶片角度、转速、相同的流量都被限制了以后，通常只有一个流量状态使得所有压气机级都达到内部分离最少，该状态为多级压气机的设计点。当流量偏离设计点时，多级压气机中部分级会出现流动分离甚至较大分离，影响该级的压气机工作，进而影响整台压气机的工作。

式（3-2）为多级压气机流量公式，其中值得关注的是密度。由于压气机压比较高，且压缩过程温度和密度都有较大变化。然而气体流经叶片的时候，在每级叶片尺寸及角度都固定的情况下，流动分离与否仅与速度有关。因而各级流量相同变成一种约束，而密度的变化将通过速度影响到叶片流道内的流动情况，而流动情况的恶化又将导致压气机某级或某几级进入非稳定工况，从而影响整体压气机的正常运行。另一方面密度也受压比的影响，如式（3-3），某级入口气流的压比等于前面所有级的压比乘积。因而，多级压气机各级间的不协调可以这样来描述：在流量变化不大的情况下，从第一级开始，级压比发生了变化，而这种变化依次叠加，使得密度发生较大变化，而密度的较大变化影响轴向速度的较大变化，从而使得后面某级流道内部出现较大气流分离，进而可能使压气机进入非稳定工况。

下面从2种情况来具体说明，并假定压气机进口环境压力、温度等均相同。

1）压气机转速不变，压气机工作点略向大流量方向移动。第一级密度不变，而轴向速度略增大一些。第一级压比略降低，将导致第一级出口密度略减少。对于第二级来说，在进口密度减少和流量略增加的共同影响下，第二级的轴向速度就要比第一级的轴向速度增大幅度更多些。依次类推，这就意味着后面级的轴向速度相比设计值，会越来越大。由图3-9可知，随着压气机流量的进一步增大，压气机最后一级或最后几级会最先出现堵塞状态，因而在压气机可能的压比减小的范围内，对应的压气机流量几乎没有较大变化。这也表明了多级压气机特性在流量增大的区域上特别陡的原因。需要说明的是，在这种情况下，虽然压气机后面级内部流道出现流动分离，但是这种流动分离仅限于各流道内部，并没有引起级流动的整体压比和流量的脉动，因此该状态仍然是稳定的。

2）压气机转速不变，压气机工作点略向小流量方向移动。第一级密度不变，而轴向速度略减小一些。第一级压比略升高，将导致第一级出口密度略增大。对于第二级来说，在进口密度增大和流量略减小的共同影响下，第二级的轴向速度就要比第一级的轴向速度减小幅度更多些。依次类推，这就意味着后面级的轴向速度相比设计值，会越来越小。由图3-9可知，随着压气机流量的进一步减小，压气机最后一级或最后几级会最先出现非稳定状态，如失速状态。这种状态对于压气机来说是十分危险的，它可能会引起压气机或燃气轮机喘振。后面将具体描述喘振情况。

如果驱动该压气机的是涡轮机，先假定涡轮机的工作不受压气机的影响。在此基础上，如果涡轮机的转速不变，涡轮机提供的功率减小，则在单级压气机特性曲线上，工况点将向大流量的方向移动；如果涡轮机的转速与涡轮机提供的功率间存在函数关系，则压气机的转速会发生改变，涡轮机提供功率随转速变化的曲线，与压气机所耗功率随转速变化的曲线间的交点为新的压气机工况点。

燃气轮机中，涡轮机与压气机共轴，压气机的工作情况影响涡轮机的工作情况，因而在分析变工况特性的时候，需要根据不同的调节手段来具体分析，该问题将在后面章节中详述。

3.5 压气机的防喘措施机理

防止压气机进入非稳定的工作状态对于压气机来说是至关重要的。虽然压气机的失速和燃气轮机的喘振有明显的区别，但是在分析此类问题的时候，通常将失速喘振及防喘措施结合在一起分析说明，本节也将采用这种方法。

从上面的分析可以看出，将压气机的流道尺寸及叶片角度固定后，压气机无法稳定地应对流量、压力的较大变化。而所有的防喘措施都是为了避免因流量、压升的变化导致气流在流过叶片时造成较大的流动分离。以下将具体讲述几种防喘措施。

1）中间放气。这是一种最简单、可靠，也是最实用的防喘措施。从前面的分析可以看出，小流量下，压气机更容易出现失速。而诱发失速的关键因素是压比逐级增大。当在压气机中间级放气时，对于放气前的压气机级就会由于出口平均压升的降低而导致压比降低、流量增大，而流入后面级的流量和气流密度，也就不足以使其出现严重的气流分离，从而避免了压气机失速。

2）可调导叶。即改变导叶（静叶）的叶片安装角。该措施几乎是多级轴流风机及压气机必备措施，结构简单，能够显著扩展压气机稳定工作范围。导叶安装角如果改变，压气机的特性就会发生改变。图3-14所示为可调导叶压气机特性线的变化。在某个可能造成非稳定工作的流量下，通过调整导叶（静叶）安装角，在同样的流量下，压气机将工作在新的性能曲线上，新的工作点压比要降低一些，远离了非稳定边界。

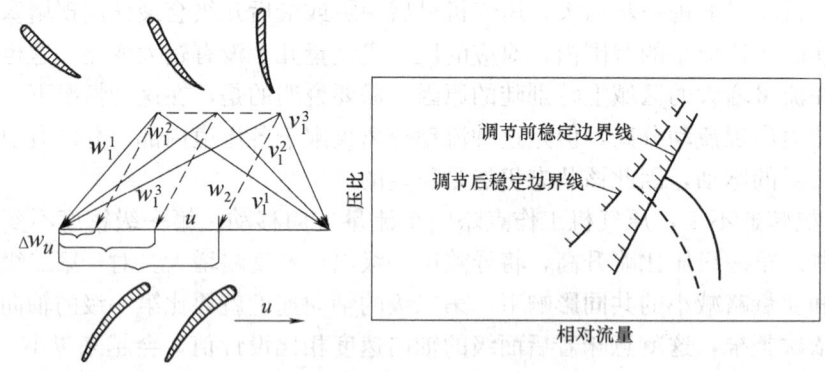

图3-14 可调导叶压气机特性线的变化

3.6 压气机结构特点

整个燃气轮机的稳定可靠运行，最终要靠具体的结构来实现。其中涉及两个方面的重要问题：一是部件强度、刚度、振动、疲劳及寿命是否满足要求；二是满足这些性能要求的具体结构如何实现。本书将在介绍燃气轮机部件结构时,重点介绍第二方面。对于部件结构所体现的强度、振动、疲劳等方面的内容,可参见文献[7]和文献[8]以及其他机械结构与强度方面的书籍。

结构问题根本上来说是力学的问题。对燃气轮机来说,主要考虑三种力:气动力、热应力和机械力。气动力是气态工质与叶片等部件间的作用力;热应力是部件不均匀受热后膨胀所产生的应力;机械力是设备在运行中部件内部或部件间的作用力。

燃气轮机的压气机,主要特征是高转速(3000r/min)、中低温度(一般在500℃以下)、高压强(一般为1.5~2.0 MPa)。压气机的热应力相比燃气轮机燃烧室和涡轮机的热应力要弱的多,因此主要考虑其气动力,特别是和转动相关的气动力和机械力。以下主要从旋转部件的结构、通流部分的形式、叶片的安装形式三个方面来介绍压气机的结构特点。由于燃气轮机的压气机和涡轮机都属于旋转叶轮设备,所以它们的结构有很多相似的地方,在后面阐述涡轮机的结构内容时,与压气机类似或相同的部分就不再具体介绍了。

1. 转子的结构形式

多排转子叶片以何种结构形式来共同转动,是压气机最重要的结构特点。有两种基本结构,其中一种是鼓筒式结构(见图3-15)。可以看出这样中空的结构对于减轻轴的重量以及对整体燃气轮机的快捷起动、运行有益,但是这种筒型的结构在高速转动中负担离心力载荷时强度较差,从而限制了其在大型发电用燃气轮机的压气机中使用。

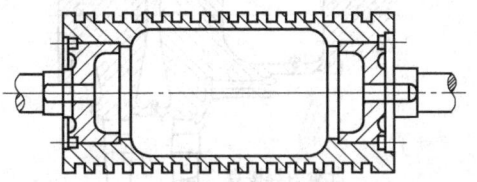

图3-15 鼓筒式结构

另一种是盘式结构(见图3-16),即每排转子有独立的轮盘,每个轮盘独立地与轴传递转矩,轮盘间不传递转矩。盘式结构的轴细,一般是柔性轴(工作转速高于临界转速的轴是柔性轴,否则为刚性轴)。美国西屋公司的某些压气机转子采用盘式结构。

能够兼顾鼓筒式和盘式结构优点的转子的结构形式为盘鼓式,即在盘式结构的基础上,将轮盘连接在一起,这样的结构形式已被广泛应用。根据轮盘间的连接方式不同,盘鼓式转子有多种形式,如图3-17所示。

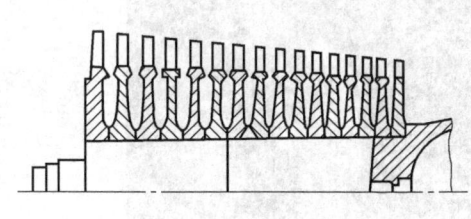

图3-16 盘式结构

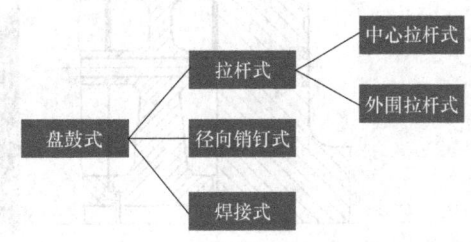

图3-17 盘鼓式转子形式

简单地说,如果轮盘中间有拉杆,即为中心拉杆式盘鼓结构。拉杆与轴不同,轴可以与轮盘的中孔紧密配合来传递转矩,而拉杆一般只是从轮盘中间穿过,不传递转矩,转矩是靠轮盘间的配合力传递的。但是仅这样做,并没有发挥鼓筒结构的优势。因而,一般中心拉杆的转子,都布置有轴向销钉、径向销钉、端面齿等结构,如图3-18所示。这些在外围区域布置的接触点,也可以传递转矩。

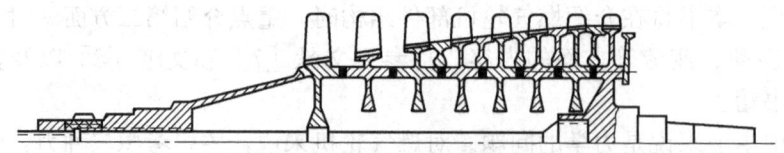

图 3-18　中心拉杆转子

如果轮盘间没有拉杆，就需要在外围位置将轮盘连接在一起。其中最简单的是焊接轮盘，如图 3-19 所示。该结构常见于 ABB 公司的产品中。

如果轮盘间的连接采用可拆卸的方式，则有径向销钉/螺栓（见图 3-20）、轴向短螺栓、外围拉杆转子（见图 3-21）等形式。

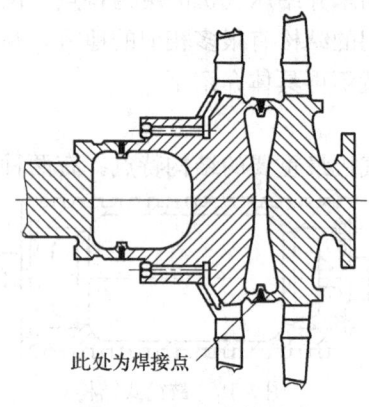

图 3-19　焊接盘鼓转子

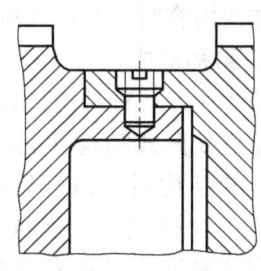

图 3-20　径向销钉盘鼓转子

径向销钉/螺栓和轴向短螺栓在相邻轮盘间都要布置，装拆工作量大。而外围拉杆转子则可以用轴向销钉、径向销钉、端面齿等共同传递转矩，故在大功率燃气轮机机组中被广泛采用。

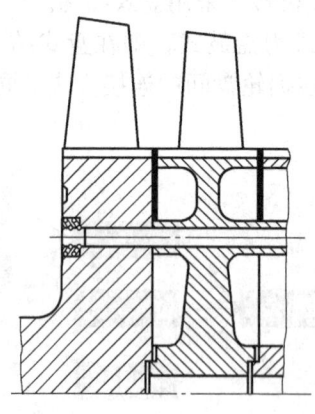

图 3-21　外围拉杆盘鼓转子

2. 压气机通流部分形式与叶片的装配

气流从压气机进口交替经过静叶栅、动叶栅，流道沿轴向所呈现的形状即为压气机的通流部分，而最终呈现出来的通流形式也包含了很多气动和结构设计的重要内容。

通流形式包括如图 3-22 所示的几种。理论上，叶片对气流的加功与气流所处径向位置的圆周速度成正比，所以图 3-22 中等外径的通流形式增压方面要优于等内径的形式。而另一方面，在大体相当的流通截面积和加功量的情况下，等内径形式的叶片高度要比等外径形式的大，而长叶片一般要比短叶片更容易实现高的气动效率，特别是在压气机的后面级。

压气机整体的通流形式是靠每一排叶片的装配形式实现的。同时由于压气机动、静部件间存在间隙（即动叶尖部与气缸内壁的间隙以及静叶与轮毂间的间隙），因而还要注意气体泄漏的问题。

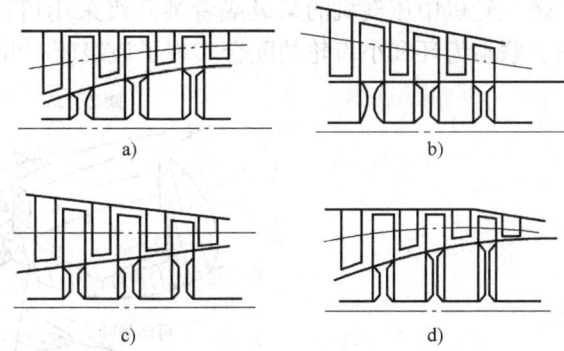

图 3-22　轴流压气机通流形式

动叶的装配相对简单，一般是单个叶片以某种方式装配到轮盘的根槽（见图 3-23）里面，动叶片的尖部一般不连接在一起。对于长动叶，则采用在尖部靠下的径向位置加装阻尼突台来实现减振的目的（见图 3-24）。

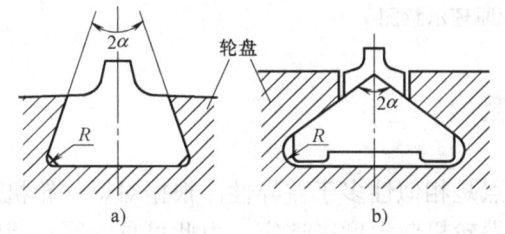

图 3-23　压气机动叶根槽

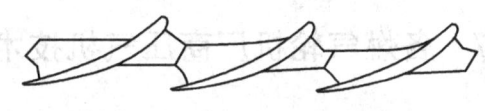

图 3-24　压气机动叶阻尼突台

静叶片可以以单叶片的形式装配于气缸内壁，也可以先装入静叶环中，再装入气缸内槽中。静叶片靠近转子轮毂那端，可以不连接在一起，此时与轮毂间隙的密封由轮毂处的气封结构来实现。但是多数情况下，静叶片靠近轮毂那段也要连接在一起，半个静叶环沿圆周分成数个扇形段（见图 3-25），该结构有利于静叶刚度和强度的提升。

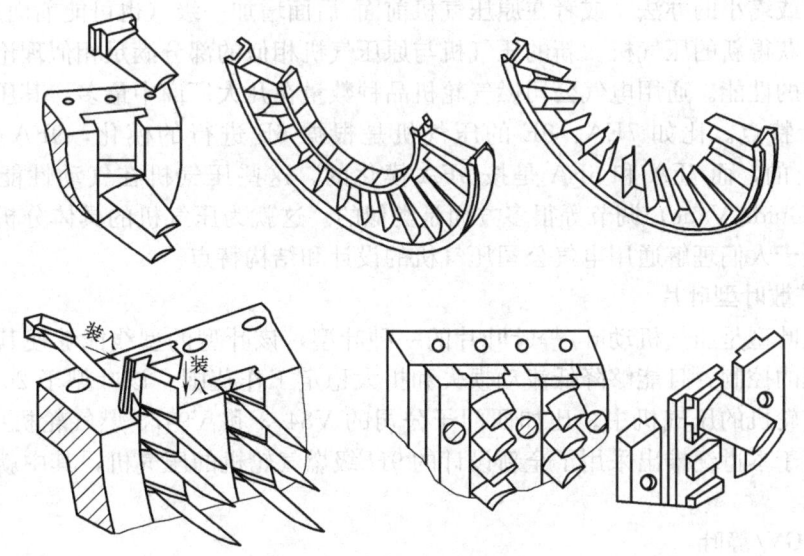

图 3-25　压气机静叶装配

可调静叶，其中也包括可调进口导叶，采用它们是压气机防止失速和喘振的重要措施，电厂燃气轮机中压气机的某级或者某几级采用可调静叶。图 3-26 所示是可调静叶的原理示意图。联动齿环和小齿轮的配合实现了该级所有叶片同时等角度调节。

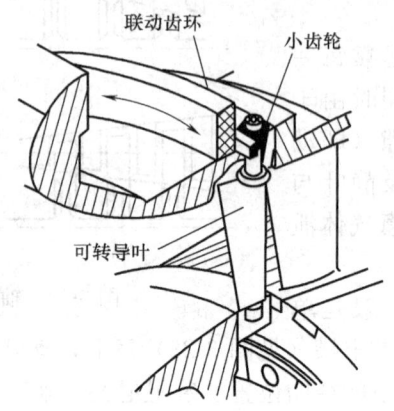

图 3-26　可调静叶原理示意图

3.7　各燃气轮机厂商压气机技术特点

总的来说，各燃气轮机厂商压气机的技术特点是相似性多于差异性。根据对燃气轮机的热力过程分析，压气机的压比要根据燃气轮机的涡轮机前温度来选定。由此可见，同一等级的燃气轮机其压比差异不大。比如 F 级燃气轮机，压气机的压比在 15 左右（阿尔斯通采用再热循环的燃气轮机压比为 30）。一般亚音压气机单级压比在 1.5 以下。其差异主要体现在气动设计、材料和运行控制等方面。

1. 模化设计

模化设计是指利用相似理论进行的设计。通常采用将一台性能优良、技术成熟的压气机经过尺寸放大或缩小的办法，或者在原压气机前面/后面增加一级（也可能前面/后面去掉一级）的办法，获得新的压气机。新的压气机与原压气机相似的部分满足相似理论要求，其目标是获得改进的性能。通用电气公司燃气轮机品种数量在几大厂商中最多，其压气机具有显著的模化设计特点。比如 7EA、9E 的压气机是根据 6B 进行的模化，9FA 压气机是按 MS7001E 模化的，而 7FA 和 6FA 是按 9FA 模化的。这些压气机在气动性能、进口导叶（IGV：Inlet Guide Vane）调节等很多方面是类似的。这就为压气机的具体分析提供了很好的参照，也便于人们理解通用电气公司压气机的设计和结构特点。

2. 可控扩散叶型叶片

可控扩散叶型是压气机动叶/静叶叶片的一种叶型，该叶型的型线能够使其表面的扩压程度得到合理的控制，且能够降低流动损失和扩大稳定工作范围。该叶型于 20 世纪末就开始应用到燃气轮机的压气机中。比如西门子公司的 V84.3 和 V94.3 燃气轮机中的压气机。通用电气公司于本世纪推出采用了全新设计的 9H 级燃气轮机的压气机，其中就应用了可控扩散叶型技术。

3. 可调 IGV/静叶

目前各厂商在可调 IGV/静叶的布置上有所不同。相同的是一般 IGV/静叶都可调，可调级数在 1~7 之间。

复习思考题

3-1 简要回答压气机在燃气轮机中的功用。
3-2 简述压气机的增压原理以及动叶和静叶的作用。
3-3 图示说明气体对压气机叶片作用力的方向。
3-4 指出增加叶轮对气体做功的方法及其局限。
3-5 计算在标准状态下，某工业型燃气轮机压气机出口大致温度，该压气机压比为 16。
3-6 图示说明气体流经压气机级的气动参数（总温、总压、静压、静温、绝对速度）变化情况，并指出某些参数出现降低变化的原因。
3-7 分析轴流压气机的叶片为什么要做成扭转形式的？
3-8 说明压气机亚音基元级和超音基元级扩压流动的区别。
3-9 指出多级轴流压气机特性线陡峭的原因。
3-10 简述压气机流道内流动与压气机稳定工作的关系。
3-11 简述什么是压气机的旋转失速？
3-12 简述什么是压气机的喘振？
3-13 简述燃气轮机喘振的原因以及与压气机旋转失速的关系。
3-14 说明多级压气机级间的匹配问题。
3-15 压气机防喘措施有哪些？
3-16 写出鼓筒式压气机转子和盘式转子的结构特点。

第4章 燃烧室

燃气轮机中燃烧室的主要作用是通过燃烧燃料给经压气机获得的高压空气加热,最终形成高压、高温的燃气。本章主要介绍一些燃烧、燃料方面的知识,并主要解答下列问题:①燃烧室在特定的条件下是如何组织燃烧的?②燃烧室可以燃烧哪些燃料?③燃烧室如何应对低污染要求?

4.1 燃烧的基本知识

4.1.1 燃烧基本原理

为动力装置提供能量的可燃烧物质,我们称其为燃料。比如火电厂所使用的煤、燃气轮机所使用的燃气,以及汽车所使用的汽油等。燃烧是燃料剧烈氧化而发光、发热的现象,这种现象又称为"火"。而燃烧提供的能量用于驱动动力装置,则体现了能源的利用。目前,虽然有核能、水力能、风能、太阳能等能源,但化石能源在一次能源消费结构中占主要份额。2000年,世界化石能源消费占85.47%,化石燃料在今后相当长的一段时间里,仍然是主要的能源利用手段[8]。以下简要介绍燃料燃烧的基本原理。

从外部形态上看,燃料燃烧过程可以简单地分为着火和火焰两个阶段。燃料着火时开始发生化学反应,并伴随发热、发光现象。火焰是着火后的燃烧过程。燃烧过程是一个复杂的物理化学过程,着火阶段主要的问题是如何开始化学反应,火焰阶段主要关注的是如何使燃烧的化学反应持续而稳定。

燃烧的化学反应是氧化反应,也就是说燃料和氧气要在着火前准备好。由于燃料的种类不同,着火前燃料和氧气的能量状态也不同,因而着火大致有两种形式。一种是燃料和氧化剂混合后,整体的能量状态使得燃料的氧化反应立即开始。最开始的时候,还不能称其为着火,因为还没有显著的发热、发光现象。当氧化反应逐渐积累的热量快速使更多的燃料发生氧化反应并伴随着发热、发光的着火现象出现,这种着火形式为自燃着火;另一种着火形式是强迫着火,也就是当燃料和氧化剂混合的时候,在当时的环境能量状态下无法实现自燃着火,只能通过外加能量的办法使燃料开始发生发热、发光的着火现象。着火只是负责让燃料的剧烈氧化反应开始,而后续的燃烧过程是否持续和稳定,则与燃料和氧化剂的物理过程有很大关系。

燃料着火后可以看到火焰。也可以说火焰是燃料剧烈氧化反应的一个体现。火焰的持续和稳定体现了燃烧的持续和稳定,这和燃料与氧化剂的供给情况以及反应速率有直接的联系。

化学反应速率是指在化学反应中,单位时间内反应物质中有多少发生了化学反应,它与反应物质的浓度、温度、压力,以及各物质的物理化学性质有关。细致研究起来比较复杂,但是在一个具体的燃烧设备中(比如燃气轮机的燃烧室中),燃料本身的种类固定,则该燃料的氧化反应速率大体上能够保持一定的值,这个值与燃料和氧化剂的供给是相对独立的。因而燃料稳定燃烧的问题实际上则转化为燃料、氧化剂的供给与燃料氧化反应速率的匹配问题。图4-1所示为典型的火焰稳定示意图。可以看到,一定反应速率使得燃料和氧化剂的交界面,即火焰前锋,有了一个向燃料方向移动的速度,为了让该交界面静止,则燃料的供给需要使燃料以同样的速度向火焰前锋移动,同时保证氧化剂的供给。图4-1中的燃料和氧化剂的供给是边混合边燃烧的方式,即扩散燃烧,也可以采用先将燃料和氧化剂混合在一起,然后喷射到燃烧区域的方式,即预混燃烧。预混的燃料供给方式应特别注意燃料在一定范围混合着火后可能引起爆炸,为了保证火焰的稳定,要求喷射的速度与反应的速度相一致。

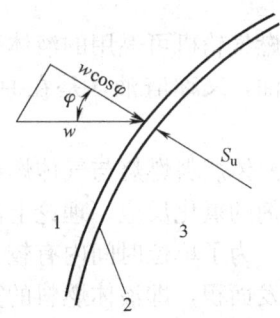

图4-1 火焰稳定示意图[9]
1—未燃烧可燃气体 2—火焰前锋 3—燃烧产物

当燃料或者燃料与氧化剂的混合物质喷入燃烧区的速度出现波动时,火焰前锋的位置就会发生波动,而较大的波动会造成能量不能有效地从燃烧区传递到未燃烧区,从而导致熄火。由于燃料供给不足引起的熄火,通常称为"贫油熄火";而由于燃料供给过大引起的熄火,通常称为"富油熄火"。

4.1.2 气体燃料燃烧

通常化石燃料指的是煤、石油、天然气。燃气轮机从理论上可以燃烧气态燃料和液态燃料,气态燃料包括天然气、人工煤气、沼气等;液态燃料包括石油产品,煤油、汽油,还包括重油。从目前已投产的燃气轮机电厂来看,燃气轮机使用的燃料是以天然气为主的气态燃料。

表4-1列出了燃气轮机能够燃烧的气态燃料。表中使用的标准立方米(Nm^3)单位是指在零摄氏度1个标准大气压下气体的体积(m^3)。

表4-1 气态燃料

气态燃料	热值/(kJ/Nm^3)	气态燃料	热值/(kJ/Nm^3)
天然气-气田煤气	37700	发生炉煤气	<6000
天然气-油田煤气	39300	炼焦炉煤气	16700
高炉煤气	<4000		

在燃气轮机的额定负荷下,对于某种气态燃料来说其流量是确定的,或者说单位时间内总发热量是确定的,燃料输送管路等都是按照当前燃料设计的。如果使用较低热值的气体燃料来替换当前气体燃料,则在保证相应的能量供给的前提下,燃料的供应量会有显著的增大,因此对燃气轮机来说,会有以下几方面不利的影响[3]:

1) 增大了涡轮机的流量,从而影响到涡轮机与压气机的共同工作。
2) 燃料管路因流量显著增大会给燃料输送带来不利影响。
3) 低热值的气体燃料一般含有水分等物质,会给涡轮机的部件带来不利影响。
4) 随着热值的降低,燃料所需要的空气量增大,燃烧室在组织燃烧的过程中将无法实现以前的燃烧室出口温度水平。

4.1.3 液体燃料燃烧

燃气轮机可燃用的液体燃料以石油产品为主。表 4-2 中列出了主要液体燃料的参数。所谓重油,又称渣油,是在原油中提取了低沸点、较轻的汽油、煤油和柴油油品后残余的物质。

液体燃料燃烧与气体燃料燃烧的显著区别在于,其燃烧过程是液体燃料汽化后的气体与氧化剂的氧化反应。理论上液体燃料可以保持整体的液体形式,以边汽化边燃烧的方式释放热量。为了单位时间内有较大的能量输出,必须将液体燃料雾化成细小的液滴,来增大汽化或蒸发面积,即液体燃料的雾化。因而,在内燃机、燃气轮机中,液体燃料的雾化是液体燃料燃烧的前提和关键。液体燃料的燃烧过程大致可以分为液体燃料的雾化、雾化液滴的汽化及与氧化剂的混合、燃烧三个过程。

表 4-2 液体燃料特性参数

石油燃料	低热值/(kJ/kg)	平均密度/(g/mL)	石油燃料	低热值/(kJ/kg)	平均密度/(g/mL)
车用汽油	44000	0.72	柴油	39800	0.85
航空汽油	43090	0.72	重油	40400	0.99
航空煤油	42890	0.79			

液体燃料的雾化是液体破碎成细小液滴的物理过程,其基本原理是液体在气流冲击下,最初分裂成片状、丝状等,然后在液体表面张力、气动力等作用下,进一步破碎成小液滴。液体与气体的相对速度、液体的黏性和温度等都会影响雾化的效果。液体燃料的雾化有两种基本方法,一种是在高压下让液体燃料以很高的速度喷射到一定的空间中,空间中的气体冲击液体使液体燃料雾化;另一种是使用高压的空气或蒸汽,直接高速冲击液体燃料使燃料雾化。这两种方法会分别采用两种雾化喷嘴,如图 4-2 所示。

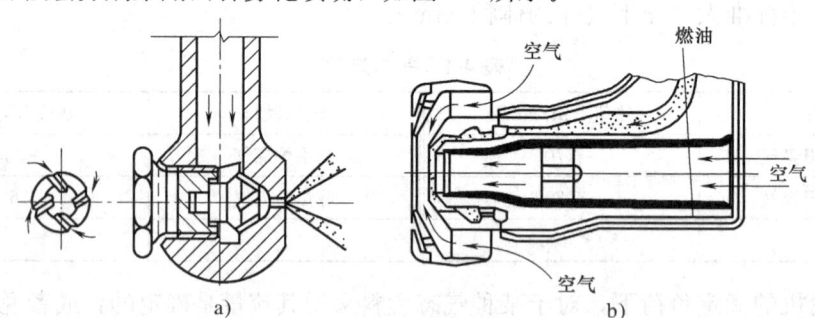

图 4-2 雾化喷嘴

由于液体燃料的雾化通常有空气的参与,所以雾化后的液滴汽化后,就会与周围的空气混合在一起。液体燃料雾化是燃烧的前提,为了保证液体燃料燃烧的稳定,需要在具体雾化的情况下,合理配置氧化剂(空气)的供给。

理论上燃气轮机可以燃烧液体燃料中的重油,且在实际应用中有相应的应对措施。虽然燃用重油的燃气轮机较少,但是为了燃用重油而采用的应对措施在液体燃料的应用方面有一定借鉴意义。燃用重油的相关情况见表 4-3。

表 4-3　燃用重油情况

问　　题	应对措施
燃烧	由于雾化不良，重油液滴颗粒过大，因而在低负荷工况下，很容易未经完全燃烧就被带离高温燃烧区，最后以液体状态积存在火焰筒尾部的壁面上，经高温燃气烘烤，而逐渐形成积焦或积炭	1. 预热重油燃料，使其粘度下降，为重油雾化提供条件。 2. 采用雾化空气喷油嘴，以确保在低负荷工况下，能把重油燃料雾化成为很细的颗粒。 3. 在火焰筒直径较小的燃烧室中燃用重油时，喷油锥角应取为 50°～80°，否则重油液滴容易甩到火焰筒壁上形成积炭。 4. 重油燃料喷嘴容易磨蚀，因而必须选用优质材料制造。 5. 合理地控制进入燃烧区的空气量，以确保在低负荷工况下，燃烧区的平均温度不低于 1050～1200℃，而在满负荷工况时 α_1＝1.15～1.20。 6. 选择合适的旋流器结构形式，以获得比较合理的燃烧区温度场的分布特性。 7. 应适当地延长油滴在火焰筒中的逗留时间，因而重油燃烧室的容热强度应该取得小一些。 8. 增强气流的紊流扰动强度，以提高重油的燃烧速度。 9. 重油燃烧室的壁温不宜太低。 10. 对重油燃料进行必要的处理。 11. 在重油中加入适量的防腐添加剂
	由于燃烧区内过量空气系数过大，即燃烧区的温度过低，致使重油燃料来不及充分燃烧而被带走，它同样为火焰筒尾部的积炭提供了条件	
	由于燃料与空气混合不好，致使重油燃料不能及时地得到新鲜空气的助燃而析炭	
	由于火焰筒壁温度太低，沾上油滴后，就无法使油滴充分燃烧而逐渐形成积炭	
结垢	由于燃烧不完全而形成的炭黑和沥青等，与燃料中的灰分混合所形成的结垢	
	燃料灰分中的钾、钠、镁等杂质与燃烧后产生的 SO_2 和 SO_3 化合而成的硫酸盐或亚硫酸盐所形成的结垢	
	燃料灰分中的钒盐在温度低于 1200℃ 的条件下与氧化合形成的 V_2O_5，以及由 V_2O_5 与各种金属氧化物相互作用而形成的复杂化合物	
腐蚀	积存在涡轮机叶片上的灰分，由于各种复杂的原因，会与叶片的金属元素逐渐起化学或物理作用，使叶片腐蚀损坏，这将严重地影响到机组的寿命和运行可靠性	

4.2　燃烧室的燃烧组织

在燃气轮机中，组织稳定的燃烧并不容易。首先，由于燃气轮机输出功率的要求，所需要的空气量较大，从而气流速度较高，远超过燃料火焰稳定的速度要求，这就需要采用一定的措施，造成一个速度较低的区域使火焰稳定。其次，燃烧室对燃烧的组织，应在燃气轮机负荷变化的时候，保证其不会发生熄火，也就是在燃料供应量减小的时候，应该有相应的措施保证燃烧的稳定。再次，在燃气轮机燃烧污染物排放的严格要求下，需要在稳定燃烧的前提下，增加低污染物排放的措施。例如，为了避免较高温度区的出现，需要对燃料的雾化及空气的供给进行更为仔细的设计。可见，燃烧室部件集中较多的高技术内容，是燃气轮机中具有技术壁垒的内容，而世界上几大燃气轮机的制造商都具有独立的燃烧室技术，由此可见燃烧室在燃气轮机中的地位。

造成一个速度较低的区域来实现燃烧稳定的部件叫火焰稳定器。在燃气轮机中，通常的火焰稳定器是各种旋流器，如图 4-3 所示。其基本原理是：当空气流经旋流器后，是以旋转

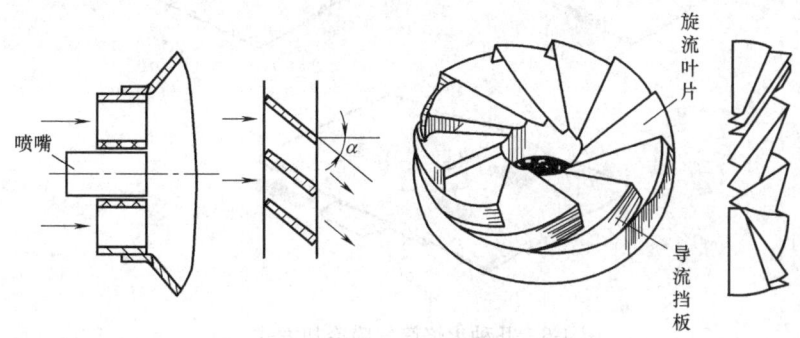

图 4-3　旋流器示意图

的形式进入燃烧室内的,由于旋转中心区压力较低,会产生回流区,如图4-4所示。在回流组织区燃烧,即将燃料喷入该回流区域,以实现燃料和氧化剂的混合。可见,为了燃烧的稳定,空气旋流器与燃料喷嘴需要密切配合,在燃烧区中要实现燃料和氧化剂的适当流量混合。为了描述燃料和氧化剂的流量混合配比情况,引入空气过量系数,即燃烧时实际空气量与理论上需要的空气量的比值。由于燃烧

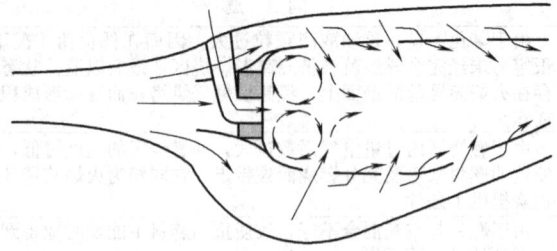

图4-4 回流区示意图

室入口气流速度较大,因此并非全部的空气都可利用于燃烧,空气过量系数中的实际空气量即为燃烧区中有效利用的空气量。空气过量系数的变化边界值分别与贫油熄火和富油熄火相对应。从压气机出口流入燃烧室的空气中,20%左右通过旋流器流入燃烧区腔体,其余从腔体外壁气流孔流入腔体内。

从气流孔中流入腔体内的空气有冷却腔体壁的作用(见图4-5)。由于燃烧火焰温度较高,超过了燃烧室部件材质所承受的温度,因而不能让火焰接触到腔体内壁。冷却腔体内壁的做法是让空气从小孔或小槽流入腔体,在腔体内壁形成气膜,

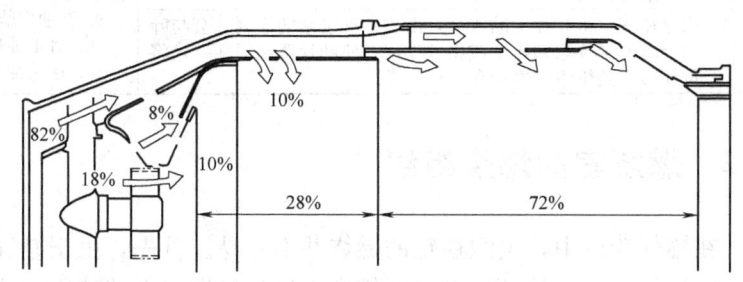

图4-5 燃烧室内壁冷却

防止高温火焰烧坏金属内壁。图4-6所示为几种火焰筒气膜冷却方式。剩余的部分空气都从腔体后部的气流孔中喷入腔体内,其主要作用是掺混高温燃气,尽量使燃气的温度分布均匀,避免对下游涡轮机叶片的热损伤。另外,燃烧室基本都采用内外壳结构,一方面实现了气流的燃烧组织,另一方面也可以有效地保护外壳。

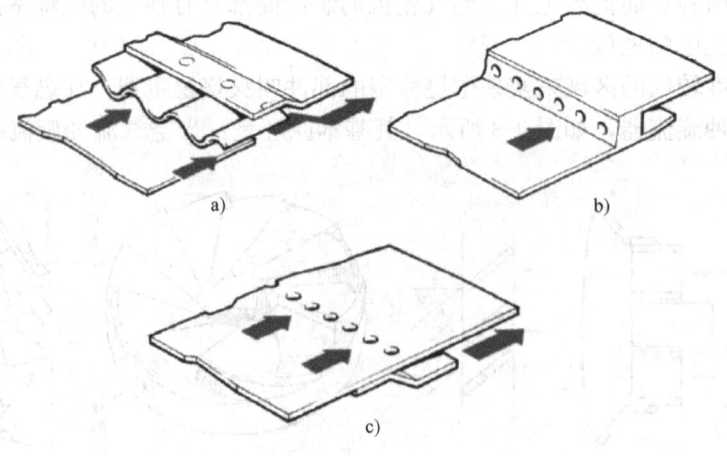

图4-6 几种火焰筒气膜冷却方式[1]

综上所述，燃烧室通过旋流器等火焰稳定器实现稳定燃烧，同时将进入燃烧室的空气分成三部分，最终获得分布较均匀的高温燃气，并向涡轮机输出。虽然燃气轮机中对燃烧室的要求较高，但是目前几大燃气轮机制造商发展的四类燃烧室的结构，都实现了稳定燃烧的要求。下面进行简要介绍。

1. 圆筒形燃烧室

圆筒形燃烧室指一个或两个分置于燃气轮机机组近旁或直接座于机体之上的燃烧室。图 4-7 所示为圆筒形燃烧室的外部形态和内部结构，可以将圆筒形燃烧室看成一个大尺寸分管燃烧室。从内部结构布局来看，两者是十分类似的，但是由于圆筒形燃烧室的火焰筒尺寸较大，所以在组织燃烧方面与尺寸较小的分管形燃烧室有显著的差异。其差异主要表现在如下几个方面：①圆筒形燃烧室结构简单，机组的全部空气在一个或两个燃烧室中完成燃烧加热过程，装拆容易；②由于工业型燃气轮机空间限制并不很严，燃烧室可以做得大些，因而燃烧过程比较容易组织，燃烧效率高，流阻损失小；③宜于燃用重质燃料；④与分管形燃烧室相比，燃烧热强度低，即指在单位时间、单位体积内的燃烧空

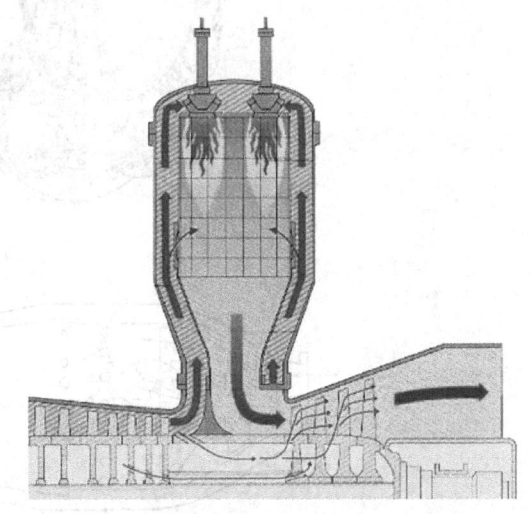

图 4-7　圆筒形燃烧室

间中（或在单位面积的燃烧截面上）能够释放出来的热量少；⑤难于做全尺寸燃烧室的全参数试验，致使其设计和调整比较困难。

圆筒形燃烧室的应用很广泛，其中的技术含量相对较低。

2. 分管形燃烧室

图 4-8 所示为分管形燃烧室的外部形式和内部结构。分管形燃烧室一般采用 4～14 个并联的分管燃烧室，围绕在压气机和涡轮机之间的主轴四周布置。这种燃烧室明显带有航空燃气轮机燃烧室的印记，是一种经典的燃烧室结构。为了减小轴向距离，地面燃气轮机燃烧室的气流可由航空型的顺流改为逆流，如图 4-9 所示为顺流燃烧室。每个燃烧室均由燃烧室壳体、火焰筒、旋流器和燃料喷嘴等组成。分管形燃烧室的结构使每个燃烧室几乎是相对独立的，只是由联焰管连在一起（见图 4-8 c）。联焰管的作用是方便相邻燃烧室火焰筒间火焰的传递，从而实现使用少数几个点火机构就可以使整个燃烧室都运行起来，它也有均匀燃气压力的作用。但是在实际使用的过程中会遇到两个问题：一是联焰管因高温火焰而烧坏；二是联焰管没有成功将火焰传递，导致点火失败。

分管形燃烧室历史悠久，虽然在燃烧、污染物排放等新的要求下，其技术也在不断发展。但其分管结构及联焰管的设置，仍然显露出一定的限制。

3. 环形燃烧室

环形燃烧室与上述两种燃烧室在结构上差异较大，图 4-10 所示为环形燃烧室的结构。环形燃烧室也有内壳和外壳双层结构。功能上内壳与分管形和圆筒形燃烧室的火焰筒类似，但结构上呈锥环形。环形燃烧室在圆周上布置若干个气流和燃料的供应点（燃烧器），每个

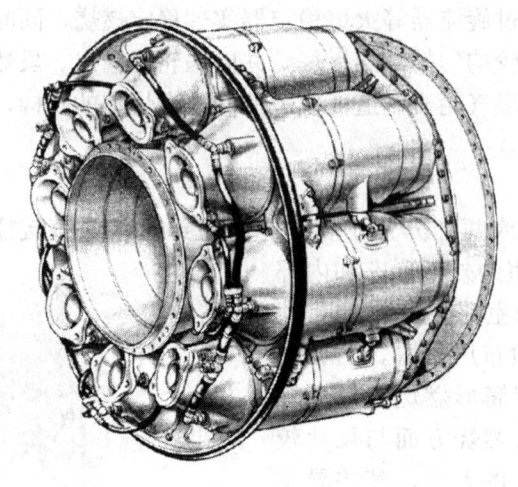

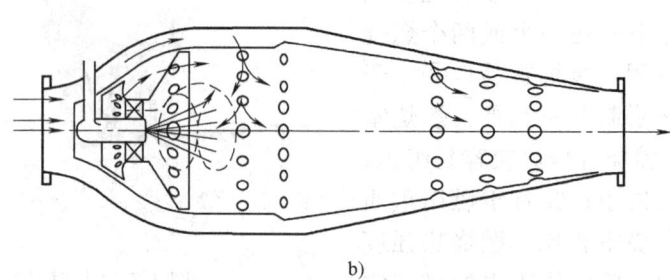

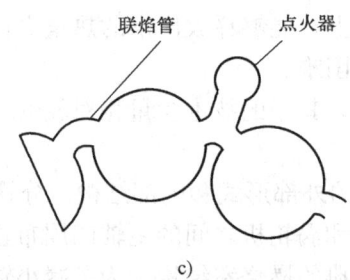

图 4-8 分管形燃烧室外部形式和内部结构
a）外观图　b）剖面图　c）联焰管和点火器

燃烧区处在无间隔整体区域中，可以充分地沟通。这种结构具有两个显著的特点：一是燃烧室在起动点火时，成功率几乎为100%；二是对火焰的控制较差，燃气出口温度场受气流场的影响较大而且不容易保持稳定。

环形燃烧室在电厂燃气轮机发展的早期，并没有获得用户的广泛认可，但是最近投放市场的环形燃烧室因其在污染物排放方面取得了较好的实效，显示出引领燃烧室未来发展方向的势头。

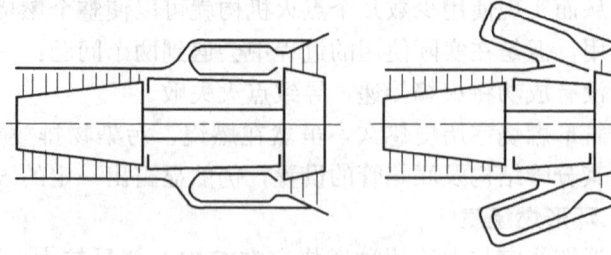

图 4-9　顺流燃烧室

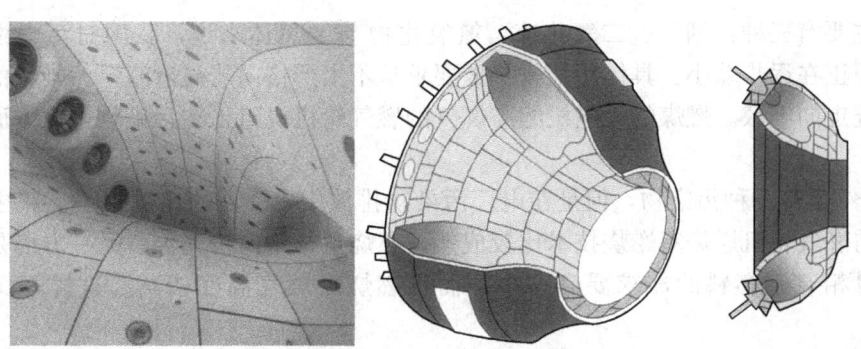

图 4-10 环形燃烧室结构

4. 环管形

环管形燃烧室（图 4-11 所示为中间结构）是一种介于环形和分管形燃烧室之间的结构形式。其结构特点基本上与分管形燃烧室相同。它也有火焰筒，而且每个火焰筒之间也是用联焰管相连的。但是，这些火焰筒被统一地安装在一个环形内腔中。进入燃烧室的空气就在这个环形内腔中流动，并通过每个火焰筒上的开孔逐渐进到火焰筒中去。环管形燃烧室结构适宜与轴流式压气机配合工作，能够充分利用进口气流动能。

电厂燃气轮机作为发电动力设备，必然要承受发电负荷的经常变化，燃烧室的燃料供应量，是燃气轮机输出功率调整的重要控制手段。具体的控制机理及相关内容在后面章节将有具体的介绍。在此将重点介绍燃烧室因燃料供给量的变化，在燃烧组织、火焰稳定等方面遇到的问题以及应对的措施。

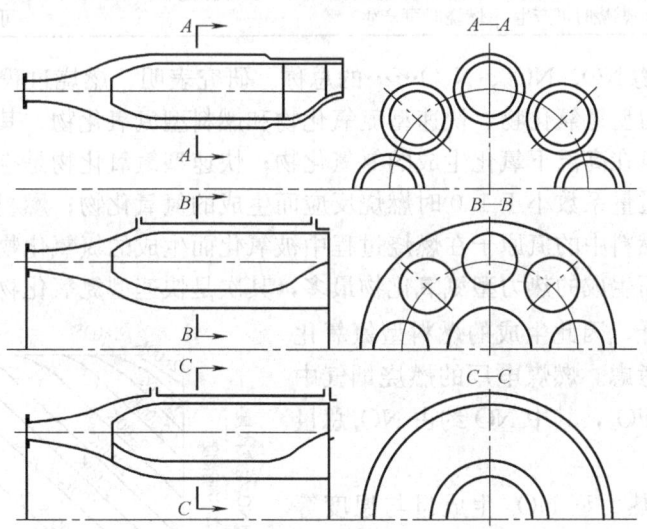

图 4-11 环管形燃烧室与分管形、环形燃烧室对比图

4.3 低污染燃烧

燃料燃烧会产生污染物，国家标准中规定了作为大气污染物的物质有 33 种[10]。其中针

对火电厂主要有三种：烟气、二氧化硫、氮氧化物[11]。总体来说，我国对污染物的控制与国外的差距正在逐步缩小。具体污染物排放要求从不太严格向严格过渡；污染物的控制方案也在由笼统走向细致。燃煤的火电机组与燃气的燃气轮机机组，在污染物排放方面有一定的差异。

CO虽然也是一种污染物，但是在电厂污染物排放中CO占的比例很小。其主要原因一方面是目前燃气轮机燃烧室燃烧技术比较成熟，燃烧室结构比较完善；另一方面是燃烧时实际空气流量相对于燃料的需求要高得多，而且燃烧后燃气温度较高。这样CO多转化为CO_2。

表4-4针对电厂的主要污染物，比较了不同燃料的情况。燃气的燃气轮机机组，气体燃料中不含有灰分，因而燃烧几乎不产生黑烟；含硫较少，所以主要的污染物是氮氧化物。对于燃用液体燃料的燃气轮机，污染物增加了烟气和二氧化硫。为控制排气冒烟，可以采取燃烧室贫油设计和增加火焰筒头部压降的措施，达到增加头部空气量、改善油气混合比、降低温度和防止局部富油区的目的；也可以改进压力雾化喷嘴和采用气动喷嘴，改善雾化质量，防止扩散型燃烧，使油气分布均匀；还可以采用燃油添加剂，抑制烟粒的生成等。

表4-4 电厂不同燃料污染物排放情况

污染物	固体燃料	液体燃料	气体燃料
黑烟	含有的灰分造成烟气	比固体燃料好，但也有一定比例的难挥发物质可产生黑烟	几乎不产生黑烟
二氧化硫	燃料含硫，燃烧时生成	燃料中含硫，燃烧时生成	含硫较少，燃烧有少量产生
氮氧化物	燃料含有氮元素，大致占0.5%～2.0%，燃烧时可产生	燃料含氮元素，但一般含氮量在0.2%以下，燃烧时可产生	几乎不含氮，但燃烧时可产生

NO_x是氮氧化物NO、NO_2、N_2O……的总称。研究表明，燃烧过程中主要生成三种形式的氮氧化物：热力型氮氧化物、快速型氮氧化物和燃料型氮氧化物。其中，热力型氮氧化物主要是空气中的氮在高温下氧化生成的氮氧化物；快速型氮氧化物是空气中的氮与燃料中的碳氢离子在空气过量系数小于1.0时燃烧反应而生成的氮氧化物；燃料型氮氧化物是指以化合物形式存在于燃料中的氮原子在燃烧过程中被氧化而生成的氮氧化物。在燃气燃烧过程中，由于燃烧高温而生成的热力型氮氧化物最多，其次是快速型氮氧化物。由于气体燃料中氮的化合物含量很低，因此生成的燃料型氮氧化物很少，可以不予考虑。燃煤电厂的燃烧烟气中NO_x主要为NO和NO_2，其中NO约占NO_x总量的90%以上。

图4-12所示为热力型NO_x生成量与温度等的关系。需要特别说明的是，图4-12中所示的温度是火焰的温度。热力型氮氧化物生成量与燃气轮机的发展趋势相矛盾：燃气轮机要提高涡轮机前温度，则燃料燃烧温度要相应地提高，这会带来NO_x排放的增加。从长期发展来看，燃气轮机涡轮机前温度是一定要提高的。控制NO_x排

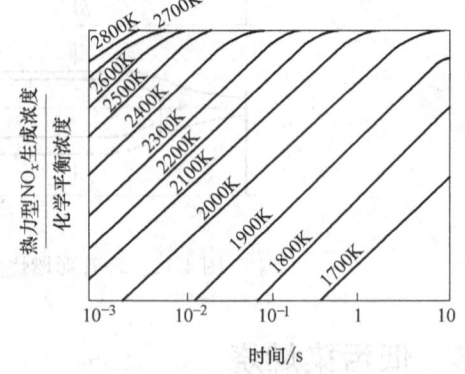

图4-12 热力型氮氧化物生成量与温度和火焰停留时间的关系[8]

放有两个思路：一是缩小火焰温度与涡轮机前燃气温度的差，也就是使燃烧温度更均匀。在保证平均燃气温度的前提下，降低火焰的温度。在这个思路的基础上产生出了多种燃烧器，后面将具体介绍；二是 NO_x 产生后，采取一定方法去除一部分。

除了火焰温度外，火焰停留时间也对热力型 NO_x 生成量有一定的影响（见图 4-12），火焰停留时间越短，热力型 NO_x 生成量越少。此外，空气过量系数对 NO_x 的生成也有较大的影响。从图 4-13 可以看出，在空气过量系数略大于 1 时，NO_x 的生成量最大，而 CO 的生成量最小。随着空气过量系数增大，NO_x 和 CO 的生成量呈相反的趋势。另有研究表明，热力型 NO_x 生成量与氧浓度的平方根成正比[8]。

因此，在燃料充分燃烧的基础上，为了减少 NO_x 的排放量，需要增大空气过量系数，同时减少气体在高温区的停留时间。由本章前面的分析可知，气体燃料的燃烧分预混燃烧和扩散燃烧，而这两种燃烧方式对于同样的空气过量系数其着火温度是不同的。在相同空气过量系数下，由于扩散燃烧是边混合边燃烧，火焰停留时间要略长些。因此为了降低 NO_x 的排放量，一般要采用预混燃烧的方式。

目前已应用的燃烧室，常规降低 NO_x 的措施有下面两种：

（1）向燃烧室中喷射一定数量的水可以降低最高燃烧火焰温度，有效地抑制 NO_x 的产生。这是目前比较成熟且能有效地减少燃气轮机 NO_x 排放的方法。但水质必须经过预处理，否则会导致涡轮机叶片的腐蚀。这种方法在 20 世纪 80 年代以后被燃气轮机电站普遍采用。

（2）在余热锅炉中安装 SCR，即选择催化还原技术（Selective Catalytic Reduction）。

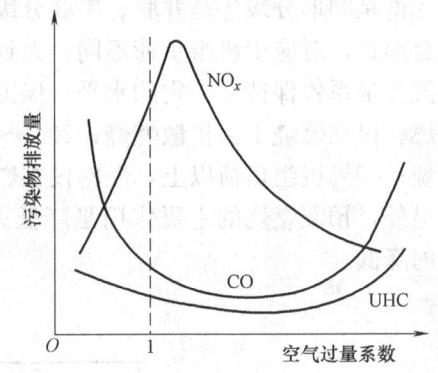

图 4-13 污染物排放量与空气过量系数的关系

通过在余热锅炉中布置催化床并注入氨气（NH_3），使其与燃烧产物中的 NO 和 NO_2 反应生成 N_2 和 H_2O，实现对 NO_x 的减排。催化反应器的尺寸很大，对温度也有一定要求，一般被布置在余热锅炉中温度介于 300～400℃ 的蒸发器区段[3]，因而在余热锅炉中重新添加 SCR 的措施就比较困难。SCR 设备在具体使用中还有寿命短、氨气泄漏等问题。因此，虽然实际采用 SCR 是迫于排放标准的要求，但该措施并不是值得普遍应用的降低 NO_x 排放的方法。

虽然常规方法对降低 NO_x 有所作用，但毕竟不能完全解决问题，甚至会带来一些副作用。因此，各燃气轮机厂商均将研究重点放在了干式低 NO_x（DLN：Dry Low NO_x）燃烧室的研发上，并取得了显著的成果。这将成为未来燃气轮机降低 NO_x 的发展趋势。

4.4 主要燃气轮机厂商燃烧室技术特点

燃气轮机设备在某种程度上代表着一个国家的工业水平。目前世界上的重型燃气轮机独立制造商，或者说掌握地面大型燃气轮机核心技术的四家制造商：通用电气公司、西门子公司、阿尔斯通公司和三菱公司，它们所采用的燃烧室技术特点见表 4-5。

表 4-5 燃气轮机独立制造商

独立制造商	通用电气	西门子	阿尔斯通	三 菱
技术流派	通用电气	西门子 西屋	ABB	通用电气 西屋
燃烧室类型	分管 环管	圆筒 环形 分管	圆筒 环形	环管
低 NO_x 燃烧技术	DLN	DLN	EV	DLN
国内合作单位	哈汽	上汽	—	东汽

1. 通用重型燃气轮机的逆流环管形燃烧室

通用电气公司传统上采用逆流式环管形结构的燃烧室,这种结构便于更换,其逆流布置能缩短整台机组的轴向长度,有利于改善转子的整体刚性。多年来通用电气公司一直坚持采用分管形燃烧室结构,并不断发展新型的低污染物燃烧室。

图 4-14 所示为通用电气公司 DLN 型燃烧室的主要结构特点:分级燃烧形式、预混燃烧方法。无论是圆形分级还是并联、串联分级,分级的主要作用是保证燃烧的稳定。即燃烧区域的组合形式,对应于机组负荷不同,大致的燃料投入量有差异,可以使不同负荷下火焰燃烧的空气过量系数保持在一定的水平,保证火焰稳定。以图 4-14a 为例,在 20% 以下机组负荷时,燃料仅在燃烧 1 区扩散燃烧;20%~40% 机组负荷时,燃料在燃烧 1 区和 2 区均进行扩散燃烧;40% 机组负荷以上,燃料仅在燃烧 2 区预混燃烧,此时燃烧 1 区为燃料和空气预混区。另外,预混燃烧的主要作用是降低火焰停留时间。由两方面的综合作用,实现 NO_x 排放量的降低。

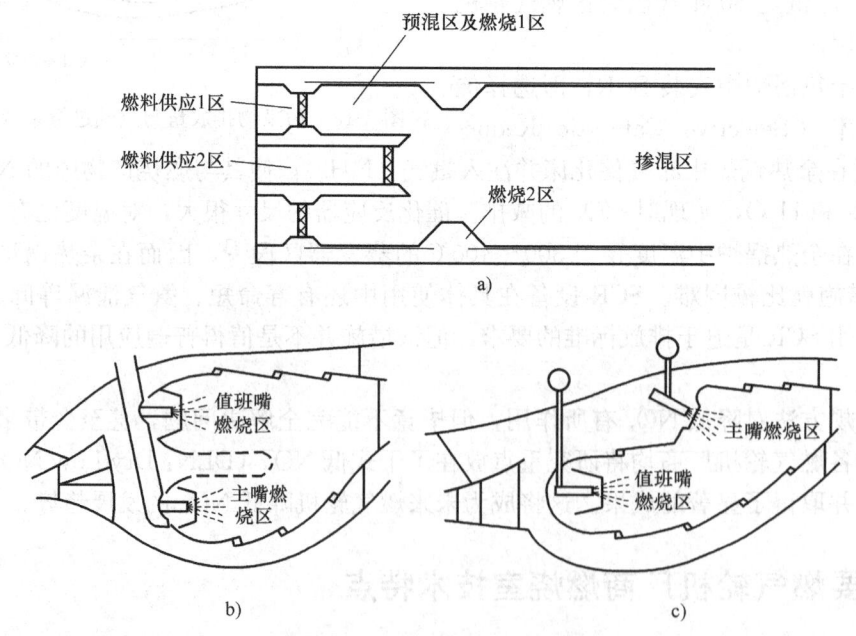

图 4-14 通用公司 DLN 燃烧室
a) 圆环分级 b) 并联分级 c) 串联分级

2. 西门子环形燃烧室

西门子公司早期的燃烧室为圆筒形结构，西屋公司燃气轮机部门并入之后，继承了分管形燃烧室的技术，于20世纪后期，研发成功环形燃烧室，并发展成为自己的特色。其环形燃烧室的内壳是用耐热陶瓷材料制成的，有利于提高火焰筒的使用寿命。燃烧室内部沿圆周布置若干混合型燃烧器，如图4-15所示，该燃烧器具有DLN特点。从结构上来看，虽然西门子公司的燃烧室与通用公司的有显著不同，但其主要的设计思想是一致的，即分区供气、预混燃烧。从图4-15可以看出，西门子DLN燃烧器的燃料供应有预混、扩散、值班三个供气口，不同供气量的组合可以对应不同的机组负荷。虽然燃烧的区域均在环形的腔里，但是效果与通用的分区燃烧是一致的。另外，预混燃烧是其主要的燃烧方式，燃料气体和空气的混合物

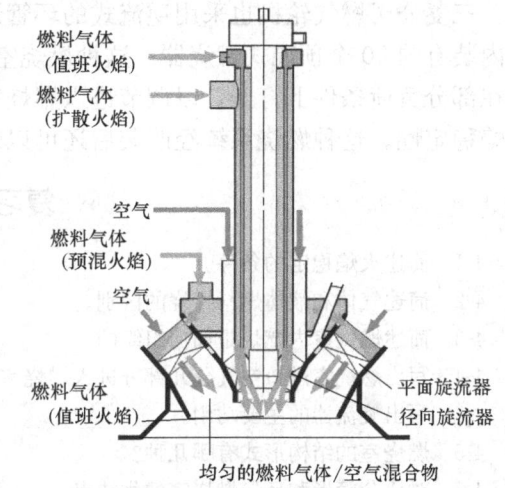

图 4-15　西门子公司 DLN 燃烧器

是通过平面和径向旋流器实现的。总的来说，该燃烧器与环形腔组合，既实现了不同负荷下的燃烧稳定，也有效地降低了 NO_x 排放。

3. 阿尔斯通环形燃烧室

阿尔斯通公司燃气轮机燃烧室的特色是在圆筒形燃烧室中并联地配置EV燃烧器，如图4-16所示。该燃烧器结构十分独特，它是由两个彼此错开一定角度的半锥体组成，并在半锥体的边线处形成两个开缝，空气从这两个开缝中进入，天然气从开缝边上的许多小孔中喷出，在锥体内部，空气和天然气边掺混边形成旋转气流，并在出口中心回流区处形成燃烧火焰。该火焰温度低于扩散火焰，因而具有降低 NO_x 排放的作用。

当燃用液体燃料时，液体燃料将从安装在锥体头部的喷油嘴中喷出，经雾化、蒸发，与从开缝中进入的空气掺混形成可燃混合物。由于结构限制，液体燃料在锥体出口处未能完全蒸发为蒸气，因而燃烧火焰同时具有预混和扩散燃烧的成分，需要增加其他装置来控制

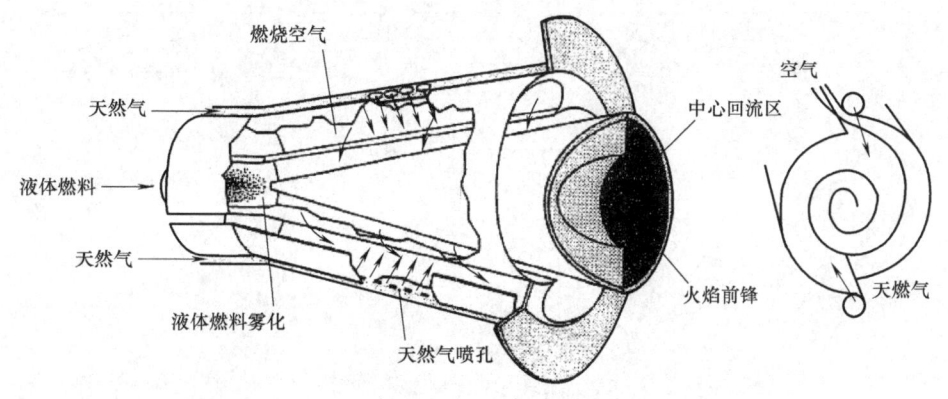

图 4-16　阿尔斯通公司燃气轮机燃烧室

NO_x 的排放量。

4. 三菱公司环管形燃烧室

三菱公司燃气轮机也采用逆流式的环管形燃烧室。与通用公司的燃烧室区别在于，燃烧室内装有约 20 个预混式燃烧器。这种燃烧室的结构特点是在火焰筒混合段上装有旁路阀门，可在部分负荷条件下打开，以调节进入燃烧室头部的燃烧空气量，从而保证低负荷工况下的火焰稳定性。这种燃烧系统经改装后还可以燃烧煤制合成气。

复习思考题

4-1 简述火焰稳定的条件。
4-2 简述气体和液体燃料燃烧的区别。
4-3 简述燃烧室内燃烧是如何组织的。
4-4 写出燃烧室进口空气分几部分进入燃烧室，各有什么用途？
4-5 写出旋流器的主要功用。
4-6 燃烧室的结构形式有哪几种？
4-7 对比分管形和环形燃烧室的优缺点。
4-8 为什么燃气轮机排气污染的问题主要集中在减少 NO_x 排放量？
4-9 简述目前低 DLN 燃烧室的主要技术原理。

第5章 涡 轮 机

涡轮机是燃气轮机中提供动力的部件，是电厂燃气轮机的核心部分。本章主要介绍以下内容：①涡轮机工作原理；②涡轮机的性能特点；③涡轮机与压气机的协调；④涡轮机的结构；⑤涡轮机的热保护。

5.1 涡轮机工作原理

涡轮机是利用高温、高压的燃气以近似绝热膨胀的过程流过涡轮机叶片，并通过涡轮机轴对外输出转矩。按照动量定理，对涡轮机叶片做功以及气流与叶片间的作用力是通过叶片进、出口气流速度变化实现的，这与在压气机章节中的分析相同。图 5-1 所示为典型涡轮机的实物图片及级内气流二维流动图。

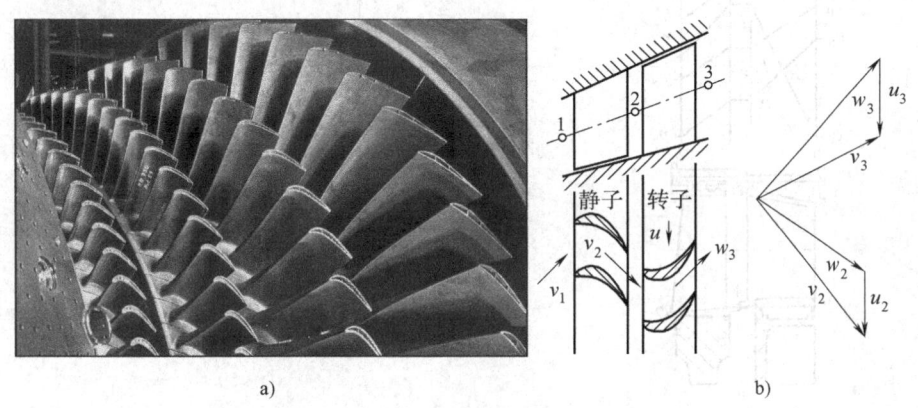

图 5-1 涡轮机剖面图和轴流涡轮机平面叶栅图
a) 涡轮机实物图 b) 涡轮机级二维流动图

涡轮机中气流与叶片的能量转换与压气机的情况十分类似，其主要的区别在于涡轮机中气流的流动是由高压区流向低压区，而压气机中的气流是从低压区流向高压区。在涡轮机中的气流不像在压气机中那样容易分离，因而在涡轮机动叶中，气流可以实现较大的角度变化，即如图 5-1 所示的那样。一般涡轮机的第一排静叶片被称为喷嘴，其进口气流是轴向的，出口气流的速度方向倾斜，从而实现涡轮机动叶中较大的气流折转。因此，通常说一级涡轮机时，静叶在前、动叶在后；而说压气机时则是动叶在前、静叶在后。另外，涡轮机的级数一般较少，对于膨胀比为 15 的要求，3~4 级涡轮机就可以高效地实现能量转换。

气流在涡轮机中膨胀的主要限制是气流速度过高。过高的气流速度，会由于叶片局部结构的影响造成较大的损失；另外，如果速度接近于当地音速，也会造成复杂的激波现象而降低效率。所以电厂用燃气轮机的涡轮机内气流流动都是亚音速的。在气流膨胀的过程中，气流密度显著降低，因而为了避免速度发生较大升高，涡轮机的流道是扩张式的（见图 5-1a）。

涡轮机中燃气热力参数的变化如图 5-2 所示。在静叶通道中，动能增加、温度降低，但总能量不变。在动叶中，一般为压力、温度均降低的多变膨胀过程。但也有些涡轮机级，在动叶中仅发生温度的降低，而整个级的压力降低都在静叶中完成，该级被称为冲动式涡轮机级，否则为反动式级。详细内容请参考涡轮机原理相关文献。

涡轮机的效率一般是指等熵膨胀效率，即实际膨胀过程的焓降与等熵膨胀过程焓降的比值（见图 5-3）。计算公式如下

$$\eta_T = \frac{h_3^* - h_4^*}{h_3^* - h_{4s}^*} \approx \frac{T_3^* - T_4^*}{T_3^* - T_{3s}^*} = \frac{T_3^* - T_4^*}{T_3^*(1 - \frac{1}{\pi_T^{\frac{\gamma-1}{\gamma}}})} \tag{5-1}$$

虽然 $h^* = c_p T^*$，但 c_p 是温度的函数，所以上式中温差之比与涡轮机真实的效率有一定的误差。利用式（5-1）可以估算涡轮机的进出口参数。例如：在已知 T_3^*，压气机压比或涡轮机膨胀比 π_T，参考燃气的比热比 $\gamma = 1.33$ 以及涡轮机效率大致的范围（0.88～0.92）时，就可以求出大致的涡轮机排气温度 T_4^*。

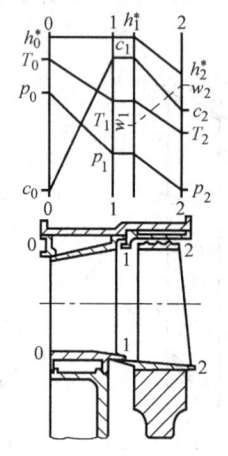

图 5-2 涡轮机中燃气热力参数的变化

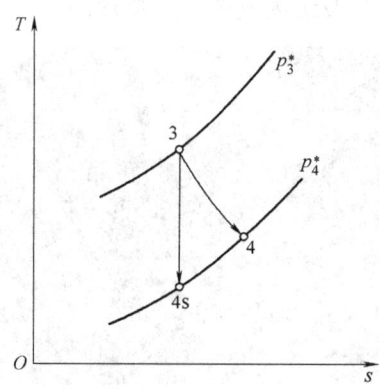

图 5-3 涡轮机中气流膨胀过程温熵图

5.2 涡轮机性能特点

无论是涡轮机还是压气机，对其性能的分析实际上是研究其性能的表征参数，比如膨胀比（压比）、温比、功率、流量、转速等的变化规律。为了能更好地分析这些规律，需要关注两点：一是从实际运行的角度分清这些表征参数中，哪些是不变的或变化不大的？哪些是用来调节使性能发生改变的？哪些是用来表征调节结果的？二是在这些表征参数中分清哪个对设备的运行状态具有决定性影响？剩下的参数则反映的是结果。

根据实际情况，基于一定的环境温度和压力来讨论涡轮机或压气机的工作性能是比较合适的。对于涡轮机来说，出口的压力为某确定值。分析涡轮机性能参数间的变化规律，可以将涡轮机放置在实验台上来研究这些参数间的变化。但是，这样做不具有太多的实用意义，因为涡轮机的运行特点使得某些参数间的变化规律很少会在运行中体现出来。图 5-4 所示为压气机和涡轮机在性能影响因素方面的差异。

从实际情况来看，压气机的性能可以认为是在一定转速、及某功率输入下，压气机出口压力（或压比）与流量间的变化规律。具体性能曲线可参见第 3 章。在此过程中，一定功率的输入就是决定性的参数，而总压比和流量是功率输入的结果。虽然输入功率的变化会改变压气机的性能，但是压气机性能的变化不是靠输入功率的变化来调节的，而是通过调整可调导叶/静叶、出口通流截面积等来改变压气机性能的。输入功率将配合压气机性能的变化。

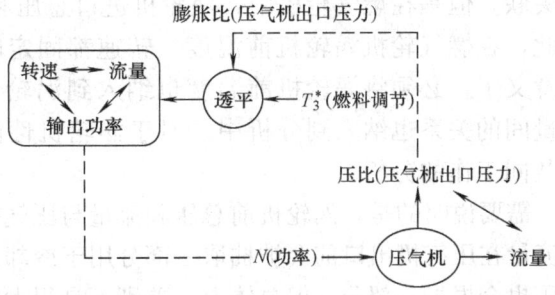

图 5-4 涡轮机和压气机性能影响因素

当压气机由电动机带动时，这方面尤其明显。这也是压气机与涡轮机性能区别的主要特征。在进行上面分析的时候，压气机进出口的环境温度和压力以及压气机的几何结构，包括可调叶片的安装角度等都是固定的。

从图 5-4 中可以看出，涡轮机的性能表征参数有三个，即涡轮机输出功率、流量和转速。固定一个不变的话，就有三种对应关系，显然要比压气机压比和流量一组对应关系复杂得多。而燃气轮机又把压气机和涡轮机连在一起，因而图 5-4 中的参数在燃气轮机中形成了环环相扣的控制回路。这样虽然复杂，但由于电厂燃气轮机的具体特点，实际运行中这些参数间的变化规律要简化得多。

在涡轮机结构固定、环境压力相同的情况下，涡轮机进口燃气参数以及对外输出功将决定涡轮机的转速。对于电厂燃气轮机来说，转速是恒定的。这是由于电厂燃气轮机受发电频率的限制。因此，如果燃气参数和对外输出功两个因素中有一个或两个发生变化，要保持涡轮机转速不变，就需要另外的转速控制措施。分析涡轮机性能时固定转速是合适的。图 5-5 显示了设计转速下，涡轮机性能曲线。一方面，燃气轮机负荷变化时，

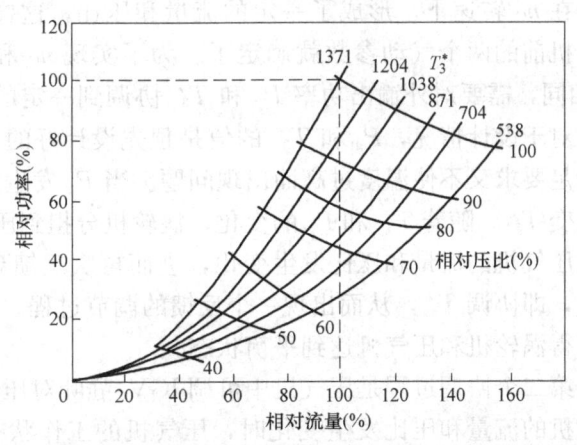

图 5-5 涡轮机性能曲线

转速保持不变；另一方面，在同转速下，压气机的性能曲线较陡，也就是说压气机压比明显变化，但流量变化不大，因而涡轮机的流量变化也不大。图 5-5 中 100% 相对流量的虚线就相当于涡轮机的负荷变化曲线，涡轮机负荷降低对应的是涡轮机前温度和压气机压比降低，此时压气机所有叶片安装角是固定的。

如果涡轮机转速变化，总压和涡轮机前温度一定，涡轮机的状态就不能确定，需要在输出功率、转速、流量三个参数中再固定两个，这样涡轮机的最后状态才能确定下来。在输出功率、转速确定后，涡轮机会平衡到一定的流量；在流量、转速确定后，涡轮机会平衡到一定的输出功率。涡轮机前温度也是调节性的参数，即燃气轮机的性能是通过涡轮机前温度来调节的。因此，如果限定涡轮机前温度，在分析涡轮机的性能规律时就

会缩小涡轮机的工作范围。在涡轮机实验台上,涡轮机进口的总压和流量间不具有紧密的关联,但是在燃气轮机中,涡轮机进口总压和流量受压气机的总压和流量关系的限制。因此,在燃气轮机涡轮机前温度、转速都固定时,分析涡轮机的性能已经没有太多的实际意义了,必须将涡轮机前温度也纳入到涡轮机性能分析中,而且要将压气机的总压和流量间的关系也纳入到分析中。对于涡轮机性能的分析实际上转变成了对涡轮机和压气机共同工作的分析。

需要说明的是,涡轮机前总压和流量与压气机的总压和流量并不完全相同,压气机的进口流量在压气机出口前会被抽取一部分用于冷却,且经过燃烧室后,又加入了燃料的量,而总压也会损失一部分。但总体上,差别不是很大,用于讨论性能的变化是可以的。

5.3 涡轮机与压气机的协调

在电厂燃气轮机中,涡轮机与压气机共轴。工质依次流过压气机和涡轮机,实现增压和膨胀做功。本书主要以单轴布置燃气轮机为对象来说明压气机与涡轮机共同工作的基本规律。

图 5-6 所示有三对相等或近似相等的参数:一是压气机的转速与涡轮机的转速相同;二是压气机的流量与涡轮机的流量近似相同;三是压气机的增压比近似等于涡轮机的膨胀比。

图 5-6 所示包含两个协调过程:第一个过程是压气机在 n_C 转速下,形成了一定的流量和压比,这样涡轮机前的两个气动参数就确定了。为了实现 n_C 和 n_T 相同,需要对外输出功率 P_{gt} 和 T_3^* 协调到一定的值。对于设计情况,P_{gt} 和 T_3^* 的值是预先设计好的,

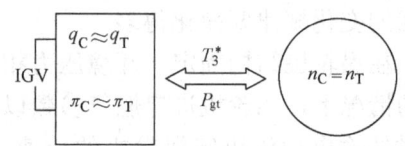

图 5-6 涡轮机和压气机共同工作示意图

即满足要求又不使温度过高而出现问题。当 P_{gt} 发生变化时,其调节手段是改变燃料供应量,即改变 T_3^*。随着 T_3^* 和 P_{gt} 的变化,涡轮机分担到压气机的增压功率会随之发生变化,这将导致压气机的流量和压比发生变化,进而再次反馈到 T_3^*。在 P_{gt} 确定时,通过调节燃料供应量,即协调 T_3^*,从而出现一个反馈的调节过程。理论上多次重复的这个反馈过程,将最终使得涡轮机和压气机达到平衡状态。

第二个协调过程是压气机中可调 IGV/静叶对压气机性能的调节。在第一个过程中,当压气机的流量和压比发生变化时,压气机的工作状态可能向低效率区或失稳区移动。调节 IGV/静叶,能够使压气机的工作状态在一定程度上保持在高效率区并避免失稳,其关键在于压气机的性能曲线发生变化。上述两个过程在燃气轮机的起动、运行、调节过程中自动地同时进行,参见本书第 9 章和第 11 章内容。

涡轮机和压气机在非设计转速下也可以稳定工作,甚至可以将不同转速下的稳定工作点连成一条共同工作线。但对于电厂燃气轮机来说,可能没有太多的实际意义,这主要是由于电厂燃气轮机在稳定工作时的转速是固定的,只在起动、停机、调节过程中才会出现非稳定的转速变化。由于多级轴流压气机的级间协调性问题,燃气轮机只有一个最佳设计工况点。当转速偏离设计值时,即使通过 IGV/静叶安装角的调整,一般来说燃气轮机的效率也会低于设计工况。当燃气轮机是分轴、双轴等结构时,连接压气机的某轴转速可以变化,不同转速下的共同工作线就是分析这些轴系燃气轮机性能变化的主要依据。

5.4 涡轮机的结构

电厂用燃气轮机涡轮机的结构与压气机的结构十分类似，都属于轴流式叶轮机械。涡轮机的显著特点是级数少，叶片和轮盘重量也比压气机的大很多；另外，涡轮机中的燃气温度比压气机的空气温度要大很多。因此，涡轮机的结构特点主要是围绕热防护、可靠性来展开的。

1. 涡轮机转动部分

由于涡轮机转子叶片相比压气机动叶较重，整个轮盘也较重，所以涡轮机采用外围拉杆的盘鼓式结构（见图5-7）。但有些燃气轮机的涡轮机采用焊接和段拉杆/螺栓形式。

图 5-7 涡轮机外围拉杆转子
a) 轮盘整体 b) 轮盘细节

2. 涡轮机通流部分和叶片装配

由于涡轮机存在部件冷却的问题，所以其在通流部分细节结构上与压气机有所区别。一是通常都安装有护环结构（见图5-8b），其作用是形成满足涡轮机动叶要求的叶尖间隙，以及对气缸内壁进行热保护，防止热燃气将其烧坏；二是静叶与气缸间有持环结构（见图5-8），其作用主要是利用持环与气缸间的空腔，通过遮热绝缘层和通入冷却气来实现对持环、静叶内环及转子的冷却。此处的持环结构与在压气机章节中提到的静叶环是有所区别的，静叶环是一段扇形面，将若干静叶在气缸侧或者轮毂侧连接在一起，针对的是一排静叶；而持环一般为锥面，像气缸一样分上下两半，可装几排静叶。

由于涡轮机级做功量大，叶片离心力也较大，所以涡轮机动叶根部形式与压气机的有较大不同。图5-9所示为

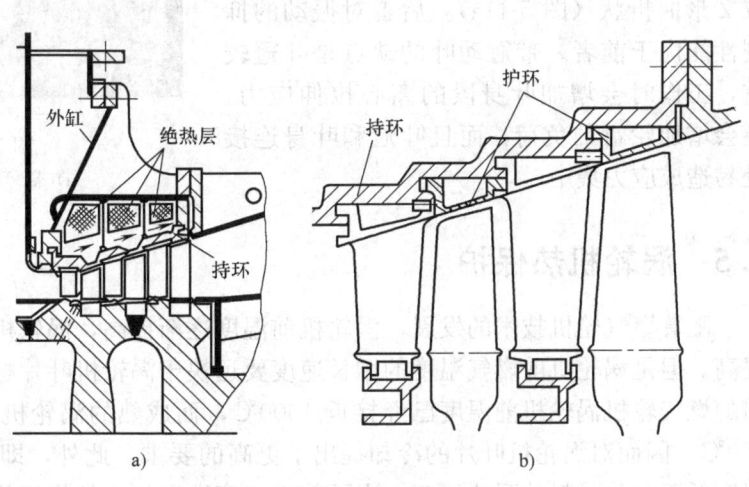

图 5-8 护环和持环
a) 持环 b) 持环与护环

涡轮机的叶根形状。通常涡轮机叶片的叶根做成长柄的（见图5-10），这样做有三点好处：
1) 改善了叶根齿中第一对齿的承载条件和叶根应力不均匀的程度。
2) 减少了叶片对轮盘的传热。配合空气冷却后，可大大降低叶根齿与轮缘的温度。
3) 能合理利用材料，使其在不断提高温度的当代得到广泛利用。

图5-9 涡轮机叶片枞树形叶根

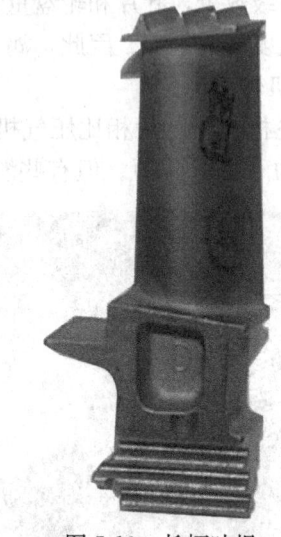

图5-10 长柄叶根

涡轮机动叶叶顶结构分为带冠和不带冠两种。带冠动叶装在轮盘上后，每片动叶的叶冠拼合起来，会在叶顶处形成一个环带，将燃气限制在叶片流道内流动，有助于提高涡轮机级效率。其次是对叶片振动起阻尼作用，这对长叶片的涡轮机动叶是很理想的。叶冠的形状可以做成平行四边形，也可以做成Z形曲折状（图5-11a）。后者对振动的抑制性能优于前者。带冠动叶的缺点是叶冠较重，工作时会增加叶身段的离心拉伸应力，还会增加轮盘的负荷，而且叶冠和叶身连接处易造成应力集中。

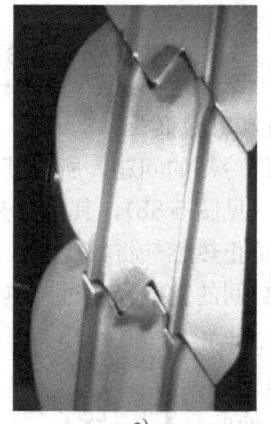
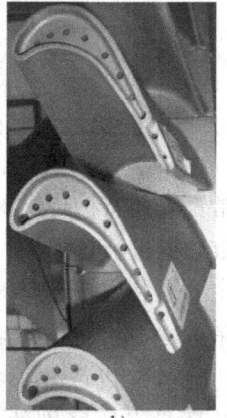

a) b)

图5-11 叶顶结构
a) 带冠叶顶 b) 不带冠叶顶

5.5 涡轮机热保护

随着燃气轮机技术的发展，涡轮机前温度逐渐提高，涡轮机叶片材料的耐热温度也逐渐提高。但是涡轮机前燃气温度的增长速度要远快于涡轮机叶片材料耐热温度的提高速度。目前的燃气轮机涡轮机前温度已经接近1500℃，而成熟的涡轮机叶片材料的耐热温度不超过900℃。因而对涡轮机叶片的冷却提出了更高的要求。此外，即使涡轮机叶片接触到的气体温度低于叶片材料的耐热温度，也可能由于腐蚀和氧化的作用使叶片损坏。在叶片表面增加保护涂层是必要的措施。

5.5.1 冷却介质和冷却方式

涡轮机叶片的冷却属于传热问题。从传热的角度考虑，对叶片的冷却有两种方式：一是高温燃气与涡轮机叶片接触，但高温燃气传递到涡轮机叶片的热量很快会被传递走，从而维持叶片的温度在安全的范围内；二是在叶片与高温燃气间有温度较低的保护气体，虽然这层气体会被高温燃气加热，但是在叶片表面气体的温度能够维持在叶片材料耐热温度的范围内。由此，涡轮机叶片的冷却，可以分为流动换热及外部气膜冷却两种方式（见图 5-12c）。其中流动换热方式又分为一般对流冷却（见图 5-12a）和冲击冷却（见图 5-12b）两种。冲击冷却可以认为是强化对流冷却。从传热的效果来看，气膜冷却强于冲击冷却，而冲击冷却强于对流冷却。在实际应用中，也常常将这三种冷却方式组合在一起，应用到一个叶片上。

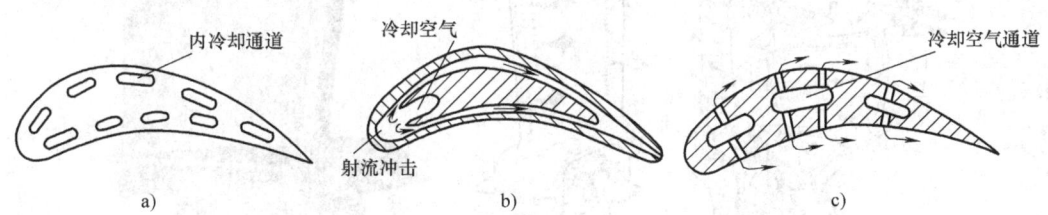

图 5-12　涡轮机叶片冷却方式
a) 一般对流冷却　b) 冲击冷却　c) 气膜冷却

对于冷却工质有三项基本的要求：首先，是较低的温度，但不一定要低温；其次，在使用气膜冷却时需要较高的压力，至少要比气膜冷却的叶片外部压力高；再次，冷却工质的使用量要尽量少，而不至于使系统整体效率降低较多。综合这三项要求，目前较成熟的是空气冷却，即冷却工质为压气机的后面级抽气，这样无需增加额外的压缩设备，就可以实现低温、高压的要求，但会降低压气机的效率。不过，增加了冷却，可使涡轮机前温度提高，综合地来看，燃气轮机的整体效率是增加的。然而利用压气机抽气冷却，也是有一定限度的。目前对压气机的抽气已经接近于压气机进口流量的 10%，再增加抽气量就可能降低整体燃气轮机的效率。由此可见，使用较少的冷却空气达到更大的冷却效果，是非常重要和关键的燃气轮机技术。

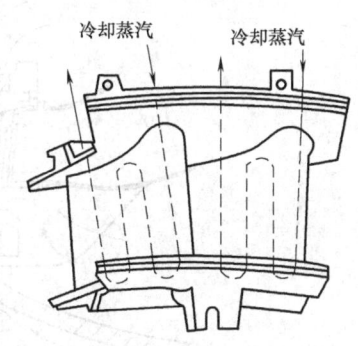

图 5-13　闭式蒸汽冷却

第二种冷却工质是蒸汽，通用公司的 H 级采用了蒸汽冷却技术（见图 5-13）。由于蒸汽仅以对流和冲击的形式对涡轮机叶片进行冷却，不与燃气进行掺混，因此蒸汽冷却也被称为闭式冷却，而空气冷却则被称为开式冷却。利用闭式蒸汽冷却有三点好处：一是由于蒸汽的比热容大于空气的比热容，因此蒸汽是一种比空气好的冷却介质；二是冷却涡轮机叶片的蒸汽是从燃气-蒸汽联合循环中的汽轮机中引来，对涡轮机叶片进行冷却，温度升高后回到汽轮机中做功，相比温度不升高的情况，输出功率可以增加；三是使用蒸汽冷却后，空气的量就可以减少，这对提高燃气轮机效率和输出功率是有益的。当然也要注意，对于冷却力度比较大的涡轮机第一级喷嘴来说，光靠内部的蒸汽冷却，可能尚不足以达到要求的冷却效果。总的来说，蒸汽冷却是一种比较有前途的冷却形式。

5.5.2 涡轮机冷却结构布置

涡轮机叶片的冷却，虽然是涡轮机冷却的重点，但是由于叶片金属导热较快，加上涡轮机有一定的结构复杂性，从涡轮机运行稳定性、热疲劳、热寿命的方面考虑，需要对全部的受热部件实施冷却，这就形成了涡轮机部件冷却系统。各燃气轮机厂商在这方面采取的策略大同小异，其中的关键问题是冷却空气的流路。图5-14和图5-15所示分别为涡轮机叶片冷却以及涡轮机整体冷却系统图。

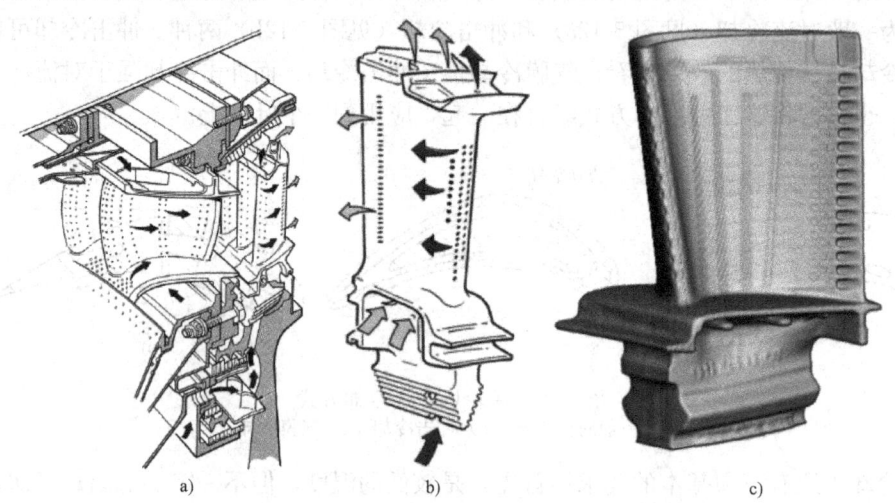

图5-14 涡轮机叶片冷却
a）涡轮机级冷却 b）涡轮机动叶冷却 c）涡轮机动叶

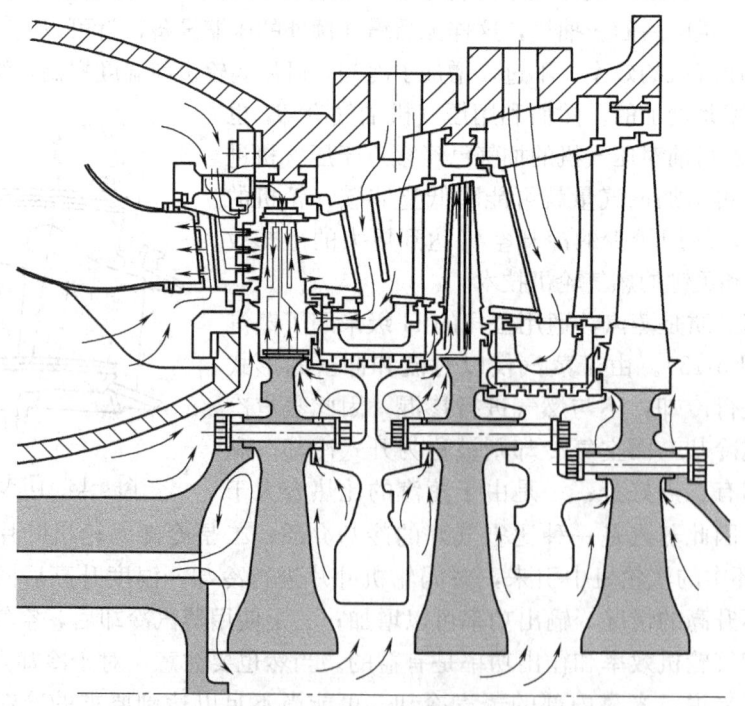

图5-15 某燃气轮机涡轮机整体冷却系统图

5.5.3 涡轮机叶片腐蚀、氧化及保护

处于高温燃气包围中的涡轮机叶片有高温热腐蚀、低温热腐蚀和高温氧化三种热破坏类型。其中，高温热腐蚀是指在 800~900℃ 的温度下，燃料和空气杂质中的碱金属，与燃料中的硫在燃烧过程中，生成碱金属硫酸盐，并在叶片表面凝聚，破坏原有的氧化保护膜，引起硫化而使金属快速腐蚀；低温热腐蚀是指 600~700℃ 的温度范围下，硫酸钠和一些合金组成低熔点共晶体混合物引起叶片的腐蚀，其腐蚀破坏速率较其他腐蚀形式大；高温氧化是指在高温下叶片金属氧化，消耗掉太多的基体材料导致的损坏。

涡轮机叶片在热保护的同时，还要注意到叶片的腐蚀、氧化等问题。叶片涂层是一种简单而有效的措施。涡轮机叶片的高温涂层有抗腐蚀和热障两种类型。

抗腐蚀涂层的机理是涂层中含有铝，经高温氧化后生成三氧化二铝（Al_2O_3）保护膜，起到抗氧化的作用。目前电厂燃气轮机中广泛采用含有铝和铬的氧化膜涂层。

热障涂层是利用陶瓷材料热传导率低的特性，减少燃气对叶片的传热量。其具体使用如图 5-16 所

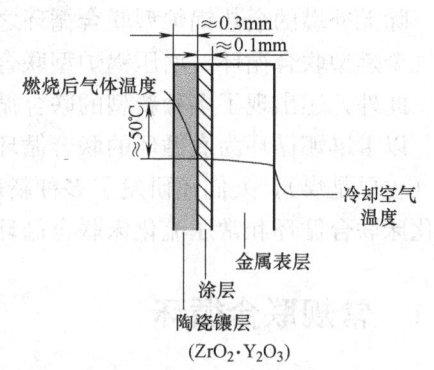

图 5-16 热障涂层示意图

示。热障涂层与基体金属间有粘结层，能起到连接作用。热障涂层对于叶片的保护作用十分明显，文献 [3] 提到采用 0.25mm 厚的氧化锆涂层可以使衬底合金温度降低 170℃ 左右。而进一步的研究表明，该温降可进一步增加。另外，热障涂层也可以防止部件在受到热冲击时发生龟裂。总的来说，燃气轮机热保护涂层有很强的作用和很好的发展前景。

复习思考题

5-1 简述涡轮机在燃气轮机中的功能及用途。
5-2 简述涡轮机的工作原理。
5-3 利用图示说明气体流经涡轮机级的温度、压力、速度等气动参数变化情况。
5-4 简述涡轮机中护环和持环的作用。
5-5 从冷却介质和冷却方式的角度分析涡轮机叶片的冷却形式。
5-6 分析涡轮机动叶带冠的优缺点。
5-7 总结三种涡轮机叶片冷却方式的特点。

第6章 多种形式的燃气-蒸汽联合循环

联合循环的种类很多。目前应用最多的、技术上最成熟的是燃用天然气或液体燃料的常规燃气-蒸汽联合循环,且主要是无补燃的余热锅炉型联合循环。它将燃气轮机循环与蒸汽循环串联在一起,用燃气轮机的排气产生蒸汽,再驱动汽轮机做功。

除无补燃的余热锅炉型联合循环之外,常规联合循环还有补燃型的余热锅炉联合循环、排气全燃型联合循环、增压锅炉型联合循环以及给水加热型联合循环四种类型。

此外,还出现了多种新型的联合循环,包括程式注蒸汽联合循环、湿空气涡轮机联合循环、以卡琳娜循环为底循环的联合循环、氢氧联合循环等。为了使联合循环可以燃用固体燃料(主要是煤),人们还研发了多种新颖的燃煤联合循环,包括整体煤气化联合循环、增压流化床联合循环和常压流化床联合循环等。

6.1 常规联合循环

常规的联合循环主要有五种基本类型:无补燃的余热锅炉型联合循环、补燃的余热锅炉型联合循环、排气助燃型联合循环、增压锅炉型联合循环以及给水加热型联合循环。

6.1.1 无补燃的余热锅炉型联合循环

如图 6-1 所示,无补燃的余热锅炉型联合循环中所有的燃料都从循环的燃气轮机部分加入联合热力循环。燃料首先在燃气轮机燃烧室中燃烧成为高达 1000~1800℃ 的高温燃气,然后在燃气轮机侧进行热功转换;其后燃气轮机约 400~650℃ 的高温排气被引入余热锅炉(HRSG)中加热给水,产生 350~560℃ 左右的蒸汽,以驱动汽轮机做功。由于输入循环的燃料全部从燃气轮机侧加入,故此循环是一种以燃气轮机为主的联合循环。在这种联合循环中汽轮机只是燃气轮机的余热利用设备,其功率占

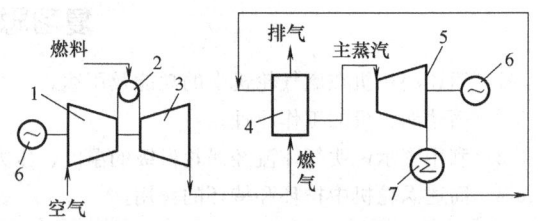

图 6-1 无补燃的余热锅炉型联合循环
1—压气机 2—燃烧室 3—涡轮机 4—余热锅炉
5—汽轮机 6—发电机 7—凝汽器

的比例较小。一般情况下,这种循环系统的汽轮机与燃气轮机功率比 $R_{SG}=W_{st}/W_{GT}$ 约为 1∶2(0.4~0.75)。显然,燃气参数对联合循环系统性能的影响较大,而汽轮机功率和蒸汽参数都取决于燃气轮机的排气参数。由于这种联合循环中,所有燃料都从高温顶循环(燃气轮机循环)加入,燃料释放的热能都经过串联的燃气轮机和汽轮机实现热功转换,其工作温度区域比简单循环大得多,从燃气涡轮机入口温度(1000~1600℃),一直到蒸汽凝结温度(接近大气温度),都能很好地进行能的梯级利用。因而这种联合循环效率可达 55%~60%,比简单循环燃气轮机效率(30%~40%)和简单汽轮机循环效率(40% 左右)要高许多。

6.1.2 补燃的余热锅炉型联合循环

补燃的余热锅炉型联合循环系统（见图 6-2）与无补燃的余热锅炉型联合循环在组成上基本相同，主要区别在于它在燃气轮机与余热锅炉之间的通道中（或余热锅炉中）加装了一个补燃器（图 6-2 所示装置），从而使一部分燃料在工质已经通过燃气轮机后，在余热锅炉补燃器中加入循环，以提高排气温度，使余热锅炉产生参数更高、数量更多的蒸汽，从而增加汽轮机的功率或对外有效的供热量。补燃一般会使联合循环的出力得到显著提高，但循环效率会有所下降。这种补燃的方案是针对早先余热锅炉的蒸汽参数低、蒸发量受限制时的缺点而设计的。补燃一方面能够使汽轮机出功大幅增加，蒸燃功比 $R_{sg}=P_{st}/P_{gt}$ 值上升；另一方面，补燃的燃料仅在蒸汽部分的循环中被利用，未实现能的梯级利用，致使随着补燃比的提高，联合循环效率对相应的燃气轮机效率之比

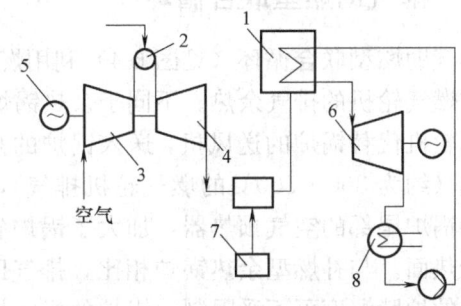

图 6-2 补燃的余热锅炉型联合循环
1—余热锅炉（HRSG） 2—燃烧室 3—压气机 4—涡轮机
5—发电机 6—汽轮机 7—补燃器 8—凝汽器

$R_\eta=\eta_{cc}/\eta_{gt}$ 下降，并导致了这种类型的联合循环的效率多低于无补燃的余热锅炉型的效率。另外，由于补燃燃料产生的燃气不进入燃气轮机，因而补燃可以采用劣质燃料，如煤、石油焦等。补燃的余热锅炉型联合循环非常适用于热电联产机组，因为此类机组可通过改变补燃比，灵活地调节热电输出比例。此外，余热锅炉补燃后的燃气温度一般不超过 800~900℃，这是为了避免采用过高燃气温度时余热锅炉增设辐射受热面，从而使结构过于复杂。

6.1.3 增压锅炉型联合循环

增压锅炉型联合循环是把锅炉与燃气轮机燃烧室合二为一的联合循环（见图 6-3）。这种联合循环是将燃气轮机燃烧室与产生蒸汽的锅炉合二为一，以燃气轮机压气机取代锅炉的送风机，而锅炉则是在燃气轮机的工作压力下燃烧和换热的，形成在有压力的情况下燃烧的锅炉，因而又被称为增压锅炉。增压锅炉的给水吸收高温燃气的部分热量，产生蒸汽驱动汽轮机做功。而由锅炉排出的高压燃气则送到燃气涡轮机中做功，燃气涡轮机的排气温度比较高，为减少热损失，可用来加热锅炉给水。增压锅炉型联合循环的蒸汽由增压锅炉产生，不受燃气涡轮机排气温度限制，便于采用大容量高参数的蒸汽循环，所以它是一种汽轮机与燃气轮机并重的联合循环，系统性能主要取决于两侧循环参数。一般增压锅炉型联合循环的蒸燃功率比 R_{SG} 为 1.4~5。同

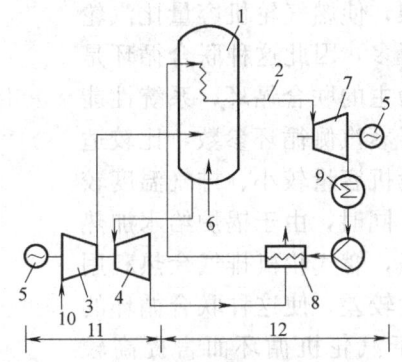

图 6-3 增压锅炉型联合循环
1—增压锅炉 2—蒸汽 3—压气机 4—燃气涡轮机
5—发电机 6—燃料 7—汽轮机 8—给水加热器 9—凝汽器
10—空气 11—燃气轮机部分 12—汽轮机部分

时，由于增压锅炉型联合循环中的锅炉在较高压力下燃烧和传热，其燃烧强度和传热系数比常压锅炉均大幅增加，故增压锅炉体积比常压锅炉小得多。但增压锅炉自身并不是很成熟的技术，其在高压下的高效稳定燃烧、密封、流动阻力控制、污染物控制等方面还存在一些有待解决的问题。因而增压锅炉型联合循环也有诸如增压锅炉造价昂贵、燃气轮机排气换热器体积庞大、燃气轮机与汽轮机不能独立运行等的缺点。

6.1.4 排气助燃型联合循环

排气助燃型联合循环（见图 6-4）利用燃气轮机排气作为常压蒸汽锅炉的助燃介质，从而回收燃气轮机的排气余热。不同于余热锅炉，助燃型锅炉与常规蒸汽锅炉区别不大，只是用燃气轮机代替锅炉的送风机，送入锅炉的是高温热风（约为 300～500℃ 的燃气轮机排气），并取消了锅炉尾部的空气预热器，加大了锅炉省煤器的受热面。与补燃型余热锅炉相比，排气助燃型锅炉的炉膛温度可不受限制，锅炉的投入燃料量可以很大，因而能够采用更高蒸汽参数，以配合大容量、高效的汽轮机系统。排气助燃型联合循环系统中汽轮机的功率占主要部分，一般循环的蒸燃功率比 R_{sg} 可达 3～7。联合循环的性能主要取决于蒸汽侧循环的热力参数，其效率相对于纯汽轮机循环可增加 2%～5%。综上所述，排气助燃型联合循环多是以汽轮机为主的联合循环，而燃气轮机可看作是汽轮机装置的辅机，是代替常规送风机的高温送风机。

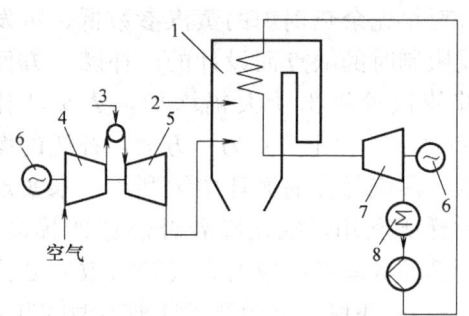

图 6-4 排气助燃型联合循环
1—锅炉 2—燃料 3—燃烧室 4—压气机
5—涡轮机 6—发电机 7—汽轮机 8—凝汽器

6.1.5 给水加热型联合循环

给水加热型联合循环是将燃气轮机排气用于加热锅炉给水的联合循环（见图 6-5）。在这种联合循环中，由于锅炉给水所需的加热量有限，使燃气轮机容量比汽轮机容量小得多，因此这种联合循环是以汽轮机为主的联合循环，系统性能主要取决于蒸汽侧循环参数，比较适用于燃气轮机容量较小、排气温度较低的情况。同时，由于锅炉给水加热的温度不高，燃气轮机排气余热利用的合理程度较差，使这种联合循环的效率相对于汽轮机循环而言提高较少。因而此类联合循环方案一般不采用大容量、高性能的燃气轮机，而是利用燃气轮机来改造和扩建原有汽轮机电站。

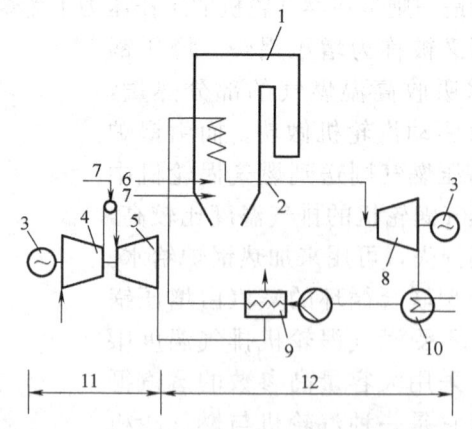

图 6-5 给水加热型联合循环
1—锅炉 2—蒸汽 3—发电机 4—压气机 5—燃气轮机
6—空气 7—燃料 8—汽轮机 9—给水加热器 10—凝汽器
11—燃气轮机部分 12—汽轮机部分

上述五类的联合循环不仅都能用于发电,而且都可以做成热电联产的联合循环。其中无补燃的余热锅炉型联合循环是各种联合循环中效率最高的,因为其输入的热量全部是在燃气侧的较高温度下加入循环系统的,因而应用得最多,最适合于带基本负荷和中间负荷的机组。补燃的余热锅炉型联合循环,由于在余热锅炉前的燃气轮机排气中加入额外燃料进行补燃,联合循环的出力得到显著提高,但在多数情况下循环效率有所下降,故多用于热电联产,以扩大热电负荷比例调节范围,或用以提高热负荷输出来满足用户需要。排气全燃型联合循环常用于现有汽轮机电站的更新改造,因为它能最大程度地利用现有设备,降低电站改造的投资。增压锅炉型联合循环的优势在较低的燃气初温情况下(如循环初温低于1100℃时)才能体现出来,故现在很少采用,只在增压流化床燃煤联合循环见6.2.2节中得到实际应用。给水加热型联合循环系统虽然简单,但效率提高较少,仅用于低参数的燃气轮机组成的联合循环。

6.2 燃煤联合循环

6.2.1 整体煤气化联合循环

整体煤气化联合循环(IGCC)是把煤气化技术和联合循环相结合的洁净煤动力系统。它是煤的气化技术、煤气的净化技术、高性能的燃气轮机和汽轮机联合循环以及系统整体化技术等多种高技术的集成体。

如图6-6所示,IGCC一般由煤气化及净化系统、燃气轮机系统、余热锅炉及汽轮机系统等组成,如果采用氧气气化工艺还应包括空分制氧系统。煤气化装置在化工行业应用比较普遍,大都是成熟技术。目前比较常用的气化炉主要有三类:喷流床、流化床和固定床。其中以氧气为气化剂的大型喷流床最受重视。IGCC中燃气轮机系统和蒸汽系统可以沿用燃油或气体燃料联合循环的现有技术,具有易于大型化和热功转换效率高等优点。空分制氧系统也可沿用化工冶金等行业的相关技术。

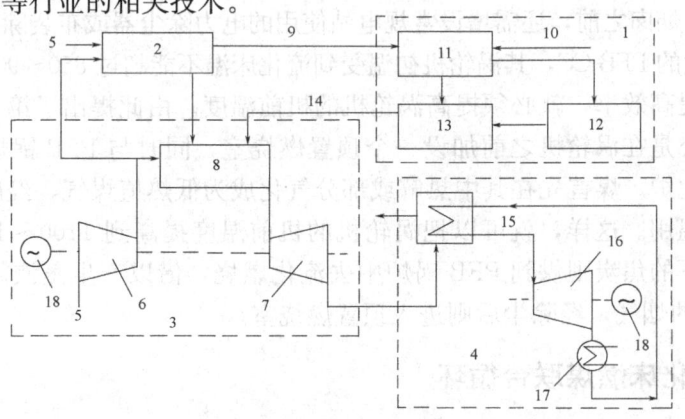

图 6-6 IGCC 系统示意图

1—煤气化单元 2—空分单元 3—燃气轮机单元 4—汽轮机单元 5—空气 6—压气机 7—涡轮机 8—燃烧室 9—氧气 10—水煤浆 11—气化炉 12—煤气冷却 13—煤气净化 14—净煤气 15—HRSG 16—汽轮机 17—凝汽器 18—发电机

总的来说，IGCC 系统可以最大程度地利用现有成熟技术，发展较为迅速。另外，由于它能使煤中较多份额的能量通过高温高效率的燃气轮机循环来实现能量的转化，因而可以更有效地实现煤中化学能的洁净与梯级利用。

6.2.2 增压流化床燃煤联合循环

增压流化床燃煤联合循环（PFB-CC：Pressurized Fluidized Bed Combustion Combined Cycle）是把增压流化床（PFB：Pressurized Fluidized Bed）燃煤技术和联合循环相结合的燃煤联合循环动力系统，图 6-7 所示为具有代表性的 P200 型 PFB-CC 系统示意图。它把煤料和脱硫剂（石灰石或白云石）以一定比例掺混后，加到 PFB 锅炉中去进行燃烧和脱硫。压气机出来的高压空气是 PFB 锅炉的助燃剂。燃烧温度被控制在 850~900℃ 左右。PFB 锅炉的燃烧室与两级串联的旋风分离器（或高温过滤器）组合在同一个压力容器之内。由炉膛出来的高温高压含尘烟气经旋风分离器除尘后，才能送到涡轮机中去做功；PFB 锅炉中产生的过热蒸汽驱动汽轮机做功；燃气轮机排气的余热一般被用来加热给水。脱硫过程是

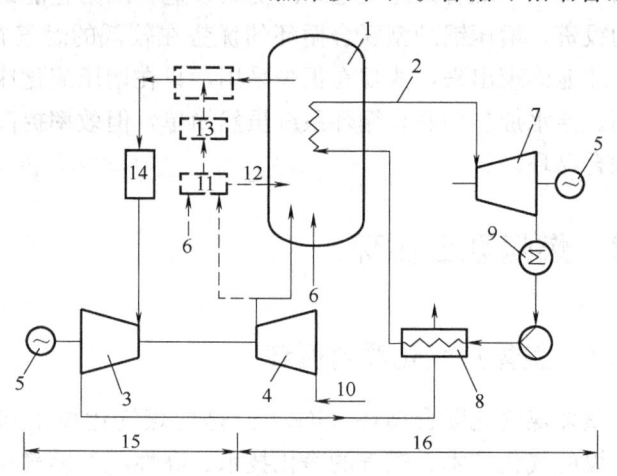

图 6-7 PFB-CC 系统流程图

1—锅炉　2—蒸汽　3—涡轮机　4—压气机　5—发电机　6—煤　7—汽轮机　8—给水加热器　9—凝汽器　10—空气　11—炭化室（CF）　12—焦炭　13—前置燃烧室　14—烟气净化　15—燃气轮机部分　16—汽轮机部分

在燃烧过程中同时完成的，脱硫效率可达 90%。由于流化态燃烧层中燃烧温度比较低，热力型 NO_x 不易生成，因而能把排向大气的 NO_x 含量控制在 70~150mg/MJ。经两级旋风分离器后，在烟气排向烟囱之前，还需增设常规电站使用的电力除尘器或布袋除尘器，以进一步除尘。这就是第一代的 PFB-CC，其涡轮机初温受到流化床温不能超过 850~900℃ 的限制。

为了进一步提高效率，就必须提高涡轮机的机前温度。由此提出了第二代 PFB-CC 的概念。其思路的核心是在涡轮机之前加设一个顶置燃烧室，同时与 PFB 锅炉并行地增设一个热解炉或部分气化炉。煤首先在其中热解或部分气化成为低热值煤气，经脱硫除尘后，供顶置燃烧室燃烧增温用。这样，就可以把涡轮机的机前温度提高到 1100~1300℃。热解炉或部分气化炉中剩下的焦炭则供到 PFB 锅炉中去流化燃烧，借以产生蒸汽。PFB 锅炉的温度高达 850~900℃ 的烟气，经除尘后则进入顶置燃烧室。

6.2.3 常压流化床燃煤联合循环

常压流化床燃煤联合循环（AFB-CC：Atmospheric Fluidized Bed Combustion Combined Cycle）是把常压流化床（AFB：Atmospheric Fluidized Bed）燃煤技术和联合循环相结合的燃煤联合循环（见图 6-8），是一种外燃式（第一代）、或内外燃混合式（第二代）的燃煤联合循环洁净煤发电系统。它首先把煤料和脱硫剂（石灰石或白云石）以一定比例掺混后，与

空气涡轮机的排气一起进入 AFB 锅炉中进行燃烧和脱硫。压气机出来的高压空气则在 AFB 锅炉中设置的空气管簇内加热升温至750～780℃后，直接进入空气涡轮机中做功。在 AFB 锅炉中同时产生过热蒸汽，以驱动汽轮机做功。在这种方案中由于压缩空气不与煤直接接触，因而在进入空气涡轮机时是完全干净的，不再像 PFB-CC 方案中进入燃气涡轮机时的烟气那样，会含有大量的飞尘以及碱金属的蒸气，从而可以提高空气涡轮机的寿命，以防被磨损和腐蚀。这就是第一代的 AFB-CC。为了提高空气涡轮机的入口气温，也像第二代 PFB-CC 那样，与 AFB 锅炉并行地设置一个常压的热解炉或部分气化炉，使煤先热裂解或部分气化

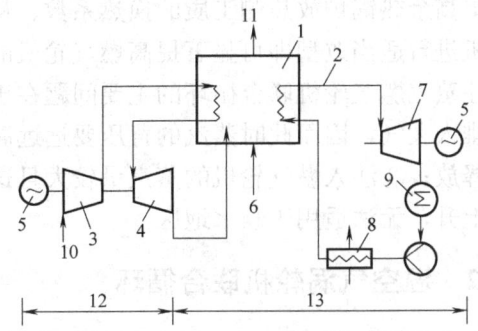

图 6-8　AFB-CC 典型系统图
1—AFB 锅炉　2—蒸汽　3—压气机　4—空气涡轮机
5—发电机　6—燃料　7—汽轮机　8—给水加热器
9—凝汽器　10—空气　11—排气　12—燃气轮机部分　13—汽轮机部分

出一部分煤气，经除灰脱硫后，供到空气涡轮机前的顶置燃烧室中去进行燃烧，这就能提高涡轮机的入口温度，有利于提高 AFB-CC 的供电效率，这样也就构成了第二代的 AFB-CC 系统。

6.3　新型联合循环

6.3.1　注蒸汽燃气轮机联合循环

注蒸汽燃气轮机联合循环又称程氏双流体循环，它最先由美籍华人程大酉博士于1974年提出。如图 6-9 所示，这种循环的主体流程与无补燃的余热锅炉型燃气-蒸汽联合循环比较接近，在燃气轮机排气出口处也设置了一个余热锅炉，但该循环取消了汽轮机及其他水循环设备，由余热锅炉产生的过热蒸汽直接送入燃气轮机燃烧室中去，与燃气掺混、一起被加热达到涡轮机初温后，进入涡轮机做功。在这种循环中，燃气和蒸汽两种不同流体共同在涡轮机中膨胀做功，因而也称为双流体循环。做功后由涡轮机排出的燃气与蒸汽的混合物进入余热锅炉、其热量将余热锅炉的给水加热至过热蒸汽并进入燃气轮机燃烧室。释放完热量的燃气（包含大量水蒸气）排放入大气。

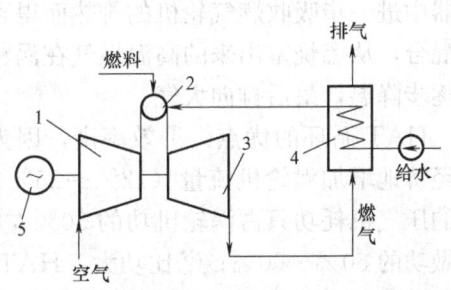

图 6-9　注蒸汽燃气轮机联合循环
1—压气机　2—燃烧室　3—涡轮机
4—余热锅炉　5—发电机

注蒸汽燃气轮机联合循环相比于无补燃的余热锅炉型燃气-蒸汽联合循环，主要有以下几个显著的优点：①不需汽轮机及相关的水循环系统，因而整体装置更加简化；②进入燃气轮机燃烧室的过热蒸汽可以达到涡轮机初温（对于现代大型燃气轮机而言可达1200～1400℃，远远高于常规汽轮机的初温（600℃左右）；③蒸汽被送入燃气轮机燃烧室的燃烧

区，从而可以适当降低燃烧火焰温度、抑制 NO_x 的产生；④燃气中含有相当比例的水蒸气，可以提高余热锅炉放热侧工质的换热系数、从而缩小余热锅炉尺寸；⑤通过对已有型号的燃气轮机进行适当改型即可显著提高燃气轮机的功率。

注蒸汽燃气轮机联合循环的主要问题在于：①蒸汽在燃气轮机中做功后随燃气一起经换热后排入大气，因而此时蒸汽的背压要远远高于常规汽轮机，导致蒸汽的做功能力不能得到充分释放；②注入燃气轮机的蒸汽量较大且这部分蒸汽难以回收，因而会带来水处理成本的急剧上升，无法适用于缺水地区。

6.3.2 湿空气涡轮机联合循环

湿空气涡轮机（HAT：Humid Air Turbine）联合循环是一种以湿空气和燃气两种流体为工质的新型燃气-蒸汽联合循环，由日本的 Y. Mori 教授于 1983 年提出。图 6-10 给出了 HAT 循环的示意图。该循环从结构上看与带压气机间冷器的回热式燃气轮机复杂循环相似，即：在高、低压压气机之间增设了间冷器，在高压压气机之后增设了后冷器，在回热器之后增设了水加热器，在后冷器和回热器之间又增设了一个蒸发饱和器。水在间冷器、后冷器及水加热器中吸收压缩空气和燃气的余热升温，三股热水汇合后喷入蒸发饱和器的顶部；压气机出口的高压空气经冷却后，从蒸发饱和器的

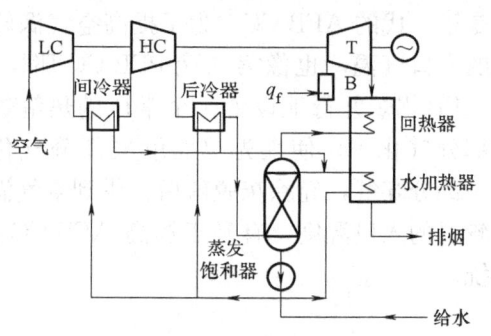

图 6-10 HAT 循环
LC—低压压气机 HC—高压压气机
B—燃烧室 T—涡轮机

底部进入。在蒸发饱和器内，高压空气和热水逆流混合接触，空气被加热和湿化，水被冷却和部分蒸发。从蒸发饱和器出来的近饱和湿空气（其中蒸汽含量可达 10%～45%），进入回热器中进一步吸收燃气轮机的排热而得到预热。此后，这股湿空气被送入燃烧室中与燃料燃烧混合，从燃烧室出来的高温燃气在涡轮机中膨胀做功。涡轮机排气则通过回热器和水加热器逐步降温，最后排向大气。

HAT 循环的优点：①效率高，因为 HAT 循环采用湿化技术，能更充分地利用余热，更经济地增加涡轮机流量（12%～25%），工质压缩功也相应降低，一般而言，HAT 循环中的压气机耗功只占涡轮机功的 30% 左右，相比之下，常规燃气轮机压气机耗功可达涡轮机做功的 50%～60%；②比功大，HAT 循环采用压气机间冷和湿化技术，因此大幅降低了压气机耗功，并显著地增加了涡轮机的流量和功率；③污染小，由于充分地采用空气湿化，燃气轮机燃烧过程的温度更易控制，因此循环的 NO_x、CO 的排放量很低；④变工况性能好，因为可改变湿化比来适应外负荷的变化；⑤系统简单、造价相对较低，这是因为取消了复杂的朗肯底循环及相应装置（如余热锅炉、汽轮机等）。HAT 循环的主要缺点在于：与注蒸汽燃气轮机循环一样，HAT 循环对水的处理要求比较高、且用于湿化的水工质难以回收。

HAT 循环利用湿化手段增加涡轮机工质流量，从而大幅度地增加有效功输出。从流程上看，HAT 循环在常规燃气轮机循环的基础上，并联增加了一个蒸汽循环做功过程。然而从机理上看，空气湿化过程中的能量主要来源于涡轮机排气、压气机的间冷及后冷，从而充分回收了燃气轮机排气以及压气机压缩产生的热量。湿化所需能量实现了温度对口、梯级利

用。因此，HAT循环既具有燃气轮机循环高温做功的优势，又在压气机、燃气排气等方面充分回收、利用系统中的各种余热和废热，同时又可实现很低的循环放热温度（70～100℃），因而系统效率较高。

此外，由于HAT循环中的湿化过程是空气和热水直接接触的混合交换过程，其传热、传质阻力较小，可用能损失小。同时，HAT循环涡轮机排热主要用于加热湿空气，被加热的湿空气还会回到循环的顶端、进入燃烧室，而所回收的余热量相当于节约的燃料热值量，所以其余热利用提高效率的效果明显。相比之下，其他联合循环的涡轮机排热多用来产生蒸汽推动汽轮机做功，其中有大量热量转化为水蒸气潜热，这些潜热到后续的凝汽器中仍将被排放到大气中。

6.3.3 以卡琳娜循环为底循环的联合循环

卡琳娜循环是一种以氨-水的非共沸混合物为工质的热力循环。众所周知，朗肯循环中有一段汽化的等温相变过程，这一相变过程的存在使燃气放热与蒸汽吸热过程之间难以很好地匹配，导致换热过程的温差变化很大，整个换热过程的平均温差远高于在汽化过程始点处的节点温差，带来较大的换热㶲损失。为充分利用顶部循环的余热，降低温差传热不可逆性引起的㶲损失，美籍俄国人亚历山大·卡琳娜（Alexander Kalina）在1982年提出了以水和氨的非共沸混合液为工质的热力循环（见图6-11）。用它取代燃气-蒸汽联合循环中的朗肯循环就形成了卡琳娜底循环的联合循环。

卡琳娜底循环的联合循环蒸发过程是变温相变过程，而冷凝过程则通过蒸馏、喷淋吸收和回热手段，使其成为变浓度的系统，从而尽可能地接近等温放热过程。相对于朗肯循环，它更好地回收了燃气轮机排气的热能，增大了底循环汽轮机的做功量，增加了循环比功，效率也得到了提高。但卡琳娜循环采用氨-水混合物作为工质，其混合工质的冷凝过程需要采用喷淋吸收、回热、闪蒸等流程，系统比较复杂；而氨作为一种有毒工质，其运行过程中要特别注意防止泄漏。

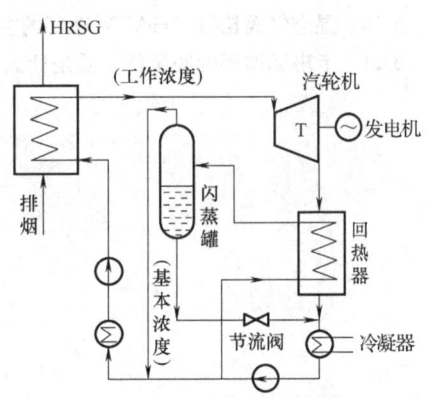

图6-11 卡琳娜循环

6.3.4 氢氧联合循环

氢氧联合循环是指以纯氢为燃料，将之与纯氧按摩尔比为2∶1进行完全燃烧得到高温的纯水蒸气作为工质，高温水蒸气进入涡轮机做功，最终排出的是凝结水，这种联合循环实际上是将燃气轮机与汽轮机合二为一。图6-12所示为混合式氢氧联合循环示意图。氢氧联合循环在高温区相当于内燃形式的布雷顿循环，但在低温区因工质为水蒸气，可以在常温下进行冷凝而相当于朗肯循环。这样，顶顶循环和底循环浑然一体，没有一般联合循环存

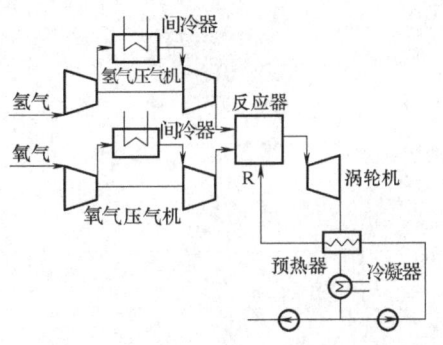

图6-12 混合式氢氧联合循环示意图

在的高温、低温区间传热的热损失。而从环保性能看，氢气与氧气完全反应只生成水蒸气，不会给大气环境带来任何污染。

氢氧联合循环的设想是 20 世纪 90 年代初，中、日、美三国科技工作者几乎同时在不同学报上提出的，目前尚在科学研究之中。氢氧联合循环的热力性能非常优越，但是在纯氢、纯氧的低能耗获取、氢和氧的安全储存与低能耗压缩、防止泄漏爆炸等方面还存在较多问题，目前美国与日本均有相关科研计划。

复习思考题

6-1 相对于传统煤粉电站，GTCC 电站有哪些优势？
6-2 常规的燃气-蒸汽联合循环有哪些典型类型？
6-3 IGCC、PFB-CC 及 AFB-CC 分别代表什么系统？
6-4 试举出几例新颖的联合循环系统。
6-5 什么叫蒸燃功比？常规无补燃的余热锅炉型燃气-蒸汽联合循环的蒸燃功比是多少？
6-6 目前应用最广泛、技术最成熟、效率最高的联合循环是哪种类型？
6-7 常规燃气-蒸汽联合循环的燃料可以是哪些？
6-8 排气助燃型联合循环和给水加热型联合循环将燃气轮机排气作何种用途？
6-9 注蒸汽燃气轮机循环的主要优缺点是什么？
6-10 湿空气涡轮机（HAT）循环的主要优缺点是什么？
6-11 卡琳娜循环的底循环工质是什么？其主要特点是什么？

第 7 章 常规燃气-蒸汽联合循环发电系统及设备

7.1 联合循环中燃气轮机的特点

对于不同类型的燃气-蒸汽联合循环,其燃气轮机在系统中的功能有很大差异,因此也表现出了不同的特征与优选原则。

1. 以燃气轮机为主的联合循环

以燃气轮机为主的联合循环,主要是各种余热锅炉型联合循环(含无补燃的和有补燃的循环,包括 IGCC 系统)。其主要特点是联合循环中热功转换利用的核心部件是燃气轮机。在这种联合循环中,进入系统的燃料化学能转换成高温热能,先在燃气轮机内实现高效热功转换、输出有效功,燃气轮机排气的大量中温热能,通过余热锅炉产生蒸汽,再通过汽轮机实现中、低温区段热能的高效热功转换,进一步输出有效功。对于此类联合循环,其中的燃气轮机具有以下特征:

1) 该类联合循环电站的整体性能主要取决于燃气轮机特性,因此在进行燃气轮机选型时必须根据电站容量和运行模式等进行全面考虑。

2) 此类联合循环中燃气轮机压比的优选与简单燃气轮机循环有很大差别:不仅要保证燃气轮机循环本身效率维持较高水平,而且还要确保燃气轮机的排气热量得到充分地回收利用。因此,在相同的燃气初温条件下,此类联合循环的效率最佳压比 $\varepsilon_{\eta opt}$ 要比燃气轮机简单循环小,而更接近于燃气轮机简单循环的比功最大压比值。

3) 此类联合循环中燃气轮机排气压力的选择需要综合考虑蒸汽流程性能与排气压损。从充分回收燃气轮机排气余热的角度,多压再热蒸汽流程更为合理;但采用多压再热蒸汽流程又会造成较大的燃气轮机排气压损,从而降低燃气轮机的出力和效率。实际上,目前余热锅炉型联合循环中燃气轮机的排气压损主要由余热锅炉流阻决定,而余热锅炉的流阻又取决于它的流程结构。余热锅炉的流阻一般在 1.5~3.4kPa 左右,比燃气轮机简单循环大得多。

4) 对于承担基本负荷或中间负荷的联合循环机组,选用高效、高性能、大容量、长寿命、维修方便的燃气轮机更为合适;而对于承担尖峰负荷的联合循环电站来说,在进行燃气轮机主机选型时,则要综合考虑机组的额定工况和变工况等情况下的全工况热力性能和运行特性,优先选择加载性好、变工况热力性能好的机型。

2. 以燃气轮机为辅的联合循环

以燃气轮机为辅的联合循环,主要是各种给水加热型联合循环和排气全燃型联合循环等此类联合循环中,大部分功率是由汽轮机产生的,燃气轮机的作用是辅助性的。对于这类联合循环,其燃气轮机的特点有:

1) 此类联合循环中的燃气轮机功率比较小,一般选用小容量的燃气轮机,其性能对此类联合循环的影响也较小,参见本书 6.1.3 和 6.1.5 节的有关描述。

2) 此类联合循环中燃气轮机压比的优化。由于此类联合循环形式的多样性，其燃气轮机压比的优化更为复杂，主要取决排气余热回收利用的充分程度；具体联合循环形式不同，优化结果也不尽相同。

3) 给水加热型联合循环中，燃气轮机排气仅用来加热锅炉给水；排气全燃型联合循环中，燃气轮机主要用作锅炉热风。它们所需的燃气轮机排气温度都不高，所以应选择排气温度较低的燃气轮机。

3. 采用特殊燃气轮机形式的联合循环

采用特殊燃气轮机形式的联合循环包括增压锅炉型联合循环、增压流化床燃煤联合循环（PFB-CC）、湿空气涡轮机联合循环、氢氧联合循环等。这些联合循环中，燃气轮机均发生了重大改变，如增压锅炉型联合循环中，燃气轮机的燃烧室和燃煤流化床合为一体；湿空气涡轮机联合循环中的燃气轮机，其压气机部分需要采用多级间冷湿空气饱和设计；而氢氧联合循环中的燃气轮机则是一种全新的氢氧燃烧设计。以上几种联合循环中的特殊燃气轮机均处于研发过程中，有的仅有少数示范装置、有的目前还存在比较多的问题而没有投入使用。因此，此类联合循环不作为本书讨论的重点，感兴趣的读者可以查阅相关专业书籍与文献。

7.2 燃气-蒸汽联合循环的蒸汽系统

7.2.1 联合循环中蒸汽系统的构成及特点

联合循环中的蒸汽系统不仅包括余热锅炉和汽轮机，一般还包括凝汽器、水处理设备、除氧器、辅助系统与设备等。

余热锅炉是联合循环蒸汽子系统的一个重要部件，它已不再仅是一个烟气热量与水-蒸气工质之间的换热设备，而且也是联合循环中各种热能转换利用的中心环节。蒸汽子系统中的另一个重要部件是汽轮机，它与常规火电站中的汽轮机做功原理、基本结构是相似的，但又有不同于常规火电站汽轮机的特征。蒸汽子系统的辅助系统与设备主要包括：起动设备、润滑油系统、液压油系统、燃料系统、雾化空气系统、冷却与密封空气系统、冷却水系统，以及通流部分的清洗设备、空气滤清设备、消声设备、灭火消防系统、水处理系统、盘车装置等。

从热力特性来看，联合循环中蒸汽系统主要具有以下特点：

1) 蒸汽系统是联合循环热能转换利用的核心、也是系统匹配优化的关键环节。其中余热锅炉的参数、流程等受燃气轮机排气参数的制约。对于排气温度较低的燃气轮机，与其相配的余热锅炉通常并不产生用于做功的蒸汽，而是加热给水。而对于排气温度较高的大型燃气轮机，与之配套的余热锅炉主要用于产生汽轮机的主蒸汽，结构也比较复杂。当燃气轮机的排气参数不能完全满足汽轮机的蒸汽参数或热用户要求时，还可以采用补燃措施，即在余热锅炉和燃气轮机之间的连接管道上加装补燃器，以提高余热锅炉的燃气热流能量，进而提高蒸汽产量和参数。但是补燃会使系统复杂化、同时会降低联合循环的效率。所以一般只在热电联供等特殊情况下采用补燃。

2) 联合循环中蒸汽发生系统的主热源（燃气轮机排气）为变温放热热源。图7-1给出了单压和双压蒸汽系统余热锅炉内部燃气流道的温度以及汽水温度沿流程的分布关系 t-Q 图。从图中可以看出，联合循环余热锅炉的燃气侧变温放热过程为一条斜线，而蒸汽侧的吸热线则由

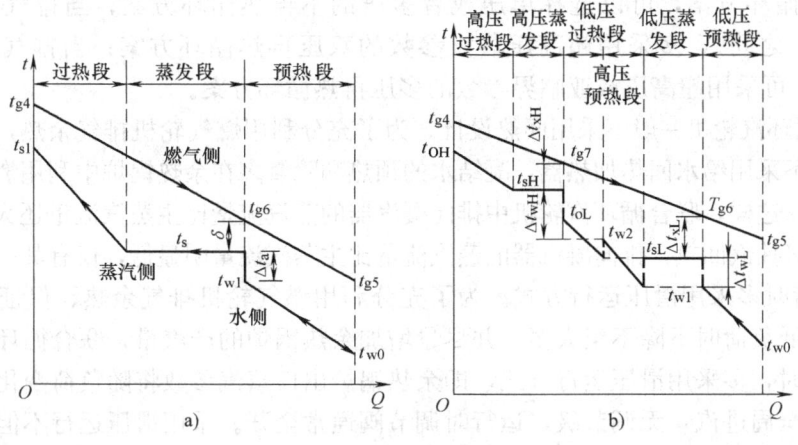

图 7-1 余热锅炉 t-Q 关系
a) 单压余热锅炉 b) 双压余热锅炉

一组不同斜率的斜线和平线线段组成。这就形成了其变温放热过程换热设备的传热特点。

3) 存在节点温差和接近点温差,如图 7-1a 所示。节点温差 ΔT_x 是指余热锅炉中蒸发段工质入口处燃气温度 T_g 与饱和水温 t_s 间的差值。节点温差减小,余热锅炉的排气温度 T_{g5} 相应地减小,这有利于提高余热锅炉的效率和整个联合循环热效率;但是,这一措施会增大余热锅炉的换热面积和燃气侧的流阻损失,使得余热锅炉的投资增加,并使燃气轮机功率减小,导致联合循环的热效率有下降的趋势。由此可见,节点温差的合理选取需要从联合循环最佳效率和投资等方面开展技术经济性的综合分析。一般综合技术经济性考虑,余热锅炉型燃气轮机中节点温差通常可取为 8~20℃。接近点温差 Δt_w 是指余热锅炉中省煤器出口水温 T_w 与该压力下饱和水温 t_s 之间的差值。接近点温差低,有利于提高余热锅炉的换热效率和联合循环的效率,但为保证不让省煤器管道内产生汽化现象而带来安全问题,余热锅炉的省煤器出口水温 t_w 在各种工况下都应略低于饱和水温 t_s 的。如果设计时接近点温差取得过小,那么在部分负荷工况下省煤器内就容易发生部分给水蒸发汽化的问题,进而导致部分省煤器管壁发生过热现象乃至发生故障。因此,在设计余热锅炉时,需要进行热力性能与安全性能的综合考虑,选择一个合理的接近点温差。一般情况下,综合热力性能和安全性能考虑,余热锅炉型燃气轮机中接近点温差通常可取为 5~20℃。

4) 中温、大流量工质是联合循环中底循环热源另一个显著的热力特点。一般大型燃机联合循环中,余热锅炉燃气进口温度为 500~650℃ (无补燃),流量多在 120~700kg/s。与普通锅炉相比:①由于燃气轮机排气的温度一般小于 650℃,其在余热锅炉中将一直放热至 100℃左右,相对于常规火电站的锅炉而言,整个余热锅炉的热源处于较低的温度区间,因此余热锅炉中的传热主要是对流传热,辐射传热通常可以忽略;②联合循环中余热锅炉的燃气流量更大,燃气与蒸汽的质量比在 4~10,而普通锅炉只为 1~1.2;③燃气轮机排气是完全发展的湍流,燃气的大流量、高流速和高湍流度的气动热力特点对传热是有利的,但也会引起一些其他问题,如烟道挡板和传热构件的振动,燃气偏流和传热不均,烟道及挡板等热部件的磨损、热变形等。

5) 联合循环蒸汽子系统的形式多种多样,通常采用多压设计。而蒸汽子系统的具体设计方案主要根据燃气轮机的排气参数来定。一般而言,当排气温度很低 (低于 540℃) 时一一般不采用再热循环方案，可以选择单压或者多压的不再热循环方案；当排气温度较高时（540℃至590℃之间），多采用超高压蒸汽参数的双压再热循环方案；当排气温度很高时（大于590℃），可采用超高压或亚临界参数的多压再热循环方案。

6) 联合循环汽轮机一般不采用回热设计。为了充分利用燃气轮机排气余热，联合循环蒸汽子系统通常不采用给水回热加热器，凝结水的预热和除氧多在余热锅炉中利用燃气的大量中低温热量完成。这样，联合循环汽轮机中排向凝汽器的蒸汽流量比主蒸汽流量还大，而常规汽轮机由于有多级抽汽回热，排向凝汽器的蒸汽流量比主蒸汽流量明显低，仅有其一半左右。

7) 变负荷时多采用滑压运行方式。为了充分利用燃气轮机排气余热、保证汽轮机后几级蒸汽湿度在低负荷时下降不至太多，并尽量增加余热锅炉的产汽量，联合循环中的蒸汽系统在部分负荷时，多采用滑压运行方式，即余热锅炉出口蒸汽参数将随负荷变化而变动。汽轮机通常采用全周进汽，无调节级，运行时调节阀通常全开。采用滑压运行不但对变工况运行有利，且可提高联合循环部分负荷时的效率。

8) 在变工况过程中，余热锅炉的蒸汽和燃气两侧热力特性不同。变工况时，燃气侧热源变动较大。当负荷和大气温度变化时，进入余热锅炉的排气温度和流量也经常会发生很大的变化。对蒸汽系统而言，则希望蒸汽参数相对稳定，即使采用滑压运行，变动量也不能很大，还有许多热力学上的约束（如节点温差和接近点温差等）。一般燃气轮机的热惯性比较小，而蒸汽系统的热惯性相对较大。

7.2.2 联合循环中的余热锅炉

联合循环中的余热锅炉是回收燃气轮机排气余热、产生汽轮机做功所需蒸汽的换热设备。联合循环中的余热锅炉主要由省煤器、蒸发器、过热器等换热管簇以及各种集箱、汽包等组成，如图7-2所示。

当蒸汽循环采用再热时，可以加设再热器。余热锅炉的给水在省煤器中完成预热过程，使给水温度升高到接近于饱和温度。在蒸发器中给水将相变成为饱和蒸汽，饱和蒸汽在过热器中被进一步加热升温成为过热蒸汽，在再热器中再热蒸汽被加热升温到所设定的再热温度。

在余热锅炉中为了能够充分利用燃气轮机的排气余热，应尽可能降低离开余热锅炉时的排气温度。但是，这个排气终温也不能降得过低，主要是由于：①余热锅炉排气温度过低会带来低温腐蚀、低温受热面面积过大、阻力过大等问题；②设计余热锅炉时，必须保证锅炉给水饱和蒸发段的起始点与

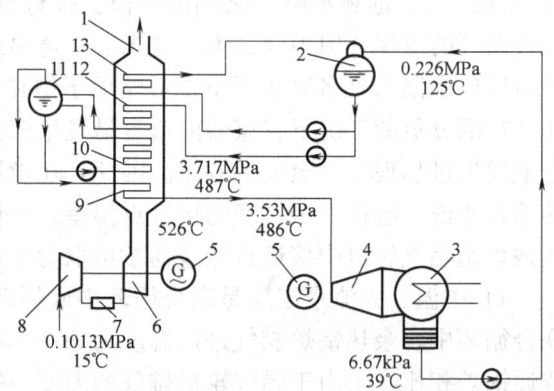

图 7-2 余热锅炉的汽水系统
1—余热锅炉 2—除氧器 3—凝汽器 4—汽轮机
5—发电机 6—涡轮机 7—燃烧室 8—压气机
9—高压过热器 10—高压蒸发器 11—汽包
12—高压省煤器 13—低压蒸发器

燃气侧之间具有一定的温差，通常称之为节点温差。由于余热锅炉中，燃气比热容要高于给水比热容（即t-Q图中余热锅炉的燃气侧放热曲线比汽水侧吸热曲线更平缓），因而节点温差的存在会导致最终的排气温度必然显著高于给水温度，从而导致排气温度不能太低。

余热锅炉是整个联合循环系统的重要组成部分,是系统整体优化和各主要子系统匹配的关键所在,在能源转换利用中起到承上启下的作用。余热锅炉的结构、性能以及参数对系统中其他设备乃至整个系统的性能都有显著的影响。

(1) 余热锅炉的类型　联合循环系统和燃气轮机型号的多样化使得与之匹配的余热锅炉类型繁多。通常,可以从用途、结构以及蒸汽流程参数等方面来对余热锅炉进行分类。

Ⅰ．按用途分:

1) 发电用途的余热锅炉。主要包括余热锅炉型联合循环装置中的余热锅炉,也包括整体煤气化联合循环(IGCC)等系统中的余热锅炉。

2) 功热并供用途的余热锅炉。主要是指用于热电联供的各种联合循环系统中的余热锅炉。此类余热锅炉产生的蒸汽或热水,除了用于驱动汽轮机发电外,还供给各种工艺过程中生产用或供暖用的蒸汽或热水。

3) 注蒸汽燃气轮机用的余热锅炉。这种余热锅炉主要配合注蒸汽燃气轮机联合循环(详见本书第6.3.1节),其所产生的蒸汽,部分或全部回注到燃气轮机。这种形式的余热锅炉要根据燃气轮机的总体性能和用途来匹配设计。

4) 特种用途的余热锅炉。该类锅炉指各种广义的、利用燃气轮机排热作为热源但不以水和蒸汽作为吸热工质的一类换热装置。如化学排热回收燃气轮机系统(CRGT: Chemical exhaust heat Recovery Gas Turbine system)中的余热锅炉。CRGT系统是一种利用燃气轮机排热把天然气燃料重整成H_2和CO后再燃烧的燃气轮机系统。此时的余热锅炉实际上是一个利用燃气轮机排热的燃料重整装置的一部分。

Ⅱ．按总体结构分:

1) 卧式余热锅炉(图7-3)。卧式余热锅炉中的燃气水平方向流过垂直安装的各种换热面(过热器、蒸发器、省煤器等)。与其相配的各种换热面采用垂直布置,且其蒸发器中的工质通常采用自然循环,即:水和蒸汽混合物经上升管(蒸发器管束)进入汽包,经汽包内的汽液分离后,气相进入后续过热器继续加热,液相进入下降管回到下联箱再进入上升管中。蒸发器上升管中的汽水混合物与下降管中的水密度差提供蒸发器中工质自然循环的动力(图7-4)。

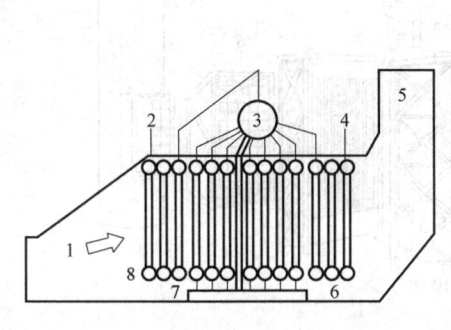

图7-3　卧式余热锅炉
1—燃气　2—燃气入口　3—汽包　4—给水入口
5—烟囱　6—省煤器　7—蒸发器　8—过热器

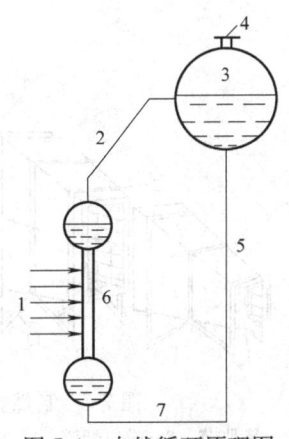

图7-4　自然循环原理图
1—燃气　2—上升管　3—汽包　4—蒸汽
5—下降管　6—蒸发器　7—水

2)立式余热锅炉（见图7-5）。立式余热锅炉中燃气是由下向上沿垂直方向顺序流过各种水平方向安装的换热面（过热器、蒸发器、省煤器等），燃气呈纵向流动，与其相配的传热管束为水平布置。由于蒸发器水平布置，因而在蒸发段，需要借助循环泵提供蒸发器管束中的工质循环压头，把水压入蒸发器管束，从而形成强制循环（见图7-6）。

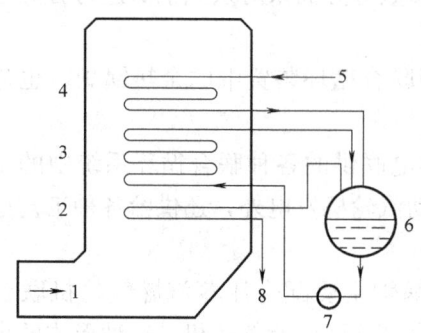 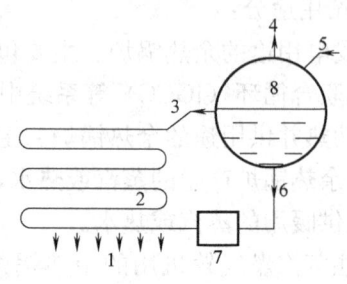

图7-5 立式强制循环余热锅炉
1—燃气 2—过热器 3—蒸发器 4—省煤器
5—给水 6—汽包 7—循环泵 8—蒸汽

图7-6 强制循环原理图
1—燃气 2—蒸发器 3—上升管 4—蒸汽 5—除氧器给水
6—下降管 7—循环泵 8—汽包

图7-7、图7-8分别给出了自然循环方式的卧式余热锅炉和强制循环方式的立式余热锅炉的结构示意图。从图7-7中可见：自然循环余热锅炉中的烟气流动方向为水平方向流过垂直方向安装的管束，其中一部分水将在蒸发器管束中吸热而转变成为饱和蒸汽。水与蒸汽的混合物经上升管进入汽包。而由图7-8可见：强制循环余热锅炉是垂直式布置的，换热面吊装在钢架上，汽包直接吊装在锅炉上；它所有的受热面组件的管子是水平布置的，燃气是从下向上流过各受热面后，排入烟囱；水进入蒸发器是靠循环泵提供的动力，即用外加强制动力来完成汽水的循环。

大多数联合循环均采用无补燃的余热锅炉，其中包括自然循环方式和强制循环方式两种。传热面一般采用鳍片管。而且，为了便于制造和安装，余热锅炉均采用模块式结构。

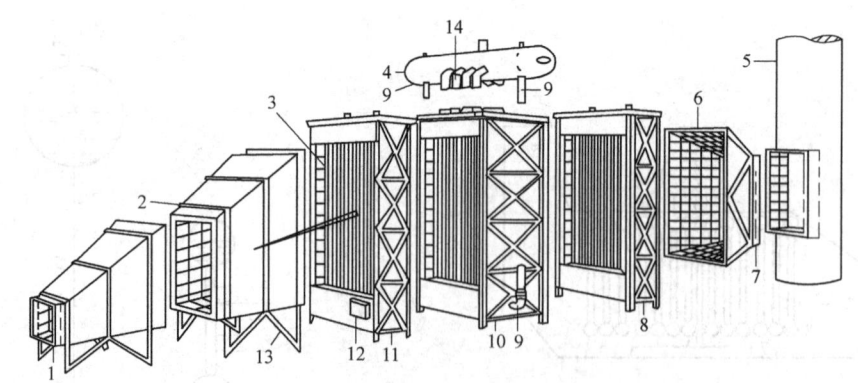

图7-7 自然循环方式的卧式余热锅炉的模块结构[13]
1、7—膨胀节 2—进口烟道 3—内部保温材料 4—汽包 5—烟囱 6—出口烟道 8—省煤器段
9—下降管 10—蒸发器 11—过热器段 12—人孔 13—整体结构钢 14—上升管

第7章 常规燃气-蒸汽联合循环发电系统及设备

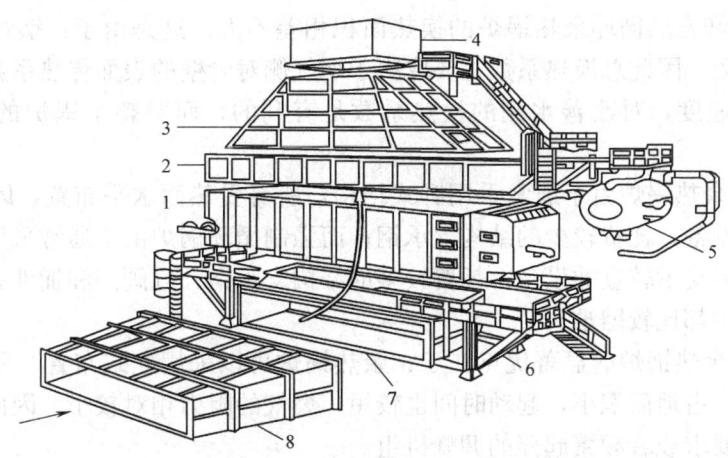

图7-8 强制循环方式的立式余热锅炉的模块结构[13]
1—蒸发器和过热器　2—省煤器　3—上部过渡段　4—烟囱
5—汽包　6—钢架　7—弯烟道（侧向进口）　8—进口段

表7-1是自然循环与强制循环两种余热锅炉形式的主要特点与性能比较，由表7-1中可以看出，这两大类余热锅炉各有优缺点和局限性：

① 相对而言，自然循环容易实现且比较安全。这是由于自然循环锅炉汽包等容积较大，具有较高的热惯性。因而当功率变化时，燃气轮机排气的热力波动较大，但此时的余热锅炉适应性和自平衡能力都强，热流量不易超过临界值。

② 强制循环中的水平管束容易发生汽水分层现象，而且在水平管子底部的结垢量要比含有蒸汽的管子顶部要少。这种沿管子周围结垢的差异会造成温度梯度、不同程度的传热和膨胀，导致强制循环的余热锅炉容易发生腐蚀、烧坏、塑性变形等事故。相比较而言，自然循环中的垂直管束结垢情况则比强制循环中的水平管束均匀，不易造成塑性变形和故障，同时也减缓了因结垢而使余热锅炉性能下降的问题。

表7-1　自然循环与强制循环两种余热锅炉的比较

比较的内容	自然循环	强制循环
传热面积	相同	相同
可用率（%）	99.95	97.5
在燃气轮机运行范围内的使用率	广	窄
水循环的自然平衡性	有	有限
循环泵的位置	无	有
外部耗功	无	有泵的耗功
占地面积	较多	较少
钢结构与管道	轻而多	重而少
基础和撑脚	轻而多	重而少
安装所需设备	轻	重
运行及维护	较易	较难

③ 自然循环的辅机耗功略低、系统复杂性更小，循环的可用性更高、可达99.95%。在强制循环中，为了避免余热锅炉发生腐蚀、烧坏、塑性变形等事故，就需要采用循环倍率比较大的循环泵，这不仅要额外的消耗能量，而且会使系统更加复杂；同时会因为循环泵的问题，使强制循环余热锅炉的运行可用率比自然循环低2个百分点左右。

④ 强制循环和自然循环余热锅炉的换热面积相差不大。这是由于：锅炉管束的传热热阻主要在于烟气侧，因此总换热系数主要取决于烟气侧对管壁的表面传热系数，强制循环加速了管束内水流速度，对改善水侧的换热系数是有利的，而对整个锅炉的换热系数影响不大。

⑤ 自然循环余热锅炉由于通常采用卧式结构，所有受热面水平布置，因此只需要一层平台支承较轻的设备，耗费较少的结构支承钢；而强制循环锅炉由于通常采用立式布置，需要多层平台，必须支承较重的设备，耗费较多的结构支承钢；且阀门和辅件布置在不同的标高上，操作和维护都比较困难。

⑥ 强制循环余热锅炉的显著优点在于：余热锅炉可以采用立式布置，受热面之间是沿高度方向布置的，占地面积小，起动时间也较短，燃气的阻力相对较小。因而比较适合于对电站占地有严格要求或者频繁起停的调峰机组。

⑦ 强制循环余热锅炉由于采用立式布置，可以将烟囱与余热锅炉进行一体化设计，因立式余热锅炉自身高度较高，因而其出口处的烟囱高度与自然循环卧式余热锅炉的烟囱相比可以明显缩短。

Ⅲ. 按蒸汽系统流程与参数分：

余热锅炉的汽水系统主要分为单压、单压再热、双压、双压再热、三压及三压再热六大类。当燃气轮机在额定工况下的排气温度低于538℃时，多采用单压或多压无再热的蒸汽循环；而大功率、更高排气温度的燃气轮机通常采用多压再热蒸汽循环。

一般而言，采用再热措施与更多压力等级总会带来余热锅炉换热效率与联合循环机组效率的提高，但同时又会造成余热锅炉系统复杂性与投资上升、以及维护成本的提高。因而蒸汽侧参数的确定，在很大程度上取决于技术经济性的综合分析评估，包括考虑初投资、燃料价格以及电站运行模式（带基本负荷机组或调峰机组）等。图7-9所示为单压无再热的余热锅炉汽水系统示意图；图7-10所示为带整体除氧器的三压再热余热锅炉汽水系统示意图。图7-10中，若去掉中压蒸发器与锅筒及相关部件，则为双压再热余热锅炉的流程结构；若再去掉低压蒸发器及相关部件，则为单压再热余热锅炉的流程结构。

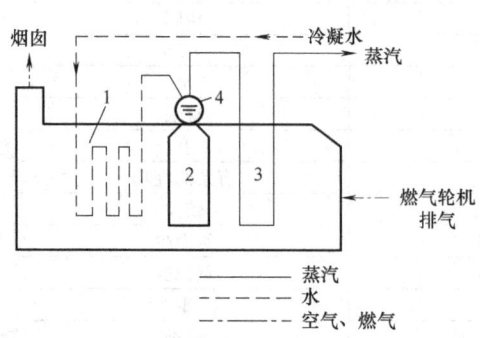

图7-9 单压无再热的余热锅炉汽水系统
1—省煤器 2—蒸发器 3—过热器 4—汽包

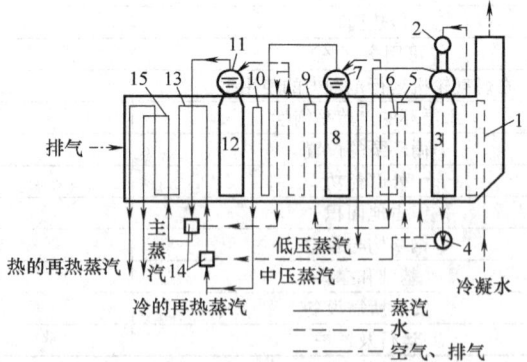

图7-10 三压有再热余热锅炉汽水系统[13]
1—冷凝水加热器 2—整体除氧器 3—低压蒸发器 4—给水泵 5—中压省煤器 6—高压省煤器（第一级） 7—中压汽包 8—中压蒸发器 9—高压省煤器 10—中压过热器 11—高压汽包 12—高压蒸发器 13—再热器 14—温度控制器 15—高压过热器

7.2.3 联合循环中的汽轮机

联合循环中的汽轮机与常规火电站中的汽轮机相比,虽然在原理和结构上基本相同,却具有自己的许多特点。

1. 联合循环中汽轮机的一般特点

(1) 滑压运行 在联合循环中汽轮机多采用滑压方式运行和设计,采用全周进汽结构,不设调节级。起动完成后,蒸汽调节阀处于全开状态。汽轮机的负荷将随燃气轮机负荷与燃料量的变化而自动变化。

(2) 蒸汽除湿 当联合循环采用非再热循环时,汽轮机后几级蒸汽湿度会比较大,为此常借鉴核电站汽轮机除湿经验,在湿度大的区域设置排泄孔或疏水捕获栅等。

(3) 末级长叶片 为了充分地利用燃气轮机排气中的余热,联合循环一般不采用抽汽回热。所以汽轮机排汽流量与主乏汽进口流量之比会大大高于其他类型汽轮机的流量比。通常,由于回热抽汽,汽轮机排向凝汽器的乏汽流量只有主蒸汽流量的70%左右。而在联合循环的双压或三压式的蒸汽循环系统中,排向凝汽器的乏汽流量却可能比主蒸汽流量大30%左右。因此在相同功率等级时,联合循环中汽轮机的末级叶片更长,这就要求精心地设计联合循环中汽轮机的低压缸和凝汽器,以增大其通流能力和换热面积。

(4) 采用非抽汽型的除氧器或带除氧功能的凝汽器 为了降低凝结水中的溶氧量,常规火电站多设置抽汽除氧器。而联合循环电站为了有效地利用燃气轮机排气余热,一般不从汽轮机中抽汽进行除氧,而是在凝汽器或其附近设置除氧器,增设凝结水再热循环水系统或辅助蒸汽系统,利用余热锅炉的热量或其他蒸汽热源来除氧。

(5) 采用非抽汽型的给水加热器 在燃气-蒸汽联合循环电站,余热锅炉燃气排气的最低温度与凝汽器中凝结水温度差不多,所以不需要设置专门的蒸汽抽汽型给水加热器来预热凝结水和给水,凝结水和给水加热在余热锅炉中完成。综合上面的第(4)点可知,余热锅炉已经承担了汽轮机系统中给水加热与除氧的任务(除氧也可以在凝汽器中完成),因而汽轮机不再设置(或少设置)抽汽口。所以,这种汽轮机可以像燃气轮机那样安装在比较低的基础上,这样就可以避免采用高厂房结构。

2. 联合循环中汽轮机的结构特点

联合循环中汽轮机的结构特点应该满足高效、快速起动、滑压运行、蒸汽体积流量大等方面的要求。

1) 汽轮机必须适应快速起动的要求,特别是共用一台发电机,燃气轮机和汽轮机串联在一根轴上的单轴布局时更是如此。在汽轮机的结构上需采取必要的措施:

① 尽量满足对称性。加强气缸的对称性,在设计汽封抽汽口及其系统时,也要尽量考虑气缸的对称性;主蒸汽导管、主蒸汽控制阀和关断阀、再热蒸汽控制阀和关断阀、二次(或低压)蒸汽控制阀和关断阀一般都设置成两个或两组,并对称布置。周边管道也要尽量对称布置,与凝汽器相连的快速旁路系统也要对称设计并能快速动作。

② 在权衡汽轮机效率的情况下,设法加大动、静部件之间的间隙,以防止在快速起动时由于膨胀不同步而引起部件之间的碰撞或摩擦,动叶顶部尽可能使用围带和围带汽封。

③ 高、中压气缸应采用双壳体结构。

2) 对于功率和背压相同的汽轮机,常规火电机组汽轮机的排汽环形面积要比联合循环中汽轮机的小。在常规机组汽轮机上,有八级向给水回热加热器提供加热蒸汽的抽汽口,而联合循环机组中的汽轮机不但没有抽汽口,还要向低压部分注入大量的二次蒸汽。

3) 低压缸的末几级采用整体围带结构形式的叶片,并防止水滴对叶片的侵蚀作用。通常选择铬含量为 13% 的铬钢来制作这些叶片,而且设计具有除湿缝隙的固定叶片来抽吸水滴,以减轻对装在其后的动叶的侵蚀作用。此外,还可以对末级动叶的入口边采取表面强化措施。但必须注意,在做上述处理时应消除叶片表面的残余应力,以防止发生因应力腐蚀而引起的龟裂现象。

4) 联合循环中使用的汽轮机排汽体积流量除了与循环型式和主蒸汽参数有关外,还取决于机组的功率和背压。由于汽轮机低压缸末级叶片长度的限制,允许通过的蒸汽体积流量是有限的,因而根据汽轮机功率等级的不同,汽轮机低压缸可以设计成为单缸单流式、单缸双流式和双缸双流式的结构形式。

图 7-11 所示为用于联合循环的单缸单流式汽轮机。它采用再热循环、轴向排汽口方案,发电机是前端输出轴驱动的;高、中压缸采用双壳体结构,这样可以减少气缸的热应力和承受的压力;凝汽器与低压缸的外壳体相连,两者组成一个整体;整台汽轮机的死点在汽轮机与发电机之间的推力轴承上。气缸的后支点采用柔性支承板支撑;低压缸端的轴承装在汽轮机的排汽壳体内。

采用轴向排汽口方案具有以下优点:轴向通流的阻力损失小;轴向通流加强了机组的对称性,有利于快速起动;轴向排汽可以使机组不设置两层的运行平台(一般只需在汽轮机旁搭一个钢制的小平台就可以了)。因而,可以使用标高较低的厂房结构,降低厂房造价。

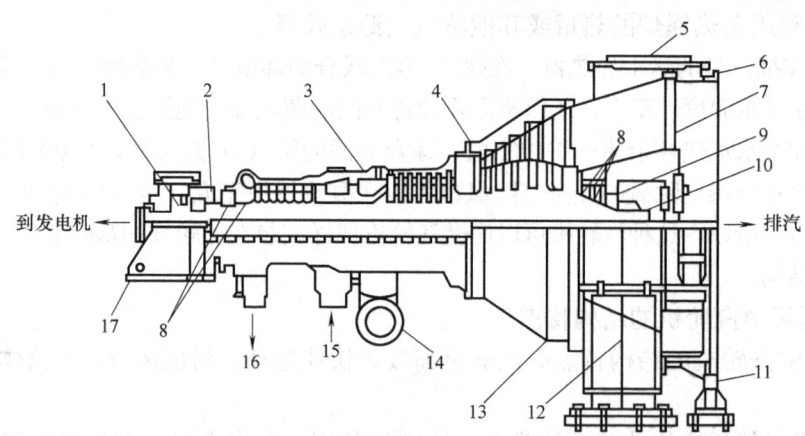

图 7-11 单缸单流式汽轮机[16]
1—推力轴承 2—2 号轴承 3—高压/中压汽缸 4—汽缸竖直连接法兰 5—减振膜
6—排汽法兰 7—轴承孔 8—缸体密封 9—1 号轴承 10—测速探针 11—定位
导键 12—柔性支撑 13—排汽缸 14—再热热端接口 15—主蒸汽进口
16—再热冷端接口 17—前基准

7.2.4 联合循环中蒸汽系统设计的主要约束条件

通常在设计联合循环中蒸汽系统时,要认真考虑以下问题:

1) 首先,根据联合循环总体技术方案、燃气轮机排气参数等要求,优化设计蒸汽系统循环方案(包括流程与主要参数)。然后通过严格的热平衡计算,以及全面考虑关键参数的优化匹配与变工况特性等,来确定相关的特性图。图上燃气侧和蒸汽侧的温度分布曲线是蒸汽系统部件设计的主要出发点。汽轮机和余热锅炉是蒸汽系统的核心部件,它们都要根据蒸汽系统优化设计确定的流程与参数来设计。

2) 在设计联合循环中的余热锅炉时,应该满足以下要求:

① 蒸汽系统应具有较低的热惯性,以使余热锅炉能够适应燃气轮机快速起动和快速加减负荷的动态特性要求,缩短整个联合循环系统的起动时间。通常要求冷态起动时间为20~30min。

② 蒸汽热力参数稳定。由余热锅炉提供的蒸汽参数不要大幅度偏离各负荷工况下的设定值,以防影响汽轮机的安全和高效运行。

③ 在技术经济条件合理的情况下,尽可能多地回收热能,提高余热锅炉的当量效率。

④ 当联合循环配置选择性催化反应器(SCR)来控制 NO_x 时,必须精心地确定 SCR 在余热锅炉中的布设位置,确保 SCR 能在 296~410℃ 温度范围内工作,否则无法控制 NO_x 的排放量。

⑤ 余热锅炉应具有一定的抗无水情况下"干烧"的能力,以避免当烟道旁通阀等元件故障时烧毁余热锅炉。一般"干烧"时的烟气温度应不高于 475℃,每次干烧的最长持续时间不超过 240h。

⑥ 应设法使燃气轮机排气阻力尽量小。

3) 汽轮机设计的一般要求:应满足联合循环中蒸汽系统的快速起动、无抽汽回热、主蒸汽压力相对不高、蒸汽、容积流量大以及滑压运行等特点的要求。如加强气缸的对称性,采用全周进汽结构,加大动、静部件之间的间隙,加大尾部通流面积等。

4) 蒸汽系统热力参数的优化

① 余热锅炉节点温差:$\delta = 8 \sim 20℃$。多压蒸汽系统的参数选择对循环效率的影响不同,对总传热面积的影响也不同,因此要注意不同压力等级蒸汽参数的优化。

② 余热锅炉接近点温差:$\Delta t_a = 5 \sim 20℃$。多压时要注意不同压力等级的 Δt_a 的优化匹配组合问题,并确保各省煤器在任何工况下不发生汽化(即 $\Delta t_a > 0$)。

③ 燃气轮机背压(表压力)一般为 2~3.4kPa。

④ 汽轮机背压。主要取决于循环冷却水温度,一般为 3~7kPa(绝对压力)。

⑤ 汽轮机主蒸汽温度受制于燃气轮机排气温度,余热锅炉热端温差 Δt_{4g}(即其进口处燃气温度与最高过热蒸汽温度之差值),一般 Δt_{4g} 在 30~50℃。

⑥ 汽轮机主蒸汽压力(或余热锅炉出口蒸汽压力)一般为 6~17MPa。在一定条件下,主要考虑汽轮机低压区域的蒸汽湿度,通过综合优化而确定。对多压系统的中压蒸汽压力和低压蒸汽压力也要优化,通常存在最佳匹配值。

⑦ 为了保证自然循环方式的余热锅炉中水循环的安全性,必须控制的最小循环倍率,如图 7-12 所示。

⑧ 为了防止管壁因无水而烧坏,应把最大许用的热流量(即临界热流量)控制在 567.5kW/m²。

⑨ 为了避免在水平管束中发生汽水分层,流体的最小临界流速约为 2.1~3.0m/s。

5) 联合循环的汽轮机一般按滑压方式设计。当汽轮

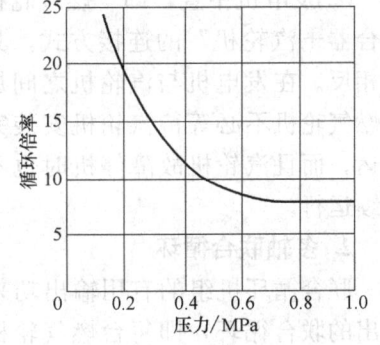

图 7-12 余热锅炉的最小循环倍率

机负荷从 100% 降到约 45% 时，主蒸汽压力线性下降，此后将维持蒸汽压力在最小压力不变。

6) 多数联合循环装置在燃气轮机与余热锅炉之间设置有旁通烟道，以避免余热锅炉检修或故障时影响燃气轮机正常运行。这样做会有 0.5%～1% 的燃气泄漏，影响效率，所以也有的机组考虑采用取消旁通烟道方案。

7.3 燃气-蒸汽联合循环的主要辅助系统与设备

7.3.1 联合循环装置的轴系配置与总体布置

联合循环装置的轴系配置方案有两种：

1. 单轴联合循环

联合循环机组的有用输出功率来自一根轴的是单轴联合循环配置，即汽轮机和燃气轮机共同驱动一台发电机（见图 7-13）。

单轴配置的主要特点是：

1) 单轴配置时只需 1 台较大容量的发电机。与对应的多轴配置相比，相应的电气设备少、系统简单，设备初投资少。

2) 起动方式灵活多样。通过变频器提供变频交流电给发电机，以变频电动机方式起动燃气轮机，就可取消专门设置的起动电动机；若有现成的蒸汽源（如联合循环机组安装在现有的汽轮机电厂或对其进

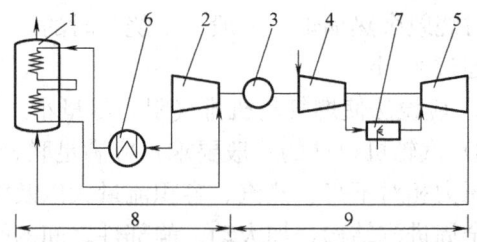

图 7-13 单轴联合循环装置轴系配置布置图
1—余热锅炉　2—汽轮机　3—负荷　4—压气机
5—涡轮机　6—凝汽器　7—燃烧室
8—蒸汽侧循环　9—燃气侧循环

行联合循环技术更新改造时），也可直接利用汽轮机来起动燃气轮机。

3) 燃气轮机和汽轮机可共用一套润滑油系统，机组运行与控制系统等得以简化。

4) 布置更紧凑，汽水管道较短，占地面积小、厂房较小。

单轴配置分为两种方式：

① 发电机尾置，即"燃气轮机＋汽轮机＋发电机"的连接方式。这种配置方式有利于发电机出线和检修时抽转子，但不利于燃气轮机提前单独投运，也不利于汽轮机布置和检修。

② 发电机中置，即"燃气轮机＋发电机＋3S 离合器＋汽轮机"的连接方式。其优缺点与前者正相反。在发电机与汽轮机之间加装离合器，可使燃气轮机不必等待汽轮机安装完成就可以提前投运，而且汽轮机故障停机时也不影响燃气轮机继续运行。

2. 多轴联合循环

联合循环机组的有用输出功来自一根以上轴输出的联合循环，即每台燃气轮机和每台汽轮机各自驱动发电机的布置形式（见图 7-14）。

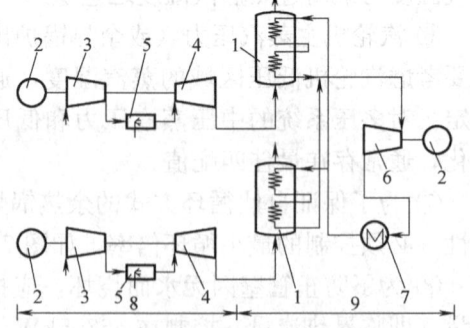

图 7-14 多轴联合循环装置轴系配置布置图
1—余热锅炉　2—负荷　3—压气机
4—涡轮机　5—燃烧室　6—汽轮机　7—凝汽器
8—燃气侧循环　9—蒸汽侧循环

对于多轴配置形式，根据燃气轮机与汽轮机的匹配的不同，又分为："1+1"（一拖一）、"2+1"（二拖一）、"3+1"（三拖一）、"4+1"（四拖一）等多种配置方式。多轴配置的主要特点是：

① 燃气轮机发电机组和汽轮机发电机组相对独立、分开布置，前者设置旁通烟囱，可方便单独以简单循环方式运行。

② 除"1+1"配置外，在电厂部分负荷时，可通过停运部分燃气轮机的办法，使运行中的燃气轮机尽量接近额定负荷在高效率的范围内运行，从而使电站变工况性能得到改善，这对负荷变化较大的电厂有利。

③ 有利于实施"分阶段建设"的模式，先建燃气轮机机组，再建余热锅炉和汽轮机机组，能够分期尽快回收投资与相对缩短建设周期。

④ 更有利于燃气轮机快速起动，增强机组调峰能力。

⑤ 多轴配置方案的设备与系统都比较复杂，占地面积也较大。

以上多轴配置方式中，实际常用的是前两种，即"1+1"、"2+1"配置。"3+1"以上配置，虽然效率高、投资低，但可靠性差、系统与控制都比较复杂，而且当汽轮机因故障停机时，多台燃气轮机都只能按简单循环运行或停机。

联合循环轴系配置对电站投资成本、总体布置与占地面积、运行操作以及热力性能（特别是变工况的性能）等都有很大的影响。电站设计时应综合考虑各种因素来选择轴系配置总体方案。值得注意的是，随着越来越多的大容量、高性能的燃气轮机机型投入市场，大型联合循环电站将更倾向于选择布置紧凑、可靠性高、热效率高的"1+1"单轴配置方式，并将更多采用统一规划、分期实施的模块组合模式的联合循环电站。带 3S 离合器的多轴配置方案，运行操作灵活，较适合用于调峰运行。图 7-15～图 7-17 所示分别是单轴联合循环装置的二维布置图、三维布置图和实景图。

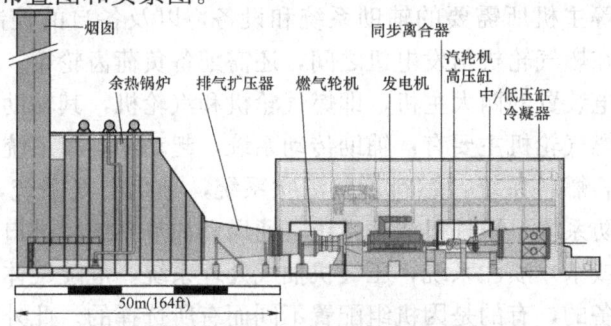

图 7-15 单轴联合循环装置二维布置图

图 7-16 单轴联合循环装置三维布置图

图 7-17 单轴联合循环机组实景图

7.3.2 燃气轮机主要辅助系统概述

在常规燃气-蒸汽联合循环装置中,除了燃气轮机、余热锅炉、蒸汽轮机和发电机这四个主要设备外,还必须配备一系列的辅助系统和设备,以满足其工作过程的需要。

联合循环电站的辅助系统至少需要有:燃料的供应系统和设备(含燃料的处理与贮存),供水系统和设备,水处理系统和设备,电气设备和系统,热工自动化系统和设备,辅助及附属设施,采暖、通风、空气调节,环境保护,消防等常规电站所需要的系统和设备。为确保机组正常、可靠地运行,从燃气轮机进气装置的进口开始,到发电机的出线端为止,整套联合循环发电装置必须配备足够的辅助系统和设备。这些系统和设备应包括燃气轮机、余热锅炉、汽轮机和发电机等主机所需要的辅助系统和设备,以及各自的控制和保护系统。对于中、小型发电装置,在燃气轮机与发电机之间,还需配备负荷齿轮箱。

对于燃气轮机发电装置的两大主机,即燃气轮机和汽轮机,其辅助系统和设备因主机的不同而有所差异。对燃气轮机主要有:辅助传动系统,起动和盘车系统,润滑油系统,液压油系统,控制油系统,燃料系统,燃料管路清吹系统,雾化空气系统,冷却和密封空气系统,冷却水系统,消防系统,压气机清洗系统,通风和加热系统,进口可转导叶系统,高压顶轴油系统,蒸汽(或水)喷注系统,压气机抽气处理系统,危险气体检测系统等。上述系统中,有的是机组必备的,有的是因机组配置不同而有所选择的。此外,进气系统和排气系统也是海、陆用燃气轮机不可或缺的两个系统。对汽轮机要有:凝汽器,抽气器,盘车装置,供油系统,冷却水系统等必需的辅助系统和设备。汽轮机的一些系统,如供油系统中的润滑油部分,可以单独分设,也可以和燃气轮机合并成一个系统。

7.3.3 燃气轮机主要辅助系统与设备

燃气轮机辅助系统和设备主要包括起动设备、盘车装置、润滑油系统、液压油系统、跳闸控制油系统、燃料系统、雾化空气系统、冷却与密封空气系统、冷却水系统、冷却与密封空气系统、空气滤清系统、通流部分清洗系统等。本节主要介绍燃气轮机起动设备、液力变扭器、辅助齿轮箱、3S 离合器等的工作原理。下面以 MS6001 燃气轮机辅助系统为例,介绍燃气轮机的辅助系统。

1. 起动机

燃气轮机是不能自动起动的热能动力装置，其起动过程需在外部起动机帮助下完成。从零转速直至脱扣转速之间，起动机始终在驱动燃气轮机的转子。

起动机是起动系统的核心设备，要求具有足够的功率和良好的转矩特性，特别是在低转速条件下能够提供较大转矩，以使转子从静止状态起动并加速。

联合循环装置中常用的起动机主要有：

（1）柴油机　借助液力变扭器逐步升速，二者配合起动特性如图 7-18 所示。低转速条件下可向燃气轮机转子施加足够大的转矩。机组在较低转速（10%～15% n_0）下可进行点火，以充分利用燃气轮机的自发功率帮助升速，故可以选择较小功率的柴油机。柴油机用作起动机容易选购，不需大容量的外界电源，有利于机组在没有电网的地区运行，适应性强。但起动系统结构复杂，需配置液力变扭器，在冷天较难起动。

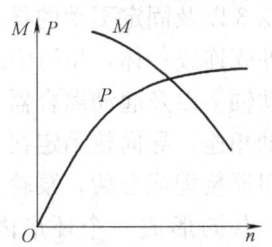

图 7-18　柴油机与液力变扭器联合起动特性

（2）汽轮机　对于单轴联合循环机组，在有外蒸汽源的条件时，可以直接利用联合循环装置中的汽轮机作为起动机来起动整台机组。这种方式起动特性如图 7-19 所示。采用此方式简单方便，不需额外配置起动机，节省设备投资费用，适用于拟扩建的老电站或已有多台联合循环装置的电站。

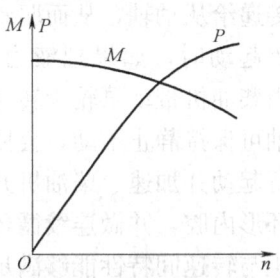

图 7-19　蒸汽轮机作为起动机的起动特性

（3）交流电动机　由于交流电动机的转矩性能差，也需配备液力变扭器或液压马达等来改善电动机转矩性能。

（4）采用变频器和主发电机　把同步发电机接入交流电，用作交流电动机以驱动燃气轮机转子完成机组起动过程。增设变频器与交流电源相连接，变频器可以改变输入给主发电机的交流电频率，这样使交流电动机的转速可以调节。起动特性如图 7-20 所示，该起动方式已被大量大功率燃气轮机联合循环装置所使用。

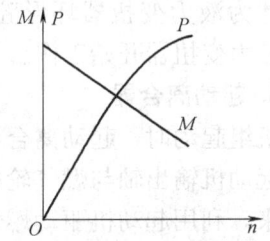

图 7-20　主发电机与变频器的联合起动特性

2. 液力变扭器

采用柴油机作为联合循环装置起动机时，柴油机工作特性不能与燃气轮机起动特性直接相适应，需配备液力变扭器以保证燃气轮机转子在开始旋转的瞬间能为柴油机提供足够大的转矩，使机组能够迅速起动和加速。

机组起动过程中，压气机的阻力矩 M_c、涡轮机发出的转矩 M_T、起动机提供的转矩 M_n、用以加速转子的剩余转矩 M 及燃气初温 T_3^* 随机组转速 n 的变化关系如图 7-21 所示。柴油机需自身起动起来并增速至一定转速后，才能继续增加其喷油量，进而增加其转速和输出功率（或转矩）。因此，起动柴油机输出轴与燃气轮机主轴的传动轴必须借助液力变扭器相连。通过液力变扭器可

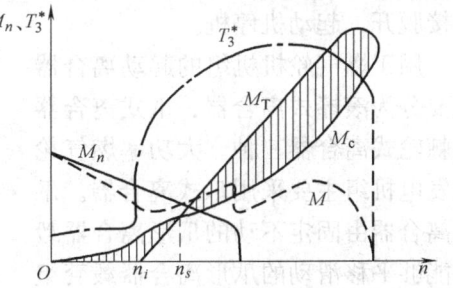

图 7-21　燃气轮机起动力矩变化

使柴油机输出轴与主轴传动轴在机组刚起动时脱离传动关系，以确保柴油机首先单独起动；同时保证柴油机起动完成后可通过液力变扭器把较大转矩传送给机组主轴，以满足燃气轮机起动和加速的要求。

液力变扭器结构及工作原理如图 7-22 所示。液力变扭器主要由可做旋转运动的泵轮 4 和涡轮 3 以及固定不动的导向轮 5 组成。泵轮与液力变扭器外壳连成一体，并用柴油机输出轴来驱动。涡轮通过从动轴 7 以及起动离合器，与辅助齿轮箱中机组主轴传动轴相连。导向轮固定在不能转动的套筒 6 上。当液力变扭器装配成套后，泵轮、涡轮和导向轮互相配合在一起，共同形成一个环形内腔，工作时其中充满润滑油，作为传递转矩的工作液体。

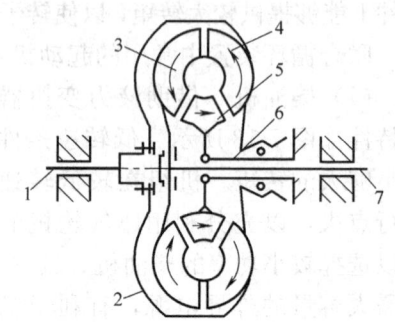

图 7-22　液力变扭器结构及工作原理
1—连接柴油机输出轴　2—变扭器外壳
3—涡轮　4—泵轮　5—导向轮　6—导向轮固定套筒　7—从动轴

液力变扭器正常工作时，环形内腔内的润滑油将沿图中所示的剪头方向做循环运动，把起动柴油机发出的转矩传递给从动轴，从而驱动燃气轮机主轴旋转。机组刚开始起动时，如果把液力变扭器中的润滑油完全排尽，当柴油机带动泵轮旋转时，由于失去液体的转矩传递，涡轮可保持静止不动，即燃气轮机主轴可保持静止不动，会使得机组起动时柴油机输出轴和机组主轴脱离传动关系，柴油机可自行起动并加速。柴油机升速过程中，利用柴油机驱动注液泵，把润滑油逐渐注入液力变扭器环形内腔，并做连续循环运动，通过泵轮把柴油机发出的转矩经过放大传递至涡轮，输出转矩与转速间特性能够满足燃气轮机联合循环装置的起动需要。

值得注意的是，柴油机起动过程中，由于注液泵转速还不够高，抽吸润滑油的能力尚不够强，必须依靠事故润滑油泵或辅助润滑油泵，为液力变扭器中转动部件提供少量润滑油，以保证起动柴油机能够带着液力变扭器泵轮单独起动起来。柴油机起动成功至一定转速，注液泵才为液力变扭器环形腔室充油，以便液力变扭器开始工作。

3. 起动离合器

机组起动时，起动离合器能够自动把起动机输出轴与燃气轮机主轴连接起来，利用起动机驱动燃气轮机升速、点火、直至脱扣，之后，它会自动将起动机输出轴与燃气轮机主轴的联接脱开，起动机停机。

用于燃气轮机机组的起动离合器主要分为滚棒式离合器、爪式离合器和棘轮式离合器三种。大功率燃气轮机发电机组主要采用爪式离合器。爪式离合器由固定不动的爪形离合器毂和能够平移滑动的爪形离合器毂套组成，如图 7-23 所示。前者通过花键

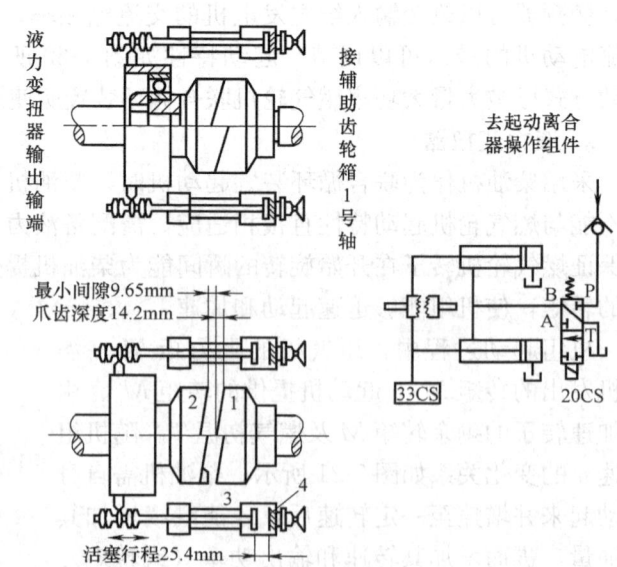

图 7-23　起动离合器动作与运行
1—离合器毂　2—离合器毂套　3—油动机　4—限位板

与燃气轮机主轴相连，后者通过花键与液力变扭器的从动轴相联，即通过液力变扭器与起动机输出轴相连，爪式离合器毂套可以在花键上平移滑动。

起动离合器啮合动作依靠两个互相平行安装的可做水平平移的油动机来完成。油动机设有限位板，用以限制其啮合行程。

机组起动时，在控制系统程序的控制下，液压操作油通过电磁阀（图7-23中的20CS）进入油动机。在液压操作油的作用下，油动机活塞使爪形离合器毂套与爪形离合器毂啮合，起动柴油机可通过液力变扭器带动燃气轮机起动。当机组转速增至额定转速的20%时，油动机中液压油泄放。起动柴油机的主动地位保证了离合器毂套与离合器毂处于啮合状态。燃气轮机点火成功，机组转速升至脱扣转速（约为额定转速的60%）后，存在于起动离合器棘爪之间的驱动力改变方向，迫使能够滑动的离合器毂套与离合器毂脱离啮合关系。

4. 辅机传动与辅助齿轮箱

辅助系统中，包括润滑油泵、主燃油泵、主液压油泵、主雾化空气压缩机以及其他用途的泵和压缩机等需要动力传动。另有起动机和盘车装置等用来带动机组传动。所以辅助设备就存在一个传动问题。由于燃气轮机形式、用途及设计者意图不同，辅助设备传动方案和方法也多种多样。总体来看，除起动机和盘车装置需直接与主机相传动外，其余辅助设备传动有以下三种方案：

（1）全部由主机来传动　其特点是不使用主机以外的动力来传动辅助设备，这种方案广泛应用于航空、舰船以及车辆用燃气轮机机组上。

（2）部分辅助设备由主机传动，部分用电动机带动　此方案由于主机与辅机之间、辅机与辅机间的转速不同，需要配备辅助齿轮箱。另外，需有交流电源，满足电动机带动的辅助设备需要。采用此方案的机组需设置在电网附近，机组灵活性较差。

（3）全部由电动机来传动　其特点机组无需配备用于主机与辅助设备之间进行传动的辅助齿轮箱。

图7-24所示为某20MW燃气轮机的辅助齿轮箱传动示意。在机组起动时，通过其向燃气轮机主轴传递起动转矩；在机组正常运行时，通过其传动机组的主燃油泵、主润滑油泵、主液压油泵和主雾化空气压缩机。

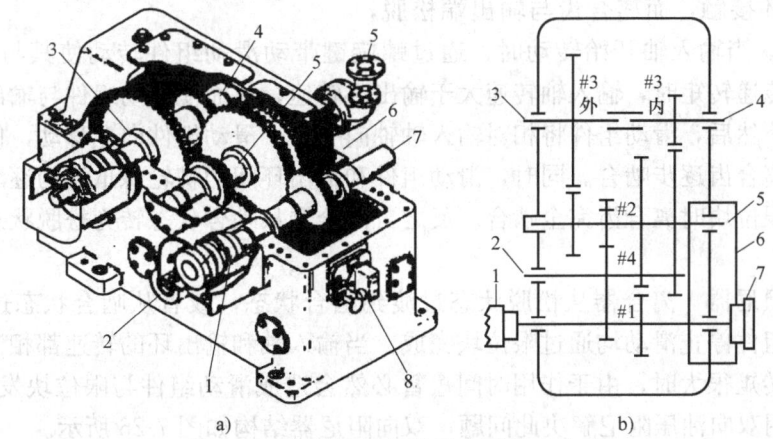

图7-24　辅助齿轮箱的结构及传动关系

1—起动离合器　2—主液压油泵传动轴　3—主燃油泵传动轴　4—主雾化空压机传动轴
5—水泵传动轴及水泵　6—主润滑油泵　7—辅助齿轮箱传动轴　8—手动危急遮断器

辅助齿轮箱的 1 号轴左端通过爪式起动离合器 1 与起动设备中的液力变扭器输出轴相连，右端通过压气机侧的对轮与燃气轮机的主轴连接。在燃气轮机起动过程中，当液压控制的爪式起动离合器啮合后，通过液力变扭器和爪式起动离合器，可把柴油机提供的起动转矩传递给燃气轮机的主轴。当机组转速升至脱扣转速时，爪式起动离合器脱离啮合，使起动柴油机与燃气轮机主轴脱离传动关系。此外，燃气轮机中的机械超速螺栓保安装置也安装在辅助齿轮箱上，有的机组其中还装有液压棘轮盘车装置，用以驱动燃气轮机主轴作间歇性盘车运动。

齿轮箱中各轴所用齿轮均为斜齿轮，每根轴的两端采用一侧有推力面的滑动轴承，润滑油从燃气轮机的润滑油母管引来，使用后的润滑油从齿轮箱底部流回油箱中。

5. SSS 离合器

（1）工作原理　高速大功率离合器如果直接采用棘爪的方式会造成棘轮棘爪磨损过快，并缩短设备的使用寿命，给机组的安全运行带来危害。SSS（Synchro-Self-Shifting）离合器（即 3S 离合器）是同步自换挡离合器的简称，是一种依靠自身机构作用，完全自动地实现啮合或脱离啮合，从而使动力输入设备与输出设备连接起来或分离开来的设备，其基本工作原理可比拟为螺母拧在螺栓上。如果螺栓转动时螺母是自由的，则螺母将随螺栓一同转动，如果螺母受限制而螺栓继续转动，则螺母将沿螺栓作直线运动。SSS 离合器广泛应用于燃气轮机的起动/盘车系统以及作为单轴燃气-蒸汽联合循环发电机组的汽轮机和发电机的联轴器。

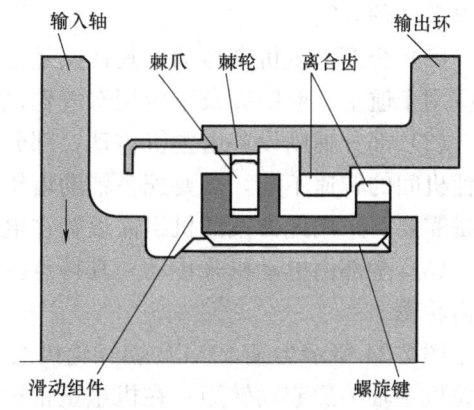

图 7-25　处于啮合状态的离合器

SSS 离合器主要由功率输入轴、功率输出环、滑动组件等组成。功率输入轴上有一系列的螺旋键（如同螺杆上的螺纹），滑动组件装载螺旋键上（如同螺母），滑动组件的两端分别有一个离合齿和一个棘爪结构，输出环通过离合齿和棘轮棘爪结构与滑块相连。

离合器处于脱开状态时，滑动组件的棘轮棘爪结构与输出环接触，而离合齿与输出端松脱，如图 7-25 所示。当输入轴开始转动时，通过螺旋键带动滑动组件转动使其与输入轴同步，当离合器正向传递转矩时，输入轴转速大于输出环转速，从而使滑动组件与输出环间的棘轮棘爪结构啮合。然后，滑动组件将相对输入轴轴向平移，滑动组件向左移动，使得滑动组件与输出环间的离合齿逐步啮合。同时，滑动组件和输出环间的棘轮棘爪结构逐渐松脱，直至滑动组件接触限位块时离合齿完全啮合。反之，离合器从啮合状态转为松脱状态也具有类似过程。

（2）双向阻尼器　离合器从松脱状态过渡到啮合状态，或者从啮合状态过渡至松脱状态，最终滑动组件停止滑动均通过限位块完成。当输入轴和输出环的转速都相当大并且离合器需要传递的转矩很大时，由于作用时间短暂必然会造成滑动组件与限位块发生剧烈碰撞。SSS 离合器采用双向油压阻尼解决此问题，双向阻尼器结构如图 7-26 所示。

阻尼腔两侧均充满来自主润滑油系统的低压润滑油。离合器从松脱状态向啮合状态过渡时，滑动组件在阻尼腔中的推力环将先经过一段自由间隙，此后润滑油仅能从推力环顶部微小间隙溢出,将对滑动组件产生强阻尼作用。同时,SSS 离合器设计了恰当的自由间隙,使得产生强阻尼作用前棘轮棘爪结构已经脱开,以保证不给棘轮棘爪结构带来过重负荷。反之,阻尼器也会在离合器松脱时发挥同样作用。

(3) 继动离合器 作为传递大转矩的离合器,其体积和质量相对较大,直接采用棘轮棘爪结构无法提供足够的转矩和推力,需增加一个继动离合器来触发主离合器齿的啮合。首先由轻量的棘轮棘爪结构使相对较轻的继动离合器啮合,然后通过继动离合器上更结实的螺旋键完成主离合齿的啮合。

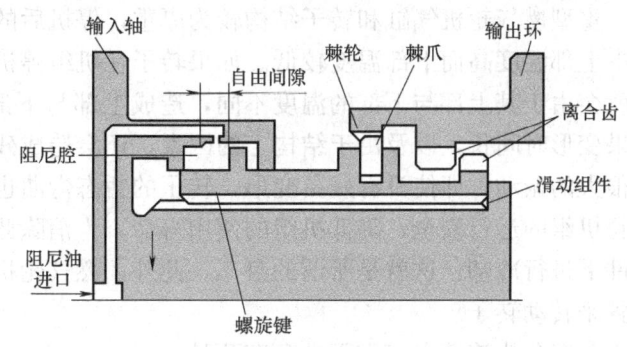

图 7-26 双向阻尼器

当离合器输出端速度大于输入端时,离合器未啮合,棘轮棘爪结构未动作,如图 7-27 中上半部分所示。当输入端转子速度增加,并超过输出端时,棘轮棘爪结构动作继动离合器开始啮合。当继动离合器完成啮合时,输出端与主滑动组件上的主离合齿相互完成对中并开始啮合。此时,继动离合器离合齿传递转矩,主螺旋键推动主滑动组件使得主离合齿平稳啮合,继动离合齿逐步脱开。在主离合齿啮合过程中,阻尼腔同时产生阻尼作用,以避免部件碰撞和损坏。完全啮合时离合器状态如图 7-27 中下半部分所示。离合器的松脱与啮合过程类似。

(4) 速度选择棘爪 SSS 离合器在安装和使用期间,经常会出现输出端必须保持静止而输入端保持转动的情况,例如盘车状态。为实现上述要求,离合器采用了具有速度选择的棘爪,利用离心力和弹簧力的相互作用达到对速度的选择。在棘爪前端,即与棘轮啮合处质量很大,棘爪尾部则用一个压缩弹簧支撑以防止棘爪与棘轮啮合,如图 7-28 所示。当输入轴的速度大于设定值时,棘爪顶部产生的离心力将足以克服弹簧的支撑力,从而使棘爪与棘轮完成啮合。反之,当输入端的转速低于设定值时,弹簧力又会将棘爪尾部顶住使棘爪前端与棘轮脱离,棘轮棘爪结构进入松脱状态。

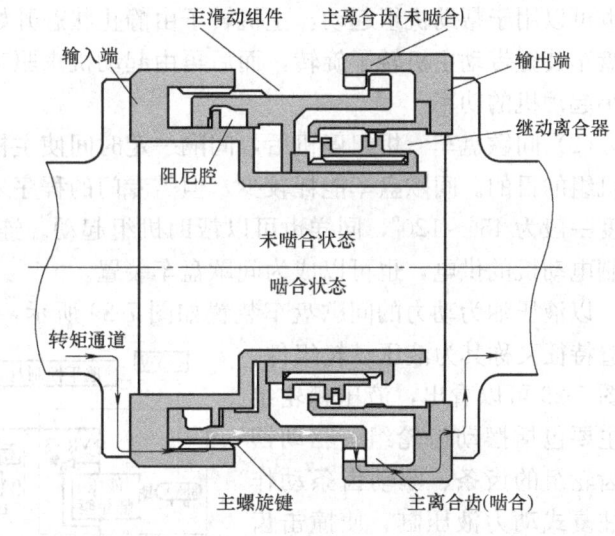

图 7-27 继动离合器结构示意图

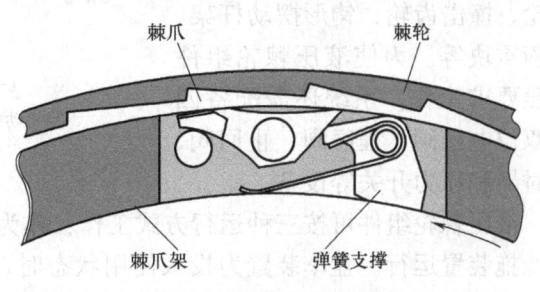

图 7-28 棘轮与棘爪结构

6. 盘车装置

重型燃气轮机气缸和转子结构较为厚重，停机后的冷却需要很长时间。冷却过程中，气缸中上部温度高而下部温度较低。如果转子在机组停机后的冷却过程中始终静止不动，则转子就会由于其上部与下部的温度不同，造成上部与下部热膨胀不均匀，从而产生弯曲变形。如果变形时间长，以及由于结构上的因素，还会造成残留的永久变形。机组再起动时将会产生很大的振动。即使没有残留变形，转子的暂态弯曲也会造成机组重新起动时的振动，严重威胁机组的运行安全，降低机组的使用寿命。为消除此类隐患，机组停机后必须在转子转动条件下进行冷却，这就是所谓的盘车。此外，燃气轮机停机之后的检查和维修中也可用盘车装置来转动转子。

盘车分为连续盘车和间歇盘车两种：

(1) 连续盘车　连续盘车即机组停机后，由盘车电动机带动主机转子按每分钟数转的转速连续旋转，以达到均匀冷却的目的。其电动机一般选用较小功率的直流电动机，由自备直流电源供电，以确保外界电源中断情况下仍然能够可靠地进行盘车。由于盘车转速低，电动机转速很高，故而电动机与主轴之间需配置涡轮涡杆减速器。

此外，盘车装置与主机转子之间也需装设能够自动啮合/脱离的离合器。因此，盘车装置也可以用于帮助机组起动。主机转子由静止状态开始转动时所需转矩最大，起动时如果先由盘车装置带动主机转子旋转，而后再由起动机来驱动主机转子就比较容易了，还可以适当减小起动机的功率。

(2) 间歇盘车　机组停机后，间隔一定时间使主机转子旋转一定角度，以达到均匀地冷却机组的目的。间歇盘车能耗较少，但需专门的程序来控制。间歇盘车每次使主机转子转动角度一般为45°～120°，同样也可以帮助机组起动。连续盘车装置如果采用专门的控制系统控制电动机的供电，也可以成为间歇盘车装置。

以液压油为动力的间歇盘车装置如图7-29所示，该装置位于辅助齿轮箱的顶部，按其构造特征又称其为液压棘轮组件。从图7-29可以看出，液压棘轮组件主要包括摆动齿轮组、驱动摆动齿轮组的齿条、驱动齿条动作的往复式动力液压缸、使撞击齿轮与辅助齿轮箱主轴上从动齿轮啮合在一起的啮合油动机和传动杆等。其中的摆动齿轮组又包括惰轮、撞击齿轮、钩形摆动杆架、平衡重块等。为使液压棘轮组件按照要求工作，系统还需配备四通双位电磁阀、程序阀、止回阀、定时器和压力开关等设备。

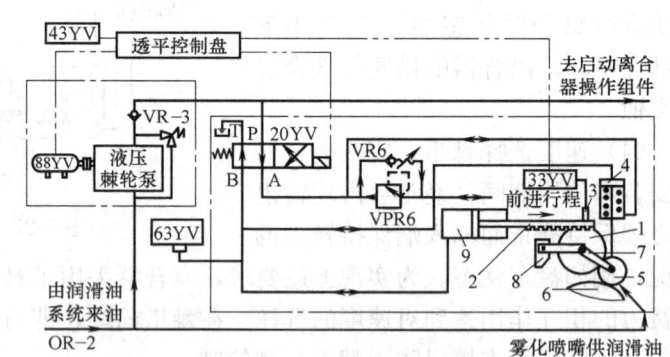

图7-29　间歇盘车装置
1—惰轮　2—齿条　3—传动杆　4—啮合油动机　5—撞击齿轮　6—从动齿轮　7—钩形摆动杆架　8—重块　9—动力液压缸

液压棘轮组件可按三种运行方式工作：作为盘车装置运行、作为起动加力装置运行和作为冷拖装置运行。盘车装置为投入使用状态时，动力液压缸活塞处于图7-29中左端极限位置，啮合油动机活塞处于图7-29中上端极限位置，撞击齿轮由于平衡重块的作用而与辅助齿轮箱主轴上的从动齿轮脱离分开。当盘车装置由程序控制投入工作时，图7-29所示的电磁阀20YV带电，液压油分别进入动力液压缸左端和啮合油动机上端，动力液压缸活塞推动齿条向右移动，齿条通过惰轮传动撞击齿轮。在齿条的前进行程之前，啮合油动机已使撞击齿轮与辅助齿轮箱主轴上的从动齿轮初步啮合。因此，齿条开始前进行程后，燃气轮机转子转动。当齿条移动至右端极限位置后，传动杆使图7-29中的位置开关33YV动作，电磁阀20YV失电，液压程序控制使得液压油分别进入动力液压缸的右端和啮合油动机的下端。啮合油动机的活塞先向上移动，使撞击齿轮与辅助齿轮箱主轴上的从动齿轮脱开，动力液压缸活塞带动齿条向左移动，执行齿条的返回行程。返回过程中，燃气轮机的转子静止不动。当齿条返回至左端极限位置后，传动杆再次使位置开关33YV动作，定时器2YV计时3min，而后重复上述动作。燃气轮机主轴大约每小时可以转动2周多一点。

7. 润滑油系统

在燃气轮机机组起动、正常运行、停机及停机后的盘车过程中，润滑油系统要向燃气轮机、发电机的轴承、传动装置等提供数量充足、温度与压力适当的清洁润滑油，防止轴承烧毁、轴颈过热弯曲而造成机组振动等事故发生，保证机组安全可靠地运行。此外，部分润滑油分流出来经过滤后作为液压油用。

图7-30和图7-31所示为某燃气轮机发电机组的整个润滑油系统，其主要包括润滑油箱、主润滑油泵、事故润滑油泵、油气抽取装置、主润滑油过滤器及一些孔板、调压阀、油位开关和压力开关等部件。

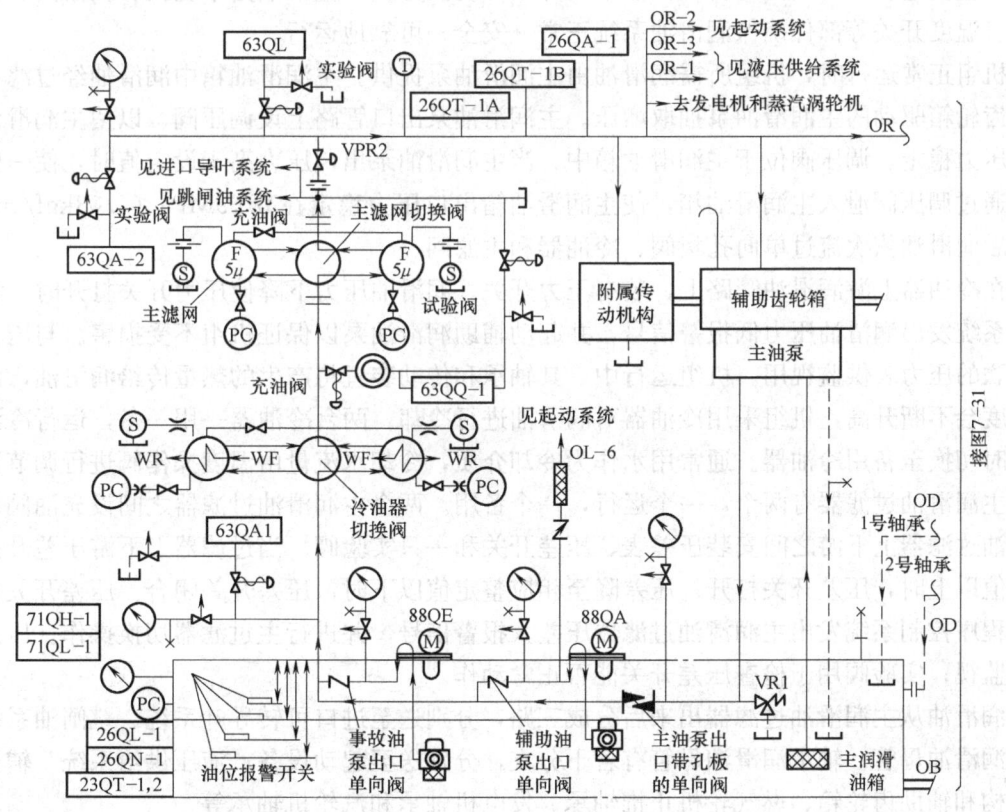

图7-30 润滑油系统（一）

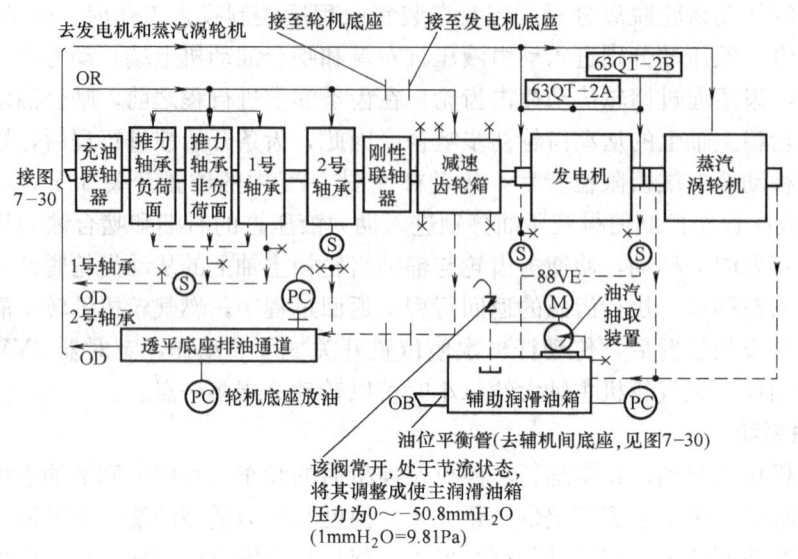

图 7-31 润滑油系统（二）

润滑油箱通常设主润滑油箱和辅助润滑油箱，二者之间通过压力平衡管相连。主润滑油泵由辅助齿轮箱驱动；辅助润滑油泵由立式交流电动机驱动，采用浸入式离心泵；事故润滑油泵由直流电动机驱动；两台冷油器采用并联可切换方式布置；油路中孔板、调压阀、油位开关、温度开关等部件确保润滑油系统正常、安全、可靠地运行。

机组正常运行时，机组所需润滑油由主润滑油泵提供。主润滑油箱中润滑油经过滤器被辅助齿轮箱驱动的主润滑油泵抽取增压。主润滑油泵出口管路上设调压阀，以使主润滑油泵出口压力稳定。调压阀位于主润滑油箱中，当主润滑油泵出口压力高于设定值时，使一些润滑油通过调压阀泄入主润滑油箱，使主润滑油箱出口压力稳定在 0.69MPa（7.03kgf/cm²）。稳压后润滑油依次流过单向孔板阀、冷油器和主滤网。

在冷油器上游润滑油管路上，装有压力开关。润滑油压力下降使压力开关打开时，程序控制系统发出润滑油压力低报警信号，并起动辅助润滑油泵以保证机组不受损害。与压力开关并联的压力表供监视用。机组运行中，其轴承和传动装置将产生的热量传给润滑油，润滑油温度会不断升高，机组采用冷油器对润滑油进行冷却。两台冷油器一用一备，运行冷油器故障时切换至备用冷油器。通常用水作为冷却介质，冷却水流量由温度操作阀进行调节。

主润滑油过滤器有两个，一个运行，一个备用。两个主润滑油过滤器之间设充油阀。主润滑油过滤器上下游之间安装压差表、压差开关和一只实验阀。当过滤器上下游压差升高至整定值以上时，压差开关打开；压差降至相应整定值以下时，压差开关闭合。压差开关打开时由程序控制系统发出主润滑油过滤器压差大报警信号，并进行主过滤器切换操作。压差表用于监视；实验阀用于检查压差开关能否正常动作。

润滑油从主润滑油过滤器出来后分成三路，分别送至进口可转导叶系统、跳闸油系统和轴承润滑油母管。轴承润滑油母管有若干分支，分别送至起动设备、液压供给系统、辅助传动机构和辅助齿轮箱、燃气轮机止推轴承、发电机轴承和汽轮机轴承等。

机组起动与停机过程中，主润滑油泵在低转速条件下不能提供充足的润滑油，因而应由辅助润滑油泵来承担起动和停机过程中向机组供给润滑油的任务。此外，当冷油器上游润滑油压力降至一定值时，由程序系统起动辅助润滑油泵，以保证机组能正常地进行轴承与传动机构的润滑与冷却。事故油泵只在轴承润滑油母管中油压下降至设定值时，由程序系统起动，向机组提供润滑油。机组正常运行时，辅助润滑油泵和事故润滑油泵都应处于停运状态。

另外，主润滑油箱上设液位开关，用于润滑油箱液位高、低报警；设润滑油箱温度开关，用于控制润滑油加热器的投入与退出；设润滑油箱温度正常温度开关，用于给程序控制系统提供润滑油黏度正常信号，允许机组进入起动状态。

8. 液压油供给系统

燃气轮机机组中，液压油供给系统用以向机组中的液压执行机构提供液压油。例如压气机进口导叶的开大与关小、液体燃料系统控制阀、气体燃料系统控制阀和速比阀等都需液压油作动力进行操作。

液压油供给系统从润滑油系统 OR-1 和 OR-3 处取润滑油，经过增压分别向跳闸油系统、燃料系统和压气机可转导叶系统提供液压油，如图 7-32 所示。

系统设两台液压泵。主液压泵由辅助齿轮箱驱动，辅助液压泵由交流电动机驱动。在机组起动过程中或低转速情况下，主液压泵出口油压不能满足要求时，辅助液压泵投入运行。辅助液压泵的投入和退出由安装在液压油母管上的压力开关通过程序控制系统自动进行。正常运行时，辅助液压泵处于备用状态。

两台液压泵出口各有一套集成液压油组件。主液压泵出口集

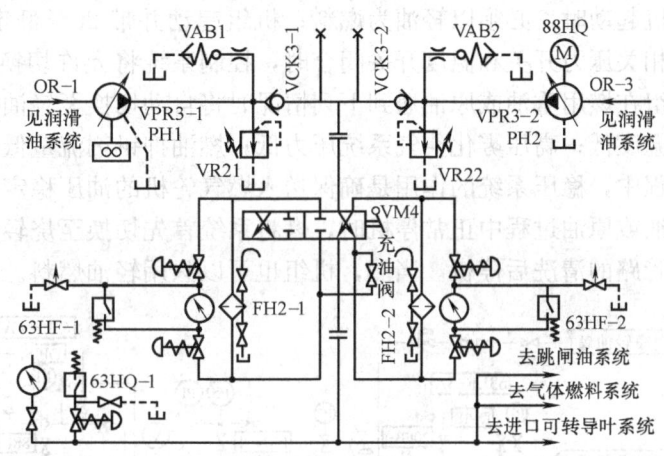

图 7-32 液压油供给系统

成液压组件中，止回阀的功能是在主液压泵停运而辅助液压泵投入时，防止液压油倒流进入主液压泵，还把两台液压泵各自出口可调减压阀 VR21 与 VR22 隔离开。可调减压阀的作用在于防止主液压泵出口油压过高。在主液压泵起动过程中，泵的出口油压很低，排气阀 VAB1 中的止回球阀在弹簧的作用下打开，可把积存的空气排出；当主液压泵起动后，泵的出口油压迫使止回球阀关闭，从而关闭排气阀 VAB1。

主液压泵采用压力可调变排量泵。其设置压力补偿器 VPR3-1，可以用来调整和控制液压油供给系统的油压。泵上还装有容积限制调整器，可用来改变泵的排量。

液压油从液压泵集成液压组件出来后，进入液压供给系统过滤器。两个过滤器采用并联可切换布置，每个过滤器并联压差表，用于人工监视；同时并联压差开关，当人工检查发现压差表读数达到整定值或者报警器发出液压油过滤器压差报警信号时，应该进行过滤器切换操作。报警信号由压差开关通过程序系统发出。

液压油从过滤器出来后进入液压油母管，而后分成三路分别送至跳闸油系统、燃料系统和压气机进口可转导叶系统。

辅助液压泵出口的集成液压油组件情况和主液压泵出口集成液压组件相同,不再赘述。

9. 燃料供给系统

燃气轮机既可以燃用轻油或重油等液体燃料,也可以燃用天然气等气体燃料。燃气轮机在其控制系统作用下通过燃料供给系统向燃烧室提供符合质量要求的适量燃料。根据燃料种类的不同,燃料供给系统的设计及其运行方式也有所不同。下面将以既能燃用轻油或重油等液体燃料,也能采用天然气作为燃料的 GE 公司 MS9001E 型燃气轮机的燃料供给系统为例进行分析。

(1)液体燃料供给系统 液体燃料供给系统由燃油前置供给系统、燃油选择/监视系统、抑钒剂加入系统和燃油增压/主控系统组成。

燃油前置供给系统为液体燃料系统提供符合质量要求的轻油或重油等液体燃料。其主要设备包括轻油前置泵、重油前置泵、重油加热器及相关管阀等。轻油前置泵为离心泵,机组运行时处于运行备用状态。重油前置泵为定排量的双螺杆泵,用以保证重油压力、流量稳定。重油或原油须经加热器对其进行预热和处理,使燃油黏度和含盐量符合技术规范要求。

燃油选择/监视系统由过滤器、电磁截止阀、切换三通阀等组成,如图 7-33 所示。燃气轮机起动时,必须以轻油为燃料;机组起动并带 20%额定负荷后,在满足燃料切换条件并且相关压力开关和温度开关闭合时,控制系统将允许切换至重油或原油运行位置上去工作。机组在燃用重油或原油遇到下列情况时将自动切换至轻油燃料:调压阀后重油或原油的压力或温度低;高压雾化空气系统压力低;燃油抑钒剂流量低或燃气轮机负荷低于切换点。切换过程中,稳压系统的作用是确保送入燃气轮机的油压稳定、燃烧室不发生熄火。机组在燃用重油或原油过程中正常停机时,燃料系统首先切换至烧轻油的工作状态,完成用轻油对主燃油管路的清洗后停机。当然,机组也可以只用轻油燃料。

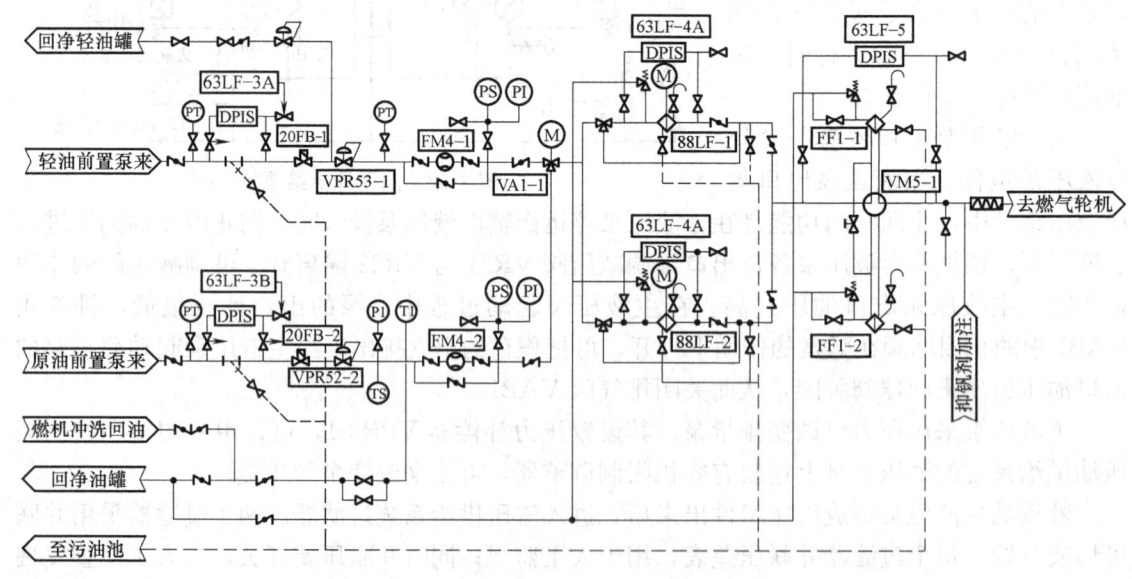

图 7-33 燃油选择/监视系统
VPR53-1、VPR52-2—燃油背压调节阀 FM4-1、FM4-2—燃油流量计 VA1-1—燃油切换三通阀
88LF1、2—燃油一级过滤器 FF1-1、1-2—燃油二级过滤器 VM5-1—燃油一、二级过滤切换阀

轻油和重油或原油的切换通过气动或电动的燃料三通切换阀完成。为保证切换过程的稳定性，轻油切换至重油约需 8~10min，而从重油切换至轻油的时间因机组而不同，有的机组为 8~10min，也有的机组仅需 10s。事故情况下，从重油至轻油的切换时间只需 10s。三通切换阀轻油工作位置和重油工作位置均设限位开关，用以指示轻/重油的运行状态。

当燃油选择/切换系统出口油压低于规定的安全值时（0.4MPa），压力开关动作，遮断机组，以免主燃油泵进口油压低而产生油泵的气蚀现象。

选择重油运行时，控制系统自动起动抑钒剂加注泵，通过向燃油中加入适量镁的化合物形成硫酸镁、氧化镁和钒酸镁等高熔点灰来抑制燃料中钒的腐蚀特性。镁与钒的质量比一般控制在 3~3.5，并通过混合泵或静态混合器混合。

燃油增压/主控系统如图 7-34 所示。机组起动至点火转速前，燃油截止阀 VS1-1 处于关闭状态，前置油系统来油被切断，燃油泵因电磁离合器阀 8 未带电处于停运状态。转速升至点火转速后，跳闸电磁阀 1 带电，建立正常的跳闸油压，继动阀在跳闸油压作用下接通液压油，液压油进入操纵燃油截止阀 3 的油动机，截止阀 3 打开，燃油接通并进入主燃油泵 9。燃油截止阀 3 的打开动作将使位置开关从关断位置改变至打开位置，主燃油泵电磁离合器线圈带电，离合器啮合；在点火后的整个运行阶段，主燃油泵电磁离合器始终处于带电状态，燃油泵在辅助齿轮箱驱动下处于工作状态。机组接到停机信号后，跳闸油失去油压，继

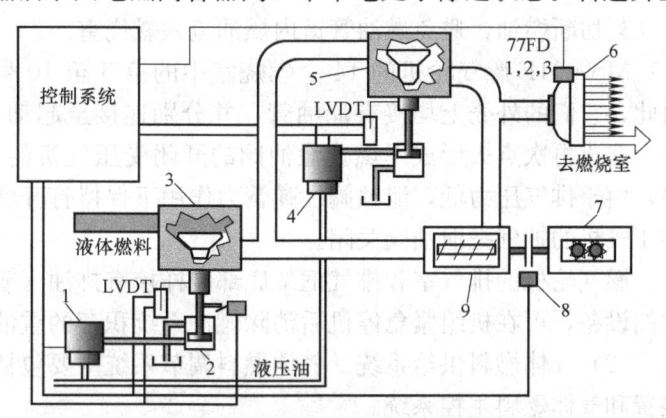

图 7-34 燃油增压/主控系统
1—跳闸电磁阀 2—燃油截止阀液压缸 3—燃油截止阀
4—燃油伺服阀 5—燃油旁路阀 6—流量分配器 7—辅助
齿轮箱 8—主燃油泵电磁离合器 9—主燃油泵

动阀在弹簧力作用下切断液压油，燃油截止阀 3 的油动机失去液压油支持，在弹簧作用下迅速关闭，切断机组燃料供给。截止阀处于关闭位置时，位置开关解点打开，离合器电磁阀 8 失电，打开离合器，辅助齿轮箱停止对主燃油泵 9 的驱动。

从主燃油泵 9（定排量螺杆泵）出来的燃油分为两路：一路经燃油流量分配器 6 进入 14 个燃烧室的喷油嘴；另一路经旁路阀 5 将部分燃油返回至主燃油泵 9 进口。控制系统通过燃料流量伺服阀 4 控制返回的燃油流量。减压阀 VR4-1 和旁路阀 VC3-1 并联在主燃油泵 9 的进出口油管道上，用以稳定燃油泵出口油管道内的压力，确保燃油经喷嘴后能得到良好雾化，同时保护燃油泵不因出口压力过高而受到损坏。燃油伺服阀 4 作为精密器件，在液压油进入伺服阀之前应在油管道上装设油滤，以确保伺服阀安全可靠地工作。

液体燃料流量分配器 6 将总的液体流量从燃料母管均匀地分给 14 个燃烧室的燃料喷嘴。燃油流量分配器如图 7-35 所示，其内部有 14 个环形布置的定排量齿轮泵，它们的公用进口带有一个同步齿轮，并与 14 个自由齿轮啮合，保证 14 个泵元件转速相同，把燃油精确分成 14 等份。同步齿轮没有外界驱动，靠流经分配器的燃油本身使其转动。分配器泵元件的转速正比于分配器流量，去每个喷嘴的燃料流量都是相同的，不受喷嘴尺寸差异的影响。

燃油流量分配器上装有磁性探头，用以测量泵元件的转速，并把转速信号作为燃油流量的反馈信号。由分配器出来的燃油通过选择阀和压力表组件来选择测量和监视14个燃油喷嘴前的燃油压力以及螺杆泵9前后燃油管路的油压。选择阀中带有加热器，以使重油维持一定的温度。燃油经选择阀后分别用14根燃油管接到14个燃烧室喷嘴进口。每个喷嘴前安装止回阀，必须保证燃油达到一定压力后才允许进入燃油喷嘴，以保证雾化质量。当机组接到停机信号后，止回阀

图7-35 燃油流量分配器

会立刻切断燃油，避免燃油管道内燃油流入燃烧室。

MS9001E燃气轮机的14个燃烧室中的第5至10号燃烧室位于下半圆周最低位置上，因此，它们的外壳上均接有泄油管，并分别连接至起动失败泄油阀，防止起动失败燃油积存，造成再次点火形成爆燃。泄油阀的开闭受压气机的排气压力控制。在起动和停机过程中，由于排气压力低，泄油阀在弹簧力作用下保持打开状态；当机组转速达到一定值后，依靠压气机的抽气把泄油阀关闭。

燃气轮机的排气室和排气框架底部同样接有排油（或水）的排泄阀。系统同时配备轻油吹扫设备，可在机组紧急停机后消除燃油系统积存的重油。

（2）气体燃料供给系统　气体燃料调节系统主要包括气体燃料调压装置、气体燃料加热装置和气体燃料主控系统。

燃气轮机对进入燃烧器的气体燃料压力、温度都有一定要求。燃烧器入口燃料压力约为2.0MPa，如果燃料供应系统气压较低，则需利用燃气增压机来提高燃气轮机燃烧器入口压力至要求的范围内。如果燃气供应压力高于燃烧器入口要求压力，则需通过减压装置降低其压力。燃料温度要求比露点温度高28～30℃。安装于高寒地区的燃气轮机发电机组需配备燃料加热装置来提高燃烧器入口的燃气温度。

气体燃料主控系统主要包括过滤器、速比/截止阀和气体控制阀组件、控制系统和气体燃料分配母管等。气体燃料供给系统如图7-36所示。气体燃料通过过滤器除去其中所含杂物，以免影响气体控制阀和速比/截止阀的工作。过滤器下方设定期开启排污阀，以保持过滤器清

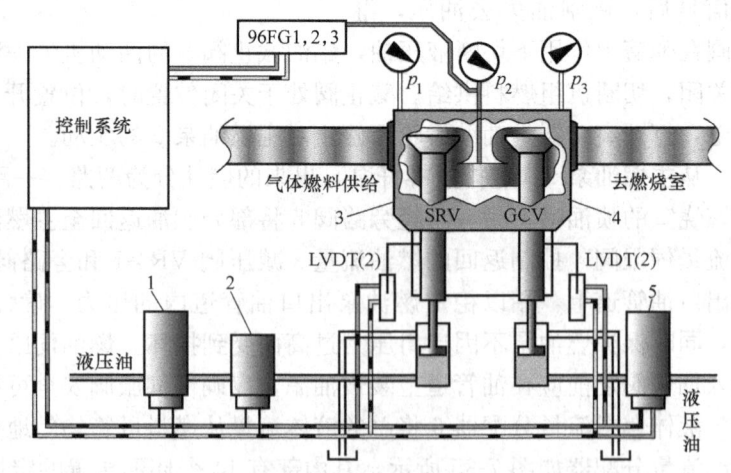

图7-36 气体燃料供给系统
1—SRV伺服阀　2—跳闸电磁阀　3—速比/截止阀
4—控制阀　5—GCV伺服阀

洁。过滤器也需根据燃料的质量定期进行清洗。

速比/截止阀和控制阀安装在同一个壳体中。气体控制阀根据涡轮机转速和外界负荷变化要求，通过改变其开度调整进入燃烧室的燃料量。气体控制阀阀芯为一个带有裙边的碟形体，阀座为渐缩渐扩型的拉伐尔管。由于在设计时已经确保气体控制阀前后的天然气压力比总是小于临界压比，所以流过气体控制阀的天然气流量与阀门前后的压降无关，只是气体控制阀开度以及阀体前天然气压力 p_2 的函数。气体控制阀开度由其控制伺服阀通过油动机来操纵，该开度应该根据伺服阀、涡轮机转速及外界负荷之间关系确定。气体控制阀开度大小通过两个线性可变差动变压器进行反馈，并与控制系统给出的燃料输入信号比较，利用该差值对控制阀开度进行调整。

速比/截止阀一方面可以根据机组转速调整进入气体控制阀的天然气压力，且与控制阀串联在一起，可以适应机组转速和外界负荷变化的需要，共同调整进入燃烧室的天然气流量。另一方面，在机组正常停机或事故停机时作为截止阀使用，能够迅速又严密地切断进入燃烧室的天然气。速比/截止阀开度由控制伺服阀通过油动机来操纵，阀门开度大小通过线性可变差动变压器进行反馈。该反馈信号与气体压力传感器产生的天然气压力的反馈信号一起输送至压力控制环路。当它们在其中与标准的燃料输入信号比较后会产生一个偏差信号。此偏差信号经伺服放大后传送给伺服控制阀，进而调整速比/截止阀至合适开度。

在速比/截止阀的控制伺服阀与油动机之间安装有液压泄油阀，其动作由跳闸控制油系统控制。机组正常运行时，液压泄油阀所处位置能够允许控制伺服阀输送液压油至油动机，以调整速比/截止阀的开度。当机组停机时，跳闸控制油系统中的液压油将迅速泄压，泄油阀中的弹簧使套筒升起，把油动机中的液压油泄至润滑油箱，速比/截止阀迅速关闭，达到切断天然气供给的目的。

机组停运后，为防止天然气泄漏至燃烧室造成下次起动爆燃，速比/截

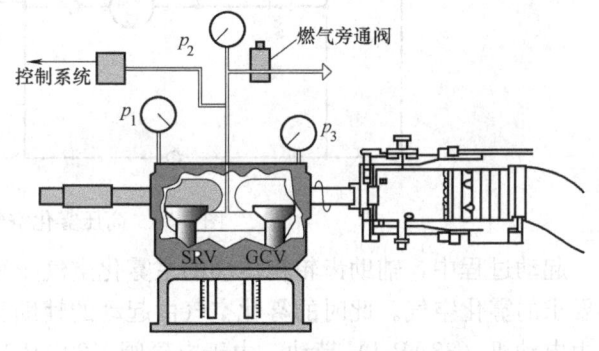

图 7-37 气体燃料旁通系统

止阀和控制阀后的天然气管道会立即自动旁通大气，如图 7-37 所示。即使有泄露现象，也只允许把漏气排向高空，严防排入燃烧室。

10. 雾化空气系统

对于使用液体燃料的燃气轮机，需配备加压雾化空气系统对液体燃料进行雾化，提高燃烧效率。若不雾化，液体燃料从喷油嘴进入燃烧室时，往往会形成比较大的油滴，无法与空气均匀混合，因而不能充分燃烧，并且会有部分油滴被燃气携带经过涡轮机的高温燃气通道和烟囱排入大气。这样不仅降低了燃烧效率，增加了机组油耗，而且可能出现油滴在高温燃气通道部件上燃烧，造成部件局部因超温而损坏。雾化空气经喷嘴内部管路和喷口按一定的方式喷入燃烧室，撞击喷油嘴喷射出来的燃油，使油滴破碎成油雾，从而使燃料与空气均匀混合。

雾化空气系统分为低压雾化空气系统和高压雾化空气系统。燃用轻油机组采用低压雾化空气系统即可；若燃气轮机以重油或原油为燃料，则需配置高压雾化空气系统。

以 PG9171E 燃气轮机高压雾化空气系统为例，高压雾化空气系统如图 7-38 所示。图中雾化空气取自轴流式压气机排气的抽气，流经雾化空气预冷器（HX1-1）、雾化空气压缩机、雾化空气母管和雾化空气歧管。雾化空气歧管为环绕气缸的环形管，它均匀地将雾化空气分配给 14 个燃油喷嘴，然后将雾化空气均匀地分配给 14 个燃烧室，经喷油嘴雾化喷油。

图 7-38 中雾化空气冷却器（HX1-1）安装在轮机间底盘内，为"U"形管结构的空气-水热交换器。在预冷器与雾化空气触控管道上安装有温度传感器，根据雾化空气温度信号，进而确定雾化空气冷却器的冷却水进水量，调节雾化空气温度。雾化空气温度须控制在合理的范围内。雾化空气温度过低容易造成结露，导致主雾化空气压缩机受到损害。如果雾化空气温度过高，主雾化空压机效率下降，燃油雾化效果变差，将会恶化燃烧；此外，还会使主雾化空压机橡胶密封圈失效，引起漏气，损坏主雾化空气压缩机。

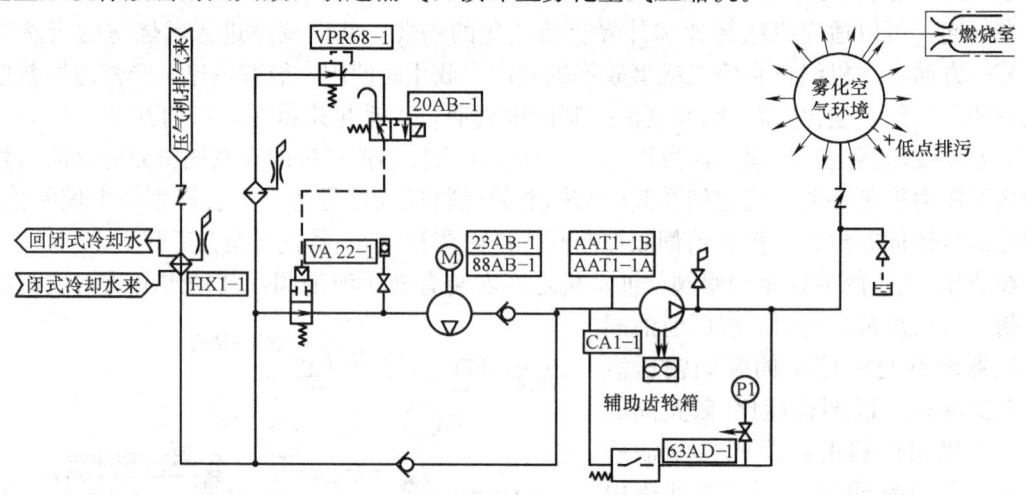

图 7-38 高压雾化空气系统图

起动过程中，辅助齿轮箱传动的主雾化空气压缩机转速较低，不能提供足够压力的、符合要求的雾化空气。此时的雾化空气由起动的辅助雾化空气压缩机供给。辅助雾化空气压缩机由电动机（88AB-1）带动。由于电磁阀（20AB-1）失电，气动操作阀（VA22-1）在弹簧力作用下处于开启位置，抽气直接进到辅助雾化空气压缩机并增压，在辅助雾化空压机出口有一只止回阀，抽气经止回阀接到主雾化空气压缩机进口止回阀后的进气管道上。因此辅助雾化空气压缩机的排气作为主雾化空气压缩机的进气，经主雾化空气压缩机后进入雾化空气歧管通至各燃烧室。

当涡轮机转速升至 90% 的额定转速时，主雾化压缩机进口流量几乎与辅助空压机的最大流量相等，与辅助雾化空压机出口止回阀并联的单向阀将打开，主雾化空压机同时从主空气管线和辅助雾化空压机出口吸气，辅助空压机将退出运行。在图 7-38 中，电磁阀（20AB-1）带电，接通经来自 VPR68-1 的控制用气，气动操作阀（VA22-1）在控制气作用下关闭。主雾化空气压缩机为离心式，由辅助齿轮箱驱动。

对于燃用液体燃料和气体燃料的燃气轮机，在雾化空气系统中专门配备了雾化空气旁路系统和液体燃料喷嘴的冲洗系统。当机组由液体燃料切换至气体燃料时，可利用这套系统向液体燃料喷嘴的喷油流道供应冲洗空气，以避免燃料喷嘴工作元件的损坏或由于液体燃料的热解造成的燃油流道积碳堵塞。

当机组燃用气体燃料时,雾化空气旁通阀和冲洗阀受压气机排气的作用而被打开。雾化空气一部分经雾化空气总管被送至液体燃料喷嘴的空气侧流道;另一部分经空气过滤器和冲洗阀进入冲洗空气总管,被分别送至各个液体燃料喷嘴中去清洗喷嘴中的燃油流道;最后所剩的雾化空气流经雾化空气旁通阀和减压孔板,返回至预冷器入口,以便通过主雾化空气压缩机在旁路系统中继续再循环。

当燃气轮机重新由气体燃料切换至液体燃料时,电磁阀失电,压气机排气泄入大气,雾化空气旁通阀和冲洗阀同时关闭。由主雾化空气压缩机送来的雾化空气全部流经雾化空气总管,分别供向燃料喷嘴的空气侧流道,用以雾化液体燃料。

11. 进/排气系统

进入机组的空气质量和清洁程度与燃气轮机性能和运行可靠性密切相关。为保证机组高效率、可靠地运行,燃气轮机必须配备良好的进气系统。对进入机组的空气进行过滤,滤掉其中杂质,并使之能适应不同温度、湿度和污染的环境。同时,运行过程中高温燃气排放必须符合环境保护的要求,主要是排放物的清洁程度和噪声水平两个方面。通常采用蒸汽喷注方法降低排放物中的 NO_x 含量,改善排放物的清洁程度。进气管道和排气管道须安装消声器来降低噪声。

(1) 进气系统 空气中或多或少包含各种无机物和有机物颗粒杂质,这些杂质在燃气轮机通流部分中会冲刷叶片,致使叶片腐蚀。这在压气机靠后面的级中最为显著,后果严重时甚至可致叶片折断。空气中如含有碳氢化合物烟雾或其他一定粘合能力的微粒时,它们将会在压气机叶片上堆积形成垢物,降低燃气轮机效率、压比、流量等。

对于电站燃气轮机而言,灰尘颗粒对叶片的侵蚀是较为突出的问题,这对机组寿命有很大影响。一般认为,直径在 $10\mu m$ 以上的颗粒是对叶片造成侵蚀的主要原因,而直径在 $5\mu m$ 以下的灰尘颗粒可能导致积垢。灰尘颗粒直径介于 $5\sim 10\mu m$ 为过渡区。

电站燃气轮机一般采用常规三级过滤装置或脉冲空气自清洗过滤装置两种方式:

1) 常规三级过滤装置。常规三级过滤装置包括惯性分离器、预过滤器、精过滤器三部分,如图7-39所示。空气在流经惯性分离器时被转弯或旋转,靠惯性撞击把灰尘颗粒分离出来而将其除去。惯性分离器有图7-40所示的蜂窝状或百叶窗式两种,大多采用钢板或铝板做成。

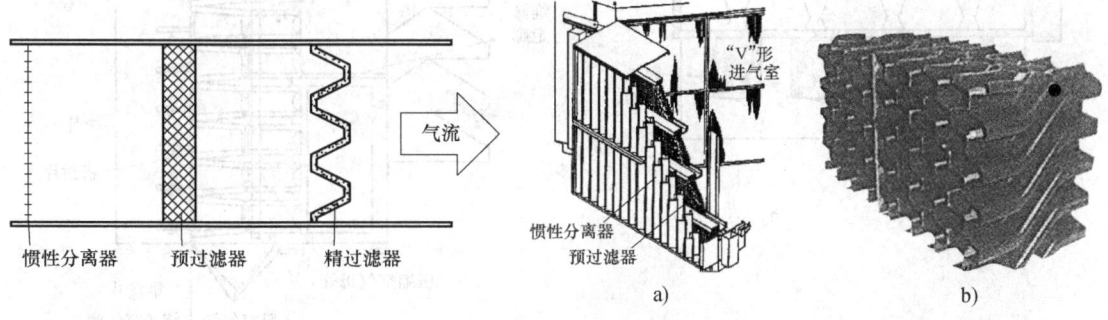

图 7-39 常规三级过滤装置

图 7-40 典型的惯性分离器
a) 百叶窗式惯性分离器 b) 蜂窝状惯性分离器

预过滤器位于惯性分离器和精分离器之间,是可拆卸的玻璃纤维衬垫式的。玻璃纤维过滤器衬垫由交织的玻璃纤维条带经热定型胶结在一起形成一定厚度、有弹性的衬垫。在预过滤器中有浸透放水物质的玻璃纤维组成聚结剂层,其作用在于把小水滴汇集为大的水滴,并在衬垫前表面流走,或悬浮保持在衬垫内至水滴被蒸发。

精过滤器位于惯性分离器和预过滤器下游,过滤器介质可采用高效木浆纤维滤纸或超细玻璃纤维。过滤介质被装在扁钢或塑料做成的方框内,在框的前后用金属丝网固定,形成框式过滤器。

常规三级过滤装置一般采用立式 V 形二面迎风进气方式,但存在抗湿性差,滤芯容易破损、使用寿命短的缺点。

2)脉冲空气自清洗过滤装置。选用强度高、密实的滤材时,大量粉尘会在滤材表面结痂,可采用反向脉冲气流将结痂吹落。带有脉冲反吹系统的过滤装置也被称为自洁式过滤器,如图 7-41 所示。脉冲空气自清洗过滤装置过滤元件为刚性滤筒,一般采用高效木浆纤维滤纸作为过滤介质。

脉冲空气自清洗过滤装置一般以压气机排气抽气为气源,通过微处理器控制,根据时间或压差设定轮流反吹过滤器,使过滤器处于较洁净状态,进气压损较低。此外,由于压气机排气温度较高,在雨季还可以烘干滤芯,起到保护作用。该装置适用于沙漠、颗粒尘埃较多的地区,是一种理想的过滤装置。

脉冲空气自清洗过滤装置分悬吊灯笼式底部进气(见图 7-41)和立式二面迎风进气(见图 7-42)。前者脉冲清灰效果好,但占地面积大;后者一般安装位置较高,通常加装惯性分离器,不足之处在于滤芯卧式安装,上部滤芯吹出灰尘会使下部滤芯二次污染,使脉冲效果减弱。

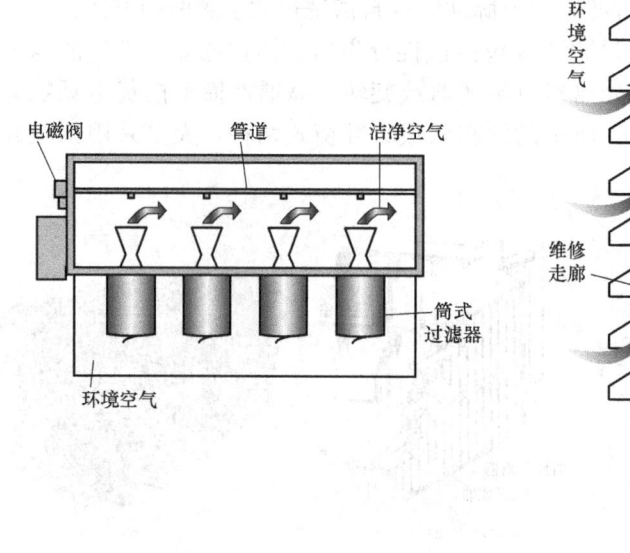

图 7-41 脉冲空气自清洗过滤装置

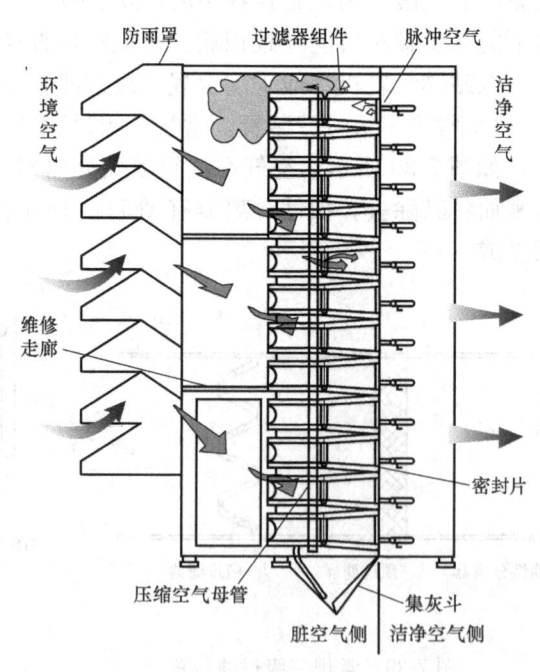

图 7-42 立式二面迎风进气过滤装置

(2)进气冷却/加热系统 根据燃气轮机原理,燃气轮机出力随着环境温度升高而显著降低，热耗上升。对于一座300MW的联合循环电站，在夏季35℃的高温下，将进气冷却至10℃，联合循环机组出力将增加约40MW。因此，在压气机进气道上加装空气冷却系统，能够使机组在夏季经济地增加基本负荷期间的发电出力。进气冷却分为蒸发式冷却和制冷式冷却两种。

1) 蒸发式冷却。通过在压气机进口喷射雾化水，使低温水形成帘幕。空气流过时，利用水在空气中蒸发时所吸收的潜热来降低空气温度（见图7-43）。蒸发式进气冷却的冷却效率较高，且对压气机进气阻力很小。环境温度高、相对湿度低时采用这种进气冷却方法是增加燃气轮机出力的有效办法。蒸发冷却技术由其系统简单、投资回收期短、运行维护费用低等优点逐渐被燃气轮机电厂接受。但环境湿度对蒸发进气冷却效率影响很大（见图7-44），故该冷却方法不适用于环境湿度较高的沿海地区。

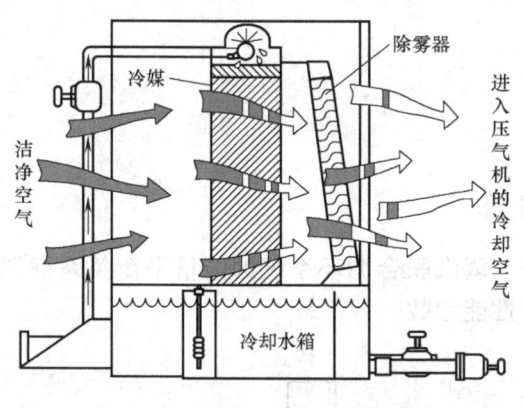

图 7-43 蒸发式进气冷却

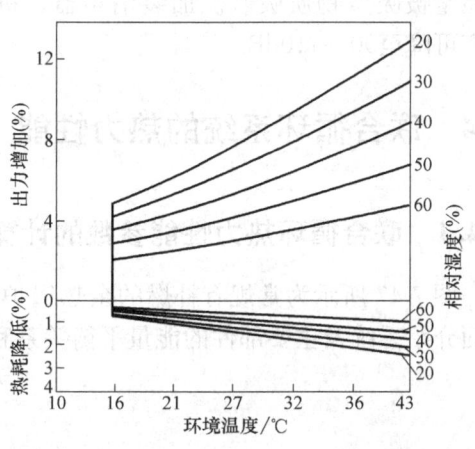

图 7-44 环境湿度对蒸发冷却性能的影响

2) 制冷式进气冷却。溴化锂双级吸收式制冷系统如图7-45所示。该系统利用燃气轮机或余热锅炉的排烟余热进行制冷，产生的冷媒水直接冷却进气。吸收式制冷系统能够充分利用系统低位热能而不以消耗电能为代价，因此能够大幅提高机组的经济性，在制冷负荷变化的很大范围内能基本维持在一个较高的效率水平。系统运行维护费用低，投资回收期合理，环保性能优良。

运行在潮湿寒冷地区的燃气轮机的进气道应设置加热防冰系统，防止冬季空气温度低于4℃时进气道结冰。气流在进气道中的流动是一个加速降温的过程，在压气机进口

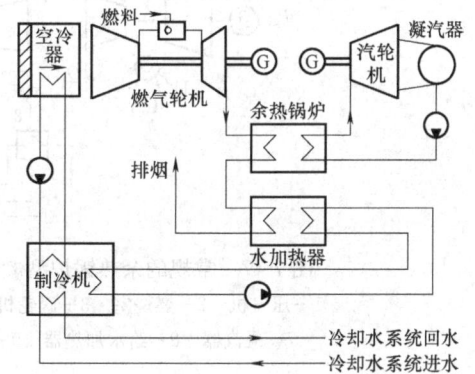

图 7-45 溴化锂双级吸收式制冷系统

导叶后温度降至最低。当积存在气道壁面上的冰块脱落且随气流进入压气机时，会打伤叶片。进气加热通常从压气机出口处或中间某级引一股高温空气，使其与滤清后的空气掺混加热，保证进气温度不低于4℃。

3) 进、排气消音系统。燃气轮机运行时会产生高达130dB的噪声，且频谱分布很广。

燃气轮机进气口和排气口是燃气轮机的重要噪声源,需要在机组的进气管道和排气烟囱上装设消声器,以降低燃气轮机向周围辐射噪声的声级。

燃气轮机经常采用阻性消声器,如图 7-46 所示。阻性消声器是一种装有许多相互平行消声片的气流管道。消声片由多孔板围成,呈平板形、同心圆筒形或喇叭形,其中充以能够吸音的疏松物质(玻璃棉或泡沫塑料)。当气流从消声片之间的通道中流动时,气流中的声波通过多孔板上的孔进入消声片,声波能量被吸声物质吸收。加装消声器,机组噪声可降至90~110dB。

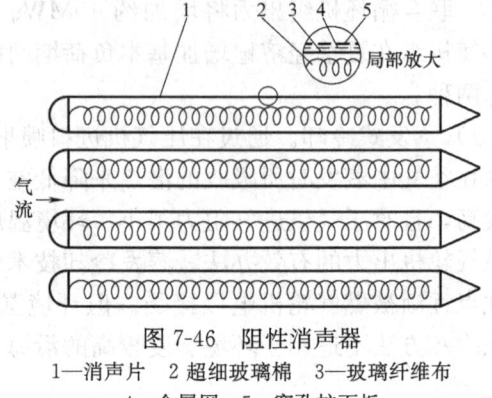

图 7-46 阻性消声器
1—消声片 2—超细玻璃棉 3—玻璃纤维布
4—金属网 5—穿孔护面板

7.4 联合循环系统的热力性能

7.4.1 联合循环热力性能参数的计算与分析

图 7-47 所示为常规有补燃的余热锅炉型燃气-蒸汽联合循环系统的能量平衡关系框图。下面介绍系统及主要部件的能量平衡关系和热力性能参数。

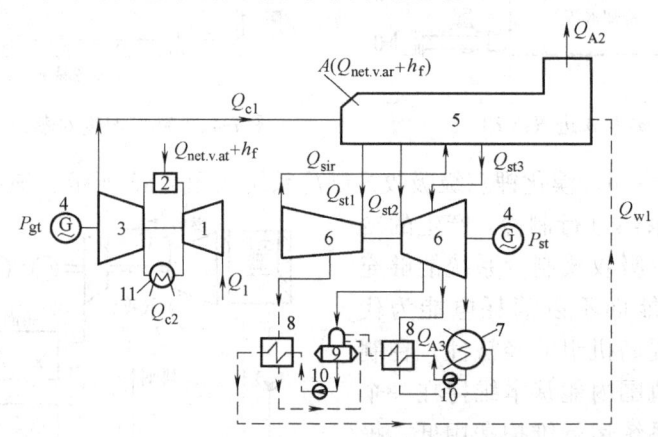

图 7-47 常规的余热锅炉型燃气-蒸汽联合循环方案的典型系统图
1—压气机 2—燃烧室 3—涡轮机 4—发电机 5—余热锅炉 6—汽轮机
7—凝汽器 8—给水加热器 9—除氧器 10—水泵 11—空气冷却器

1. 燃气轮机的热力性能

忽略燃料物理显热 h_f 的微量影响,相对于 1kg/s 燃料而言的燃气轮机,其能量平衡方程式为

$$Q_1 + Q_{net,v,ar}\eta_{r1} = P_{gt}^0 + Q_{a2} + Q_{c1} + Q_{c2} \tag{7-1}$$

式中 Q_1——相对于1kg/s燃料而言的,吸入燃气轮机压气机的空气(包括燃气涡轮机冷却空气和对外泄露空气在内)所携带的热能(kW);

$Q_{net,v,ar}$——燃料的低位发热量（kW）；

η_{r1}——燃气轮机燃烧室的效率，通常取 0.96～0.995；

P_{gt}^0——燃气轮机轴端的做功功率（kW）；

Q_{a2}——燃气轮机对外泄露的空气所携带的热能（kW）；

Q_{c1}——燃气轮机排入余热锅炉的燃气所携带的热能（kW）；

Q_{c2}——燃气涡轮机的冷却空气经空气冷却器冷却而对外散失的热能（kW）。

以 $Q_{net,v,ar}$ 为基准来定义燃气轮机的循环效率 η_{gt}^0，即

$$\eta_{gt}^0 = P_{gt}^0 / Q_{net,v,ar} \tag{7-2}$$

燃气轮机的发电机端子处的电功率

$$P_{gt} = P_{gt}^0 \eta_{Mgt} \eta_{Ggt} \tag{7-3}$$

式中 η_{Mgt}——燃气轮机部分的机械传动效率，通常取 0.97～0.99；

η_{Ggt}——发电机效率，通常取 0.95～0.99。

燃气轮机的循环净效率

$$\eta_{gt} = \eta_{gt}^0 \eta_{Mgt} \eta_{Ggt} \tag{7-4}$$

与简单循环的燃气轮机相仿，联合循环中燃气轮机的热力性能主要取决于涡轮机初温和压气机压比。但由于联合循环中装有余热锅炉，使燃气涡轮机的排气压损增大，若再以 $Q_{net,v,ar}$ 为基准来定义燃气轮机效率，则要比实际选用的燃气轮机的热机额定效率（铭牌）要低些（约1～2个百分点）。

2. 余热锅炉的热力性能

余热锅炉的能量平衡方程为

$$Q_{c1} + Q_{Af} = [(Q_{st1} + Q_{st3}) - (Q_{w1} - Q_{wd11})] + (Q_{st2} - Q_{sir}) + Q_{A2} + Q_R + Q_{loHRSG} \tag{7-5}$$

式中 Q_{Af}——加到余热锅炉中补燃燃料所携带的能量（按燃料的净比能计算）（kW）；

Q_{st1}——余热锅炉中产生的主蒸汽所携带的热能（kW）；

Q_{st3}——余热锅炉中产生的低压蒸汽所携带的热能（kW）；

Q_{w1}——从汽轮机给水回热系统供入余热锅炉的给水所携带的热能（kW）；

Q_{wd11}——用于产生加到除氧器中热水的低压省煤器吸收燃气的热量（kW）；

Q_{st2}——在余热锅炉中产生的中压蒸汽所携带的热能（kW）；

Q_{sir}——从汽轮机的高压缸排出的再热蒸汽在进入余热锅炉时所携带的热能（kW）；

Q_{A2}——从余热锅炉排向大气的燃气所携带的热能（kW）；

Q_R——对外有效供热量（kW）；

Q_{loHRSG}——体系对外损失能量（包括补燃器的燃烧损失和余热锅炉的散热损失）（kW）。

有补燃时余热锅炉的当量效率 η_{HRSG}

$$\eta_{HRSG} = \frac{(Q_{c1} + Q_{Af}) - Q_{A2}}{(Q_{c1} + Q_{Af}) - Q_{g1}} \tag{7-6}$$

无补燃时余热锅炉的当量效率

$$\eta_{HRSG} = \frac{Q_{c1} - Q_{A2}}{Q_{c1} - Q_{g1}} \approx \frac{T_{c1} - T_{A2}}{T_{c1} - T_{g1}} \tag{7-7}$$

式中 Q_{g1}——燃气在基准状态时携带的热量（kW）；

T_{c1}——余热锅炉进口的燃气温度（与燃气轮机排气温度相近）（℃）；
T_{A2}——燃气轮机出口的排烟温度（℃）；
T_{g1}——基准的大气温度（℃）。

余热锅炉当量效率的影响因素主要有节点温差、接近点温差、热端温差和排烟温度 T_{A2} 以及余热锅炉内汽水流程结构等。通常，根据相关的露点温度，可选取余热锅炉排烟温 ΔT_{A2} 在 70～180℃，η_{HRSG} 值则在 60%～90%的范围内变化。

3. 汽轮机的热力性能

汽轮机的能量平衡方程为

$$Q_{sst} = P_{st} + Q_{lost} = [(Q_{st1} + Q_{st3}) - (Q_{w1} - Q_{wd11})] + (Q_{st2} - Q_{sir}) \tag{7-8}$$

式中 Q_{sst}——通过蒸汽工质输给汽轮机的热能（kW）；
P_{st}——汽轮机的发电机端子输出功率（kW）；
Q_{lost}——对外损失，包括从凝汽器排向外界冷源的热量等（kW）。

汽轮机的发电机端子处的电功率为

$$P_{st} = P_{st}^0 \eta_{Mst} \eta_{Gst} \tag{7-9}$$

式中 P_{st}^0——汽轮机的循环（轴端）功率（kW）；
η_{Mst}——蒸汽轮机的机械传动效率；
η_{Gst}——蒸汽轮机的发电效率。

仅对汽轮机而言，汽轮机的热效率为

$$\eta_{st}^0 = \frac{P_{st}}{Q_{sst}} \tag{7-10}$$

对整个蒸汽循环系统，蒸汽循环效率

$$\eta_{st} = P_{st}/[(Q_{c1} - Q_{g1}) + Q_{Af}] \tag{7-11}$$

联合循环中汽轮机性能也主要取决于蒸汽初参数和背压，但是联合循环中蒸汽系统的热源来自燃气轮机的排气。因此，汽轮机性能和系统性能参数在很大程度上取决于燃气轮机排气参数和余热锅炉的设计参数。

4. 联合循环系统的热力性能

联合循环系统的能量平衡方程为

$$Q_f + Q_1 + Q_{Af} = P_{gt} + P_{st} + Q_R + Q_{A2} + Q_{lo} \tag{7-12}$$

式中 Q_{lo}——联合循环系统总的对外损失（kW）；
Q_f——加入燃气轮机燃烧器的燃料所携带的能量（kW）。

对于无补燃 $Q_{Af}=0$，纯发电 $Q_R=0$ 时有

$$Q_f + Q_1 = P_{gt} + P_{st} + Q_{A2} + Q_{lo} \tag{7-13}$$

$$Q_{l0} = Q_{logt} + Q_{loHRSG} + Q_{lost} \tag{7-14}$$

1）联合循环系统的输出功率（燃气轮机和汽轮机两者发电机输出端电功率之和）为

$$P_{cc} = P_{gt} + P_{st} = P_{gt}^0 \eta_{Mgt} \eta_{Ggt} + P_{st} \eta_{Mst} \cdot \eta_{Gst} \tag{7-15}$$

2）联合循环系统的比功。联合循环系统有多重工质，流量也各异，可设联合循环比功是以燃气轮机压气机进口的空气单位流量为基准折算的比功率。因此，联合循环比功为

$$\omega_{cc} = P_{cc}/G_{al} \tag{7-16}$$

式中 G_{al}——压气机进口空气流量（kg/s）。

3) 联合循环热效率。功热并供联合循环的能源利用率为

$$\eta_{cc} = (P_{cc}+Q_R)/(Q_f+Q_{Af}) = (P_{cc}+Q_R)/[(1+A)Q_f] \quad (7\text{-}17)$$

$$A = Q_{Af}/Q_f \quad (7\text{-}18)$$

式中 A——补燃比，即进入余热锅炉补燃时的燃料量与进入燃气轮机燃烧室的燃料量的比值。

纯发电用途的联合循环效率为

$$\eta_{cc} = \frac{P_{cc}}{Q_{cc}} = \frac{P_{cc}}{Q_f+Q_{Af}} = \frac{P_{gt}P_{st}}{Q_f(1+A)} \quad (7\text{-}19)$$

联合循环的供电效率为

$$\eta_{ecc} = \eta_{cc}(1-\eta_e) \quad (7\text{-}20)$$

式中 η_e——厂用电耗率。根据装置的总功率来选取，功率较大时，厂用电率为 $1.5\% \sim 2.0\%$；功率较小时，厂用电率为 $3\% \sim 4\%$。

4) 蒸燃功比 R_{sg}。燃气蒸汽联合循环中，蒸汽轮机所输出的功率与燃气轮机所输出功率之比为

$$R_{sg} = P_{st}/P_{gt} \quad (7\text{-}21)$$

这时，衡量功热并供的联合循环系统热力性能优劣要用两个指标（热效率和功热比）。结合起来看，既要求有较高的热效率也要有合理的功热比。

5) 功热比 R_{PQ}。对功热并供联合循环系统来说，功热比 R_{PQ} 是一个重要性能参数指标，它定义为系统输出的净机械功之和与供热量之和的比值。

$$R_{PQ} = P_{cc}/Q_R \quad (7\text{-}22)$$

蒸燃功比的性能指标反映了联合循环中燃气轮机的特性，即燃气轮机排热量在整个循环燃料热中所占比例，可反映蒸汽侧循环的流程与参数设计优化的情况。

7.4.2 主要设计参数对联合循环性能的影响

燃气-蒸汽联合循环是由燃气循环和蒸汽循环组成的，所以本节从两个循环系统来讨论影响联合循环热力性能的因素。

1. 燃气循环温比和压比对联合循环的影响

以燃气轮机为主的联合循环（如余热锅炉型）中，燃气轮机的性能对联合循环的性能起着主导的作用。压比 ε 和温比 τ 是影响燃气轮机性能的主要参数，也是影响联合循环性能的主要参数。图 7-48 给出了压比 π 和涡轮机入口燃气温度 t_3 对余热锅炉型联合循环的影响。提高 $t_3(\tau)$，联合循环的热效率升高，且在不同的 $t_3(\tau)$ 下都存在最佳压缩比，与燃气轮机简单循环相似。其他类型的联合循环，由于燃气轮机功率比重较小，压比 π 和温比 τ 对联合循环效率的影响程度也小些，也存在最大比功和最佳压比值。压比 $\pi<6$ 的小功率机组没有组成联合循环的现实意义。在有意义

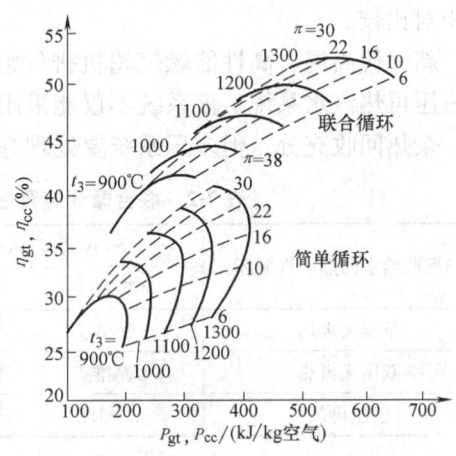

图 7-48 余热锅炉型联合循环与燃气轮机简单循环性能比较

的范围内（$\pi \geq 6$），联合循环的比功随压比 π 增大（τ 不变）而减小，随温比 τ（π 不变）增大而增大。

2. 蒸汽循环（汽轮机和余热锅炉）对联合循环的影响

为了适应燃气轮机初温越来越高和大流量的特点及更加严格的环保要求，满足联合循环发展的需要，人们已开始重视和提高蒸汽系统性能。从总体结构、材料、传热元件与汽水系统流程及参数优化等各个方面进行优化以求有所进展。

尽管提高蒸汽系统性能的途径很多，但目前的重点仍在热力方面。即想方设法促进热回收技术的不断发展和热功转换系统的不断完善。下面从两个方面进行介绍：

（1）汽水系统采用更加完善的多压再热系统 提高汽轮机蒸汽的初参数（主蒸汽初温 T_{s3} 与主蒸汽初压力 p_{s3}）和降低汽轮机背压 p_b，可提高蒸汽循环效率 η_{st}，同时也提高了联合循环效率 η_{cc}。但是排汽背压取决于环境条件和循环冷却水温，一般是有限制的。提高 T_{s3} 和 p_{s3} 能够提高联合循环性能。但无补燃的余热锅炉型联合循环中，蒸汽的初参数受涡轮机排气温度的限制，应根据具体情况选择合适的蒸汽初参数。而带补燃的余热锅炉型、排气全燃型、增压锅炉型和给水加热型的联合循环，蒸汽初参数不受排烟温度的限制。提高蒸汽初参数，从蒸汽侧循环看更有利于提高系统性能。

单压蒸汽系统优化的主要是饱和蒸汽压力等级。对蒸汽循环来说，高的蒸汽初压就意味着高的比功。而对于余热锅炉，当饱和压力提高时，节点温差的位置将移到更高温度的位置，且蒸汽流量也随之减小，排烟温度将明显上升；与此同时，蒸汽或水与燃气之间的平均传热温差将减小，所需传热面积（相对于相同的传热量）将增加，余热锅炉成本将增高。通常情况下，蒸汽饱和压力受进口燃气温度和材料耐热温度的限制，这个极限蒸汽压力比"经济"饱和压力要低很多。所以，对于排气温度低的燃气轮机，单压系统还是可取的。但对于燃气轮机排温高的情况，由于余热锅炉的排烟温度过高，排烟损失太大，合理的解决办法是采用多压系统。计算表明，当燃气轮机排烟温度在 530～580℃ 的范围时，若采用双压系统来代替单压系统，则可使传热能量损失降低，相应的余热锅炉的效率可提高约三个百分点。这时再改为三压系统，余热回收效率还会提高一点，但提高幅度已大为下降，而投资成本增加很多，不一定有利。表 7-2 为通用电气公司采用不同汽水系统时，两个型号联合循环性能的相对比较。

新一代高温、高性能燃气轮机排气温度很高（大于 590℃），余热锅炉应采用更加完善的三压再热汽水系统。该系统不仅能采用高蒸汽参数，而且能降低排烟温度，平均传热温差小，余热回收充分。但多压系统要处理好不同压力参数匹配优化的问题。

表 7-2 联合循环装置性能随蒸汽循环流程变化的相对比较

热回收给水回热蒸汽循环	STAG207EA（排温 530℃）		STAG107F（排温 583℃）	
	净功率（%）	净热效率（%）	净功率（%）	净热效率（%）
单压无再热	−3.7	−3.7	−2.7	−2.7
双压无再热	基准点	基准点	基准点	基准点
三压再热	+1.5	+1.5	+2.7	+2.7

在常规蒸汽循环中，采用抽汽回热能提高循环的效率，但在联合循环中采用抽汽回热则不一定。余热锅炉型联合循环采用抽汽回热还可能降低循环效率。这是因为采用抽汽回热加

热锅炉给水，会导致余热锅炉的排烟温度升高，燃气轮机的排气余热不能被充分利用。其他三种型式的联合循环，只有当用排气余热加热锅炉给水不够时，才能够采用抽汽与排气共同加热余热锅炉给水。

(2) 节点温差的优化选择　大流量变温放热过程的余热锅炉的节点温差对热力性能影响显著。余热锅炉蒸发器进口处，燃气温度和饱和水温之间的差值称为节点温差（Δt_x）。节点温差（Δt_x）减小时，排烟温度将下降，烟气余热回收量会增大，蒸汽产量和汽轮机输出功都会随之增加，对应着高的余热锅炉热效率；但平均传热温差会随之减小，致使总的受热面积增加，成本上升。值得注意的是它们变化关系的非线性特征，即在较低 ΔT_p 时，回收相同热量的传热面积急剧增大。对于多压或多压再热系统，还存在多个 ΔT_p 优化及其组合的问题。

余热锅炉省煤器出口水压下饱和蒸汽温度和出口水温之间的差值称为接近点温差（Δt_w）。当蒸汽流量和排烟温度不变时，减小 Δt_w 将使总的传热面积减小，因而有利于节省投资成本。为防止低负荷或起动过程中省煤器出现汽化现象（即省煤器中出现蒸汽，传热恶化易引起爆管），额定工况下 Δt_w 不能为零。省煤器设计要保证在最低的外界环境温度下运行时 Δt_w 不出现零值或负值，否则要采用燃气侧或水侧旁通的办法来避免汽化。

Δt_x 和 Δt_w 的可能范围为 4~50℃，但权衡各种因素，一般在设计中进行优化选择时，Δt_x 取 8~20℃，Δt_w 取 4~20℃。

7.5　燃气轮机的变工况

燃气轮机带动负载所需功率的变化和大气参数的变化将使燃气轮机偏离设计工况而在变工况下工作，机组的功率、效率和转速等参数也将发生变化。此外，燃气轮机部件性能的变化、燃料热值的变化等因素也会使机组处于变工况下工作。如果燃气轮机以联合循环方式运行，燃气轮机的变工况运行会导致余热锅炉-汽轮机随之发生工况变化。因此，对于燃气轮机，除了解其设计工况下的性能外，还必须对其变工况进行计算和分析，以全面了解和掌握它的性能。

燃气轮机不同轴系方案的变工况性能有较大差异，考虑大型燃气-蒸汽联合循环多采用单轴燃气轮机，下面将主要讨论单轴燃气轮机的变工况性能。

无补燃的余热锅炉型燃气-蒸汽联合循环的供电效率主要取决于燃气轮机的效率。我们不仅希望联合循环在设计工况下具有很高的效率，而且期望它在部分负荷工况下也具有尽可能高的效率。图 7-49 所示为燃气轮机及其联合循环的相对效率曲线，它们是以燃气轮机的满负荷效率 η_{gt0} 为基准的。

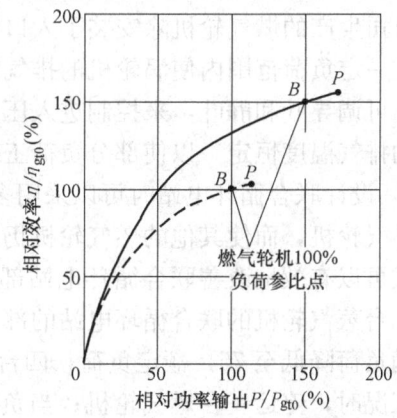

图 7-49　燃气轮机及其联合循环的效率曲线

由图 7-49 可以看出：①燃气轮机与其联合循环的效率曲线是极其相似的，但在每一个相应的工况下，联合循环的效率要比纯燃气轮机的效率高出约 50%；②当负荷降低到 50%

额定负荷以下时，无论是联合循环还是燃气轮机，机组的效率都将大幅度地下降。一般来说，在50%额定负荷以下工况时，机组的效率尚能维持在设计值的75%～80%。

图7-50所示为联合循环的蒸燃功率比（P_{st}/P_{gt}）和主蒸汽参数（p_s、t_s）随负荷的变化关系。显然，蒸汽轮机是按滑压条件运行的，即从满负荷工况到50%额定负荷工况附近，主蒸汽的压力p_s线性地随负荷的降低而变小，此后再降低机组负荷，p_s几乎保持恒定；而主蒸汽温度t_s在整个负荷变化范围内，始终线性地随负荷的降低而减小。这样才能避免低负荷工况下蒸汽的湿度过大，有利于提高蒸汽轮机的效率和工作安全性。在滑压运行的过程中，从满负荷工况到50%负荷工况附近，联合循环的蒸燃功率比P_{st}/P_{gt}，是线性地随负荷的降低而减小的（即蒸汽轮机的功率份额随之减小），此后再降低机组负荷，蒸燃P_{st}/P_{gt}也将保持基本不变。

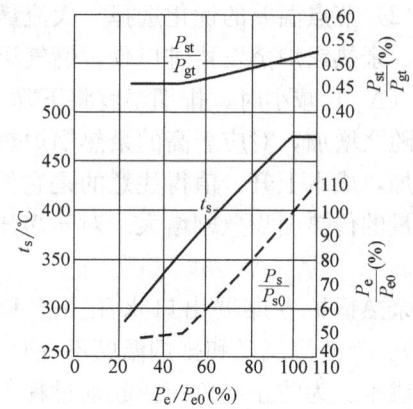

图7-50 联合循环的功率比和主蒸汽参数随负荷（$P_e = P_{gt} + P_{st}$）的变化关系

为了提高部分负荷工况下联合循环的效率，可以采取两大措施，即：

1）在部分负荷工况下调节压气机的入口导叶或前几级可转导叶的角度，力求减少进入机组的空气之质量流量，以保持涡轮机前的燃气初温（或涡轮机的排气温度）恒定不变或降低得较少。例如：通用电气公司出品的工业型燃气轮机中压气机装有可调角度的入口导叶，停机时入口导叶的角度为34°；当机组起动并加速到额定转速的87%时，入口导叶的角度增加到54°；当机组并网且带80%的额定负荷后，入口导叶将全部打开且角度处于84°状态。一般来说，当联合循环机组的负荷从100%额定负荷向80%额定负荷变化时，可以使入口导叶的角度由84°状态逐渐向54°状态关小。在此过程中力求燃气涡轮机前的燃气初温恒定不变，以获得比较平缓的效率曲线。但是必须注意的是：当机组的负荷低于80%额定负荷时（相应的入口导叶角度为54°），就不宜再继续关小入口导叶角度了，否则会由于压气机的压缩比降得较低，而涡轮机的排气温度升得过高，导致燃气涡轮机的末级叶片过热。又如：西门子公司生产的燃气轮机除安装了入口导叶外，前三级压气机的静叶也都是可转角度的，它可以在一定负荷范围内使涡轮机的排气温度恒定不变。因而在一定的负荷范围内可以通过压气机的可调导叶和静叶，来控制进入压气机的空气质量流量，力求涡轮机前的燃气初温或涡轮机的排气温度恒定，以使部分负荷工况下的效率曲线能够变化得比较平缓。

2）设计联合循环电站时可以采用多台燃气轮机的方案。这样，在部分负荷时可以停运几台燃气轮机，而使其他的燃气轮机仍然能够在高负荷和高的燃气初温条件下运行。这种运行方式可以有效地改善联合循环电站部分负荷工况下的效率。图7-51所示为有四台燃气轮机和二台蒸汽轮机的联合循环电站的部分负荷效率曲线。该电站减小总负荷的顺序是：当负荷由满负荷降低至75%额定负荷，四台燃气轮机平行地减小负荷；在负荷降低至75%额定负荷工况时，停运一台燃气轮机；当负荷继续降低至50%额定负荷时，其余三台燃气轮机平行地减小负荷；在50%额定负荷工况时，再停运一台燃气轮机；依次类推。按这种方式运行时，在75%、50%和25%负荷时的电站效率大体上与满负荷时的效率一样。显然，平行运行的燃气轮机的台数越多，电站的效率曲线就会越平坦，如图7-52所示。

第 7 章 常规燃气-蒸汽联合循环发电系统及设备

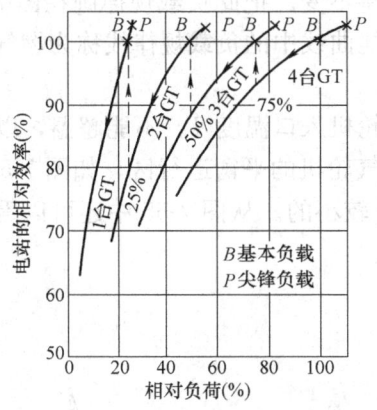

图 7-51 有四台燃气轮机的联合循环电站的部分负荷效率曲线

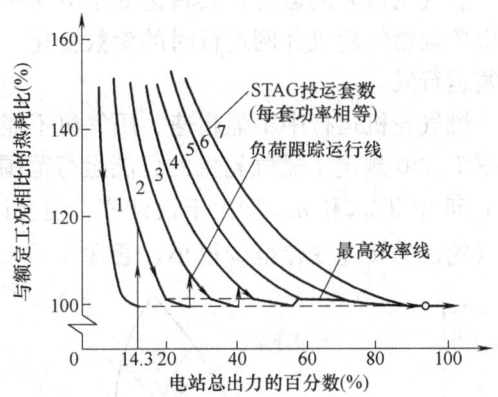

图 7-52 七台联合循环机组并联运行时，全电站的热耗率与总出率的变化关系

7.5.1 单轴燃气轮机的变工况性能

以燃气轮机相对功率 $\bar{P}_{gt}$ 为纵坐标，相对转速 $\bar{n}$ 为横坐标，以涡轮机入口温度 T_3^*、燃料流量 q_f 等参数为参变量，通过变工况计算或实验得到一系列等参数线，此即燃气轮机的性能曲线网。图 7-53 所示为某单轴燃气轮机的性能曲线网。只要知道了机组位于性能曲线网的工作点，其相应的包括涡轮机入口温度 T_3^*、燃料流量 q_f 等各个参数即可从图 7-53 中得到。性能曲线网全面表达了单轴燃气轮机的变工况性能。

每条等燃料流量 q_f 线都有一个最高点，即最大功率输出点。所有等燃料流量线上的最高点相连便得单轴燃气轮机的最佳工况线。在变工况下燃气轮机在最佳工况线附近运行是比较理想的。从图 7-53 中可以看出，单轴燃气轮机设计工况下的运行点并没有位于最佳工况线上，其原因主要在于无回热简单循环燃气轮机压缩比，受压气机设计和运行等因素的限制，要比相应于涡轮机设计工况下入口温度 T_{30}^* 的最高效率处的压缩比 $\pi_{\eta\max}$

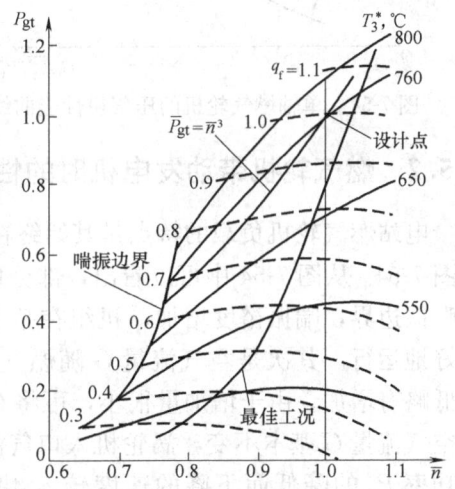

图 7-53 单轴燃气轮机的性能曲线网

低很多。例如，某燃气轮机在 $T_{30}^* = 1104℃$ 时相应的 $\pi_{\eta\max}$ 约为 24，而实际选用的压缩比 $\pi_0 =$ 12。在这样的情况下，燃气轮机运行点沿图 7-53 中的等燃料流量线 G_{f0} 从设计点向右侧移动时，转速升高，压比增加而接近于最佳压比。尽管这时 T_{30}^* 下降，但 η_{gt} 仍有所提高，形成了图 7-53 中所示结果。

根据燃气轮机原理，可将图 7-53 中的燃气轮机性能曲线转换到压气机的性能曲线上，如图 7-54 所示。图 7-54 中给出了零功率线和燃烧室的熄火极限曲线。熄火极限曲线位于零功率线下方，不影响机组在平衡工况下的运行。熄火极限尽可能低些以防止机组快速减负载或甩负荷过程中熄火。

燃气轮机并网运行，其转速等于电网频率，并保持不变。把此负载规律画在图 7-53 中，可得单轴燃气轮机并网运行时的参数变化。压气机性能曲线中的负载规律线称为燃气轮机的平衡运行线。

燃气轮机运行中不能超速、压气机不能喘振、涡轮机入口温度 T_3^* 不能超温，以及输出功率 $P_e \geqslant 0$ 规定了燃气轮机的可能运行范围，此即燃气轮机的平衡运行区，如图 7-55 所示。图 7-55 中 $T_{3\max}^*$ 和 $n_{\max}$ 均大于设计值，但允许超过量是较小的。从图 7-55 中还可以看出单轴燃气轮机的转速变化范围较小，通常 $\bar{n}_{\min} \geqslant 0.65 \sim 0.7$。

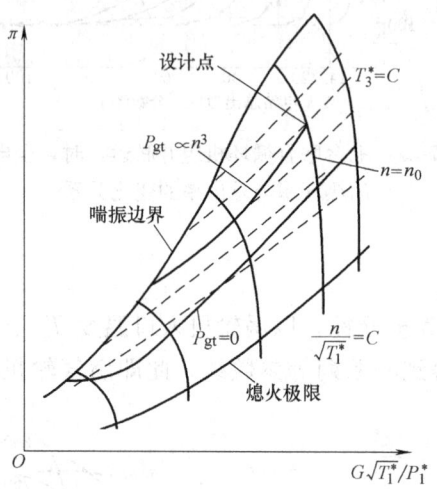

图 7-54 单轴燃气轮机的压气机性能曲线

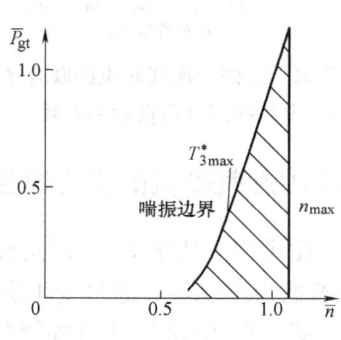

图 7-55 单轴燃气轮机的运行区

7.5.2 燃气轮机带动发电机时的性能

电站燃气轮机负载的特点是其始终在设计转速 n_0 下运行，即沿压气机的 $n=n_0$ 线运行，见图 7-54。从图 7-54 中可以看出，部分负荷下运行点远离喘振边界，喘振裕度增加，机组在整个运行范围内能良好地运行。其次是空气流量 G 随燃气轮机功率 P_{gt} 的降低略有增加。由于增加量很小，可将 G 视为不变。由于空气流量 G 基本不变，涡轮机入口气温 T_3^* 随燃气轮机功率 P_{gt} 的降低而下降的速度较 q_f 快，如图 7-56 所示。低负荷情况下，由于偏离最佳工况较远，经济性较差，空载条件下对应的燃料流量 $q_{fe} = 0.3 \sim 0.45$。

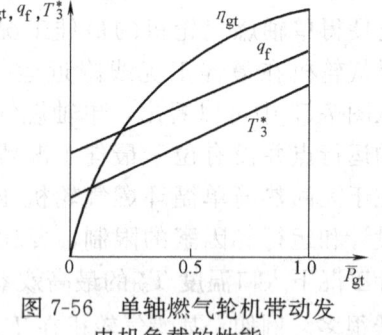

图 7-56 单轴燃气轮机带动发电机负载的性能

提高机组设计工况下涡轮机入口温度 T_{30}^*，不仅能够提高设计工况条件下的 η_0，而且能使部分负荷条件下的燃气轮机热力循环效率 η_{GT} 下降趋缓，从而改善低负荷下的经济性。

7.6 部件性能恶化与进排气压力损失对机组性能的影响

机组部件性能恶化必将导致燃气轮机性能恶化，使机组出力与效率下降。这里主要讨论压气机和涡轮机性能恶化后对机组性能的影响。

7.6.1 压气机叶片积垢或磨损的影响

压气机进口的空气过滤器能够有效去除颗粒尺寸在 $5\mu m$ 以上的灰尘，但对小于 $5\mu m$，特别是小于 $1\mu m$ 的灰尘过滤效果差。存在于空气中容易形成积垢的燃烧产物微粒尺寸在 $0.001\sim 5\mu m$ 时很难滤清，机组运行一段时间后将在压气机叶片形成积垢。此外，压气机进口轴承密封失效会导致润滑油雾进入叶片通道，也会形成积垢。叶片积垢后改变了叶片型线，流道面积变小，致使压气机的空气流量、压比和效率都下降，等转速线与喘振边界均下移，压气机性能曲线变化如图 7-57 所示。燃气轮机运行点在同样的涡轮机初温 T_3^* 下从之前未积垢时的 a 点移至积垢之后的 b 点，流量与压比降低，导致机组的 P_{gt} 和 η_{gt} 降低，喘振裕度减小。

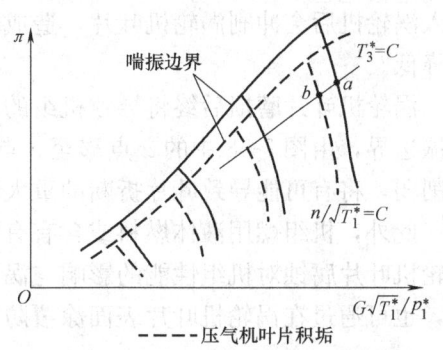

图 7-57 压气机叶片积垢对性能的影响

一般而言，轴流式压气机性能的下降是燃气轮机出力和效率下降的主要原因，而由于压气机叶片积垢而引起的可恢复损失一般占性能损失的 70%～85%。数据显示，当压气机积垢式空气流量减少 5% 时，会降低出力达 13% 和增加热耗达 5.5%。在机组因压气机积垢导致出力和效率下降至一定程度后，可通过清洗装置对其进行清洗，恢复机组出力和效率。

当空气过滤器效果变差时，会使较多的尺寸大于 $10\mu m$ 的灰尘颗粒进入压气机，并冲刷叶片造成磨损。叶片磨损后也改变了叶片型线，导致压比和效率下降。由于叶片磨损，通道面积加大，空气流量应增大，但由于压气机效率降低，通道中流动情况变差，致使流量变化不大。压气机性能曲线变化主要表现为喘振边界下移，效率降低，而等转速线的变化可能较小。

压气机叶片磨损较难修复，必须针对机组所处的环境条件选用过滤效率高的空气过滤器，并在运行中保持高的过滤效率，以避免压气机叶片的磨损。

当空气中含有的有害成分腐蚀压气机叶片后，叶片表面会产生凹痕，这将增加叶片表面粗糙度，并使之成为产生疲劳裂纹的潜在部位。叶片腐蚀对燃气轮机性能的影响与叶片磨损相同。其解决的办法除了采用有效过滤设备外，还可以在叶片表面涂防腐层或采用抗腐蚀性能更好的材料。

7.6.2 涡轮机叶片积垢或磨损对性能的影响

燃气轮机燃用重油或原油时，涡轮机叶片上将产生积垢。涡轮机叶片积垢后，会使流道面积减小、阻力加大、气流情况变差，从而导致涡轮机效率降低。

涡轮机积垢后的运行点变化如图 7-58 所示。在涡轮机入口初温 T_3^* 不变的情况下，运行点将由未积垢时的 a 点移至积垢后的 b 点，压比升高，运行点靠近喘振边界，机组出力和效率都会降低，但出力由于压比升高

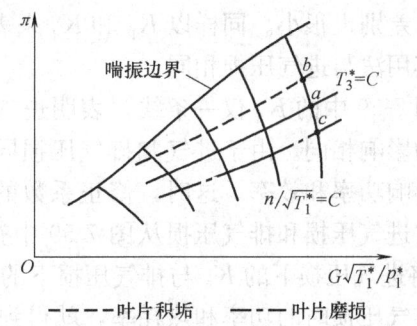

图 7-58 涡轮机叶片积垢或磨损对性能的影响

而得到一定补偿。

涡轮机积垢可通过离线水洗清除，也可结合大小修解体清洗的办法来清除。

空气过滤器过滤效果差时，进入压气机的灰尘颗粒及燃用重油或原油燃烧后生成的灰分进入涡轮机后会冲刷涡轮机叶片，造成涡轮机叶片磨损。涡轮机叶片磨损后其效率下降，阻力降低。

涡轮机叶片磨损后终将导致机组的出力和效率下降，运行点由于涡轮机阻力下降而离开喘振边界，由图 7-58 中的 a 点移至 c 点。运行点的变化使喘振裕度增大，但叶片磨损后强度削弱，将有可能导致叶片折断的重大事故。

此外，机组燃用液体燃料或含有有害成分的气体燃料时，有可能造成涡轮机叶片腐蚀。涡轮机叶片腐蚀对机组性能的影响与涡轮机叶片磨损相同。除减少燃料和空气中的有害成分外，也可通过在涡轮机叶片表面涂覆防腐涂层的办法解决涡轮机叶片腐蚀的问题。

7.6.3 进排气压力损失变化对性能的影响

燃气轮机进气处设空气过滤器和消声器，排气处有消声器和烟囱。如用于联合循环，其排气道上还有余热锅炉。此外，燃气轮机进、排气道上还有连接管道、弯头等。所有这些将对燃气轮机的进气和排气带来压力损失，降低机组的出力和效率。

进气压力损失会使压气机的进口压力降低并低于大气压力，压气机耗功增加，涡轮机出功更多地消耗于压气机上，导致机组功率和效率降低。其次，进口压力的降低会使空气比容增加，空气流量减少，导致机组功率降低。因此，机组功率的降低是这两方面的因素所致，其下降的相对量大于机组效率下降的相对量。

图 7-59 所示为某单轴燃气轮机进、排气压力损失影响的修正系数。K_p 为功率修正系数，可按压力损失 Δp 从图 7-59 中查得 K_p，以 K_p 乘以无进气压力损失时的功率，即得对应压力损失 Δp 时机组的功率。K_q 为热耗率修正系数，用它乘以无进气压损时的热耗率，就可以得到对应压损 Δp 时机组的热耗率。

涡轮机排气压力损失，即排气压力升高，减少了涡轮机的膨胀比，使涡轮机出力下降，从而导致机组的功率和效率下降。排气压损不影响压气机的进口状况，故对空气流量无影响，因此排气压损对功率的影响必然比进气压损的影响要小。由于排气压损使机组功率和效率降低都是因为涡轮机出力下降所致，故两者降低的程度相同，即使有差别，差别也很小。同样以 K_p 和 K_q 来表达排气压损的影响，其用法与进气压损相同。

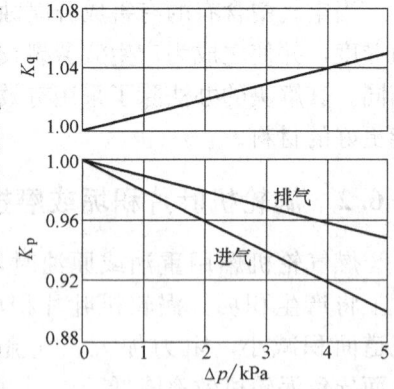

图 7-59 单轴燃气轮机进、排气压损影响的修正系数

图 7-59 中的 K_q 仅一条线，表明进气与排气压损对热耗率的影响相同。由于进气和排气压损同时存在，它们将一起影响功率和效率。这时，修正系数的使用方法是：先分别按进气压损和排气压损从图 7-59 中查得各自的 K_p 和 K_q，将进气压损下的 K_p 与排气压损下的 K_q 相乘，得到总的 K_p 和 K_q，再用该两值乘以无进气排气压损时的功率和热耗率，就得到了该进气和排气压损时的功率和热耗率。

图 7-59 中，K_p 和 K_q 随压损 Δp 的变化一般为一条直线，因而也可以直接给出修正系

数的数值。通常是给出相对压损 $\Delta p/p$ 每增加 1% 时,功率下降和热耗率增加的百分数,应用也很方便。

随着燃气轮机设计工况的 T_{30}^* 和 π_0 的提高,机组比功增大,进气与排气压损造成的做功损失相对减少。同样,进气与排气压损导致的功率下降值和热耗率增加值均减少。对于电站燃气轮机,进气压损增加 1%,机组功率下降约 1.5%~2%,热耗率增加约 0.5%~1%;而排气压损增加 1%,机组功率下降值和热耗率增加值同为 0.6%~1%。表 7-3 给出了 PG917E 燃气轮机进气压损对性能的影响值。

表 7-3 PG917E 燃气轮机进气压损对性能的影响

压气机进口压降/kPa	输出功率(%)	热耗率(%)	排气温度/℃
+1	−1.42	+0.45	+1.1

此外,在燃气轮机联合循环中,还需知道排气流量与温度随进气、排气压损的变化。如前面所述,仅进气压损影响进口空气流量,压损增加,流量减少。排气流量变化与进气流量变化一致。若保持涡轮机初温 $T_3^* = T_{30}^*$ 不变,进气压损增加,空气流量减少,则涡轮机膨胀比减少,排气温度升高,而排气压损增加直接减少了涡轮机的膨胀比,排气温度升高。可见,进气与排气压损增加均会导致排气温度升高。

复习思考题

7-1 简述大气温度对燃气轮机及联合循环性能的影响,并对此作出初步的解释。

7-2 解释接近点温差和节点温差含义,并用 t-Q 图标出。

7-3 按照蒸汽系统流程和参数划分,用于联合循环中的余热锅炉系统有哪些典型的类型?

7-4 简述联合循环中蒸汽系统的构成。

7-5 从热力特性来看,联合循环中蒸汽系统有哪些主要特点?

7-6 与燃煤粉的火电厂相比,燃气蒸汽联合循环电站的主要技术特点有哪些?

7-7 什么叫余热锅炉的当量效率?

7-8 自然循环和强制循环余热锅炉各有何特点?各有何优缺点?

7-9 联合循环的汽轮机大多采用何种进汽方式和变负荷运行方式?为什么?

7-10 联合循环的汽轮机在结构上有何特点?

7-11 联合循环蒸汽系统的除氧功能由哪些设备完成?有何特点?

7-12 联合循环的汽轮机为何不采用抽汽回热设计?

7-13 联合循环的蒸汽系统为何多采用多压设计?

7-14 联合循环的汽轮机凝汽器有何独特之处?

7-15 联合循环的轴系配置有哪些方式?

7-16 燃气-蒸汽联合循环的主要辅助系统包括哪些?各有何功能?

7-17 联合循环的温比和压比是什么?其对联合循环性能有何影响?

7-18 燃气轮机和联合循环各有何变负荷特性?

7-19 简述液力变扭器的主要组成部件及其工作原理。

7-20 简述液压棘轮盘车装置的功能及其工作原理。

7-21 主润滑油泵和辅助润滑油泵如何分工?润滑油系统除完成机组所需的润滑任务外还有哪些功能?

7-22 液体燃料供给系统主要包括哪些子系统?气体燃料控制系统包括哪些组件?

7-23 电站燃气轮机进气系统常用哪两种过滤装置?简述二者的工作原理。

7-24 对比蒸发式冷却和制冷式冷却进气技术的优劣。

第8章 燃煤联合循环发电系统

燃气蒸汽联合循环是否能够燃用蕴藏量丰富的煤炭能源呢？从 20 世纪 70 年代初期开始，国外就致力于研究开发燃煤的燃气蒸汽联合循环系统，尝试把高效的联合循环与洁净的燃煤技术结合起来，使之成为同时具有供电效率高而污染排放量又低的先进燃煤发电技术。燃煤联合循环为多种高技术的集成体，不同的技术集成将构成不同的燃煤联合循环系统。对于同一种燃煤联合循环系统来说，其工作性能、成本和运行可靠性等取决于关键技术的优选和系统的集成。目前，世界各国正在研究并开发与应用的燃煤联合循环系统类型很多，主要有：

1) 整体煤气化联合循环（IGCC）：它是将煤气化技术与以燃气轮机为主的余热锅炉型联合循环结合而成的洁净煤发电系统。

2) 增压流化床燃煤联合循环（PFB-CC，第二代 PFB-CC）：它是将增压流化床燃煤锅炉（PFB）与以汽轮机为主的联合循环结合而成的洁净煤发电系统。

3) 常压流化床燃煤联合循环（AFB-CC，第二代 AFB-CC）：它是一种采用常压流化床燃煤技术的外燃式燃煤联合循环的洁净煤发电系统。

4) 直接燃煤联合循环：它是把煤超净化处理成干粉或水煤浆后，供联合循环中燃气轮机直接燃用的燃煤联合循环系统。

5) 外燃式燃煤联合循环：它是一种外燃式燃气轮机循环与汽轮机循环相结合的燃煤发电系统。

6) 整体煤气化燃料电池联合循环：它是把煤的气化技术与燃料电池和常规联合循环结合而成的多重燃煤联合循环系统。

7) 燃煤的磁流体发电联合循环：它是把燃煤的磁流体与常规热机的热力系统结合而成的多重燃煤联合循环系统。

上述七种燃煤联合循环技术的研究开发水平各不相同，但由于它们的供电效率和污染排放指标都比传统的燃烧煤粉的常规蒸汽循环发电技术优越，因而有可能成为 21 世纪的先进燃煤发电技术，以部分取代 20 世纪传统的燃烧煤粉的蒸汽循环发电技术。在这七种燃煤联合循环技术中，从大型化、商业化角度看，目前最受重视的有三种，即：整体煤气化联合循环（IGCC）、增压流化床燃煤联合循环（PFB-CC）以及常压流化床燃煤联合循环（AFB-CC）。本章将侧重介绍这三种类型的燃煤联合循环系统，并简要地介绍其他四种类型的燃煤联合循环系统。

8.1 整体煤气化联合循环（IGCC）系统

8.1.1 整体煤气化联合循环（IGCC）系统概述

整体煤气化联合循环（IGCC）是把煤气化技术和联合循环相结合的洁净煤动力系统（见前文第 6 章图 6-6）。这种技术不仅可以很大程度上解决目前燃煤电站效率低、污染大的问题，而且也克服了天然气供应不足和价格昂贵的问题。从系统构成及设备制造的角度来看，这种系统继承和发展了当前热力发电系统的几乎所有技术。

归纳起来，IGCC 系统具有以下主要特点：

1) 可最大程度地利用现有燃用天然气和油的联合循环技术，特别是可沿用现有高温燃气轮机的设计和制造技术，但气化系统更像化工厂，比较复杂。

2) 联合循环以燃气轮机为主，燃气和蒸汽功率比 $P_{gt}/P_{st}=1.3\sim2.0$，燃气侧参数对循环性能的影响较大，具有提高供电效率的最大潜力。目前，供电效率已达 43.2%，可望进一步达到 50%～52%。

3) IGCC 效率较高且进一步提高效率的潜力很大。无补燃余热锅炉型联合循环是以燃气轮机为主的联合循环，所有燃料都从高温顶部循环（燃气轮机）加入，燃料释放的热能经过串联的燃气轮机和汽轮机实现热功转换，能很好地实现能量的梯级利用因而效率高。随着煤气化技术和燃机技术的不断发展和进步，IGCC 将朝着大容量、高效率、低排放发展，采用 G 型或 H 型高性能大容量燃气轮机联合循环，功率可达 400～600MW，效率有望超过 50%。

4) IGCC 具有极好的环保性能、易于实现污染物的近零排放。环保性能优越主要是由于其净化环节置于燃烧前、气化后的流程中，净化气量少而且更彻底，因而污染排放水平极低。在燃用含硫量大于 3% 的高硫煤时，其环保的优势更为突出。不仅可以实现极低的 SO_2 排放量，而且能生产出高纯度的硫单质，进一步改善 IGCC 的经济性。

5) 非直接燃煤方式，它是把煤先气化成煤气，净化后再燃烧的方式。由于增加了煤气化和煤气净化两个环节，因而增加了热量损失和厂用耗电。

6) 易大型化。IGCC 的单机容量可达到 300MW，未来采用更大容量的联合循环动力岛时其单机容量有望突破 500MW，显著高于其他燃煤联合循环。

7) 相比于其他燃煤动力循环，IGCC 的废物处理量少，且可获得附加值较高的副产品，如脱硫后生产的硫可以出售，有利于降低发电成本。而灰渣熔融冷却后会形成玻璃状物质，可以作为建筑材料出售。

现在，世界主要工业国家，如美国、德国、英国、日本、荷兰、瑞典、西班牙等国都在研究与开发 IGCC 技术，数十年来已投入大量人力、物力，取得重大进展。现已经建成一批示范工程，已完成技术验证阶段、跨入商业验证阶段。目前，全世界共有 30 多座 IGCC 电站运行或在建，总装机容量超过 8GW，单机容量大于 300MW，供电效率已达 43%～45% 比投资有望降至 900～1800 美元/kW，已从技术验证阶段跨入商业应用阶段。

一批 IGCC 示范工程的建设和试运成功，从原理上完全验证了煤通过气化技术与先进的燃气-蒸汽联合循环相结合的洁净煤发电技术的途径。表 8-1 列出了 20 世纪 90 年代初、中期建成的几座 IGCC 示范电厂的基本情况。总体上，这四座著名的 IGCC 示范电站运行情况良好，可用率不断提高。目前，IGCC 技术在世界范围内已渐趋成熟，开始由商业示范阶段走向商业化市场阶段。

表 8-1 四座著名 IGCC 示范电站的基本情况

电站名称	Demkolec	WabashRiver	Tampa	Elcogas
地点	荷兰 Buggenum	美国 WestTerreHaute	美国 Tampa，Florida	西班牙 Puertollano
净功率/毛功率/MW	253/284	260/300	250/313	300/325

(续)

电站名称	Demkolec	WabashRiver	Tampa	Elcogas
投产日期	1993 年底	1995 年 8 月	1996 年 10 月	1997 年 12 月
运行性能指标	碳转化率：99% 冷煤气效率：80% 脱硫效率：98%	碳转化率：99% 冷煤气效率：80% 脱硫效率：98%	碳转化率：96%～98% 冷煤气效率：74.3% 脱硫效率：96%	碳转化率：99% 冷煤气效率：78% 脱硫效率：98%
污染物排放	NO_x：60～120g/MWh SO_2：60g/MWh	NO_x：34.4mg/MJ SO_2：8.60mg/MJ	NO_x≤25ppm	NO_x<150mg/Nm^3 SO_2<25mg/Nm^3
净热效率	43%	40%(LHV)	42%(LHV)	45%(LHV)
比投资费用	1858 美元/kW	1511 美元/kW（老厂改造）	1900～2000 美元/kW	2303 美元/kW

国际上对 IGCC 技术一直重视，许多国家都把 IGCC 作为国家的关键技术列入国家级重大科研计划。如美国 1986 年开始实施的 CCT 计划、1992 年的 ATS 计划、1999 年的 Vision21 计划以及 2003 年的未来电力计划（FutureGen）（表 8-2），欧洲联盟委员会（CEC）资助的三项 IGCC 示范项目以及日本的"日光计划"等。我国在 2004 年由华能集团牵头，也提出了"绿色煤电"计划，并成立了绿色煤电公司。绿色煤电技术是以 IGCC 和碳捕集与封存（CCS）技术为基础，以联合循环发电为主，并对污染物进行回收，对二氧化碳进行分离、利用或封存的新型煤炭发电技术。该技术目标在于大幅度提高燃煤发电效率，并实现包括 CO_2 在内的各种污染物的近零排放。IGCC 系统具有更高热效率、更好环境性能、更多功能以及更好经济性的发展前景。为此，各国学者不断提出新概念、新循环及新技术，致力于新型 IGCC 系统的开拓与创新，如燃料电池-IGCC 联合循环系统、IGCC 多联产系统、CO_2 零排放的 IGCC 系统、整体煤气化湿空气透平循环及燃料多样化的 IGCC 系统等。

表 8-2 美国 2003 年提出的未来电力计划（FutureGen）IGCC 发展目标

	阶段	2008 年 245MW 示范装置	2012 年 商业装置	近期（2015 年） 300MW 商业装置
目标	效率	50%（HHV）	60%（HHV）	65%（HHV）
	成本	1000 美元/kW	1000 美元/kW；可产氢（氢售价在 3.79 美元/GJ）	850 美元/kW
	环保	CO_2 准零排放（燃烧前回收 90% CO_2）；NO_x≤9ppm	CO_2 零排放（燃烧前回收 90%～100% CO_2），NO_x≤3～9ppm	CO_2 零排放（燃烧前回收 100% CO_2），NO_x≤3ppm
改进方向及潜力	联合循环系统	联合循环的改进，可提高效率 2～3 个百分点；与气化系统一体化优化	MW 级高温燃料电池；65% 发电效率，400 美元/kW，CO_2 零排放产 H_2 的多联产系统	300MW 产氢-FC-IGCC 多功能系统；燃料电池-燃气轮机混合，优化 CO_2 回收，氢联产
	燃气轮机	F 级或 G 级机型修改；提高 T_3，燃用中低热值合成煤气	燃用 H_2 和 CO 合成煤气	新型 H 级机组；高初温、高性能、燃用 H_2 燃料，无 CO_2 排放
	煤气化系统	煤气化系统提升；增加水煤气变换反应系统；水煤气变换反应→H_2 和浓缩 CO_2，低能耗回收与分离	煤气化系统提升，增加水煤气变换反应系统；水煤气变换反应→H_2 和浓缩 CO_2，低能耗回收与分离	新的煤⇒氢气化技术，新颖膜分离回收 CO_2
	空分系统	深冷空分工艺	深冷空分工艺改进，或新技术系统	离子膜制氧技术
	煤气净化	冷煤气净化技术	过渡或混合技术	热煤气净化技术

8.1.2 典型 IGCC 热力系统方案概念性设计

典型 IGCC 系统方案的一般性流程与构成如图 8-1 所示。

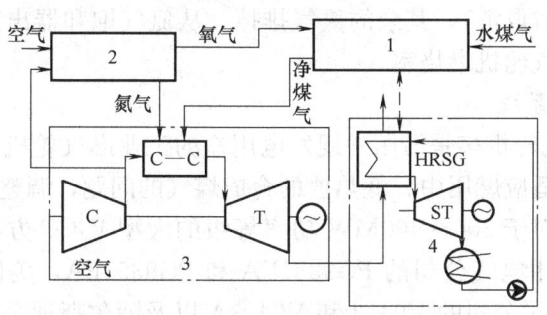

图 8-1 典型 IGCC 系统方案示意图
1—煤气化单元 2—空分单元 3—燃气轮机 4—汽水子系统

1. 煤气化和煤气净化系统

典型的 IGCC 系统若选用水煤浆供料、富氧气化剂的德士古（Texaco）气化技术，则其煤气化系统由以下几部分构成：水煤浆制备系统、气流床气化炉、灰渣处理系统、辐射冷却器和对流冷却器。美国德士古公司的煤气化技术是水煤浆供料的气流床技术工艺的主要代表。经过多年发展，该技术装置已有几十座在世界范围长期运行，积累了丰富的实际运行经验。与干法供料相比，水煤浆供料系统更简单、安全，变负荷更容易，可用率达到 80%～85%，单炉最大容量可达到 2200～2500t/天。其主要的缺点是冷煤气效率和碳的转化率等较低，且其喷嘴和耐火砖的寿命也都比较短。德士古气化炉气化部分是一个用耐火砖砌成的高温空间，水煤浆和富氧氧化剂从安装在炉顶的一个喷嘴向下喷入其间，形成一个非催化、连续、喷流式的部分氧化过程，反应温度一般在 1500℃ 以下。其典型工艺过程：煤经粉碎后制备成含水量为 30%～40% 的水煤浆，用正排量泵喷入气化炉中，炉内压力为 3MPa 左右。水煤浆在氧气的作用下，气化成以一氧化碳（CO）、氢气（H_2）、二氧化碳（CO_2）和水蒸气为主要成分的合成煤气，其中含有少量氮气（N_2）、甲烷（CH_4）、有机硫（COS）和无机硫（H_2S）。这些煤气从气化炉中排出时的温度在 1346℃ 左右。经过辐射冷却器、对流冷却器（用以产生高压饱和蒸汽）、煤气换热器和氮气换热器等多次冷却，使温度降至 200℃，再进入煤气净化系统。煤气通过除尘器除尘，然后经聚乙醇二甲醚（Selexol）法或其他脱硫装置除去 100% 无机硫（H_2S）和大部分的 COS。净化后的合成煤气经加湿饱和（至含约 30% 水容积成分）后，再到煤气换热器加热升温至 355℃，送进燃气轮机燃烧室。灰渣温度降低后，进入排渣系统，经渣灰水分离器回收部分水，最终排出的灰渣为玻璃状的颗粒，是电厂排出的仅有的固体废料，其主要成分是硅（Si）、铝（Al）、铁（Fe）和钙（Ca）等无害的惰性物质，可以作为磨料、绝缘材料或筑路材料出售。

2. 空分装置

目前，IGCC 系统多采用成熟的气氧气氮空分工艺。空分系统主要由空气压缩机、氮气压缩机、氧气压缩机、空气分离冷箱、低温回收换热器、氮气饱和器等组成。主要工艺流程为：从大气中抽取的空气经过空气压缩机后进入高压空气分离冷箱，另一部分从燃气轮机压气机出口抽取的高压空气，先经过换热器降温，将热量传给饱和氮气，降温后的空气再送入高压空气分离冷箱。分子筛吸收剂除掉空气中污物，空气被过滤后在低温的蒸馏系统中分离出氧气(O_2)和氮气(N_2)。氧气经过氧气压缩机后除少量用于脱硫过程，大部分用于气化炉煤的气化剂；氮气少量用于气化炉的给煤和惰性气体密封，大部分（85%以上）经氮气压缩机送入氮气饱和器（有时取消），其余的氮气排掉。从氮气饱和器出来的饱和氮气再经过氮气加热器后最终送入燃气轮机燃烧室。

3. 燃气轮机顶循环系统

IGCC 中应用的燃气轮机多是沿用常规发电用途的工业燃气轮机并经一些改造做成。因此存在改造燃烧系统以适应燃用中、低热值的合成煤气的问题，调整涡轮机和压气机工质流量匹配的问题等。目前对于 300~400MW 功率等级的大型 IGCC 方案，可供选择的燃气轮机型号主要有：美国通用电气公司的 PG9331FA 和 PG9351FA，美国西屋公司和日本三菱公司的 701F，德国西门子公司的 V94.3 和 V94.3A 以及阿尔斯通公司的 GT26 等。燃气轮机系统主要包括压气机、燃烧室、涡轮机及发电机等。从大气中来的空气经过压气机压缩后，一部分用于空分系统，另一部分用于涡轮机等热部件的冷却，其余大部分进入燃烧室，与洁净煤气混合燃烧后形成高温高压的燃气，与饱和氮气及冷却空气掺混降温后，最终进入燃气涡轮机做功。

4. 余热锅炉与汽轮机组成的蒸汽底循环系统

IGCC 系统中蒸汽系统与常规的联合循环中蒸汽底循环系统相比大同小异。例如多不采用抽汽回热、变负荷时采用滑压参数运行方式、汽轮机不装调节级、低压区段的叶片相对较长等。余热锅炉用来回收燃气轮机排气热能，同时也回收其他系统的热能（如煤气净化系统及空分系统的冷却排热等），以产生高压过热蒸汽驱动汽轮机做功。另外，余热锅炉还提供煤气饱和器和氮气饱和器等所需的蒸汽或热水。目前，与大功率燃气轮机配套的 IGCC 系统中蒸汽循环多采用多压（双压或三压）再热流程。余热锅炉主要包括除氧器（有时不用）、给水预热器、省煤器、蒸发器、过热器以及再热器。汽轮机部分包括高、中、低压蒸汽轮机，冷凝器以及发电机等。另外，还包括水处理装置和给水泵等。

图 8-2、图 8-3、图 8-4 所示分别为美国 Tempa、荷兰 Demkolec 和西班牙 Puertollano IGCC 电站的全景图。

图 8-2　美国 Tempa IGCC 电站全景图[17]

图 8-3　荷兰 Demkolec IGCC 电站全景图（位于荷兰 Buggenum）[18]

图 8-4　西班牙 Puertollano IGCC 电站全景图[19]

8.1.3　典型 IGCC 电站运行情况

20 世纪 90 年代中期，世界范围内迎来 IGCC 技术研究发展的一个高峰，在此期间陆续有一大批 IGCC 电站建成并投入示范运行，其中比较著名的 IGCC 示范电站包括：荷兰的 Buggenum 电站、美国的 WabashRiver 电站、美国的 Tampa 电站、西班牙的 Puertollano 电站，以及美国 Pinon Pine 的 Tracy 电站。2009 年 7 月，作为华能"绿色煤电"计划的第一步，华能天津 265 兆瓦 IGCC 电站示范工程正式开工，2012 年 12 月建成，标志着中国拥有了属于自己的第一座以发电为主要目标的 IGCC 电站。

1. 荷兰 Buggenum 电站

1994 年投入运行的荷兰 Demkolec 示范电站（Nuon Power Buggenum）位于荷兰 Buggenum，由荷兰电力局子公司 Demkolec 负责建设与运行，目的是实现 IGCC 电站的商业化运行。电站净功率为 253MW，设计供电效率 43%（LHV）。采用 SHELL 气化炉干法供煤，95% 的纯氧为气化剂，碳转化率达 99%。ABB Lummus 公司负责设计气化装置，西门子公司设计、转让技术和联合建造联合循环部分。其中：V94.2 型燃气轮机为核心，包括 Siemens KN 型蒸汽轮机，Siemens 氢冷发电机组；美国空气产品公司（Air Product）负责空分部分；荷兰的 Stork-Comprimo 设计、建造气体处理、硫回收装置，采用湿法除灰脱硫装置，脱硫效率不低于 97.85%。电站采用完全整体化的空分系统。运行过程中出现最严重的问题是高频振动问题，经过改进燃烧器等得到了解决。荷兰 Buggenum 电站示范运行所取得结果为冷煤气效率达 80% 以上、碳效率为 99%、实际供电效率为 43.3%（LHV）、机组的可用率达 85% 以上、比投资为 1858 美元/kW。

2. 美国 Wabash River 电站

1995 年投运的美国 Wabash River 电站于 1991 年 12 月被美国能源部选为 CCT 第四轮计划的示范项目。该项目 1993 年动工，1995 年 8 月投运。它是对原有 100MW 的蒸汽轮机电站进行了改造，以 Destec LGTI 的 IGCC 为基础进行放大。采用 2 台（一开一备）Destec 两段式水煤浆气化炉，氧气为气化剂，每台容量为 2500t/d。采用 GE 公司 MS7001FA 燃气轮机。所用燃煤为含硫量 2.3%～5.9% 的高硫煤。电站的净功率达到 252MW。供电效率为 38.9%（HHV），比改造前的 32.11% 提高了 6.8 个百分点。实际的比投资费用为 1511 美元/kW，采用单台气化炉时比投资有望降到 1100～1200 美元/kW。燃气轮机功率为 192MW，余热锅炉采用三压再热系统，蒸汽轮机功率为 104MW。独立空分系统，压缩机有中间冷却设备。所得氮气不回注，采用喷注水蒸气的办法控制 NO_x 生成。采用干法除灰（煤气温度为 371℃，干式烛状管式过滤器）湿法脱硫（COS/MDEA/CLAUS），脱硫效率 98%，回收硫纯度 99.7%。由于 E-Gas 气化炉具有相当丰富的运行经验，且其采用两段结构，冷煤气效率比较高。GE 的燃气轮机也具有燃烧低热值煤期的经验，且能够在试验台上排除振荡燃烧的可能性，因而安装调试比较顺利。在不采用备用炉的情况下，可以使 IGCC 电站的可用率达到 85%。Wabash River 电站经过 7 年成功的运行，可以说是一个非常成功的 IGCC 电站。为以后燃煤电站的改造和新建 IGCC 电站提供了经验。

3. 美国 Tampa 电站

1997 年投运的美国 Tampa 示范电站是以 Cool Water 电站为原型进行放大的全新电站，规模为 250MW。该项目 1989 年被选为 CCT 第三轮的示范电站，于 1993 年动工，1996 年完工投入商业运行。该项目采用 Texaco 煤气化技术，用 60%～63% 的水煤浆，95% 纯氧作气化剂，无飞灰再循环；美国通用公司提供动力岛，采用 7FA 燃气轮机，功率为 192MW；采用再热式蒸汽轮机，功率为 132MW。机组净功率为 250MW。GE 环保公司提供高温净化装置 HGCU，不过主要采用常温湿法除灰（文丘利）、脱硫（MDEA）设备，脱硫效率 98%；美国空气公司（APCI）负责 ASU 岛，采用高压独立空分，氮气回注。比投资费用为 1650 美元/kW。设计供电效率为 42%，但是由于出现粗煤气的泄漏，停运了洁净煤气加热器和氮气加热器，从而导致效率降为 37.8%（HHV）。由于独立的空分系统压缩机没有中间冷却，氮气回注都导致厂用电率过高（达到 19.75%）。可以说，Tampa 电站在许多方面还有待改进。

4. 西班牙 Puertollano 电站

1996 年投运的西班牙 ELOGAS 示范电站（位于西班牙 Puertollano）是欧盟委员会资助的 IGCC 项目之一，于 1991 年 12 月 4 日批准。Krupp Koppers 公司和西班牙 B&W 公司共同负责气化岛和净化岛，包括 Prenflo 气化炉、MDEA 法脱硫、Claus 硫回收。法国液化空气公司（Air liquid）负责空分装置的建设，采用高压空分（压力为 0.6MPa）。西门子和 B&W 公司共同负责联合循环岛。该电站采用 200MW 西门子 V94.3 燃气轮机，三压再热以及热回收锅炉由 Babcock 设计。设计总功率 335MW，净功率 300MW，效率 45%（LHV），比投资为 2303 美元/kW。利用本地高灰煤和石油焦的混合物（各 50%）。Prenflo 气化炉，气化剂为 85% 的富氧，干法供料。碳转化率为 99.3%，冷煤气效率 78%。V94.3 采用两个水平的筒型燃烧室，利用了 Buggenum 电站中改造过的合成气燃烧器。联合循环采用多轴布置，Siemens KN 汽轮机，试验陶瓷过滤器的高温除尘装置。

5. 美国 Pinon Pine 的 Tracy 电站

1997 年投运的美国 Pinon Pine 示范电站（Tracy 项目）于 1991 年入选美国 CCT 第四轮示范项目。该项目采用 1 台 KRW 流化床气化炉，空气作为气化剂，供煤量为 893t/d，干煤块供料，灰团聚排渣。炉内用石灰石初步脱硫，飞灰再循环。采用美国通用公司的 6FA 燃气轮机作为联合循环的核心，燃气轮机功率 61MW，蒸汽轮机功率 41MW，净功率 95MW。设计净效率 41.6%。采用高温旋风分离器和陶瓷过滤器（593℃）除灰，第 2 级脱硫是在以金属氧化物为吸附剂的固定床中进行的，总脱硫效率 98%～99%。由于 KRW 流化床气化炉和高温除灰脱硫装置都出现严重的问题，该示范电站 1999 年改烧天然气，取消了烧合成煤气的计划。

6. 华能集团绿色煤电公司天津 IGCC 电站

华能天津 IGCC 电站示范工程项目是国家"十一五" 863 计划重大项目依托工程，也是华能开展"绿色煤电"计划第一阶段的主要任务。2009 年 5 月华能天津 IGCC 电站示范工程获得国家发改委核准，2009 年 7 月 6 日开工建设，2012 年 12 月建成投产。该工程建成我国首台 250MW 级整体煤气化燃气-蒸汽联合循环发电机组，采用华能自主研发的 2000t/d 级气化炉。该工程是国内最环保的示范燃煤电厂，同时建成我国首台具有自主知识产权的两段式干煤粉加压气化炉，填补国内该领域空白。天津 IGCC 电站建成后，成为中国最洁净环保的燃煤电站，与常规同等容量的燃煤电站相比，年煤消耗量将减少 7 万多吨，相应的减排二氧化碳 20 多万吨，副产品是硫磺，无二次污染，污染物排放接近天然气电站排放水平。

8.1.4 IGCC 未来的发展趋势

自 20 世纪 70 年代初期完成概念性试验以来，IGCC 技术已经经历了四十余年的发展。依靠集成技术的进步和综合利用，IGCC 系统的净效率已经提高到 43%～46%，单机功率已达 400MW 等级，并且仍然具有很大的性能提高的潜力。未来 IGCC 发展将进入商业化，并逐渐具有竞争力。同时，随着环境问题的日趋严重，与常规燃煤发电技术相比，IGCC 技术在竞争力上将显现出越来越明显的优势。

IGCC 的近期目标是：采用更先进的燃气轮机提高机组容量和效率。采用 H 级水平的燃气轮机，IGCC 机组的容量可以达到 500MW 级，净效率可以达到 50%～52%。力争使 IGCC 的比投资降到 1000 美元/kW 以下；发电成本降低到 0.05 美元/(kW·h)，污染物排放是美国公用事业锅炉新排放源性能标准（NSPS）的 1/10，机组的经济性、可靠性进一步提高。

IGCC 的远期目标是：建成以气化为基础的高效清洁的能量综合利用系统。这一系统可将煤炭转化为电力、蒸汽、煤气、化工产品和氢气等，从而使 IGCC 不再是单一的发电系统。通过多联产和综合利用使 IGCC 具有无比广阔的应用前景和无与伦比的能量转换效率。未来力争使该系统的发电效率达到 60% 甚至更高,使比投资降到 800 至 900 美元/kW,基本实现污染物和温室气体的零排放。

针对以上目标,目前 IGCC 正逐步探索研究新模式、新技术、新循环,并且大力发展 IGCC 系统。主要体现在以下五个方面:

1) 深入研究 IGCC 的系统集成技术,提高系统的性能。如:进一步提高燃气轮机的性能,增大其单机功率和效率,同时降低比投资费用,用更高的技术水平推动 IGCC 的发展。目前 H 级的燃气轮机已经设计完成,开始逐步应用。这样就可以把 IGCC 电站的单机容量提高到 450~550MW,比投资费用降至 1000 美元/kW 以下。

2) 燃料多样化。目前 IGCC 电站的发电成本仍然较高,特别是燃煤电站。为此,国内外进行了多方面的研究。现在以重油、渣油、废木料等为燃料的 IGCC 系统已经研制成功,逐步建成示范电站并开始商业化运行。未来一段时间,将继续开展 IGCC 系统燃料多样化的研究。

3) IGCC 与其他领域交叉结合。IGCC 与化工过程的结合已经比较成熟。例如:利用 IGCC 系统发电过程制备原料气(主要成分是 CO 和 H_2),并为企业提供化工生产过程中需要的电能和蒸汽,使 IGCC 的发电过程与 H_2、供热以及化工产品的生产结合起来。通过这样的结合,不仅能简化系统,降低燃料成本,而且从综合利用的角度降低了全厂的生产成本。与此同时,企业污染的排放问题也能得到比较有效地解决。

4) IGCC 与能源环境问题综合。能源消费紧张,环境污染严重,已经迫使世界各国大力发展洁净煤发电技术。IGCC 作为其中典型的代表,探索高效清洁的发电方式已经成为必然。为此,须积极发展 IGCC 系统与液体燃料生产、CO_2 分离和处理等过程的集成,为未来实现煤电的高效和近零排放奠定基础。

5) 开拓并应用新的热力循环。动力装置发展的理论基础就是热力循环,这也是 IGCC 系统的核心。近几年,IGCC 系统中热力系统的研究有了一些新的思路,主要是不同循环、不同技术、不同产品的有机结合和多目标优化。例如:整体煤气化湿空气涡轮机循环,是把 HAT 循环和先进的燃煤技术结合起来的洁净煤发电技术,具有高比功、高效率、低污染、低费用等特点,是降低 IGCC 的比投资费用和发电成本的有效途径。整体煤气化燃料电池联合循环(IGFC-CC),是把煤的气化技术与燃料电池和常规联合循环结合而成的多重燃煤联合循环系统,有很高的热效率同时也有良好的环保特性。

IGCC 系统具有较高的能源利用率、良好的环保特性以及较好的经济性,符合能源、环境、经济性三者有机结合和综合发展的要求,必将成为未来火电发展的主要方向之一。

8.2 增压流化床联合循环系统

8.2.1 增压流化床联合循环系统概述

增压流化床联合循环思想是在 1974 年由英国的 ASEA-STAL 公司提出来的,1976 年美国的 AEP 参与了研究计划。20 世纪 80 年代初在瑞典的 Mälmo 建立了 ASEA PFBC 部件试验厂。现在的第一代 PFB-CC 技术就是在该试验厂试验成功的基础上逐渐发展起来的。目前，世界上建成 100MW 等级的第一代 PFB-CC 电站共四座，分别是瑞典的 Värtan 热电联供电站、西班牙的 Escatron 电站、美国的 Tidd 电站以及日本的 Wakamatsu 电站。以上四座电站在克服了种种困难之后，基本上取得了商业运行的成功。正在建设或拟建立的其他 PFB-CC 项目还有日本横滨和九州 Matsura 的 2×350MW 装置、捷克 Ostrava 附近的 70MW 装置以及德国 Cottbus 的 74MW 装置等。总的来说，第一代 PFB-CC 已有一定的实践经验，但 300MW 等级的机组尚未调试成功。第一代 PFB-CC 易于燃烧各种低价燃料，环保性能可达到有关环保标准，但由于其床温受限，所以目前第一代 PFB-CC 的主要市场在于改造老电站，用第一代 PFB-CC 改造老电站时，增加功率的典型数字为 15%～30%，同时可提高电站效率达 3%～6%。

第一代 PFB-CC 的涡轮机前温受到流化床温不能超过 850～900℃ 的限制。为了进一步提高效率，就必须提高燃气涡轮机的前温。由此提出了第二代 PFB-CC 的概念。第二代 PFB-CC 的研究被列入美国第五轮"洁净煤技术"的计划中，拟建立一个 100MW 等级的示范厂，由 Foster Wheeler 公司负责。某些关键技术，如顶置燃烧室，则已在田纳西州立大学进行试验研究。我国对 PFB-CC 的研究开发工作始于 20 世纪 80 年代初期。1984 年在东南大学建成了热输入为 1MW 的实验装置，进行了大量试验。1991 年后在江苏省徐州市贾汪电厂建设了一座 15MW 的 PFB-CC 中试装置。

第一代和第二代 PFB-CC 的主要特点是：①联合循环以汽轮机为主。第一代 PFB-CC 中 $P_{gt}/P_{st}≈0.25$；第二代则可以提高到 0.7～0.8。系统的性能在很大程度上取决于蒸汽底循环的参数。由于蒸汽是从 PFB 中直接产生的，它不受涡轮机排气温度的限制，因而易于采用亚临界或超临界的蒸汽参数。第一代 PFB-CC 供电效率可以比其他蒸汽底循环增高 3～5 个百分点（蒸汽参数越高时其增值就越小）。对于采用超临界参数蒸汽底循环的第二代 PFB-CC 来说，当涡轮机前温度提高到 1300℃ 左右时，供电效率有可能达到 48%～50%，与 IGCC 系统相当。这主要得益于厂用电耗率比较小。②燃料的适应性好，能燃用高灰分、低挥发物的劣质煤甚至煤矸石。但由于脱硫率仅为 90%，故不宜燃用含硫量大于 3%～4% 的煤。③炉内高温干法除尘和脱硫。相对于 IGCC 来说，PFB-CC 系统和设备都要简单得多。但是其脱硫除尘效果都不如 IGCC，仅与 PC+FGD 相当，特别是无法除去气相的碱金属物质，会造成对涡轮机的高温腐蚀。除尘过程是在高温稀释相条件下进行的，因而不能彻底，在烟囱前还需增设电力除尘器或布袋除尘器。且污染物中还存在 N_2O。④不能采用常规的燃气轮机系列产品，大多需要专门设计双轴间冷、高压压气机与高压涡轮机和电负荷共轴的燃气轮机，以适应 PFB-CC 变工况特性的需要。燃气涡轮机叶片的寿命比较短（20000h 左右），并且需经防腐涂层处理。故燃气轮机的设计制造成本较高。但由于单机功率较小（100MW 以下），燃气初温较低，我国有自行设计和制造的可能性。⑤第二代 PFB-CC 中顶置燃烧的设计相当困难，需要解决壁温冷却和高 NO_x 的问题。这个问题与无法除去气相碱金属物质的难题合在一起，也许是发展第二代 PFB-CC 的主要障碍。⑥采用增压流化床燃烧锅炉，使锅炉与燃气轮机的燃烧室合二为一。结构紧凑，设备容积大为减小，金属耗量较少，比投资费用与 PC+FGD 接近。⑦单机容量已能做到 300～350MW。有 100MW 等级机组的商业化运行经验。⑧适宜于改造旧电站，既能改善污染排放水平，又能增大机组的功率和效率。⑨由于 PFBC 压力壳尺寸较大，最好在制造厂整体加工和检验。为了便于运输，PFB-CC 的厂址最好选在便于船运的江河湖泊和海边。⑩运行方式和常规燃煤蒸汽电站比较接近，系统简单，便于操作。

8.2.2 第一代增压流化床联合循环系统

增压流化床联合循环是一种正压锅炉型的联合循环，整个热力系统包括三个循环：空气-燃气循环，水-蒸汽循环及煤、除硫剂-废料循环。具有代表性的第一代 P200 型 PFB-CC 系统示意图见图 6-7 中的实线部分。空气经低压压气机、间冷器、高压压气机，出来的高压空气（0.6～2.0MPa，300℃）经增压流化床锅炉布风板下部的配风喷嘴喷进流化床，作为流化介质和助燃空气；燃烧产生的燃气（850℃）由流化床上部空间进到旋风分离器净化，再送到燃气涡轮机（入口温度为 830℃）膨胀做功，排气（450℃）回收余热后由烟囱排向大气。增压流化床联合循环以蒸汽循环为主，因此其热力特性在很大程度上取决于蒸汽侧性能，汽轮机功率可占到联合循环总功率的 2/3～4/5。

增压流化床联合循环中回收余热有三种途径：①产生额外蒸汽，分三个压力层，在蒸汽轮机不同点加入，适用于大功率、高参数的机组；②用于循环床二次空气；③加热给水，分高加、低加，适用于小功率、低参数的机组。同时，冷凝水预热后进入增压流化床锅炉，在其中受热产生主蒸汽，最后进入汽轮机膨胀做功。若有中间再热，则将高压缸出来的蒸汽引回增压流化床锅炉再热。循环床则稍有不同，其空气是分级加入的；另外，有些循环床采用外置式热交换器。

增压流化床联合循环系统集成的关键技术主要有四个：

1. PFB 锅炉技术

PFBC 锅炉洁净燃煤技术是系统集成的关键技术之一，主要有鼓泡床和循环床两种形式。

1) 鼓泡床 PFB：鼓泡床锅炉集煤的燃烧室、蒸汽发生器、燃气发生器和除尘装置等于一体。高压容器内装有旋风分离器、带有埋管的流化床燃烧室、回注式床灰仓、灰冷却器和起动燃烧器等。鼓泡床的核心部分是由细粒煤和脱硫剂（石灰石或白云石）组成的床层，床高一般为 4m。从布风板下部喷入的高压助燃空气使煤和脱硫剂颗粒维持悬浮和旋转状态下的燃烧，故又称为沸腾床燃烧。煤粒尺寸在 50mm 以下，除硫剂尺寸在 3mm 以下，床温控制在 850℃左右，空气压力为 0.6～2MPa，流化速度为 1m/s，空气过量系数为 1.2。流化床的床温必须控制在 850℃左右，如果床温过高，将会引起三个方面的问题：①温度高于灰分熔点，引起床料结渣；②产生碱金属，对埋管有腐蚀作用；③NO_x 生成将显著提高。但床温的限制使得燃气轮机入口温度不高，从而使得第一代 PFB-CC 的效率难以得到进一步的提高。

流化床的供煤方式可以是干式，也可以是 20%～25%含水量的煤膏。如果煤灰分较低（灰分<25%），则可以采用泵传送煤膏的方式。在低灰分的情况下，在煤中加入 20%～25%的水分不会影响效率，并且由于采用湿式加入法，省掉了对煤的预先干化，增加了设备的可靠性。高灰分的煤用气动锁漏传送。另外，除硫剂的加入也分为干式和湿式。如果煤为低硫煤（硫分<1.5%）而又以煤膏方式加入，则脱硫剂可直接混入煤膏；否则采用干式加入法。

在鼓泡床 PFB 中，调节负荷是通过改变床高来实现的。降低负荷时，调低床高，一部分埋管裸露，使得蒸汽受热面减少，进而导致汽轮机功率下降。同时燃气受热行程缩短，燃气轮机功率降低，从而促使总功率降低。增大负荷时过程恰好相反。床高的调节通过回注式床灰仓实现。负荷变化不大时，亦可通过床灰排放系统实现。负荷变化时，床温不变。同时，由于燃气轮机是双轴结构，压气机进口采用可调导叶，所以机组在很大范围内空气流量不变，流化速度、旋风分离器速度和过量空气也相应保持恒定。机组最低负荷为30%，变化速率可达4%/min，冷起动时间为5~6h，热起动为2h。已投入运行的鼓泡床示范装置表明：鼓泡床对煤种适应性好，可燃用含硫量高低不同的烟煤和褐煤，并且其可用性和环保特性都非常好。但考虑到含硫量越高，所需脱硫剂也相应增多，成本增加，而废料的增多又增加了处理的费用。所以现在一般倾向于在 PFB 锅炉中燃用中、低含硫量的煤，而在 IGCC 中燃用高含硫量的煤。

2) 循环床 PFB：循环床与鼓泡床相比有所不同，循环床没有床层，颗粒悬浮在空中。循环床的流化速度达 4.6m/s，使得颗粒能在空中保持悬浮状态。燃烧空气分级加入，一次空气量大约占 60%，其余的空气在不同水平位置喷入燃烧室。燃烧空气分级加入，使得燃烧室上部细颗粒的燃烧能有充分的空气，同时有利于控制燃烧室的温度，使 NO_x 生成量大为减少。燃烧室为自然循环式水冷壁结构。颗粒燃烧时，较小的颗粒随上升的燃气扬析出去，进入高温旋风分离器，大部分固体颗粒被分离出来，通过循环室回到燃烧室。控制返回固体颗粒的量即可达到控制负荷的要求。

循环床 PFB 与鼓泡床 PFB 相比存在以下一些优点：①循环床的流化速度比鼓泡床要高好几倍，且燃烧强度更高，因而结构更加紧凑；②由于锅炉体积缩小，可以采用较少的加料点达到煤和脱硫剂分布均匀的要求；③循环床没有床层，可以采用较细颗粒的脱硫剂，提高脱硫效果；④床料通过循环室回收，省去了回注式床灰仓，简化了负荷的调节，提高了装置的可用性和可靠性；⑤可采用外置式热交换器，消除埋管的腐蚀问题；⑥燃烧空气分级加入，提高了燃烧效率；⑦燃烧室温度分布均匀，NO_x 生成量减少，比鼓泡床减少一半以上；⑧对燃料的适应性更强；⑨部分负荷性能更好。

但循环床在具有上述优点的同时，其技术上的要求也更高。譬如，由于循环床的燃气中含有更多的颗粒，它对气体过滤的要求更高。目前正处于试验阶段的陶瓷过滤器将满足这种要求。同时，循环床对布风板的要求也更高，否则气流的不稳定将导致严重的后果。如果 PFB 的优点都能实现，且高温高压过滤器能有效的工作，再结合第二代 PFB-CC 技术，将使循环流化床 PFB-CC 成为极有吸引力的燃煤发电技术之一。

2. 与燃煤流化床匹配的燃气轮机技术

PFB-CC 系统的热功转换功能部件是燃气轮机和汽轮机组合的联合循环。PFB-CC 系统的汽轮机与常规的基本类似，而燃气轮机却有一些特别的要求。常规单轴燃气轮机变工况时，燃烧室中空气过量系数 α 允许变化很大，且燃烧区温度也可变化好几百摄氏度。而在 PFB-CC 系统中，燃气轮机的燃烧室由流化床燃烧器所取代。PFB 变工况的特点是：沸腾区的床温基本恒定，相应的 α 也基本不变；对流化速度有严格要求，因此应尽量保持锅炉进口的空气容积流量不变。由于这些特点，与 PFBC 相匹配的燃气轮机变工况特性与常规燃气轮机特性相比有很大差异，有其自己特有的规律。而燃气轮机变工况特性又在很大程度上取决于其轴系方案，图 8-5 所示为不同轴系的燃气轮机变负荷时 α 变化曲线。

下面就对各轴系方案变工况特性作一些具体的分析。

1) 单轴燃气轮机。单轴燃气轮机是最简单的轴系方案。对于单轴结构，由于压气机和负载在同一根轴上，转速不能变化，限制了它的调节性能。单轴燃气轮机在带动恒速负载时,部分负荷下的运行点远离喘振边界,机组在从空载到设计工况的整个运行范围内都能良好地工作。随着负荷下降,压比下降,压气机出口温度 T_2 和压力 P_2 随之降低,同时流量 G_C 略有增加,因此空气容积流量 V_C 在部分负荷时上升的趋势明显,对稳定流化速度不利。另外,由于负荷降低时燃料量 G_f 减少而空气流量却有所增加,因此过量空气系数 α 增大很快,导致 T_3 大幅度降低,对机组的经济性不利。从图 8-5 可见,单轴燃气轮机的空气流量增加和燃料量减少这两个相反的变化趋势造成部分负荷下炉内 α 的增加在所有轴系方案中最为显著,故难以保证流化床燃烧环境和床温基本恒定等需求。

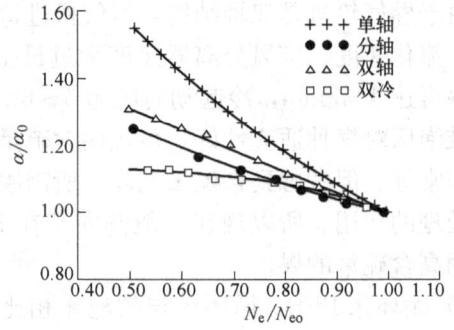

图 8-5 不同轴系的燃气轮机变负荷时空气过量系数 α 变化曲线

2) 分轴燃气轮机。分轴燃气轮机用高压涡轮机带动压气机,动力涡轮机带动负载,负载的转速变化规律只能通过内部气体工质的作用间接影响压气机工况。与单轴燃气轮机相比,其影响大为减弱。因此,燃气轮机工况受负载特性变化规律影响减弱。同时,分轴燃气轮机在带动恒速负载时,随着输出功率的降低,压气机转速降低,流量、压比减小,压气机出口温度和压力也随之降低,但流化速度的表征量空气容积流量却基本保持恒定。另外,与单轴燃气轮机相比,部分负荷时空气流量 G_C 的降低减缓了空气过量系数 α 的上升和燃气初温的下降,可以实现较稳定的炉温和燃烧效果。但是,在热效率方面,由于变工况下压比 π 比 π_{opt} 下降快以及压气机采用中间放气防止喘振,部分负荷时效率特性并不理想。最后,分轴燃气轮机还有个不利之处,即动力输出不与压气机同轴,甩负荷时易超速。且由于 PFB 的热惯性大,致使这个问题更为严重。

3) 双轴燃气轮机。双轴燃气轮机带动恒速负载时,低压涡轮机驱动低压压气机,高压涡轮机驱动高压压气机和负载。它能通过调整低压压气机和高压压气机的转速来协调压气机工作,使得高压比的燃气轮机在宽广的范围内稳定运行而不发生喘振,并能有效改善变工况条件下的机组效率。然而由于 PFB 锅炉运行条件的限制,燃气初温一般不高于 850℃。相应的 ε_{opt} 有可能小于实际压比,导致其提高效率的潜力无法发挥。用于 PFB-CC 中的双轴燃气轮机采用高压轴作为输出轴,高压涡轮机和高压压气机的物理转速不变。随着负荷降低,低压压气机转速 n_{LC} 和压比 π_{LC} 降低,G_C 也减小。高压压气机因物理转速恒定,折合转速变化,部分负荷下运行点在高压压气机特性线上向右移动,压比变化平缓。因此与分轴燃气轮机相比,锅炉进风压力下降不显著,但压气机出口温度 T_2 却下降显著,使得空气容积流量的值在变工况时略低于分轴燃气轮机,这使得该方案燃气轮机在变负荷时的空气过量系数 α 变化较大(见图 8-5),系统变工况性能较差。另外,采用双轴燃气轮机,压比可大为提高,若同时提高温比,则可相对地改善机组的经济性。然而 PFB 锅炉运行条件限制了温比 τ 始终维持在 4 左右。因此与单轴和分轴相比,双轴燃气轮机的效率并不高。但从总体上看,双轴与分轴方案,在气动热力学特性变化规律方面很相似,差别不是很大。

4) 双轴间冷燃气轮机。若在高、低压压气机间增设间冷,且假设变工况下间冷器出口温度不变,则高压压气机的运行点将沿等转速线远离喘振边界。有间冷时压比下降会导致锅炉进风压比比无间冷时下降明显，而压气机出口温度 T_2 的下降却比双轴无间冷时平缓的多，使得空气容积流量的值有所上升，但变化范围不大。在负荷变化的大范围内，其变化可稳定在 3% 以内，这使得该方案燃气轮机在变负荷时的空气过量系数 α 变化最为平缓（见图 8-5），系统变工况性能最好。增设间冷后双轴方案的燃料流量 G_f 和空气流量 G_C 的同步下降也使得炉内过量空气系数比较稳定，从而保证了炉内温度的相对恒定。另外，间冷不但可以有效地提高燃气轮机的输出，而且能够很显著地提高 π_{opt}，与简单循环相比，效率曲线更为平缓，且高压比时效率提高很多。因此，在双轴加间冷的方案中，压比接近于效率最佳压比，并且由于 T_3 下降平缓极大地改善了机组的经济性。所以，对于 PFB-CC 热力系统，双轴间冷式燃气轮机是最理想的轴系方案。

综上所述，对于 PFB-CC 中的燃气轮机，有以下的一般性结论：

1）燃气轮机和 PFB 组成一个系统时，要满足 PFB 变负荷的气动热力学特性要求：沸腾床层的温度维持基本不变，流化速度及进入旋风除尘器的流速要控制在较窄的合适范围以及符合燃料量随负荷变化规律（比常规的单轴燃气轮机变化率小得多）等。因此，用于 PFB-CC 系统的燃气轮机变工况特性必须具有特定的规律，大大不同于常规的燃气轮机特性，如：压气机空气流量随负荷变化规律与 PFB 中燃料量变化同步，以维持炉中空气过量系数基本不变和沸腾床层温度恒定；同时 $G_C T_2 / P_2$ 值要控制在尽可能小的变化范围，以保证流化速度和流化床正常运行需要。

2）从炉内过量空气系数 α、炉温、流化速度以及燃气轮机热效率四个方面看：单轴方案的四个特性都是最差的，这是由于其压气机和发电机同轴，转速固定不变，空气流量和燃料量变化规律背道而驰；而分轴和双轴都可借助压气机转速变化来调节空气流量变化规律以满足 PFB 的需要，故比单轴情况大有改善，但他们变工况时 α 值的波动仍然偏大，且热效率都不高；双轴加间冷方案的变工况特性最适合 PFB-CC 系统的需要，这是由于其高压压气机进口温度能够控制，这对进一步减小变工况时 α 值的波动，降低进入 PFB 的空气温度以及提高热效率与压气机运行稳定性等都有好处。

3）大量的理论研究和实验表明：可变几何技术是改善燃气轮机变工况特性的有效手段。所以可以借助它进一步改善不同轴系的特性，以适应 PFB 气动热力学特性。双轴和分轴轴系方案，若采用可调的压气机进口导叶（或前几级可调静叶）或可调的低压涡轮机喷嘴，对改善其变工况时气动特性和喘振裕度都有明显效果。单轴方案，若能利用多列（有时是全部）可调静叶，也能在等转速情况下，使压气机空气流量下降到 60%~70%，因而也能用于 PFB-CC 系统。但采取多列可调静叶将使压气机结构和系统控制复杂化，且压气机效率和运行可靠性也会降低，这也是很多 PFB-CC 系统的设计者更趋向采用双轴加间冷方案的原因。

3. 高温气体净化技术

燃气中烟尘对燃气轮机热通流道部件的磨损是 PFB-CC 发展中的重大问题。由于燃气流量大，又不允许湿法降温除尘，故解决 PFB 的燃气除尘问题比 IGCC 的煤气净化要困难得多。为保证燃气轮机可靠运行，需要做到：

1）进入涡轮机的燃气中大于 $10\mu m$ 的固体颗粒不得超过 2%。

2）热燃气中含尘量小于 $200 \mathrm{mg/Nm^3}$。

3）涡轮机叶片必须采用防护涂层（在众多的叶片涂料中，以 FeCrAly 和 CoCrAly 的效果最好）。但实际运行情况表明，上述标准仅能初步满足850℃以下燃气轮机运行要求，叶片寿命为1~2万h，而且为满足环保排放要求，仍需在省煤器出口加装袋式除尘器或静电除尘器。

目前在PFB锅炉中常采用二级旋风分离器，虽能基本除掉PM10以上尘粒，但除尘后烟气中含尘浓度还有200ppm左右，距离对高温燃气轮机进气含尘量<5ppm，粒度为15μm的要求相差甚远。鉴于旋风分离器远不能达到所需要的除尘标准，目前许多国家都正在努力研制新型的高温气体净化装置。主流技术是陶瓷过滤器，包括陶瓷棒式过滤器（烛式或指式）、陶瓷管式过滤器、陶瓷错流式过滤器和陶瓷平行通道式过滤器等。

西屋公司在Tidd电站试验了有384根陶瓷棒的陶瓷过滤器，气体温度从649℃到843℃，名义气流流量为215m³/min，已经历了超过2000h的试验；在芬兰卡拉夫10MW的中试装置上试验了有128根陶瓷棒的陶瓷过滤器，气体温度最高可达890℃，名义气流流量为88m³/min，已经历了超过1100h的试验。在以后的PFB装置中，用高温气体净化装置取代二级旋风分离器，届时可消除气体中几乎100%的颗粒，采用普通的燃气涡轮机，且可以取消尾部静电除尘设备。日本若松电站是在涡轮机前使用整套高温气体净化装置的第一座商业PFB-CC电站。

现在的PFBC以炉内脱硫为主，通常用吸附剂脱硫。一般使用钙基吸附剂（石灰石、白灰石等），它不与周围环境发生化学反应，价格也便宜，不要求回收循环使用。独立的脱硫系统还使用锌基吸附剂，其活性强，在高温下比钙基吸附剂吸附效果更好，但价格贵，故要求再生循环使用。高温燃气脱硫系统的脱硫效果与吸附剂的耐用性、污染程度等有关，如再生吸附剂受到高温放热反应会发生烧结、脆裂，因而失效。目前，高温脱硫系统仍处于实验阶段，还在探讨合适的吸附剂（如含稀土的吸附剂）。

近来还出现了一个新的趋势，即把气相污染控制（如脱硫与控碱）和过滤器功能结合起来。西屋公司已在实验室中验证了其可能性。可以采用两个不同的方案：①在高温气体过滤器后放置装有密封吸附剂的压力容器；②在高温气体过滤器上游向气体中加入粉碎的吸附剂。目前西屋公司正在抓紧开发同时拥有除尘、除硫和控碱功能的先进的高温气体净化装置。

4. 涡轮机防磨损和腐蚀技术

解决涡轮机的通流道（主要是叶片）的磨损问题，除燃气净化外对涡轮机结构与设计也有特殊要求。早期用于PFB-CC的燃气涡轮机的"加固化"主要是防磨损，以提高零部件的寿命，其技术要求包括：①降低涡轮机转速；②增加涡轮机级数和降低级负荷；③调整叶片角度；④叶片增厚；⑤喷涂保护层等。而克服燃气中碱金属的高温腐蚀则是当前开发第二代PFBCC中的重大技术课题。当涡轮机初温超过900℃时，碱金属造成的高温腐蚀是很严重的，这会对燃气轮机安全运行造成很大威胁。所以，高温燃气轮机严格要求燃料中Na+R<1ppm。烟气温度低于碱金属的凝固点（一般为650℃左右）时，碱金属比较容易消除掉；而在860℃以上高温时，即使通过陶瓷过滤器除尘，也难以清除烟气中呈汽化状态的碱金属，这也是许多人坚持燃气高温除尘系统的温度限制在650℃的原因。

8.2.3 第二代增压流化床联合循环系统

图8-6所示为第二代PFB-CC系统流程示意图。煤在流化床炭化炉中干馏后，会由于热

分解反应析出挥发分物质，煤气经净化后输入前置燃烧室，而热解产物焦炭则输入流化床燃烧室，与压气机输来的压缩空气一起进行燃烧。增压流化床锅炉埋管产生主蒸汽用以驱动汽轮机，燃气轮机排气输入给水加热器进一步回收余热，最后经净化后排入大气。

第二代增压流化床联合循环系统在第一代系统的基础上，增加了顶置燃烧技术。顶置燃烧技术可以大幅提高进入燃气轮机的燃气温度，从而获得更好的热力性能。顶置燃烧技术提供一个可靠的燃烧室，既要保证燃烧的高效、稳定，同时又要使燃烧产生的 NO_x 量限制在一个可接受的范围内。美国西屋公司研制发展的多环涡旋燃烧器（MASB）就是针对此而提出的。

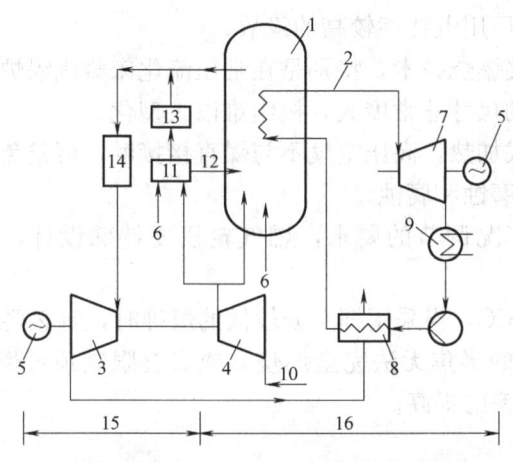

图 8-6　第二代 PFB-CC 系统流程示意图
1—锅炉　2—蒸汽　3—涡轮机　4—压气机　5—发电机　6—煤　7—汽轮机　8—给水加热器
9—凝汽器　10—空气　11—炭化室（CF）　12—焦炭　13—前置燃烧室　14—烟气净化
15—燃气轮机部分　16—汽轮机部分

8.3　常压流化床联合循环系统

1935 年 J. Ackeret 和 C. Keller 申请第一台闭式燃气轮机的专利，1940 年瑞士烧油的闭式燃气轮机投入运行，从而为燃煤的闭式燃气轮机（即 AFB-CC）奠定了基础。1985 年在德国 Völklingen Saarbrgwerk AG 电站曾拟投运一台与 AFB-CC 有相似概念的常压联合循环试验机组。燃气轮机的功率为 32MW，压缩空气在两个床身面积各为 $100m^2$ 的圆筒形常压流化床中被加热到 700℃后，用天然气在前置燃烧室中进一步升温到 820℃。两个流化床空气锅炉后的燃气温度为 850℃，当它们汇集后，被通到一个煤粉蒸汽锅炉中去参与煤粉的燃烧过程，以便产生 19.0MPa/532℃的过热蒸汽，驱动功率为 195MW 的汽轮机。该联合循环的供电效率为 39%。其实际运行情况不详，但可以确信，这种常压流化床空气锅炉式的联合循环并未在德国或其他国家获得实际应用和进一步发展。从这个事例中可以看出：倘若为了实现第二代 AFB-CC 的设想，电站中还需要增加常压流化床蒸汽锅炉、常压流化床式的裂解炉或部分气化炉以及煤气的净化系统和热回收系统。200MW 等级的这类联合循环的机组尺寸是极其庞大的。

清华大学曾提出过一种第二代 AFB-CC 的设想，并已获得我国专利。他们和中国科学院工程热物理研究所等都具有设计 75～670t/h 常压流化床蒸汽锅炉的经验，并对常压流化床式的部分气化炉进行过试验。

第一代和第二代 AFB-CC 的主要特点大体上与 PFBCC 相似，它们是：

1) 联合循环是以汽轮机为主，$P_{gt}/P_{st}=0.15\sim 0.7$，汽轮机功率的份额更大些。蒸汽参数不受空气涡轮机（或燃气涡轮机）排气温度的限制，便于采用亚临界和超临界参数的蒸汽底循环。由于 AFBC 中空气涡轮机加热管簇材料的限制，第一代 AFB-CC 中空气涡轮机的入口温度不能超过 750～780℃，再加上压缩空气由压气机出口经空气加热管簇到空气涡轮机入口的流阻损失要比 PFB-CC 大，使其供电效率小于采用同一参数蒸汽底循环的 PFB-CC 供电效率。相应地第二代 AFB-CC 的供电效率也要比第二代 PFB-CC 低，这是由于低压煤气净化系统的热损失和厂用电耗率较高的缘故。

2) 常压低污染的直接燃烧技术，特别是在常压流化床蒸汽锅炉之中（或之外），还需配置空气锅炉，因而 AFB 的尺寸非常庞大，机组难以大型化。

3) 空气锅炉为外燃式加热，高压空气不与煤直接接触，可避免携带粉尘和碱金属蒸气，有利于防止涡轮机叶片的磨蚀和腐蚀。

4) 为了适应机组变工况调节的要求，燃气轮机要特殊设计，难于选用现成的系列化产品。

5) 对于第二代 AFB-CC，当采用挥发分较低的煤种时，有必要增设鼓风机，向 AFB 补充空气，否则热解后剩余的半焦无法完全燃烧，或者会限制顶置燃烧室后燃气涡轮机的前温，影响整体系统供电效率的提高。

8.4 其他燃煤联合循环系统

8.4.1 直接燃煤燃气轮机联合循环系统

直接燃煤燃气轮机联合循环系统是希望通过某些技术手段，能够让燃气轮机像燃用油和天然气一样地直接烧煤。如此一来，可以把资源丰富而廉价的煤炭燃料和简单、紧凑、高效率的热力系统结合起来，是一种十分有吸引力的发电技术。该技术面临的最大问题在于：煤含的灰分、硫分以及其他有害杂质比油、气燃料高得多，直接燃用时就会带来难以解决的涡轮机通流道的积垢、腐蚀与严重磨损，使得直接燃煤燃气轮机几乎无法长期连续运行。这也导致直接燃煤燃气轮机联合循环系统技术开发工作一直步履维艰，至今仍处于关键技术攻关阶段，距商业应用还有相当距离。

从 20 世纪 40 年代开始，美、前苏联、英、法、瑞士、澳大利亚以及加拿大等国都先后开展了直接燃煤的燃气轮机试验研究，设计制造了十多台试验装置。其中，最引人注目的是美国机车发展委员会研制的两台烧煤粉机车燃气轮机。其后，由于石油的大量应用，且价格相对低廉，又清洁高效，成为运输式热机的理想燃料。20 世纪 90 年代以后，天然气又获得广泛的应用，成为高效、清洁、低碳的发电方式。相应地，吸引人们发展烧煤的燃气轮机技术的刺激因素却渐渐失效，早期发展直接燃煤燃气轮机联合循环系统的相关工作也相继中断。

大量的机理试验研究和工业试验表明：为保证直接燃烧煤粉的燃气轮机涡轮机叶片寿命达到一万小时以上，必须控制其进口燃气灰尘颗粒尺寸在 $5\mu m$ 以下，含尘量小于 100～

160ppm。为此必须采用以下特殊的技术手段：

1）燃烧室采用液态排渣燃烧方式，即必须控制燃烧温度在灰熔点之上，使50%～90%的灰份熔融后以液态渣形式排出。

2）对煤粉进行脱除灰分和硫分的预脱除处理，使其在燃烧前灰份、硫份以及其他有害杂质降到一定程度。

3）采用高温燃气净化技术。如适合于高温、高压燃气环境下的多级旋风分离器、陶瓷过滤器以及静电除尘器等。

4）采用涡轮机叶片涂层以增加叶片表面的耐腐蚀、耐磨损性能。如采用金属或金属陶瓷以及等离子喷涂复合涂层等。

通过早期的大量直接燃煤燃气轮机技术的研究，目前直接燃煤燃气轮机在燃料处理、供应与调节以及稳定燃烧等方面已取得较大进展，燃烧效率可超过95%。但燃气高温净化与叶片的积垢、腐蚀及磨损等方面问题仍很大。用于高温除灰的旋风分离器性能仍很不理想，除灰装置阻力有的高达32.361kPa但仍有大量$20\mu m$的颗粒没法去除，且除灰装置的堵塞现象严重。但是，相关的研发工作比较全面地揭示了燃气轮机直接烧煤的难点和技术关键，更重要的是积累了丰富经验，明确了通向商业应用目标所要解决的问题。

8.4.2 外燃式燃煤联合循环系统

为了避开直接燃煤联合循环所面临的涡轮机积垢、腐蚀与严重磨损等难题，外燃式燃煤联合循环应运而生，即让煤燃烧释放的热量通过一个换热器再传给联合循环的工质。图8-7所示为一个外燃式燃煤联合循环系统流程简图。燃烧室产生的高温烟气经高温加热器对压缩空气进行加热，如果空气温度不能满足涡轮机初温要求，还可以采用顶置燃烧室燃用气体燃料或蒸馏油进行补燃。高温的压缩空气或者燃气再进入涡轮机做功。烟气的排气余热可以通过蒸汽循环加以回收。

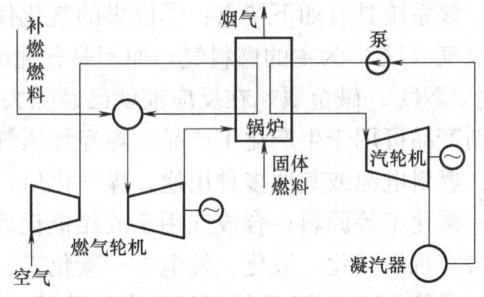

图8-7 外燃式燃煤联合循环系统流程简图

外燃式燃气轮机循环概念最早于20世纪30年代提出，20世纪90年代前后有关工业国家开展了具体研发工作。1987年，美国能源部及有关电力公司协会提出了外燃式燃气轮机循环研发计划，包括一系列的试验、研发合作，以及原型机的制造、安装和调试，并提出完成相应规模电厂的设计、制造和示范运行。而美国能源部联邦能源技术中心（FETC）的"燃烧2000"研发计划拟开发两种先进的燃煤系统技术：低污染排放的锅炉燃烧系统（Low-Emission Boiler System，LEBS）以及高性能的动力系统（HIPPS）。追求目标都是高的热效率、优良的环保性能以及比目前燃煤电厂更低的电价。这两种先进技术都与外燃式燃煤联合循环（EFCC）有密切的联系。

8.4.3 整体煤气化燃料电池联合循环系统

整体煤气化燃料电池联合循环（IGFC-CC）是把煤的气化技术与燃料电池和常规联合循环结合而成的多重联合循环系统。它将燃气轮机布雷顿循环高温加热的优势，蒸汽轮机朗肯循环低温排热损失小的优点以及燃料电池直接把化学能转化为电能的特点有机地结合起来，形成了总能系统的概念，可使发电效率达到60%以上。IGFC-CC系统具有高效率、大比功、低污染及变工况性能好等特点，应用前景十分广阔。

图8-8所示为一个整体煤气化燃料电池联合循环（IGFC-CC）的流程简图。在该系统中，煤粉首先输入到气化炉中，使之与氧在高温、高压下发生反应，生成可燃气体（主要成分是H_2和CO），然后通过烟气净化装置去除可燃气体中的硫和其他杂质。IGFC-CC的核心是燃料电池，它通过燃料和氧化剂间的电化学反应，将化学能直接转化为电能。同时，将燃料电池

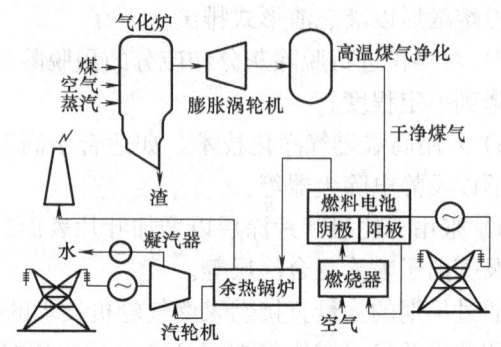

图8-8 整体煤气化煤料电池联合循环（IGFC-CC）系统简图

的排气口直接连接到燃气轮机上，以代替燃气轮机的燃烧器。燃料电池产生的高温、高压气体推动燃气轮机发电，剩余的废气通过废热回收炉加以回收。在超临界汽轮机发电机组的效率只有45%的情况下，IGFC-CC系统的效率却能达到56%~58%甚至更高。在同样发电量的情况下，IGFC-CC系统消耗的燃料热当量以及有害气体的排放量却只有一般汽轮机的2/3~3/4。

该系统具有如下特点：①以煤的气化代替煤的直接燃烧，其产物主要是一氧化碳（CO）和氢气（H_2）为主的燃料气，而不是普通的烟气；②煤的气化污染物（主要包括固体粉尘、SO_x、NO_x、碱金属）在反应前就已经除去，而不是在燃烧之后通过净化装置除去；③煤制气副产品可用于生产化工产品。煤经加压气化、净化及变换反应后产生氢气，可用于煤的液化、燃料电池或其他多种用途；煤气化后，经净化及液相催化后生产的甲醇、二甲醚，可用作一碳化工等原料；合成气用于液相催化后产生的废气可用做联合循环发电的燃料。这样，即可实现煤气化、液化、发电、一碳化工、精细化工及氢能等为一体的能源综合利用。

尽管IGFC-CC系统还处于发展阶段，但是由于其在煤炭、化工、电力等多联产以及环保方面的巨大优势，是前景广阔的高效、洁净的能源利用多联产系统之一。

8.4.4　燃煤的磁流体发电联合循环

燃煤的磁流体发电联合循环（MHD-CC）是把燃煤的磁流体（MHD；Magnetohydrodynamics）与常规热机的热力系统结合而成的多重燃煤联合循环系统。1959年，美国进行了首例磁流体发电的原理性试验并获得成功，随后世界各国相继对磁流体发电技术开展了研究。前苏联是对磁流体发电研究投入最多的国家，并于1971年建成了烧天然气的半工业性试验电站U-25。苏联解体后俄罗斯在Y-500的基础上于1993年建成了Y-25G磁流体发电装置，主要用于燃煤发电试验研究。日本的磁流体发电试验始于20世纪60年代，并于1988年起将其列入月光计划中的先行技术基础项目。我国的磁流体发电研究始于1962年，主要从事燃油方面的研究。于1982年开始转向燃煤磁流体发电的研究，主要从高温燃煤燃烧室、磁流体发电通道、余热锅炉、逆变系统、超导磁体、电离种子回收、电离种子再生、已有电站磁流体发电改造的概念设计八个方面开展研究。

MHD-CC 的核心是磁流体发电机,其原理是法拉第的电磁感应定律。磁流体发电机主要是利用离子化的烟气(等离子体)通过磁场,而烟气在温度高达 8000K 时才会充分离子化。在电厂的锅炉系统中,即使把空气预热到 1400K,最终也只能使烟气温度达到 3000K,这时气体的电导率还远不能达到所需的值。为了提高烟气的电导率,可以采用在燃烧室中加入种子材料(如钾盐等碱性盐)与煤一起燃烧的方法。离子化的烟气切割磁感线后温度会降低,进而导致电导率下降,当温度降至 2200～2300K 时就不再适用于磁流体发电。离子化的高速烟气受到与气流速度方向垂直的强磁场的作用,流体中的带电粒子就会依据所带电荷的正负,在与流体运动方向以及磁场方向相垂直的方向上分别向两侧偏转。若通道两侧装有电极,电极上就会产生直流电动势。此时将电极与外界电路接通,在外界电路中就会形成电流。

MHD-CC 发电从循环类型的角度可分为开环磁流体发电和闭环磁流体发电。

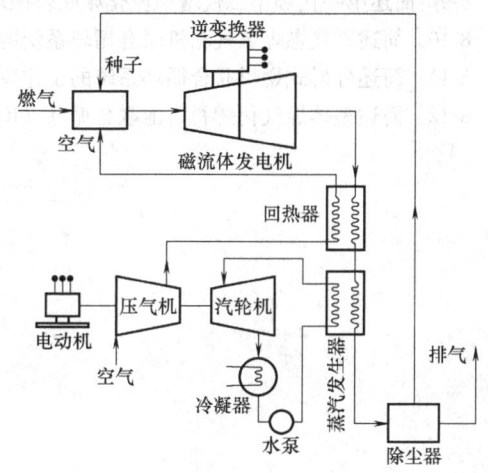

图 8-9 开环磁流体发电

开环磁流体发电如图 8-9 所示,工质在燃烧室中燃烧产生高温等离子体,通过排气喷嘴高速释放,工质穿过磁场发电,再通过辅助装置驱动汽轮机发电机组,然后由净化装置将种子回收。

闭环磁流体发电如图 8-10 所示。其工质为液态金属或氦、氩等惰性气体并加入铯或其他金属为种子材料,通过换热器将工质加热后再穿过磁场发电。

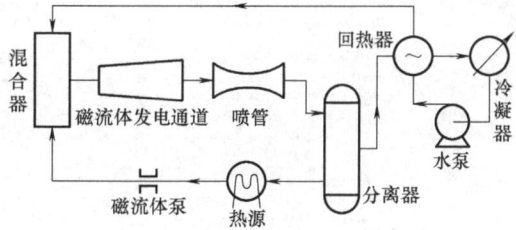

图 8-10 闭环磁流体发电

MHD-CC 作为一种新型的发电方式,主要具有以下特点:①效率高。效率高不是指磁流体发电设备本身的效率,而是指含有磁流体发电设备的系统总效率,可达到约 52%,较火力发电循环具有明显的优势。②污染小。由于 MHD-CC 要求燃气中加入一定比例的钾盐作为种子,钾与硫具有很强的化学亲和力并形成硫酸钾,最后被种子回收装置收集。这样,就可以起到脱硫的作用,减少对大气的污染。③起动快。MHD-CC 系统中没有高速大转动惯量的转子,不仅装置稳定性好,而且其起动和停车速度也非常迅速。④节约水资源。由于磁流体发电设备的冷却水可在蒸汽部分重复使用,可节约用水量 1/3 左右。但是,MHD-CC 在高温、超导及通道排渣方面仍然有一些关键性问题并没有得到很好地解决。

复习思考题

8-1 试举出主要的燃煤联合循环系统。

8-2 整体煤气化联合循环(IGCC)由哪些单元组成?各单元主要功能是什么?

8-3 简述整体煤气化联合循环(IGCC)系统的主要技术特点和发展趋势。

8-4 请列举几个典型 IGCC 示范电站的技术特点。

8-5 大型 IGCC 的制氧系统主要采用何种制氧方法?
8-6 简述第一代和第二代常压流化床联合循环的工作原理及特点。
8-7 简述 IGCC 中空分整体化与氮气回注的几个主要方案。
8-8 按气化床型式划分,煤气化炉装置主要有哪些类型?其代表炉型主要有哪些?
8-9 简述第一代和第二代增压流化床联合循环的工作原理及特点。
8-10 简述直接燃煤燃气轮机联合循环系统的工作原理、特点及面临的主要问题。
8-11 简述外燃式燃煤联合循环系统的工作原理、特点及面临的主要问题。
8-12 简述整体煤气化燃料电池联合循环(IGFC-CC)系统的工作原理及特点。

第 9 章 燃气轮机组调节与控制系统

9.1 燃气轮机发电机组调节基础

对于并网运行的燃气轮机交流发电机组，要求其发出的交流电频率保持不变。即在机组承担负荷的情况下保持机组的转速为定值。若燃气轮机输出功率等于用户用电负荷，则转子处于功率平衡状态，机组在额定转速下运行，并保持转速不变。当用电负荷变化后，机组原有的功率平衡将会被破坏，如进入燃烧室的燃料量不随之改变，则会引起转速变化。因此，需要一套机构来根据功率的平衡情况，增加或减少进入燃烧室的燃料量，此即为燃气轮机发电机组的调节系统的任务。根据转速调节的要求，可直接根据转速的变化对进入燃烧室中的燃料量进行调整。例如：当用电负荷大于燃气轮机输出功率时，机组转速将低于额定转速，就要求适当增加喷油量使转速回到额定值。

对于发电用燃气轮机，对转速调节的要求主要包括：

1) 单机运行时，在用电负荷变化后，调节终了时保持机组的转速基本不变。单机运行时可在一定范围内改变机组的转速。

2) 并网运行时，可以改变机组的输出功率。

3) 甩负荷时机组不会熄火，也不会超速很多，并能很快地稳定下来。

除转速调节之外，燃气轮机调节系统还应满足下列要求：

1) 任何工况下，都能保证涡轮机前燃气温度不超过给定的最大值。

2) 在加载或减载过程中保证机组点火可靠、不熄火、不超温、不喘振、热应力小。

3) 通过合理的顺序控制保证机组具有良好的起动过程，有可靠的保护和报警系统。主要包括超速保护、超温保护、熄火保护、振动保护等。此外，还包括机组辅助设备、系统等的保护。

燃气轮机调节系统由多个功能部分组成，实现不同控制功能。本节以转速调节系统为例，介绍调节系统的组成及其工作原理。

9.1.1 转速自动调节系统

1. 直接转速调节

燃气轮机转子通过一对齿轮带动机械式离心调速器，如图 9-1 所示。假定机组开始在某负荷下平衡运行，离心力和弹簧力相平衡。其后负荷减少，功率平衡被破坏，机组转速升高，离心调速器重锤离心力增大，克服弹簧力向外张开，带动滑环向上移动。滑环移动距离与转速变化量大小相关。设转速增大时，滑环 Δx 为正。滑环上升，通过杠杆带动燃油阀门，增大回油阀开度，使进到燃烧室中的燃料量减少，调整之后的燃料量适应新负荷，保持转速基本不变。Δz 以增大进入燃烧室燃料量方向为正。图 9-1 中 Δz 向下为正，阀门关小，回油量减小，则进入燃烧室燃料量增加。

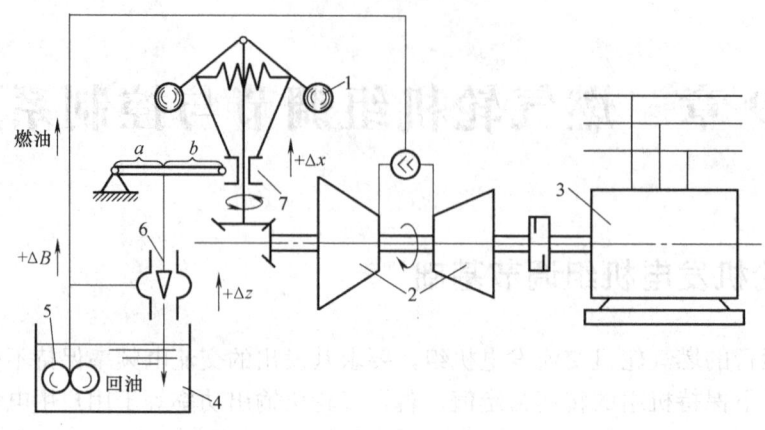

图 9-1 直接转速调节系统
1—离心调速器 2—燃气轮机 3—发电机 4—燃油箱 5—燃油泵 6—回油阀 7—滑环

直接转速调节系统各组成部分之间关系可用图 9-2 所示的框图来表示。外界负荷变化引起机组转速变化，调速器感受转速变化 Δn，给出滑环位移 Δx，继而导致燃料量的改变 ΔB，通过燃料量的改变作用于燃气轮机发电机组，校正由负荷变化引起的转速变化。

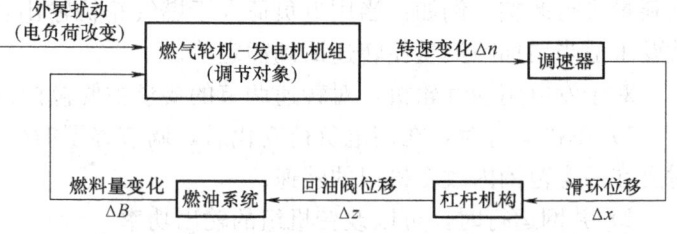

图 9-2 直接转速调节框图

对于直接转速调节系统而言，调节后只能保证转速基本不变，而不能恢复至原来转速。由图 9-1 可以看出，不同的燃气轮机输出功率要求不同的燃料量，即不同的燃油阀门位置 z，对应不同的调速器滑环位置 x，也就对应不同的转速。因为只有转速改变以后才有 Δx，从而才可能有 Δz。负荷变化越大，转速变化量相应越大。图 9-3 所示为转速从空载到额定负荷的变化。这种调节系统被称为有差调节系统。空载和额定负载条件下的转速差值与额定转速之比被称为转速调节系统的速度变动率（或称转速不均匀度、转速不等率等）。

$$\delta = \frac{\Delta n_{\max}}{n_0} \quad (9-1)$$

调速器滑环位置 x 以相应于额定转速 n_0 时的位置为零点。转速低于额定转速时，x 为负值，反之为正

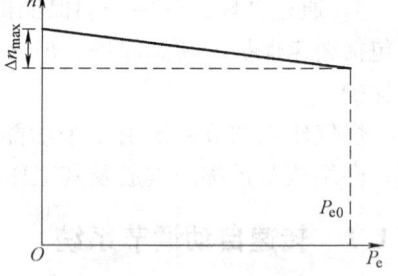

图 9-3 转速从空载到额定负荷的变化

值。Δx 指调速器滑环位置相对原有平衡工况的变化量。若经外界扰动后转速增加，则 Δx 为正，反之为负。燃油阀位置 z 以相应于机组空载时的位置为零点起算。在平衡工况运行时，其总为正值。Δz 指燃油阀门位置 z 相对原有平衡工况的变化量，可正可负；若相对原有工况燃油阀门向增加燃油量方向移动，则 Δz 为正，反之为负。

直接转速调节系统的速度变动率取决于 Δx 与 Δz 之间的关系。从图 9-4 中可以看出，增加杠杆比 a/b 的比值，得到同样的燃油阀门开度变化只需较小的调速器滑环位置变化 Δx，

即较小的转速变化 Δn，不均匀度减小。同样，调整离心式调速器弹簧刚度也可以改变 Δx 与 Δz 之间的关系，继而改变调节系统速度变动率。

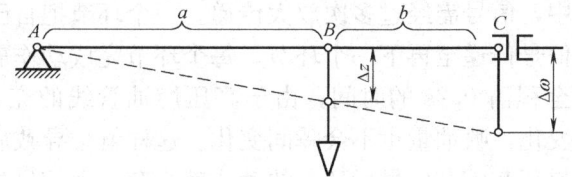

图 9-4　直接转速调节杠杆关系

2. 间接转速调节

直接转速调节系统由调速器直接带动燃油阀，调速器的离心重锤必须做得很大。通过在调速器和燃油阀门之间增加放大机构，调速器只用来给出转速变化信号，可有效解决上述问题。通过在敏感元件调速器和燃油阀门之间增加一级或二级中间放大后的调节系统为间接调节系统。放大器包括液压放大、电信号放大等多种形式。

以图 9-5 给出的一级液压放大间接调节系统为例。调速器不直接带动燃油阀门，只用来带动圆柱形的滑阀。用滑阀来控制油动机，再通过油动机来带动燃油阀门。滑阀位于中间位置时，其上、下凸肩正好遮住油口 a 和 b。油动机活塞上腔和下腔的油被封闭，活塞静止不动。如转速升高，即 Δx 为正时，调速器滑环带动滑阀向上位移，B 点向上移动 Δy 距离，a 油口与高压油连通，而 b 油口与回油相通，

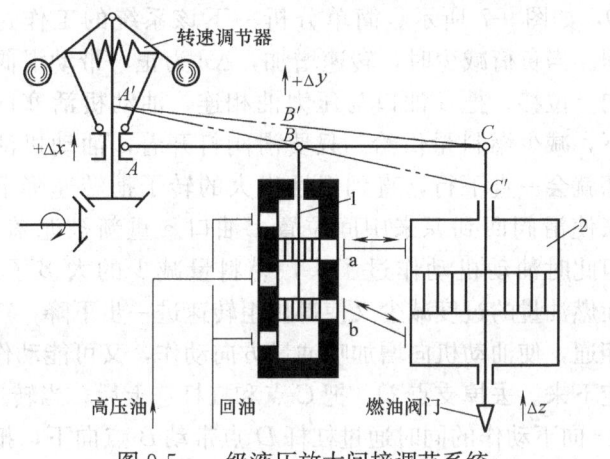

图 9-5　一级液压放大间接调节系统
1—滑阀　2—油动机

在油压作用下，油动机活塞向下移动，带动燃油阀向减小燃料供给量的方向移动。与此同时，油动机活塞杆在 C 点通过杠杆带动滑阀向下，直至滑阀重新回到中间位置，上、下凸肩重新遮住油口 a、b，油动机停止动作。调节过程终了时滑阀必须回到中间位置，即 B 点位置保持不变，调速器滑环位移 Δx 与燃油阀门 Δz 之间一一对应。从静态角度看，调速器滑环位移和燃油阀门位移的关系与直接调节相似，只是通过油动机活塞带动燃油阀门的开关，因此该间接转速调节系统也为有差调节系统。其框图如图 9-6 所示。

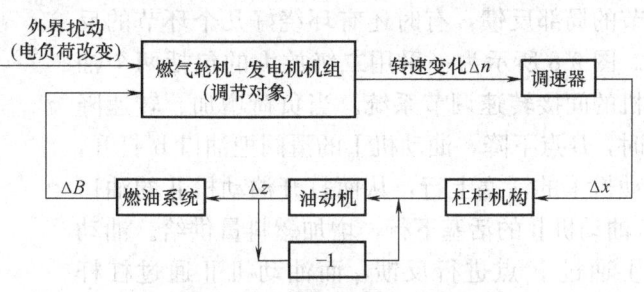

图 9-6　间接转速调节框图

在此间接转速调节系统中，调速器滑环带动滑阀使油动机动作，而油动机本身反过来又带动滑阀，它带动的方向是使由 Δx 所引起的 Δy 减少，即抵消前者的作用，使油动机停止动作。如图 9-6 上环绕油动机和杠杆间的回返线所示，该作用环节称之为负反馈，在框图中

用"-1"标示。在燃气轮机调节系统中会经常遇到这种负反馈。负反馈可通过机械、液压或电信号等形式实现。

实际自动调节系统中,信号需经过多次放大传递。一个环节把自己的输出传递给下一个环节,下一环节再输出信号传递至再下一个环节。每个环节完成动作需要一个过程,如滑阀打开油口后油动机动作全程需 0.2s 的时间;由于高压燃油管线的充、放油需要一定时间,使得即使燃油阀门位置变化,喷油量也不会瞬间变化。这样就会导致后面环节的动作总要落后于前面环节。如果传递环节较多,最后环节的动作就会和前面信号相差很远,二者不易配合。调节系统中通过引入负反馈环节,能够及时把后面环节的动作通知前面环节,并根据后面环节的情况相应调整自己的动作,使得每个环节的动作更准确、动作更适当。反馈环节是调节系统稳定的一个重要和必要的措施。

如果把上面间接转速调节系统油动机反馈的 C 点去掉,把杠杆和油动机分开,另外新加一个支点 D,如图 9-7 所示。简单分析一下该系统的工作过程。当负荷减少时,转速增加,Δx 为正,带动滑阀向上位移,把 a 油口与压力油相连,油动机活塞向下,减少燃料量供给。只要滑阀打开着,油动机活塞就会一直下行,直到惯性很大的转子把转速降下来使滑阀回到原来中间位置,油口 a 重新被遮盖,但此时油动机动作过了头,燃料量减少的太多了。

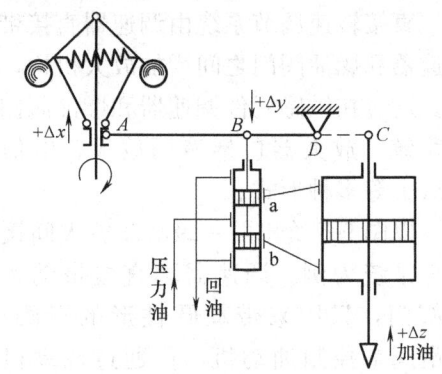

图 9-7 间接转速调节系统

而燃油量的过度减少又使得机组转速进一步下降,产生负的 Δx 位移,又把油口 b 与压力油相通,使油动机向增加喷油量方向动作,又可能动作过头。这样来回反复,机组转速很难稳定下来。去掉支点 D,把 C 点和杠杆连上后,当转速升高时,Δx 为正,带动 B 点向上,在 Δz 向下动作的同时通过杠杆 D 点带动 B 点向下,抵消 Δx 的作用,及时把自己的情况通知滑阀。在油动机走完 $\Delta z = -\Delta x \dfrac{BC}{AB}$ 距离后,滑阀回到中间位置,油动机停止动作,这样就不易过调。

在复杂调节系统中,不仅包括环绕一、二个环节的局部反馈,有时还有环绕好几个环节的反馈。图 9-8 所示为一采用二级放大的包括两个油动机的间接转速调节系统。当负荷增加、转速降低时,B 点下降,油动机 I 的滑阀把油口 b' 打开,油动机 I 的活塞上行,从而打开油动机 II 的油口 a,油动机 II 的活塞下行,增加燃料量供给。油动机 I 通过 F 点进行反馈,而油动机 II 通过杠杆 CD 把反馈信号传递给油动机 I 的滑阀。调节过程终了时,B、B'、E、F 都回到原来位置,而

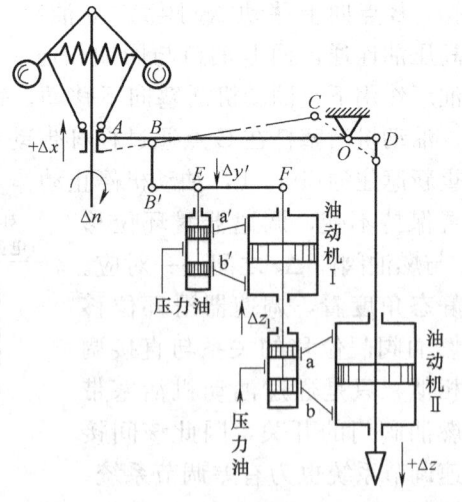

图 9-8 二级放大间接转速调节系统

A、C、D 各点位置发生了改变。通过杠杆 ABC 与 COD 可以给出调速器滑环位移 Δx 与燃油阀门位移 Δz 的对应关系。

$$\Delta z = -\Delta x \frac{BC}{AB} \cdot \frac{OD}{OC} \tag{9-2}$$

系统框图如图 9-9 所示。其中包括两个反馈,油动机 I 的滑阀位置 $\Delta y'$ 取决于 Δx、Δz_1、Δz 三个信号。

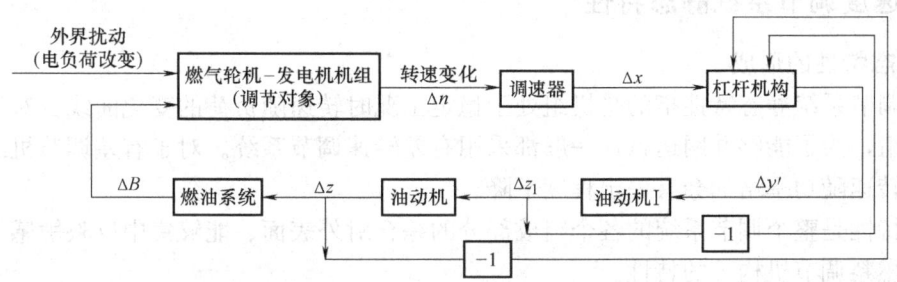

图 9-9 二级间接转速调节系统框图

3. 有差调节与无差调节

前述的直接转速调节系统和包括一级、二级放大的间接转速调节系统均为有差调节系统,转速随负荷增加略有降低。燃油阀门位移 Δz 与转速或调速器滑环位移 Δx 之间具有一一对应的关系。

对于一级放大的间接转速调节系统而言,如支点 B 向左侧移动,增加杠杆比 BC/AB,将削弱 C 点对 B 点的作用,反馈信号减弱,调节系统速度变动率减小;反之,增强反馈信号,速度变动率增加。这个结论对于一般的机械、液压或电气反馈都是适用的。

必须指出,不是所有的反馈环节的增强与削弱都会影响系统的速度变动率。比如前面所述二级放大间接转速调节系统中,改变图 9-8 中支点 E 的位置只对调节的过渡过程有影响,而不会改变燃油阀门位移 Δz 与调速器滑环位移 Δx 之间的对应关系。

对于前述去掉反馈的转速调节系统而言(见图 9-7),假定其能正常工作,由于 C 点与 B 点不相连,只有在 B 点回至原来位置,滑阀重新把油口 a、b 遮住时,调节过程才结束。D 点固定,B 点回至原来位置,相应 A 点也必然要回到原来位置,调节过程完成后转速严格保持不变。机组转速与负荷无关,即为无差调节系统,其速度变动率为零,转速与负荷关系为一水平线。

4. 调节系统组成

燃气轮机调节系统由转速调节系统、温度调节系统等多个功能系统组成。每个功能系统与直接转速调节系统、间接转速调节系统一样,主要包括以下几个部分:

1) 敏感元件:其任务是感受被调节参数,并输出与之相应的信号。比如前面转速调节系统中的离心调速器。

2) 信号运算与放大:通过其对敏感元件输出信号进行中间放大。

3) 执行机构:对间接转速调节系统而言即为油动机和它所带动的燃油阀门,其任务是根据放大后的信号去迅速、准确、平稳地带动燃油阀门或其他燃料供给调整机构。

4) 燃料供给系统:其中间某个环节由调节系统控制,可调整进入燃气轮机燃烧室的燃料量。

燃气轮机调节系统除了转速、温度等功能系统之外,其正常运行还需一系列的保护系统。这些保护系统在温度、转速等参数超过其安全运行所允许的最大值时起作用，以保证燃气轮机的安全可靠运行。另外，还需一系列逻辑电路来保证燃气轮机起动等过程或某些保护动作，按事先编排好的程序进行。

9.1.2 速度调节系统静态特性

1. 静态特性的形成

转速调节系统静态特性指的是机组处于稳定工况时转速随负荷的变化曲线。对于燃气轮机发电机组，为了能够并网运行，一般都采用有差转速调节系统。对于有差调节机组，单机运行时，转速随功率增加会有一定程度下降。

静态特性是整个调节系统的各个组成部分的综合对外表面、能够集中反映敏感元件、放大机构、燃料调节机构等的特性。

敏感元件特性给出机组转速 n 与输出信号调速器滑环位置 x 之间关系，如图 9-10 所示。以相应于 $n=n_0$ 的滑环位置为零点，如果转速小于 n_0，x 为负值；反之，为正值。

放大机构特性为敏感元件离心调速器输出 x 与执行机构燃油阀门位置 z 之间的关系曲线，如图 9-11 所示。如以额定负荷对应转速作为额定转速 n_0，二者关系如特性 1 所示。随转速升高，x 增加，z 减少，二者变化量符号相反。如以空载对应转速作为额定转速 n_0，放大机构特性则为图中的 3 线；特性 2 是介于 1 和 3 之间的某种情况。

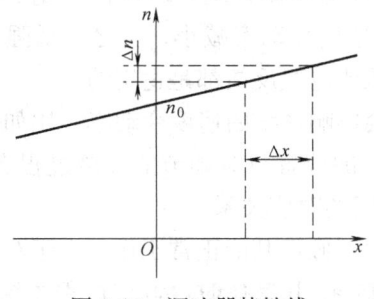

图 9-10 调速器特性线

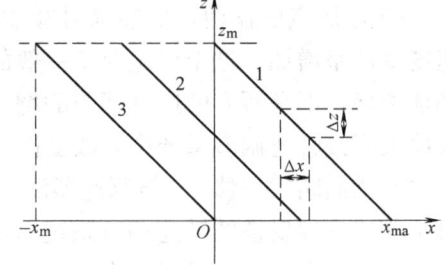

图 9-11 放大机构特性

燃料调节系统特性即燃油阀门位置 z 和燃料量 B 之间的关系，如图 9-12 所示。燃气轮机功率 P_e 与燃料量之间的关系可通过工况计算或试验求得，如图 9-13 所示。以空载时的燃料量 B_{kz} 为零点，$B'=B-B_{kz}$，这样就能把各个组成部分的特性对应起来。

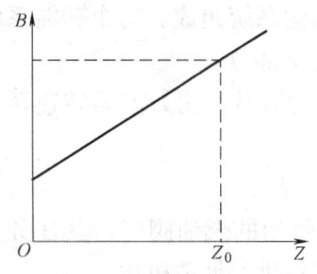

图 9-12 燃料调节系统特性

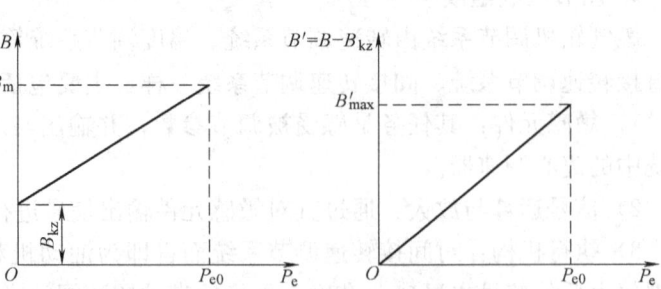

图 9-13 燃料量与输出功率间的关系

有了调节系统各组成部分特性后，便可把机组转速 n 与输出功率 P_e 联系起来，得到调节系统静态特性。例如，给出一个转速 n，根据敏感元件特性可得调速器位置 x，按照放大机构特性得出相应燃油阀门位置 z，再根据 z 按燃油调节机构算出燃料量 B，最后根据燃气轮机工况图得出对应输出功率 P_e，这样就把转速 n 与输出功率 P_e 联系起来了。通常用四象限图把这些关系串联起来，如图 9-14 所示。

第一象限为 $n-P_e$，第二象限为 $n-x$，第三象限为 $x-z$，第四象限为 $z-P_e$。根据图上所示箭头方向，就可以在第一象限求得调节系统静态特性。如已知机组输出功率 P_{e1}，对应功率横坐标上的 A 点，从 A 点作垂线向下，利用功率和燃油阀门位置特性线求得与功率 P_{e1} 对应燃油阀门位置 z_1，接着向左侧画水平线，利用放大机构特性得到与之相应的调速器滑环位移 x_1，而后向上画垂线，利用第二象限敏感元件特

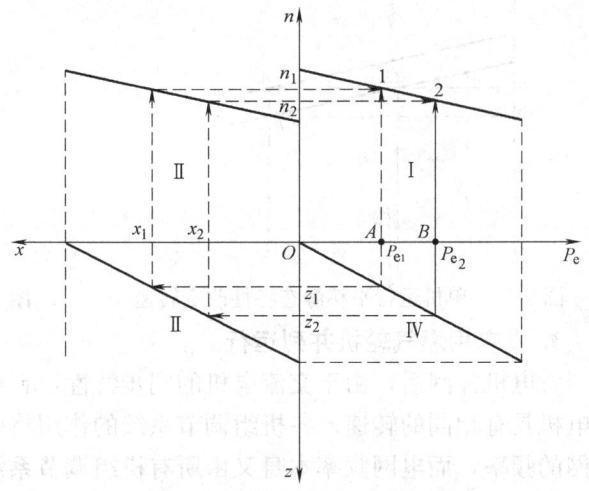

图 9-14 四象限图法求调节系统静态特性

性得到对应转速 n_1，根据输出功率 P_{e1} 与其对应转速 n_1 可在第一象限得到静态特性上的一个点。根据同样方法，可在第一象限得到与输出功率相应的其他点，再把得到的这些点连在一起就得到了调节系统的静态特性曲线。

从上述作图过程可以看出，第二、三、四象限中任一特性发生变化都将引起第一象限中静态特性的改变。故可以通过调整其中任意组成部分的特性曲线的位置与形状来得到所需的静态特性曲线。比如，通过改变前述调节系统中弹簧的刚度或预紧力以及改变一些杠杆的支点等就可以改变机组的静态特性。

2. 静态特性平移——同步器

对燃气轮机转速调节系统而言，其静态特性线不是一条固定不变的曲线，而是可以通过某种机构在一定范围内上下平移的曲线。能够上下平移静态特性曲线的机构称之为同步器。

燃气轮机运行过程平移静态特性曲线主要有三个原因：

1）在单机运行且负荷变化时保持转速不变，或在负荷不变时改变转速。由有差调节系统可知，在负荷变化时，调节系统可把机组转速保持在速度变动率 $\delta=4\%\sim6\%$ 的范围内。但对某些应用场合而言，这样的转速变化是不允许的。可利用平移静态特性的方法保持转速不变，如图 9-15 所示。燃气轮机原来输出功率为 P_{e1}，对应转速为 n_1，当负荷增加至 P_{e2} 时，按原来静态特性曲线转速将由 n_1 下降至 n_2，工作点由 C 点变为 B 点。如果通过同步器使静态特性曲线向上平移，即由特性 2 移至特性 1，这样平衡工作点将由 B 点变为 A 点，功率保持为 P_{e2}，但将转速恢复至 n_1。

2）并网运行时改变机组所带的负荷。燃气轮机并网运行时，与电网频率相应的转速为 n_0，按静态特性 2，机组输出功率为 P_{e1}。如电网频率不变，需要机组多带负荷，则需同步器把静态特性曲线向上平移至特性 1，平衡工作点由 C 点变为 A 点，机组输出功率由 P_{e1} 增加至 P_{e2}，如图 9-16 所示。

3）并网过程中精确调整转速使燃气轮机-发电机与电网同期。并网前，机组为空载，利用同步器调整转速，使其周波与电网频率相同，相位相同才能合闸并网。然后利用同步器增

加机组负荷。

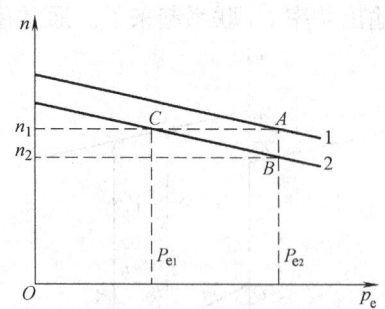

图 9-15 单机运行平移静态特性改变转速

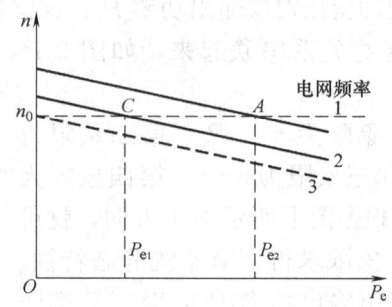

图 9-16 并网运行平移静态特性改变机组负荷

3. 发电用燃气轮机并列运行

发电机并网后,由于交流电机的同步特性,它们将具有和电网相同的频率。并网后的各发电机具有相同的转速。各机组调节系统的作用将受到相互牵制,每台机组的转速都决定于电网的频率,而电网频率本身又由所有机组调节系统的综合工作来确定。

下面以两台机组组成的电网为例,分析并列运行机组如何进行负荷分配及如何利用同步器改变负荷分配:

(1)同步器不动时负荷变动在各机组间的分配 机组Ⅰ的静态特性线如图9-17a所示,机组Ⅱ特性线如图9-17b所示。电网总功率等于机组Ⅰ、Ⅱ功率之和,如图9-17c所示。

$$P_e = P_e^{\mathrm{I}} + P_e^{\mathrm{II}} \tag{9-3}$$

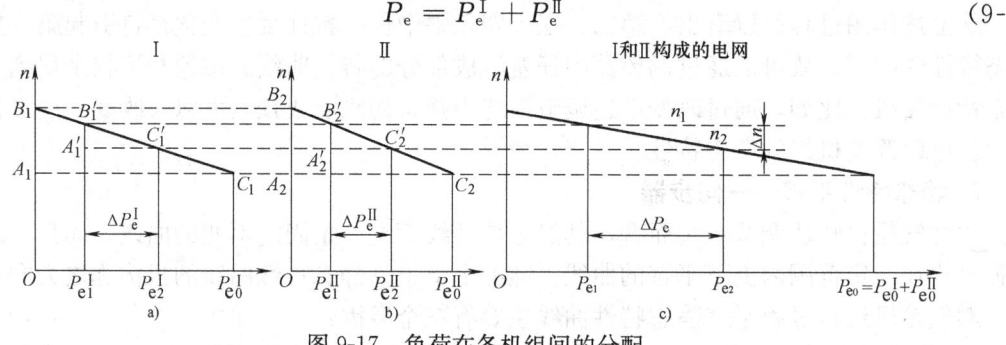

图 9-17 负荷在各机组间的分配
a)机组Ⅰ的静态特性线 b)机组Ⅱ的静态特性线 c)整个电网的静态特性

把同一转速下机组Ⅰ和机组Ⅱ的输出功率相加可以得到整个电网的静态特性 $P_e \sim n$,即电网频率随总负荷的变化关系。

假定初始时电网负荷为 P_{e1},相应的频率为 n_1,机组Ⅰ承担负荷为 P_{e1}^{I},机组Ⅱ承担负荷为 P_{e2}^{I}。当电网负荷由 P_{e1} 增至 P_{e2} 时,负荷变化量为 ΔP_e;机组共同转速由 n_1 下降至 n_2 时,机组Ⅰ和机组Ⅱ的负荷增加量分别为 ΔP_e^{I} 和 ΔP_e^{II}。

近似把静态特性线看作直线,根据图9-17a可得:三角形 $A_1B_1C_1$ 与 $A_1'B_1'C_1'$ 相似,则

$$\frac{A_1B_1}{A_1C_1} = \frac{A_1'B_1'}{A_1C_1} \tag{9-4}$$

式(9-1)中的 A_1C_1 相当于机组Ⅰ的额定功率 P_{e0}^{I};A_1B_1 相当于从满载至空载的转速变化 $n_0\delta^{\mathrm{I}}$;$A_1'C_1'$ 相当于机组Ⅰ分担的负荷变化 ΔP_e^{I},$A_1'B_1'$ 代表电网负荷增加前后的转速变化 Δn。这样,上式可改写为

$$\frac{P_{e0}^{\mathrm{I}}}{n_0 \delta^{\mathrm{I}}} = \frac{\Delta P_e^{\mathrm{I}}}{\Delta n} \tag{9-5}$$

或

$$\Delta P_e^{\mathrm{I}} = \frac{\Delta n}{n_0} \frac{P_e^{\mathrm{I}}}{\delta^{\mathrm{I}}} \tag{9-6}$$

对机组Ⅱ同样有

$$\Delta P_e^{\mathrm{II}} = \frac{\Delta n}{n_0} \frac{P_{e0}^{\mathrm{II}}}{\delta^{\mathrm{II}}} \tag{9-7}$$

式（9-6）和式（9-7）表明：机组并列运行时，如果电网频率发生变化，机组所分担的负荷变化量与该机组的额定功率成正比，与调节系统的速度变动率成反比。这个结论可推广至多台机组组成的电网。因此，电网中预定作为带基本负荷的机组应具有较大的速度变动率，或在接近满负荷区域具有较大的速度变动率。在电网频率波动时少承担负荷变化，基本保持在满负荷运行，速度变动率一般取5%～7%；而尖峰负荷机组尽可能多的承担负荷变化，故应具有较小的速度变动率，一般取为3%～4%。

（2）并列运行时同步器的作用 并列运行时，如通过同步器平移电网中某台机组的静态特性线，将在一定程度上改变电网的特性。当电网负荷不变时就改变了电网的频率，使负荷在各机组之间进行重新分配。

仍以两台机组组成的电网为例，这两台机组的静特性线如图9-18所示。开始时，两台机组的共同转速为 n_1，机组Ⅰ的静特性线为1，对应工作点为 B 点；机组Ⅱ的静特性线为3，工作点为 D 点。保持电网负荷不变，利用同步器把机组Ⅰ的静特性线由1变为2，机组Ⅰ负荷将增加 ΔP_e，平衡工作点由 B 点变为 A 点；而机组Ⅱ的功率将减少 ΔP_e，平衡工作点由 D 点将变为 C 点。机组

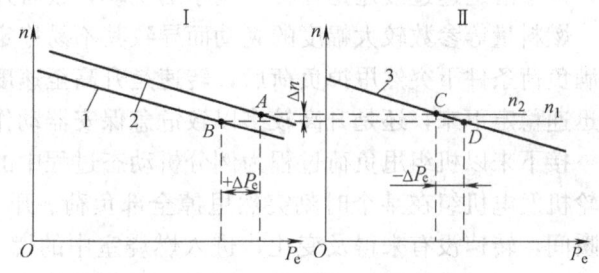

图9-18 并列运行时用同步器改变负荷分配

Ⅰ增加功率等于机组Ⅱ减少功率，共同转速将增加 Δn。

根据对上述简单情况的分析可知：并列运行中，向上平移某一机组的静态特性线，将导致该机组输出功率增加，电网频率有所增高。向下平移静态特性线效果相反。因此，通过适当移动同步器，可在允许范围内任意分配各机组的功率，或把电网频率调整至额定值。通常总是先动预定作为带尖峰负荷机组的同步器。例如：当电网负荷减少时，电网频率升高，调度将首先遥控移动并预定作为尖峰负荷机组的同步器，将其静态特性线向下平移，使电网频率回至50Hz，并相应卸去尖峰负荷机组的部分负荷。而当电网负荷增加时，则先将尖峰负荷机组的静态特性线向上平移，使电网频率回升至50Hz，并相应增加尖峰机组负荷。

对单台并入大电网运行的机组而言，其功率相对于整个电网容量所占比例很小，其静态特性线的上、下平移并不能改变电网的频率，只能给自身加、减负载。另外，机组的并列运行不允许出现水平的静态特性曲线。因为受一些偶然因素影响会造成功率晃动，从而造成调节系统不稳定。如果电网完全由具水平特性线的机组组成，将造成它们之间功率分配的不稳定，也无法用同步器进行功率调配。因此，发电用机组并网运行必须采用有差调节系统，并

安装同步器。

对发电用机组而言，可利用同步器向上平移机组静态特性并留有一定裕量，使机组在电网频率高出额定值、燃料热值降低、燃料调节机构特性改变等情况下仍能在并网后输出额定功率；而向下平移机组静态特性曲线并留有一定裕量，则会使电网频率低于额定值、燃料热值增加时仍能使机组在与电网解列前把负荷降到零。工程上，一般同步器在空载时可改变的转速范围是额定转速的94%～95%至107%，允许静态特性在如图9-19所示的两个极限范围内移动。

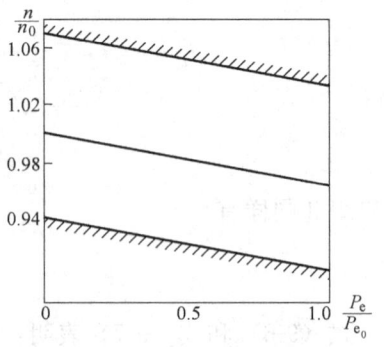

图 9-19 同步器改变转速的极限

9.1.3 调节系统动态特性及过渡过程

1. 调节系统动态特性

前一节所述内容主要针对调节系统的静态特性，即稳定工况条件下转速与功率之间的关系。实际运行中，由于受外界负荷变化等多种因素的影响，燃气轮机运行工况总是处于变动之中，需要不断地从一个工况过渡到另一个工况。除了研究机组平衡工况的静态特性之外，对机组的动态特性有所了解也十分必要。例如：机组从一个平衡工况过渡到另外一个平衡工况，是平滑迅速过渡还是存在一些小的扰动，或者外界负荷变化时是否会引起机组转速、温度、燃料量等参数较大幅度的晃动而导致其不易稳定，甚至达到不允许的程度。又如：机组在满负荷条件下突然甩掉负荷后，转速是升高至速度变动率所允许的范围或是稍微超过一点就迅速稳定下来，还是升高较多以致危急保安器动作。

接下来以机组甩负荷过程为例分析动态过程中的参数晃动问题：处于满负荷运行中的燃气轮机发电机组在某个时刻突然甩掉全部负荷。开始瞬间，转速没有来得及变化，进入燃烧室中的燃料量仍相对于满负荷的喷油量，燃气轮机仍发出很大功率，但由于外界负荷为零，其全部被用于加速机组的转子，致使机组转速迅速上升。随着转速上升，调节系统控制相应地减少燃料量，机组输出功率随之降低，转子升速逐步减慢，最后到达空载相应的数值。机组满载对应转速为 n_0，则空载平衡转速为 $(1+\delta)n_0$。理想的甩负荷过程应为图9-20所示的过程1，从满载到空载过渡迅速、平滑，没有超调量。但考虑两方面因素的影响，实际甩负荷过程不可能是这种理想情况。

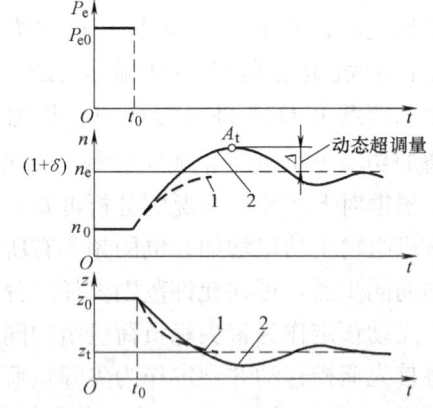

图 9-20 燃气轮机甩负荷过渡过程

转速变化后调节系统不能马上改变燃油阀门位置，改变喷油量。这主要是由于油动机进、出油需要一定时间。如果油动机动作较慢，当转速已升至空载转速 $(1+\delta)n_0$ 时，燃油阀门还没来得及移至相应的空载位置，燃气轮机发电机组仍然发出加速转子的剩余功率，转速将超过空载条件下平衡转速。

即使燃油阀门处于空载位置，但由于燃烧室火焰筒、转子表面、动叶、静叶等具有较高的温度而储藏了一定热量，这部分热量的释放仍然会对转子进行加速。

可见，转速在空载平衡转速 $(1+\delta)n_0$ 时还不能稳定下来，而要继续上升。燃油阀门在空载位置也稳定不下来，还要进一步关小，直至燃气轮机功率真正为零，即涡轮机输出功率等于压气机消耗功率，转速才停止上升。但此时机组转速已比空载平衡转速高出了一个动态超调量。由于燃气轮机金属表面热量已经大部分释放，燃料量又小于空载条件下的燃料量，涡轮机功率不足以带动压气机，转速开始下降，燃油阀门也以一定滞后跟着增加燃料量，在经过空载平衡转速时仍有可能不能稳定下来，但这次过调量要小得多。经过几次反复，工况才可能最终稳定。实际过渡过程如图 9-20 中的曲线 2 所示。值得注意的是：上面所述影响过渡过程的因素同时存在，它们之间的协调与影响比在此分析的要复杂得多。

2. 调节系统动态过渡过程及衡量标准

图 9-21 所示为 5 种过渡过程形式，其中前三个表示整个系统是稳定的，1 为最好，2 次之，3 较差，4 和 5 是不稳定系统的过渡过程。其中 4 是周期性晃动的过渡过程，虽然晃动幅度没有变化，但工况一直不能稳定；而晃动过渡过程 5 的周期性晃动幅度越来越大；这两种情况都是调节系统所不允许的。

通常采用超调量和过渡时间来衡量过渡过程特性。超调量指过渡过程中参数超过新平衡工况的数值。过渡时间是指调节系统受到扰动作用后，被控变量从原稳定状态回复到新的平衡状态所经历的最短时间。在实际应用时，规定只要被控变量进入新的稳态值的 $\pm 5\%$（$\pm 2\%$）的范围而且不再越出时为止所经历的时间。

图 9-21 中表示的是转速的超调量 Δ。调节系统在甩负荷时的动态超调量和其负荷变化成正比，甩去满载负荷后动态超调量最大。正常运行的燃气轮机发电机组在甩掉满载负荷时转速升高不应引起危急保安器动作，一般控制在额定转速的 $105\% \sim 106\%$ 之内。对于单轴燃气轮机而言，由于压气机的制动作用，只要调节系统设计合理，动态超速不会很大。而分轴燃气轮机负荷涡轮机与压气机不直接相连，惯性相对较小，甩负荷时超调量会很大，需采取措施加以防止。

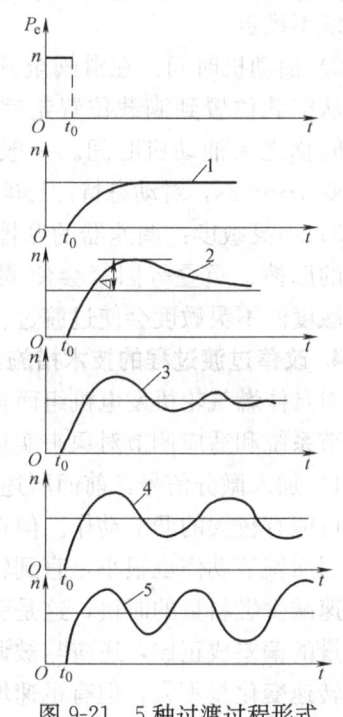

图 9-21　5 种过渡过程形式

3. 影响过渡过程的主要因素

过渡过程是调节系统各组成部分及调节对象动态特性的综合表现。这两方面的因素都会影响过渡过程。

（1）调节对象方面

1）转子：包括燃气轮机转子与发电机转子及其相连的一些转动部件。转子加速所需时间取决于加速所需达到的转速 n、转子转动惯量 J 和加速转矩 M。一般采用转子全飞升时间衡量转子的加速特性。假定转子在额定功率的转矩作用下，转速由零增加至额定转速所需的时间。

2）回热器的热惯性：一般回热器质量较大，在较高温度下会存储大量热量。这部分热量的释放需要一定时间。因此带回热器的燃气轮机会由于回热器的热惯性大导致过渡过程时间较长。

3) 不稳定传热：燃气轮机变工况下，温度变化很大，燃烧室和通流部分零件壁温变化也很大，因而会有很大的热量变化。这部分热量变化也会影响到过渡过程，尤其是涡轮机级数较多的燃气轮机。

(2) 调节系统方面

1) 调节系统的静态速度变动率：一般静态速度变动率 δ 越大，调节稳定性越好。过小的速度变动率会导致系统不稳定。图 9-22 所示为两种不同 δ 的过渡过程。对于较小 δ 的调节系统，甩负荷时转速升高量比具有较大 δ 的机组少，但其振荡次数多一些，有可能造成系统不稳定。

2) 油动机时间：在滑阀全开的情况下油动机从空载位置到满载位置走完全部行程所需时间称之为油动机时间。一般油动机时间约为 0.1~0.2s，对动态特性影响不大。

3) 不灵敏度：调速器的摩擦、放大器中滑阀的摩擦、重叠等因素会使调节系统产生不灵敏度。不灵敏度会使过渡过程振荡更加剧烈，衰减更慢甚至导致系统不稳定。

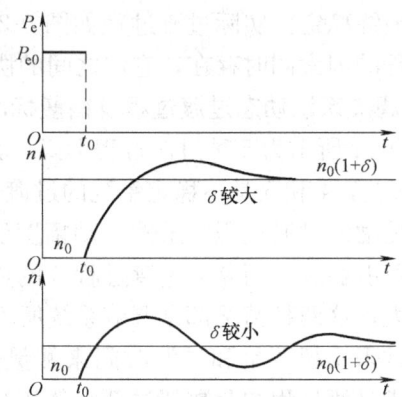

图 9-22 两种不同静态速度变动率的过渡过程

4. 改善过渡过程的技术措施

对具体燃气轮机发电机组而言，调节对象性能已经确定。改善过渡过程主要通过合理设计调节系统和适应调节对象来实现。主要包括以下几个方面：

1) 加入微分信号：前面所述转速调节系统依据转速的偏差来进行调节，转速偏差较大后才可能有较大的调节动作。但在甩负荷过程中，开始阶段由于转子的惯性其转速变化量很小，因而调节动作也很小，直到转速升高较多后才有较大的调节动作。在这段时间内就丧失了迅速减少燃料量的时机，这是引起系统超调和不稳定的一个原因。因此，调节动作除了与被调量的偏差成正比，还应与被调量的变化趋势成正比。对于转速调节系统而言，虽然起始阶段转速变化量不大，但有迅速增加的趋势，即加速度较大。用 Δn 和 dn/dt 两个信号叠加起来去关小燃油阀门，就可以尽快尽早地抑制转速的增长，减小超调量，提高系统稳定性。

2) 在调节系统各个环节之间加强相互联系，增加一些必要的局部反馈，使滑阀、油动机等环节能够更好地根据下面环节的状态来决定自己的动作。

3) 引入功率等附加信号。调节系统不仅接受转子转速信号，同时接受电负荷信号，即功率信号。在甩负荷时，虽然转速还没有升高，但由功率敏感元件来的电负荷信号已通过调节系统去减少燃料量，使得转速升高之前就已经将燃油阀门迅速关小。这样，在突然甩掉负荷后，就可不失时机地关小燃油阀门，减少超调量，改善过渡过程。

此外，在加工工艺及结构设计方面，可以采取一些措施，使调节系统达到设计要求。例如提高放大机构中滑阀及滑阀套的加工精度、增加配合面的耐磨性等。

5. 动态特性的研究方法

依靠理论计算方法研究系统动态特性的过程中忽略掉了很多因素的影响，精度不高，且复杂系统的计算量很大，一般只作为选择原则和选择方案时的辅助手段。对系统动态特性的准确把握多通过试验研究进行。试验方法可分为两类：

（1）模拟试验　主要采用数学模拟方法，通过输入与反馈网络的变化，组成各种形式的微分方程运算线路。用电路取代后的各个环节依照调节系统框图连在一起，给予相应的负荷变化扰动，用示波器记录调节系统中参数的变化，并给出过渡过程的曲线。该方法不仅可以模拟已有的调节系统，还可以对正在设计的调节系统进行方案选择。

（2）真实调节系统动态试验　这种试验只能在调节系统静态特性符合要求的已制造机组上才能进行。一般用甩全负荷来考核机组调节系统的动态特性。

甩负荷试验属于重大试验项目，需在不同负荷性能试验、局部保护系统遮断试验、危急保安器动作试验等完成后才能进行。试验前应认真做好准备工作，确认危急保安器工作正常。甩负荷过程开始后，同时测量调节系统包括转速、压力、温度、油动机位移、滑阀位移等参数随时间的变化。甩负荷

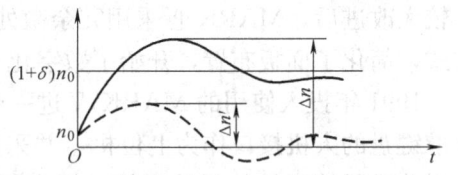

图 9-23　两种甩负荷的过渡过程对比

的过渡过程不到一分钟，事先须把所测量参数变化转化为电量变化，并自动进行记录，即可得到各参数随时间的变化曲线。

甩负荷试验的主要指标是动态超速。一般规定甩全负荷过程中最高转速不应超过额定转速的108%～109%，至少要低于危急保安器动作转速。通过静态特性线向下平移的方法可以降低甩负荷过程中的最高转速。图 9-23 中给出了两个甩负荷的过程。实线为同步器不动的过渡过程，甩负荷后平衡转速为 $(1+\delta)n_0$，最大转速变化为 Δn；虚线为甩负荷时同步器动作的过渡过程，甩负荷后平衡转速仍为 n_0，最大转速变化为 $\Delta n'$，比前者小得多。

9.2　燃气轮机控制系统 Mark Ⅵ

燃气轮机的起动、停机、同期并网及带负荷运行的过程都是在控制系统的控制下自动发生和完成的。控制系统应能够合理控制燃气轮机热通道部件和辅助部件中的热应力水平，确保机组的运行安全。

燃气轮机控制系统通常可分为主控制系统、顺序控制系统、保护系统及电源系统等。主控制系统作为整个控制系统的核心，给定燃气轮机起动和正常运行的燃料限，控制燃气轮机转子的转速及加速度，限制燃气轮机涡轮机进口温度；并且通过最小值选择门，确保每个时刻只有一个控制功能或系统能够控制进入到燃气轮机的燃料流量。

顺序控制系统提供机组在起动、运行、停机和冷机期间，轮机、发电机、起动装置和相关辅机的顺序控制。顺序控制系统对保护系统及燃料系统、液压油系统等进行监测，并发出燃气轮机按预定方式起停所需的逻辑信号。这些逻辑信号主要包括转速级信号、转速设定点控制、负荷选择、起动设备控制和计时器信号等。

目前，在世界范围内类似于 F 级的大型燃气轮机制造商主要有美国的通用电气公司、法国的阿尔斯通公司、德国的西门子公司和日本的三菱重工。根据国内现有引进机组情况，本节将主要详细介绍通用电气公司的 Mark Ⅵ控制系统。后两节将简单介绍三菱公司和西门子公司的控制系统。

9.2.1 Mark Ⅵ系统组成及特点

1. SPEEDTRONIC 控制系统的发展历程

SPEEDTRONIC™ 是美国通用电气公司生产的燃气轮机控制盘的商标。该产品从1966年开始生产并应用于 MS5001 型燃气轮机，已经从 MARK Ⅰ、MARK Ⅱ、MARK Ⅲ、MARK Ⅳ、MARK Ⅴ 发展到最近的 MARK Ⅵ。MARK Ⅰ 控制系统于 1965 年开发，采用固态系列元件进行模拟控制，以及继电器型顺序控制和逻辑输出。MARK Ⅱ 于 1973 年开始使用，采用了固态逻辑系统，改善了燃气轮机起动的热过渡过程。在对原来Ⅰ、Ⅱ型基础上作了较大改进后，MARK Ⅳ 采用冗余微处理机控制，电路大量集成化，并更新了操作和显示方式，简化了面板布置，开始了数字化计算机控制的新阶段。

1991 年投入使用的 MARK Ⅴ 进一步完善了三重冗余的微机系统，采用彩色图形显示及标准键盘的人机接口作为上位机，并采用 SIFT 软件容错技术，进一步提高了运行可靠性；同时改进了控制柜的保护系统，提高了控制系统的安全性。MARK Ⅵ 的推出大约在 1999年，该系统更适合作为整个电站的控制系统，具备网络控制、远程状态检测和故障诊断的功

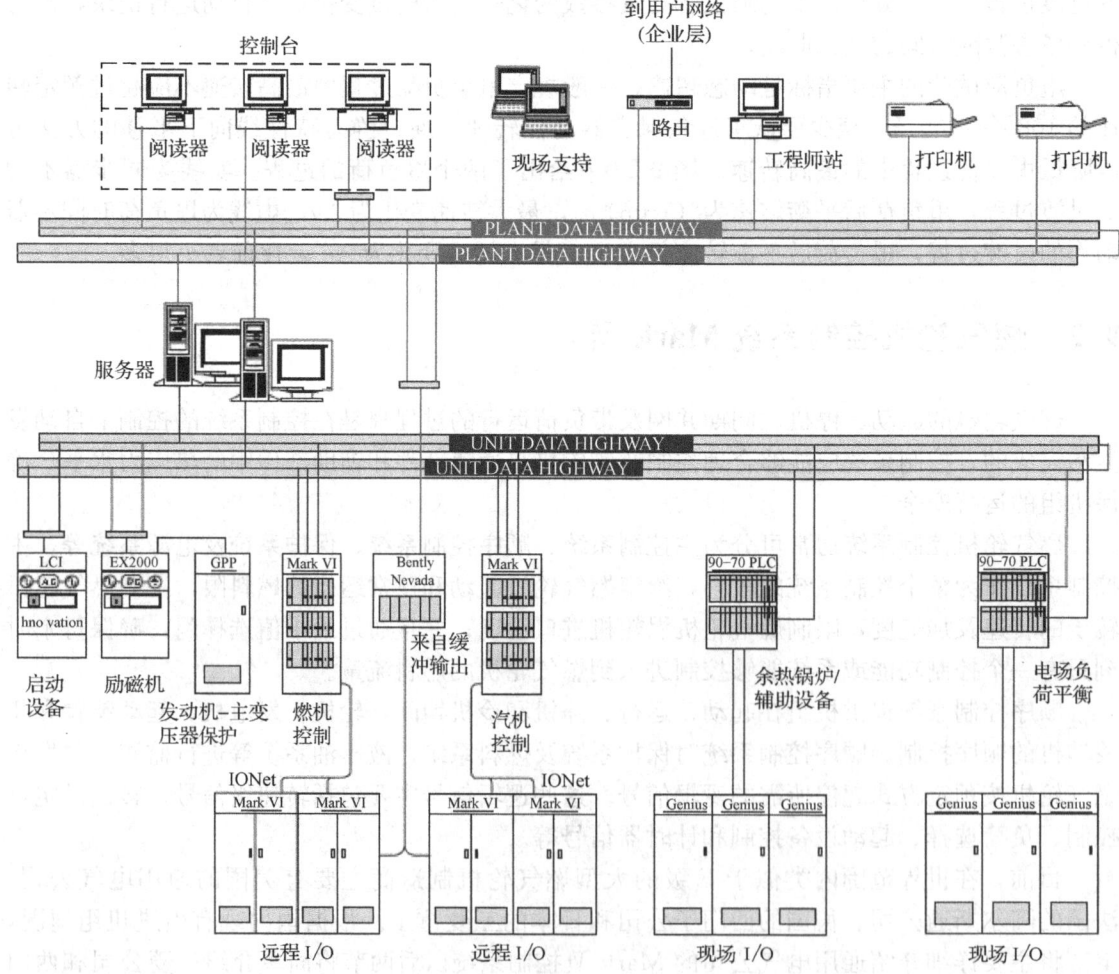

图 9-24 典型集成控制系统

能。典型集成控制系统如图 9-24 所示。

2. MARK Ⅵ 控制系统总貌

MARK Ⅵ 控制系统包括各种类型的机柜、接口、控制器、I/O 板、端子板及保护模块等。典型 MARK Ⅵ 控制系统各个部分组成的网络拓扑以及与 DCS 之间的网络拓扑可由图 9-25 看到。

(1) 控制柜　控制柜分为三重冗余型和简化型两种。三重冗余型结构包括三套微处理器模块，需要采用三个称为 IONet 的高速 I/O 网络链接到它们的远程 I/O 上，再通过控制器以太网端口与机组数据总线相连。

(2) 机组数据总线（UDH）　UDH 网络支持以太网全局数据 EGD（Ethernet Global Data）协议，用于和其他 MARK Ⅵ、HRSG、励磁机、静态起动设备和电厂平衡控制的通信。

UDH 把 MARK Ⅵ 控制盘和人机接口（HMI）或者 HMI 数据服务器连接在一起。UDH 的数据被复制到全部的三个控制器。该数据由主通信控制器卡 VCMI 读取，然后传送至其他几个控制器。只有指定的这一台处理器用来传送 UDH 数据。

(3) 网络通信　MARK Ⅵ 与其他控制单元都是通过 UDH 与服务器通信。整个 MARK Ⅵ 系统和 DCS 之间的通信可以采用多种形式，如图 9-25 所示。采用 RS-232 Modbus 通信时，MARK Ⅵ 既可以作为从站，也可以作为主站。由以太网 TCP-IP MODBUS 协议通信，MARK Ⅵ 系统只能作为从站进行配置。另一种通信方式是采用以太网 TCP-IP GSM 协议，该通信网络被称为 PDH。无论 UDH 还是 PDH，一般都采用双重冗余方式保证通信的可靠性。

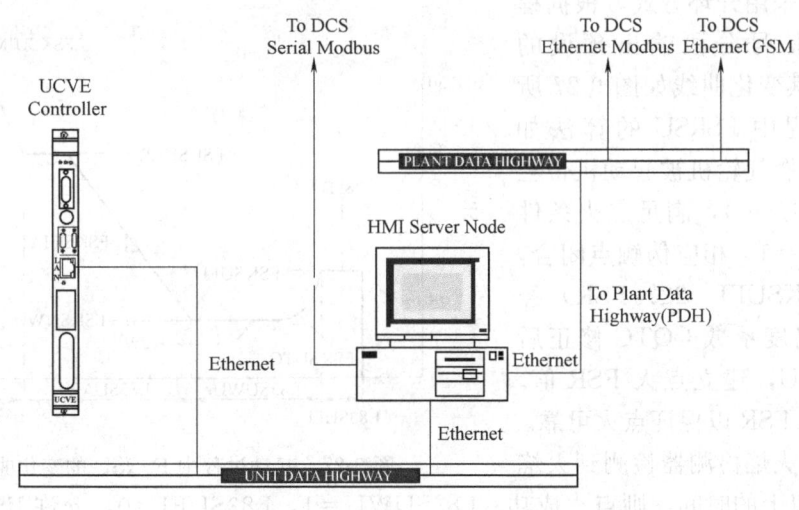

图 9-25　MARK Ⅵ 和 DCS 之间典型的通信方式

9.2.2　燃气轮机主控系统

主控系统是指燃气轮机的连续调节系统。单轴燃气轮机控制系统设置了自动改变燃气轮机燃料消耗率的主控系统，每个控制系统输出燃料行程的基准指令 FSR（Fuel Stroke Reference），此外还设置了手动控制燃料行程基准。所有燃料行程基准 FSR 进入图 9-26 所示的最小值选择门，选出其中的最小值作为输出，以此作为当前时刻实际执行用的 FSR 控制信号,被送至燃料控制系统控制机组燃料的供给。

1. 起动控制系统

燃气轮机起动过程由程序控制系统和起动控制系统相互配合完成。程序控制系统给出整个起动过程的顺序逻辑控制;起动控制系统完成燃气轮机从点火开始直到起动程序完成过程中的燃料量控制。

燃气轮机起动过程中燃料需要量变化范围大,最大值受压气机喘振或涡轮机超温所限,最小值受零功率所限,上下限与燃气轮机转速

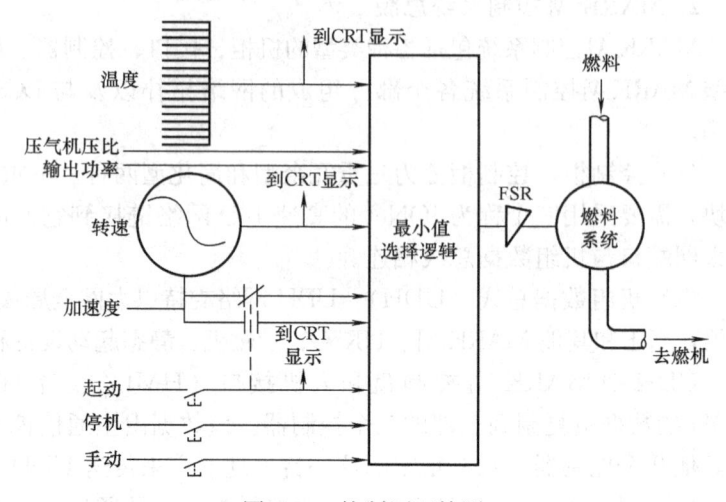

图 9-26 控制原理简图

有关。在脱扣转速时上下限之间裕度最窄。沿上限控制燃料供给起动快,但燃气轮机温度变化剧烈,金属热应力较大,会引致材料的热疲劳,缩短机组使用寿命。燃气轮机发电机组对起动时间要求不太高,可以通过合理组织起动过程,控制燃料供给,保证较小的热应力,降低热疲劳带来的损害。

起动控制采用开环方式,根据程序系统逻辑信号分段输出预设的 FSRSU 值,其变化曲线如图 9-27 所示。起动过程中 FSRSU 的算法如图 9-28 所示。燃气轮机被起动机带至点火转速($16\%n_0$),满足点火条件后,L83SUFI=1,相应伪触点闭合,控制常数 FSKSUFI(22%FSR)经压气机进气温度系数 CQTC 修正后赋值给 FSRSU,建立点火 FSR 值。需采用较高的 FSR 以保证点火可靠。

至少两个火焰检测器检测到火焰

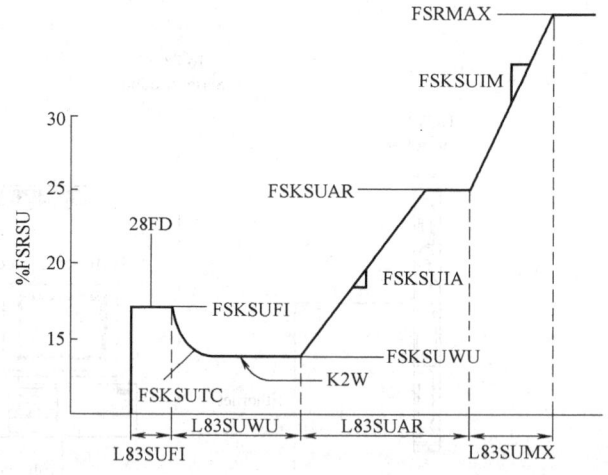

图 9-27 起动过程中 FSRSU 的变化曲线

并能持续 2s 以上的时间,则点火成功。L83SUWU=1,L83SUFI=0,允许 FSKSUWU 值(14.4%FSR)经压气机进气温度系数修正后赋值给 FSRSU,建立暖机 FSR 值。暖机值低于点火值,其间采用一阶滤波器进行过渡,滤波器时间常数为 FSKSUTC(典型值为 1s)。暖机过程中,FSRSU 保持不变,转速逐渐上升,燃料供给量也随之缓慢增加,燃气涡轮机被逐渐加热。暖机一般持续 60s 结束,顺序控制系统给出暖机完成逻辑 L2WX=1。相应加速逻辑 L83SUAR=1,受其控制的四个伪触点动作,第三个伪触点的闭合使 FSKSUIA 控制常数(0.1%FSR/s 或 0.05%FSR/s)作为 FSRSU 的斜升速率进入积分器的输入端,使 FSRSU 在暖机值基础上逐渐增加,相应燃料供给量增加,燃气轮机进一步加速。直至 FSRSU

增至 FSKSUAR（27.5%FSR），控制算法上面比较器中条件不成立，输出逻辑信号置 0，受控触点动作暂时切断积分器输出，积分暂时中断。从 FSR 起动逻辑控制图 9-29 中可以看出，再合闸使逻辑 L52GX 逻辑量置 1 后，逻辑 L83SUMX=1，此时 FSRMAX 进入上部比较器 A 端，比较器条件再次成立。起动控制输出 FSRSU 以一个新的更大的斜升速率 FSKSUIM（5%FSR/s）上升，直至达到控制常数 FSRMAX 给定的最大 FSR 值以使起动控制系统退出对机组控制。

起动过程 FSRSU 输出变化依赖于主保护允许逻辑 L4=1，否则所有逻辑控制信号为零，FSRSU 直接被钳位于零。此外，L83SUFI、L83SUWU、L83SUAR 与 L83SUMX 在同一时刻仅有其中一个为"1"，以此保证 FSRSU 的有序输出。如图 9-29 所示。

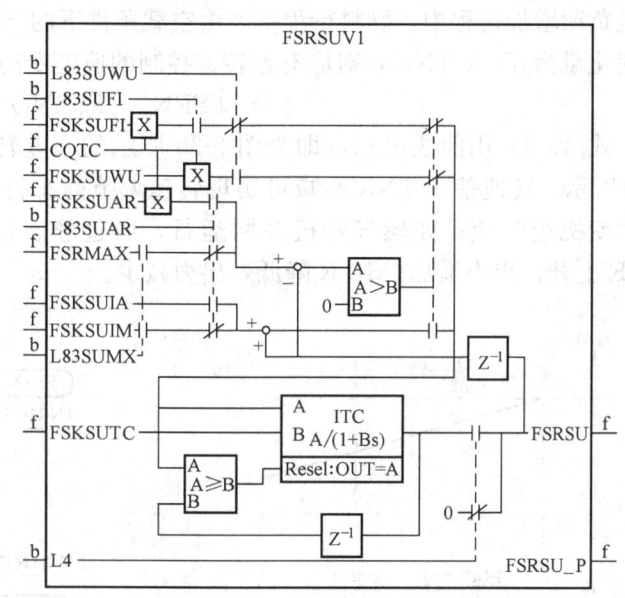

图 9-28 起动控制 FSRSU 算法

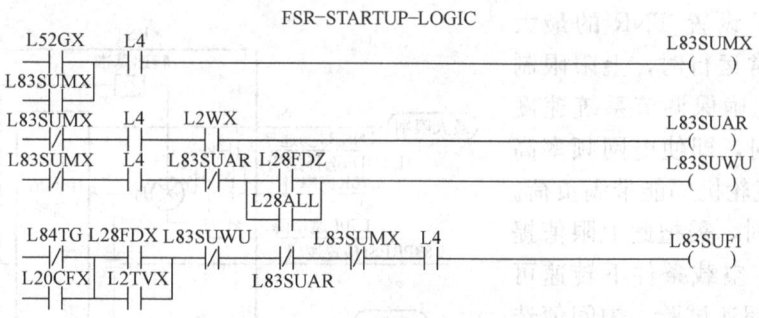

图 9-29 起动过程逻辑控制

2. 转速控制系统

转速控制是燃气轮机最基本的控制系统，MARK Ⅵ 系统分为有差控制和无差控制两种控制方式。无差转速控制主要用于驱动压缩机或泵等设备；燃气轮机发电机组中带动交流发电机通常采用有差转速控制。

在有差转速控制下，燃料行程基准（FSR）变化正比于转速控制基准（TNR）与实际转速（TNH）之差，如图 9-30 所示。

$$\Delta FSR = FSRN - FSRN_0 = (TNR - TNH) \times K_{Droop} \tag{9-8}$$

式中　FSRN——有差转速控制输出的 FSR；

$FSRN_0$——燃气轮机额定转速空载条件下的 FSR；

K_{Droop}——确定有差转速控制速度变动率 δ 的控制常数。

当 FSRN=FSRN₀ 时，TNH=TNR，即空载条件下的转速即为转速基准 TNR。燃气轮机负荷增加过程中，燃料行程基准由空载条件下的 $FSRN_0$ 增至额定负荷下的 $FSRN_e$，转速变化量为 TNR-TNH，对应有差转速控制的速度变动率为 δ，则

$$\delta = (FSRN_e - FSRN_0)/K_{Droop} \tag{9-9}$$

式（9-8）用曲线表示，即为图 9-30 所示的有差转速调节静态特性，其控制原理如图 9-31 所示。转速基准 TNR 增减可实现转速调节静态特性上下平移。如燃气轮机单机运行，可改变机组转速；如燃气轮机并网运行，通过静态特性曲线平移可改变机组携带负荷。TNR 上升，出力增加；TNR 降低，出力减少。

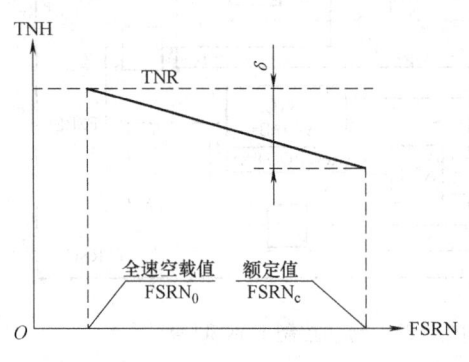

图 9-30 有差转速调节静态特性

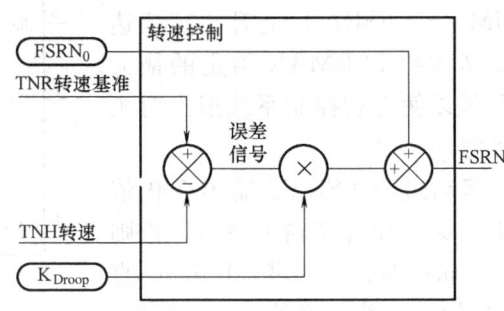

图 9-31 有差转速控制原理

转速基准 TNR 由中间值选择门输出，如图 9-32 所示。中间值选择门包括三个输入，常数 MAXLIMIT 设置 TNR 的最大极限。机组正常运行时，上限限制值为 $107\%n_0$，确保调节系统速度变动率为 4% 时，即使电网频率高达 103%，燃气轮机仍能带满负荷。机组超速试验时，需把此上限值提升至 111.5%，空载条件下转速可升至该值进行超速试验。中间值选择门的最小值输入由最小选择逻辑 L83TNROP 来选择。起动或停机过程中，L83TNROP=1，则 0% 作为 TNR 的下限进入中间值选择门，这意味着从零转速起转速控制就有

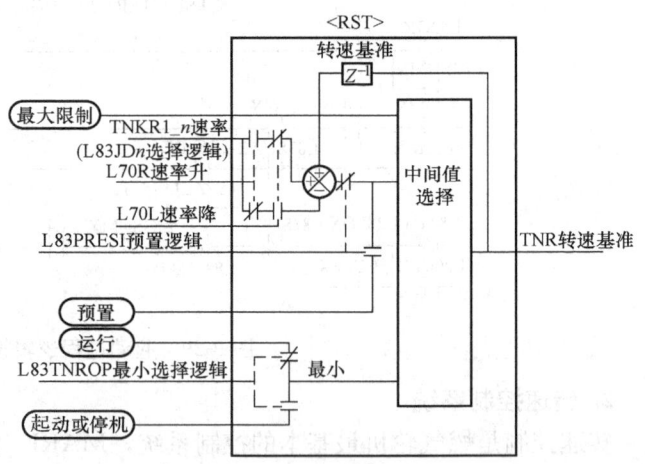

图 9-32 转速控制基准 TNR 算法

可能接入 FSR 控制。机组运行状态下，L83TNROP=0，95% 作为 TNR 的下限进入中间值选择门，确保电网频率低至 95% 时仍然可以把燃气轮机负荷降至 0。

由 Z^{-1} 与加法器组成数字积分器，其输出作为中间值选择门的第三个输入，并且一般作为中间值被中间值选择门选中输出。L83JDn（$n=1,2,\cdots,5$）为积分速率选择逻辑，L70R/L70L 决定积分方向。L70R=1，L70L=0，转速基准 TNR 升高；反之，转速基准逐渐降低。如果二者皆为 "0"，则 TNR 保持不变。

燃气轮机起动程序完成后，预置逻辑 L83TRESI＝1，切断数字积分器输入，将预制控制常数 PRESET＝100.3％赋给 TNR 作为准备并网转速，以备机组同期并网。稍高于额定转速的设置是为了防止电网频率波动造成发电机逆功率。并网后，预置逻辑 L83TRESI＝0，TNR 保持 100.3％。停机过程中，发电机断路器跳闸，预置逻辑 L83TRESI 重新置 1，TNR＝100.3％，为下次并网做准备。

3. 加速控制系统

（1）加速控制系统的作用 把燃气轮机转子转速 TNH 对时间求导数，得到转子角加速度 TNHA，并与控制系统给出的角加速度基准 TNHAR 相比。如果转子角加速度 TNHA 大于基准值 TNHAR，则减小加速控制系统燃料行程基准 FSRACC，减少燃料供给量以降低转子角加速度，直至实际角加速度等于或小于给定基准值。若角加速度小于基准值，则不断增大 FSRACC 输出，确保加速控制系统退出对机组的控制。其实质为角加速度限制系统，仅限制转速增加的动态过程，对稳态及减速过程不起作用。加速控制系统主要对燃气运行过程中的两种加速过程起作用：

1）在燃气轮机甩负荷后帮助抑制其动态超速。燃气轮机甩负荷初期，转速上升量较小，转速控制系统 FSRN 减少不多，但这一阶段转子加速度很大，相应的 FSRACC 要更小一些，使之能更快降低进入燃烧室中的燃料量，减小甩负荷后的动态超调量。

2）在燃气轮机起动至运行转速附近，限制燃气轮机转速升速率，以减小对高温部件的热冲击。燃气轮机起动在暖机程序完成后，起动控制系统输出 FSRSU 在暖机值 FSKSUWU（14.4％FSR）的基础上以 FSKSUIA（0.5％FSR/s）的速率斜升至 FSKSUAR（30.6％FSR），并网之后以更高的速率 FSKSUIM（5％FSR/s）斜升。在起动过程中，转速控制系统输出的 FSRN 为

$$FSRN = (TNR - TNH) \times FSKRN2 + FSKRN1 \tag{9-10}$$

其中 FSKRN1＝14.7％FSR，为燃气轮机全速空载时的 FSR 值。在此期间 TNR 以 TNKR1_0（9％TNH/min）的速率斜升，直至转速达到运行转速。若 TNH 完全跟随 TNR 的变化，则 FSRN＝FSRN1，实际上由于转子的惯性，TNH 总是滞后 TNR 变化，因此起动过程中 FSRN 总是大于 FSRN1。

在到达运行转速（97％n_0）附近，FSRSU 或 FSRN 经最小值选择后的 FSR 可能超过 FSRN1 较多，燃料供给量较空载时所需燃料量多，因此温度比空载时高出较多。至运行转速，FSR 回至全速空载值，温度相应下降。该阶段温度变化比较激烈，会对高温部件造成一定热冲击。通过引入加速度控制限制运行转速附近的加速过程，间接抑制了这一阶段的温升过程，缓和了起动结束阶段的温度变化。

（2）加速控制系统的算法 加速控制算法如图 9-33 所示。图 9-33 中上半部分主要用于计算 TNHAR。加速控制系统 FSRACC 输出通过图 9-33 中下部的中间值选择门实现。中间值选择门包括三个输入：

1）FSRMAX：最大极限值，为 100％FSR。

2）FSRMIN：最小极限值，为根据起停过程中不同阶段给定的限制值曲线，经压气机进气温度修正系数 CQTC 修正之后的输出，其主要目的在于防止燃气轮机过渡过程中出现燃烧室贫油熄火的问题。

3）通过一系列运算后经加法器的输入。一般该输入为三个输入中的中间值，被中间值

选择门选中作为 FSRACC 输出。

对于该输入，首先燃气轮机转速 TNH 对时间求导数，得到实际加速度 TNHA，而后与加速基准 TNHAR 在减法器相减，即

$$\Delta\omega = \text{TNHAR} - \text{TNHA} = \text{TNHAR} - \Delta\text{TNH}/\Delta t \tag{9-11}$$

如果燃气轮机加速率小于加速基准，则 $\Delta\omega$ 为正，与系数 FSKACC2 相乘后和当前 FSR 相加作为加法器输出。显然，该值大于原有 FSR，确保了加速控制系统不会被最小值选择门选中，加速控制系统处于退出控制状态。

一旦燃气轮机加速率大于加速基准，则 $\Delta\omega$ 为负，相应加法器输出值小于原有 FSR。此时加速控制系统投入控制，压低 FSR 值，减少燃料供给量，直至 $\Delta\omega$ 等于或大于零为止。

起动过程中的加速基准 TNHAR 根据一张 5 个点的对照表计算出来，如图 9-34 所示。表 9-1 是关于燃气轮机转速 TNH 的函数。TNHAR 应能产生一个温和上升的点火速度：在低转速时慢慢上升，在燃气轮机转速大于 $60\%n_0$ 时较快地上升。在接近满转

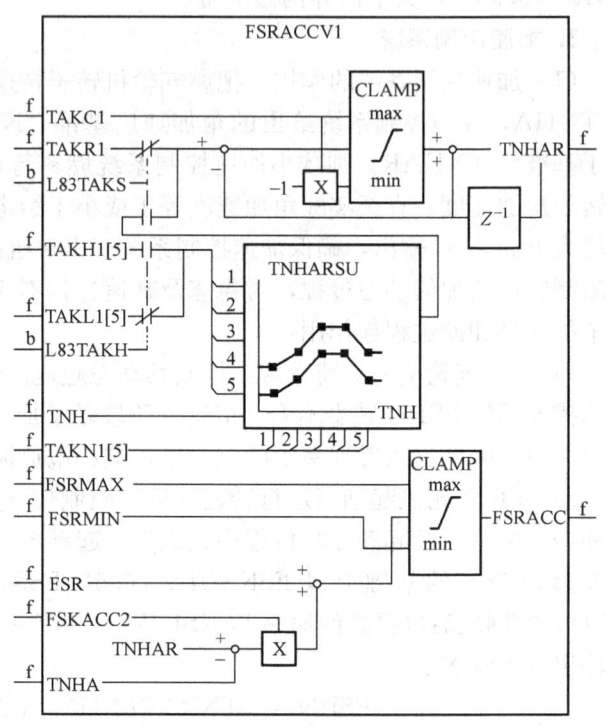

图 9-33 加速控制算法

速时减小 TNHAR，以利于向全速空载过渡而不超调。一旦燃气轮机达到全速，加速基准 TNHAR 将被设定成常数值 TAKR1（1%/s），防止机组甩负荷或其他扰动时超速。在点火和暖机期间同样采用该固定基准，防止在这些阶段加速控制被最小值选择门选中。

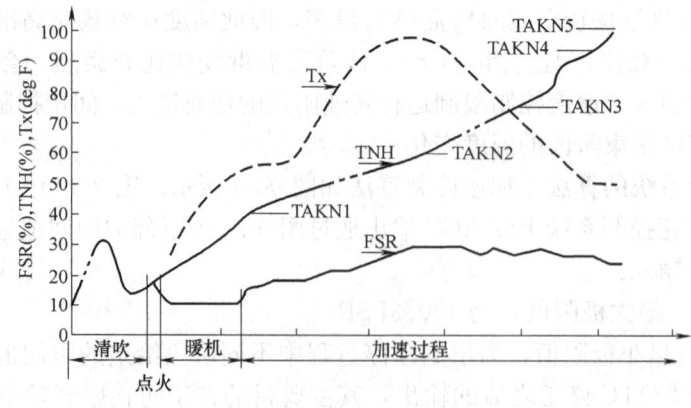

图 9-34 加速控制的 TAKNn

表 9-1　TNHAR 的典型控制常数

n	1	2	3	4	5
TAKNN（%）	40.0	50.0	75.0	95.0	100.0
TAKHn（%/s）	0.11	0.11	0.31	0.31	0.10

4. 温度控制系统

(1) 温度控制系统的作用　燃气涡轮机在高温环境下工作，叶片、叶轮材料强度随温度上升显著降低，燃机超温运行会大大降低涡轮机受热部件的寿命，同时会加速对叶片的腐蚀。超温严重时会引起叶片烧毁、断裂等严重事故，因此必须使涡轮机进气温度限制在一定温度范围内。

温度控制是燃机调节的主要任务之一。温度控制系统的主要作用包括：

1) 在燃气温度超过允许值时，发出信号减少燃料供应量，使燃气温度不超过允许值。
2) 机组在尖峰运行或尖峰超载运行时可提高温度限制值。但该限制值的提高需逐渐引入，使机组受热部件承受较小的热应力。
3) 提供温度测量信号给超温保护系统。

燃气轮机大多采用多个环管型燃烧室，虽设置燃料流量分配器，却很难保证各燃烧室出口温度均匀，并且 T_3 一般都很高，F 型机组涡轮机前温高达 1300℃ 以上，难于对其进行直接测量与控制。如果保持外界环境条件不变，在某一涡轮机入口温度调节下，其他各种参数都随涡轮机的转速和涡轮机前温的确定而相应确定，包括涡轮机的排气温度。因此，可以借助测量涡轮机排烟温度 T_4 来间接反映涡轮机前温 T_3 的变化，二者变化趋势相同。而涡轮机排烟温度 T_4 远低于涡轮机入口温度 T_3，且燃气经涡轮机时由于混合而比较均匀，易于测量和控制。通过控制燃机排烟温度 T_4 即可确保涡轮机入口温度保持为恒定值。考虑外界环境条件的变化（主要是环境温度变化），必须对排烟温度 T_4 做相应修正，才能确保涡轮机入口温度 T_3 始终维持为某一恒定值。可以采用环境温度、压气机出口压力等参数对 T_4 进行修正。若采用环境温度 T_a 进行修正，考虑环境温度升高，燃机转速不变，则空气流量减少，若要维持涡轮机入口温度不变，则排烟温度水平要相应提高；反之，排烟温度水平应适当降低。也可以采用压气机出口压力进行修正。环境温度水平升高，由于空气密度减小，其可压缩性降低，压气机出口压力降低，压缩比降低，若保持涡轮机入口温度 T_3 不变，则涡轮机膨胀比相应减小，排烟温度水平相应增加。

(2) 温度控制系统的算法　以单轴燃气轮机机组为例分析涡轮机排烟温度和涡轮机入口温度之间的关系。在额定负荷时，根据气体膨胀公式可计算涡轮机中烟气温降 ΔT_0。

$$\Delta T_0 = T_{30}\left(1 - \frac{1}{\pi_{T0}^{\frac{\gamma-1}{\gamma}}}\right)\eta_{t0} \tag{9-12}$$

式中　T_{30}——额定负荷时的涡轮机入口温度；
　　　π_{T0}——额定负荷时涡轮机膨胀比；
　　　η_{t0}——额定负荷时涡轮机效率；
　　　γ——膨胀过程中燃气的平均等熵指数。

涡轮机进口温度为排烟温度加上涡轮机中的燃气温降，即

$$T_{30} = T_{40} + \Delta T_0 = T_{40} + T_{30}\left(1 - \frac{1}{\pi_{T_0}^{\frac{\gamma-1}{\gamma}}}\right)\eta_{t0} \tag{9-13}$$

整理后可得

$$T_{30} = T_{40} \frac{1}{1 - \eta_{t0} + \left(\frac{1}{\pi_{T_0}^{\frac{\gamma-1}{\gamma}}}\right)\eta_{t0}} \tag{9-14}$$

涡轮机效率与等熵指数可视作常数处理。从式（9-14）中可以看出，仅控制涡轮机排烟温度为某一数值来保证涡轮机入口温度不超温，需涡轮机膨胀比保持不变，而压气机转速、环境条件变化、燃机性能变化都会引起涡轮机膨胀比的变化。因此，必须根据膨胀比变化采用某种方法对涡轮机排烟温度进行修正，以确保涡轮机入口温度为常数。下面介绍常用的压气机出口压力偏置修正方法。

根据式（9-14）可以看出，排烟温度 T_4 与涡轮机膨胀比 π_T 之间为非线性关系。但可以在额定负荷附近、小偏差范围内进行线性化

$$\Delta T_3 = \frac{\partial T_3}{\partial T_4}\Delta T_4 + \frac{\partial T_3}{\partial \pi_T}\Delta \pi_T \tag{9-15}$$

$$\frac{\partial T_3}{\partial T_4} = \frac{1}{1 - \eta_t + \left(\frac{1}{\pi_{T_0}^{\frac{\gamma-1}{\gamma}}}\right)\eta_t} \tag{9-16}$$

$$\frac{\partial T_3}{\partial \pi_T} = T_4 \frac{\left(\frac{\gamma-1}{\gamma}\right)\eta_t \pi_T^{\frac{\gamma-1}{\gamma}}}{\left[1 - \eta_{t0} + \left(\frac{1}{\pi_{T_0}^{\frac{\gamma-1}{\gamma}}}\right)\eta_{t0}\right]^2} \tag{9-17}$$

要保持涡轮机入口温度 T_3 保持不变，则 $\Delta T_3 = 0$，即

$$\frac{\partial T_3}{\partial T_4}\Delta T_4 = -\frac{\partial T_3}{\partial \pi_T}\Delta \pi_T \tag{9-18}$$

$$\frac{1}{1 - \eta_t + \left(\frac{1}{\pi_{T_0}^{\frac{\gamma-1}{\gamma}}}\right)\eta_t} = -T_4 \frac{\left(\frac{\gamma-1}{\gamma}\right)\eta_t \pi_T^{\frac{\gamma-1}{\gamma}}}{\left[1 - \eta_{t0} + \left(\frac{1}{\pi_{T_0}^{\frac{\gamma-1}{\gamma}}}\right)\eta_{t0}\right]^2} \tag{9-19}$$

整理后可得

$$\left(\frac{\Delta T_4}{\Delta \pi_T}\right)_0 = \frac{T_{40}\left(\frac{\gamma-1}{\gamma}\right)\eta_t}{\left[1 - \eta_{t0} + \left(\frac{1}{\pi_{T_0}^{\frac{\gamma-1}{\gamma}}}\right)\eta_{t0}\right]}\left(\frac{1}{\pi_T^{\frac{\gamma-1}{\gamma}}}\right) \tag{9-20}$$

式（9-20）表明为保持涡轮机入口温度为常数，当压缩比变化后，所控制涡轮机排烟温度应如何变化。以某 20MW 燃机为例，排烟温度 $T_4 = 755K$，涡轮机效率约为 0.88，等熵指数为 1.33，在压缩比为 10 的情况下涡轮机膨胀比约为 9.3。把上述数据带入式（9-20）得

$$\left(\frac{\Delta T_4}{\Delta \pi_T}\right)_0 = -16.3℃/膨胀比 \tag{9-21}$$

即在额定工况附近,若涡轮机膨胀比增加1,则控制排烟温度必须下降16.3℃,才能保证涡轮机入口温度为常数。环境温度变化是引起涡轮机膨胀比变化的主要因素之一。冬季和夏季对单轴恒速机组而言,若涡轮机入口温度不变,其在压气机通用特性曲线上的平衡运行点不一样。冬季由于环境温度低,同样转速相对于更高的折合转速,平衡运行点如图9-35的1点所示,相应压比较高。夏季由于气温高,折合转速下降,平衡运行点为图9-35的点2,压比较低。

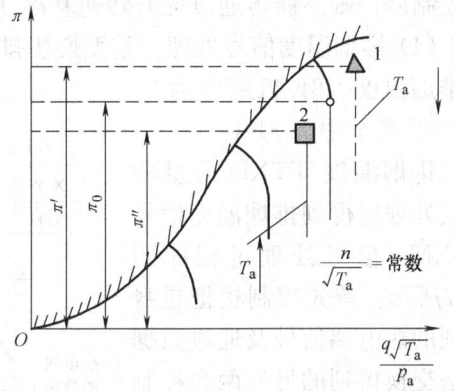

图 9-35 不同大气温度 T_a 时的平衡运行线

压气机出口压力偏置修正方法除可修正由于环境温度变化造成的压缩比改变外,对于燃机转速变化、压气机、涡轮机特性改变造成的压缩比改变同样能够有效修正。除了压力偏置修正方法之外,还可以对涡轮机排烟温度采用燃料行程基准、燃机输出功率偏置修正。

(3) MARK Ⅵ温度控制原理 温度控制原理图如图9-36所示。

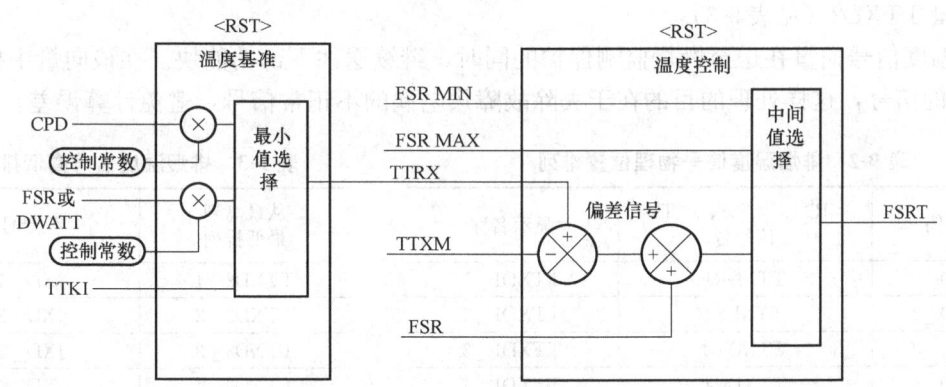

图 9-36 MARK Ⅵ温度控制原理

采用多通道测量燃机排烟温度,经算法处理后得到平均燃机排烟温度信号 TTXM,与给定的温控基准 TTRX 在减法器相减,即

$$\Delta T = TTRX - TTXM \tag{9-22}$$

该温度差值与当前 FSR 在加法器中相加之和送至中间值选择门;中间值选择门还包括另外两个输入:最小限制值 FSRMIN 和最大限制值 FSRMAX;在三个输入中选择中间值作为温控系统 FSRT 输出。

如果排烟温度超过温控基准值,$\Delta T<0$,温度控制系统输出 FSRT 小于当前 FSR,机组将处于温控系统控制。每一个采样周期,FSR 减小一个 $|\Delta T|$,相应燃料供给量逐渐降低,排气温度不断降低,$|\Delta T|$ 不断减小直至排气温度降至温控基准值,$|\Delta T|=0$。

反之,如果排烟温度低于温控基准值,$\Delta T>0$,温控系统输出 FSRT 大于当前 FSR,将被最小值选择门所阻止,温控系统将处于退出状态。

燃机排气温度随负荷增加而升高，通常在最大功率附近进入温度控制。燃机并网发电后，通过提高转速基准 TNR 可使静态特性曲线向上平移增加机组出力。出力增至某确定值时，排烟温度将达到温控基准，机组将由转速控制转入温度控制系统控制。一旦机组进入温度控制后，则不能再通过提升转速基准 TNR 提高燃气轮机出力。

（4）排烟温度信号处理　重型燃机排气室中设置 12、21、24、27 或 31 对热电偶用以测量排烟温度。9E 机组中为 24 对，9F 机组中为 31 对。

排烟温度 TTXD 向量经一定处理后得到排烟温度信号 TTXM，信号处理过程如图 9-37 所示。首先控制机把自身得到的热电偶信号及通过数据网络交换得到的另外两台控制器的热电偶信号，按实际位置顺序排列成向量 TTXD1（见表 9-2）；然后按照从高到低的顺序把全部热电偶信号编排成新的向量 TTXD2（见表 9-3），该排烟温度信号向量在送至燃烧监测保护的同时，继续送往下部功能块。在该向量中剔除小于 X 值的信号，这样处理的目的在于去除故障热电偶的不正常信号，避免计算误差。

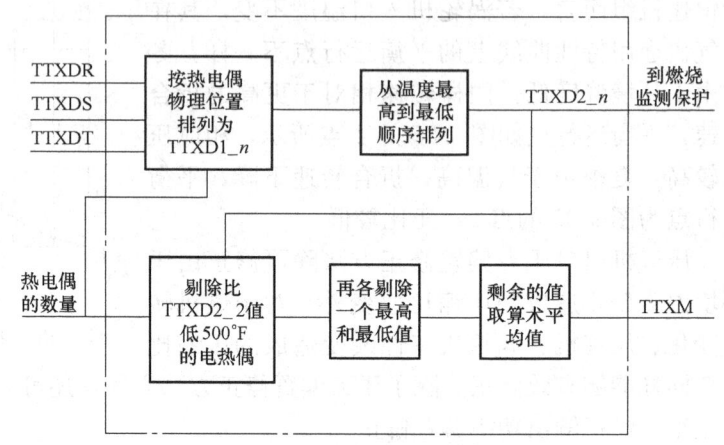

图 9-37　排烟温度信号处理

表 9-2　排烟温度信号物理位置排列

热电偶	<R>、<S>、<T> 信号名	显示名称
TTXD_1	TTXDR1	TTXD1_1
TTXD_2	TTXDS2	TTXD1_2
TTXD_3	TTXDT3	TTXD1_3
TTXD_4	TTXDR4	TTXD1_4
TTXD_5	TTXDS5	TTXD1_5
TTXD_6	TTXDT6	TTXD1_6
TTXD_7	TTXDR7	TTXD1_7
TTXD_8	TTXDS8	TTXD1_8
TTXD_9	TTXDT9	TTXD1_9
TTXD_10	TTXDR10	TTXD1_10
TTXD_11	TTXDS11	TTXD1_11
TTXD_12	TTXDT12	TTXD1_12
TTXD_13	TTXDR13	TTXD1_13
TTXD_14	TTXDS14	TTXD1_14
TTXD_15	TTXDT15	TTXD1_15
TTXD_16	TTXDR16	TTXD1_16
TTXD_17	TTXDS17	TTXD1_17
TTXD_18	TTXDT18	TTXD1_18

表 9-3　排烟温度信号高低排列

从最高到最低排列	位置号
TTXD2_1	JXD_1
TTXD2_2	JXD_2
TTXD2_3	JXD_3
TTXD2_4	JXD_4
TTXD2_5	JXD_5
TTXD2_6	JXD_6
TTXD2_7	JXD_7
TTXD2_8	JXD_8
TTXD2_9	JXD_9
TTXD2_10	JXD_10
TTXD2_11	JXD_11
TTXD2_12	JXD_12
TTXD2_13	JXD_13
TTXD2_14	JXD_14
TTXD2_15	JXD_15
TTXD2_16	JXD_16
TTXD2_17	JXD_17
TTXD2_18	JXD_18

$$X = (\text{TTXD2\_2}) - (\text{TTKXCO}) \tag{9-23}$$

式中 TTXD2_2——TTXD2 向量中第二高的信号；

TTKXCO——控制常数，取 500°F。

剔除故障热电偶信号后组成新的向量，再经下一功能块，剔除其中最高值和最低值，而后把剩余温度信号进行算术平均，得到平均排烟温度信号 TTXM。

(5) 温度控制基准 采用燃机排烟温度间接控制涡轮机入口温度，温控基准随环境温度变化而变化，可采用压气机出口压力、燃料行程基准或燃机输出功率对其排烟温度进行修正。

MARK Ⅵ 控制的单轴燃气轮机通常采用如图 9-38 所示的三条温度控制基准线。在三个温控基准中选择其中最小的一个作为实际执行温控基准 TTRX。

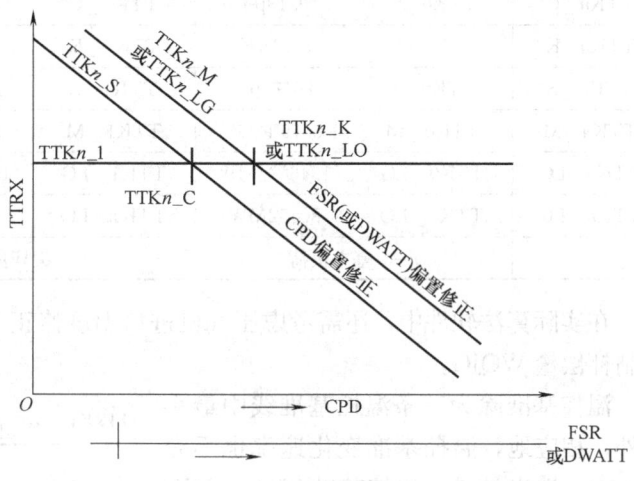

图 9-38 单机燃气轮机温度控制基准线

1) 等排烟温度温控线，温控基准为

$$\text{TTK}n\_\text{I} = 常数 \tag{9-24}$$

2) 压气机出口压力 CPD 偏置修正温控线

$$\text{TTRXP} = \text{TTK}n\_\text{I} - [\text{CPD} - \text{TTK}n\_\text{C}] \times \text{TTK}n\_\text{S} \tag{9-25}$$

式中 TTKn_S——CPD 偏置修正温控线斜率；

TTKn_C——CPD 偏置修正温控线与等排气温控线交点横坐标值。

3) FSR 或 DWATT 偏置修正温控线

$$\text{TTRXS} = \text{TTK}n\_\text{I} - [\text{FSR} - \text{TTK}n\_\text{K}] \times \text{TTK}n\_\text{M} \tag{9-26}$$

或

$$\text{TTRXS} = \text{TTK}n\_\text{I} - [\text{DWATT} - \text{TTK}n\_\text{LO}] \times \text{TTK}n\_\text{LG} \tag{9-27}$$

式中 TTKn_M、TTKn_LG——FSR 偏置修正或 DWATT 偏置修正温控线斜率；

TTKn_K、TTKn_LO——FSR 偏置修正或 DWATT 偏置修正温控线与等排气温控线交点的横坐标值。

计算温控基准涉及的 7 个控制常数与机组携带负荷、使用燃料种类、是否联合循环以及考虑其他用途对燃烧温度的要求需采用不同数据组（表 9-4）。用控制常数信号名称中的"n"区分不同的数据组，温控系统通过逻辑信号 L83JTn 选择不同数据组。例如：当逻辑 L83JT0=1，相应就确定了用于"柴油基本负荷"的温度控制数据组。另外，对于燃用重油或原油的机组，由于受燃料中钒化合物的影响，燃烧温度将受制约。燃用重油机组不能使用尖峰负荷，基本负荷工作也需采用较低参数运行。当 L83JT2 逻辑为"1"时，即选择燃用重油的温控数据组。

三条温控线中，通常 TTRXP 被选出作为执行的温控基准。等排气温控线 TTKn_I 仅在环境温度很高或机组起动时可能被选出；TTRXS 一般作为后备温控基准。

表 9-4　9E 机组计算温控基准的控制常数表

L83JTn 常数名	L83JT0=1		L83JT1=1		L83JT2=1	
TTKn_I	TTK0_I	1100°F	TTK1_I	1140°F	TTK2_I	1100°F
TTKn_C	TTK0_C	9.18p-r	TTK1_C	9.8p-r	TTK2_C	8.17p-r
TTKn_K	TTK0_K	55.18%	TTK1_K	65.24%	TTK2_K	46.28%
TTKn_S	TTK0_S	26°F/p-r	TTK1_S	25.5°F/p-r	TTK2_S	30.2°F/p-r
TTKn_M	TTK0_M	3.79°F/%	TTK1_M	3.56°F/%	TTK2_M	4.12°F/%
TTKn_LG	TTK0_LG	1.46°F/MW	TTK1_LG	1.79°F/MW	TTK2_LG	2.18°F/MW
TTKn_LO	TTK0_LO	80.52MW	TTK1_LO	95.28MW	TTK2_LO	48.8MW
	$n=0$ 基本负荷		$n=1$ 尖峰负荷		$n=2$ 重油	

在实际算法软件中，还需考虑压气机进口温度修正 CT_BIAS 和蒸汽喷注降低 NO_x 温度控制补偿量 WQJG。

温控基准除为三条温控基准线中最小之外，相应地，温控基准变化速率也不允许太大。选出的最小温控基准 TTR_MIN 经微分器得到温控基准变化率，通过中间值选择门 MED SEL 保证其变化速率必须限制在 TTKRXR1（+1.5 °F/s）和 TTKRXR2（-1.0 °F/s）两个控制常数之间。

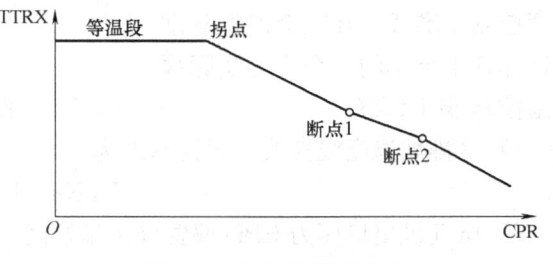

图 9-39　9FA 温控基准线

不同于 6B、9E 机组，对于 9FA 机组，温控基准线由三条连续折线拼接而成（见图 9-39）。中间包括两个断点，两个断点的参数分别为：TTKRBP1=15.055p-r，TTKRBP2=16.253p-r。三段式温控基准所涉及常数选取见表 9-5。

表 9-5　三段式温控基准控制常数表

L83JTn	L83JT0=1		L83JT1=1		L83JT2=1	
TTK_I[n]	TTK_I[0]	1200°F	TTK_I[1]	1200°F	TTK_I[2]	1200°F
TTK_C[n]	TTK_C[0]	13.563p-r	TTK_C[1]	13.313p-r	TTK_C[2]	14.718p-r
TTK_K[n]	TTK_K[0]	217.188%	TTK_K[1]	217.188%	TTK_K[2]	217.188%
TTK_S[n]	TTK_S[0]	28.13°F/p-r	TTK_S[1]	24.106°F/p-r	TTK_S[2]	46.183°F/p-r
TTK_M[n]	TTK_M[0]	1.257°F/%	TTK_M[1]	1.257°F/%	TTK_M[2]	1.257°F/%
TTK_LG[n]	TTK_LG[0]	2.037°F/MW	TTK_LG[1]	2.056°F/MW	TTK_LG[2]	2.056°F/MW
TTK_LO[n]	TTK_LO[0]	68.71MW	TTK_LO[1]	67.527MW	TTK_LO[2]	67.078MW
3个偏置段	$n=0$ 第1段		$n=1$ 第2段		$n=2$ 第3段	

5. 停机控制系统

（1）停机控制系统作用　操作员通过人机接口起动页面给出停机信号 L94X 开始执行正常停机操作。首先转速基准 TNR 以正常速率下降以减少转速控制输出 FSR，降低机组负荷，直至逆功率继电器动作，发电机断路器开路。此后，FSR 逐步下降至最小值 FSRMIN。FSRMIN 设置应能在 3～4min 内把燃气轮机转速降至 L14HA 失电值（约 46%n_0）。L4HA 失电后 FSR 将被钳位至零，关闭燃料截止阀，切断机组燃料供给。停机控制的主要目的在于通过控制 FSRSD 的递减速率来合理控制停机过程中热应力的大小。停机控制 FSRSD 输出共分为五段，每段渐变速率为 FSKSDn，由渐变控制逻辑 L83JSDn 进行选择，如图 9-40 所示。

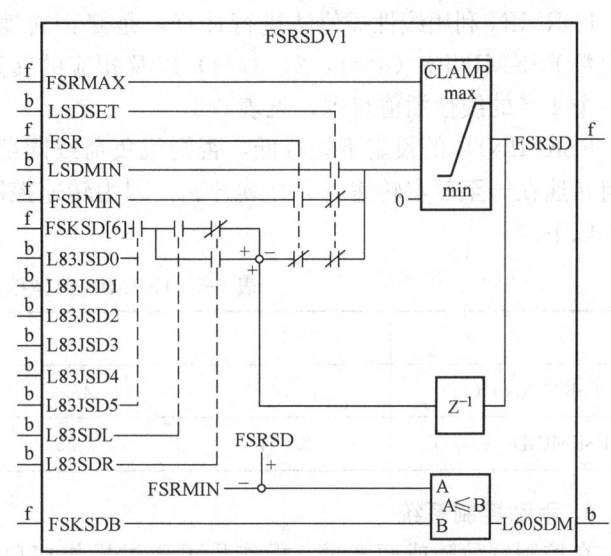

停机逻辑 L94X 为"0"时，L83SDR 为"1"，主保护逻辑 L4 为"1"时，控制逻辑 L83JSD1 为"1"，相应的 FSKSD1 约为 0.1%FSR/s 的

图 9-40 停机控制算法

变化速率作为积分器的一个输入端，确保停机控制输出 FSRSD 不被最小值选择门选中。一旦失去主保护，L4 为"0"，L83JSD2 为"1"，相应的 FSKSD2 变化速率约为 5%FSR/s，此时相应于机组出现遮断，以较快速率增加 FSRSD，使得 FSRSD 退出控制。

机组发出正常停机指令后，L94X 为"1"，L83SDR 为"0"，L83JSD1 和 L83JSD2 均为"0"。发电机断路器跳闸后 L52GX=1，L94SD 为"1"，L83SDL 为"1"。首先 L83JSD3 为"1"，允许 FSKSD3 输入到积分器，FSRSD 以 1.0%FSR/s 的速率连续下降，直至输出值几乎达到 FSRMIN 为止；通过控制逻辑 L60SDM 为"1"，使 L83JSD3 为"0"，抑制 FSKSD3 的输入。如果燃气轮机转速下降至界限值 K60RB（20%n_0）以下时，机组仍然没有熄火，则 L83RB 为"1"，选择逻辑 L83JSD4 为"1"，渐变速率 FSKSD4 输入积分器，继续以 0.1%FSR 的速率斜降 FSRSD，直至任意一个火焰检测器给出熄火信号，延时 1s 后控制逻辑 L28CAN 反转，L83JSD5 逻辑为"1"，积分器输出按 FSKSD5 的 1%FSR/s 的速率迅速下降，直至熄火关闭燃料。实际停机过程还会受到其他一些控制逻辑的控制和制约。

整个停机过程中的 FSRSD 的变化规律如图 9-41 所示。停机过程中，如发电机解列 8min 后机组仍在运行，机组将被遮断；如果熄火前机组转速降至 K60RB，延时 30s 后机组也将被遮断。

(2) FSRMIN 设置 FSRMIN 是能持续维持燃烧室燃烧的最小燃料流量，设置 FSRMIN 是为了确保其他形

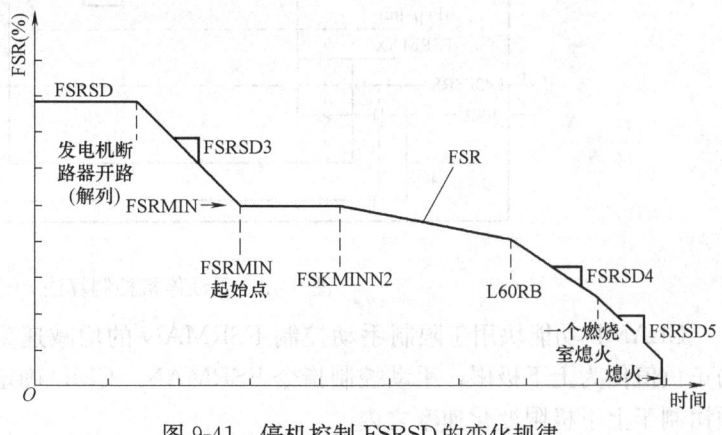

图 9-41 停机控制 FSRSD 的变化规律

式的 FSR 控制不会发出引起熄火的燃料水平的指令。

FSRMIN 利用线性插值法进行计算,是修正转速 TNHCOR 的一个函数。停机期间采用常数 FSKMINDn($n=1,2,3,4$)以及相应的转速常数 FSKMINNn($n=1,2,3,4$)从一个 4 点的线性插值得到,见表 9-6。

FSKMIND4 的设定不能过低,否则甩负荷或同期时可能熄火;也不能设定过高,否则机组转速在升至额定转速后会继续升速,因为转速控制不能将 FSR 降至 FSKMND4 规定的水平以下。

表 9-6　FSRMIN 典型控制常数

n	1	2	3	4
FSKMINNn(%)	5.0	40.0	82.0	85.0
FSKMINDn(%/s)	5.841	7.257	8.673	10.0

6. 手动控制系统

在控制器故障或调试时,操作员可通过操作接口手动控制 FSR。手动控制燃料行程基准 FSRMAN 也被送入最小值选择门。

手动 FSR 控制主要通过中间值选择门实现,如图 9-42 所示。最大值 FSRMAX 和零两个输入构成 FSRMAN 的最大和最小极限。第三个输入信号一般作为中间值被中间值选择门选中作为 FSRMAN 输出。一旦 FSRMAN<FSRMAX,手动控制有可能被最小值选择门选中控制机组运行,图 9-42 中上部比较器比较条件成立,L60FSRSG 逻辑置 1,向控制系统发出通报信号。

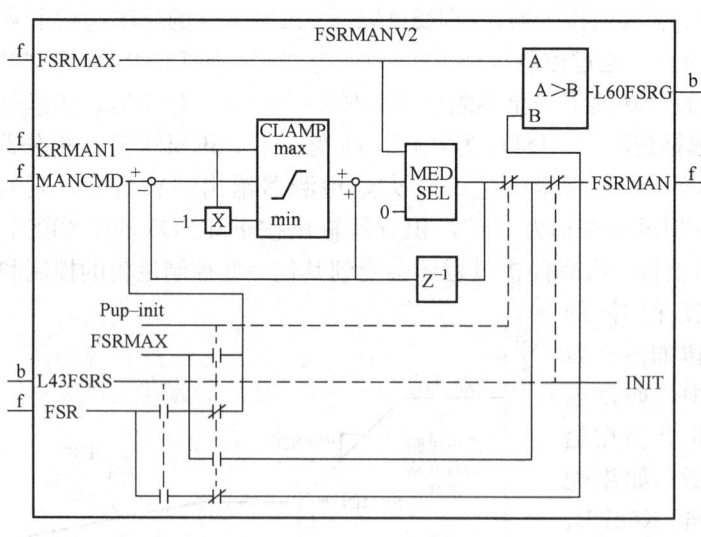

图 9-42　手动停机控制算法

CLAMP 功能块用于限制手动控制 FSRMAN 的增减速率钳位,以控制常数 KRMAN1 的正负值作为上下极限,手动控制指令 FSRMAN_CMD 确定的 FSRMAN 增减变化速率必须钳制于上下极限变化速率之内。

在通电过程 Pup-init 为"1"时，受其控制的 5 个伪触点同时动作，切断 FSRMAN_CMD 通过中间值选择门的输入，同时把 FSRMAX 作为 FSRMAN 输出，保证手动控制完全退出控制。

FSR 预置关闭开关逻辑 L43FSRS 的作用与前者类似。L43FSRS 逻辑为"1"，相应联动的三个伪触点同时动作，把现行输入 FSR 作为控制信号输出，同时将其送入手动控制的数字积分器，达到限制 FSR 变化速率的目的。

7. 压气机排气压力控制

20 世纪 90 年代中、后期，在主控系统中加入了通过压气机压比来限制 FSR 的控制方式。首先根据压气机的进气压降、大气压、压气机排气压力和相关控制常数根据下式计算得出实际压比值

$$\text{CPR} = \frac{(\text{CPD} + \text{AFPAP} \times \text{CPKRAP})}{\left(\text{AFPAP} - \dfrac{\text{AFPCS}}{\text{CPKRPC}}\right)} \times \text{CPKRAP} \tag{9-28}$$

再根据压比计算出压比的偏差量

$$\text{CPRERR} = \text{CPRLIM} - \text{CPR} - \text{CPKERRO} \tag{9-29}$$

最终得到压气机排气压力控制 FSRCPR

$$\text{FSRCPR} = (\text{CPRERR} + \text{CPKFSRO}) \times \text{CPKFSRG} + \text{FSR}_{\text{TC}} \tag{9-30}$$

式中　CPR——根据压气机排气压力 CPD 计算得出的压气机压比；
　　　CPD——压气机出口压力（psi）（即 lb/in²）；
　　AFPAP——大气压力，可采用测量值或按常数处理（inHg）；
　　AFPCS——进气系统总压压差（inH₂O）；
　　CPKRAP——控制常数，确定的大气压基准值（lb/in²），一般取 0.4912；
　　CPKRPC——单位转换系数，13.608 inH₂O/inHg；
　　CPRERR——压比的偏差量；
　　CPRLIM——计算得出的压比极限；
　CPKERRO——压气机压比偏差的偏置值；
　CPKFSRO——压气机压比极限的 FSR 偏置值；
　CPKFSRG——压气机压比极限 FSR 的增益值；
　　FSR$_{\text{TC}}$——FSR 随 CPKFSRTC 的渐变时间常数值。

压气机排气压力限制输出燃料行程基准 FSRCPR 的步骤如图 9-43 所示。控制系统的 ＊＊＊.m6b 文件中的 CPRV2 算法如图 9-44 所示。

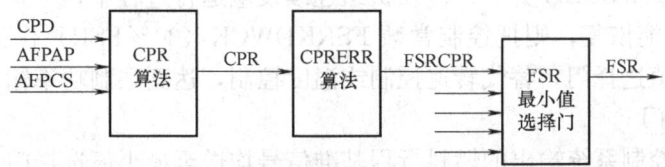

图 9-43　压气机排气压力控制 FSRCPR 计算步骤
注：AFPAP—确定的大气压力（实测或者采用常数），单位为 inHg；AFPCS—进气系统总压压差，单位为 inH₂O；CPD—压气机排气压力，单位为 psi（lb/in²）。

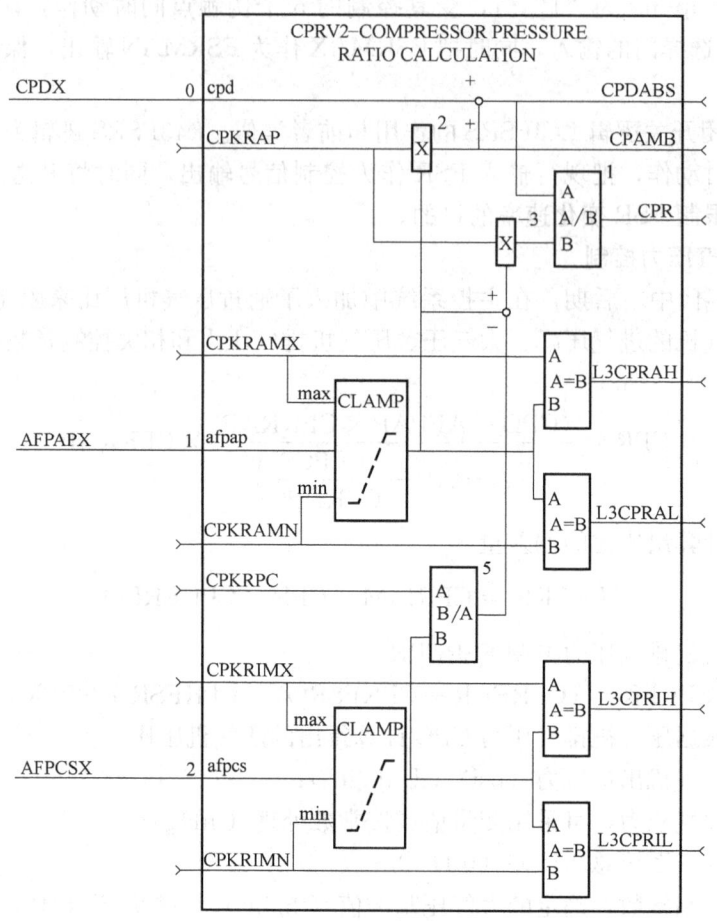

图 9-44 CPRV2 算法

如果压气机运行过程中出现排气压力偏高的异常情况，就有可能导致燃烧温度过高。压气机排气压力控制的作用是一旦出现压比偏差下降（甚至 CPREER 可能出现负值）时，降低 FSRCPR 输出，降低燃料供给，防止出现超温，同时也实现对压气机的保护。

8. 输出功率控制

输出功率控制主要在机组同期并网后，功率变送器出现故障时对其输出 FSRDWCK 进行限制，压低 FSR，减少机组燃料供给以限制其输出功率。

并网后，如果测量输出功率大于给定值 DWKFLT（1～2MW），则认为功率变送器工作正常，逻辑信号 L3DWBCOK 为"1"。在机组连续发电运行过程中，一旦功率变送器出现异常，并且在 5s 内未能恢复，则把控制常数 FSRKDWCK（30%FSR）作为新的 FSRDWCK 输出，并送至最小值选择门，替代转速控制或温度控制，达到限制功率输出的目的。

9. 最小值选择门

前面所述 8 个控制系统输出的燃料行程基准信号均送至最小值选择门，选出其中最小的赋值给 FSR 作为当前选用的燃料行程基准。同一时刻只有一个控制系统的燃料行程基准通过最小值选择门，执行对机组的控制。最小值选择门的设置确保了各控制系统之间的协同配合。

燃机点火时，FSR＝FSRSU，机组处于起动控制，其他控制系统处于退出状态。这是由于：

1) 转速远低于转速基准值（此时转速基准设置为启动初始值），FSRN＝FSRMAX。

2) 转子由起动装置驱动，转速增加不会太快，加速控制系统不可能进入控制，FSRACC 接近于最大值 FSRMAX。

3) 燃机点火排烟温度很低，温控系统不可能进入控制，FSRT＝FSRMAX。

4) 起动过程中没有停机信号，停机控制处于退出状态，FSRSD＝FSRMAX。

5) 非手动情况下，FSRMAN＝FSRMAX，手动控制退出。

6) 压气机压比很低，FSRCPR≈FSRMAX，处于退出控制状态。

7) 起动期间，发电机没有负荷，FSRDWCK＝FSRMAX，也退出控制。

暖机阶段也只有起动控制系统进入控制。暖机后的加速过程开始仍然由起动控制系统控制机组加速，除非转子加速率达到加速控制的加速基准值。这一阶段转速控制和温度控制作为后备控制和限制。

燃机加速过程中排气温度 TTXM 和转速 TNH 也随之上升。转速 TNH 上升至 $90\%n_0$ 左右，转速控制开始介入，转速基准 TNR 按起动的上升速率斜升，同时转速 TNH 近似直线上升，其输出 FSRN 上升速率已经比起动控制系统加速阶段提供的 FSRSU 上升速率低，在 FSRN 小于 FSRSU 时，起动控制系统退出对机组的控制，再以后则可能是转速控制和加速控制交替控制的复杂过程。起动程序完成后，转速控制在 $100.3\%n_0$，加速停止，FSRACC＝FSRMAX，加速控制退出，FSR 由转速控制进行控制，机组处于全速空载状态，等待并网。

并网运行后，起动控制、加速控制处于退出状态。在出力较低的情况下，排气温度达不到温控基准，温度控制系统处于退出状态，由转速控制系统控制机组运行。调整转速基准可平移机组静态特性曲线改变机组出力。当出力增加至额定负荷附近，排气温度达到温控基准，温度控制系统取代转速控制系统对机组进行控制。在温度控制条件下，机组出力被温控所限，这时不能通过改变转速基准值而改变机组出力。但如果运行负荷选择由基本负荷改为尖峰负荷，由于温控基准的提高，温度控制系统退出控制，重新由转速控制系统控制机组，又可以通过增加转速基准 TNR 进一步提高机组出力，直至达到尖峰负荷温控线。

上述 FSR 的输出依赖于主保护逻辑 L4 为"1"。一旦燃机出现遮断，L4＝0，则退出主保护，最小值选择门的输出被遮断，FSR 立刻被钳位至零，切断机组燃料供给，以保证机组安全。

图 9-45 所示为含有 8 个控制子系统的主控系统总貌。通过最小值选择门选出其中最小的 FSR 值，作为当前执行控制的 FSR 送往燃料控制系统。

9.2.3 燃气轮机顺序控制系统

燃气轮机的顺序控制程序经历了一系列变化。在 MARK Ⅰ 和 MARK Ⅱ 阶段，分别采用继电器或固态元件的硬件门电路控制；从 MARK Ⅳ 开始采用软件方式，以伪继电器程序语言编制阶梯程序。对 MARK Ⅳ 控制盘中控制程序的编写、修改等编辑工作离不开伪继电器程序语言及相应操作指令。

对于 MARK Ⅴ 控制盘，直接通过 IDP 应用程序的主程序编辑器，运行 CSP EDITOR

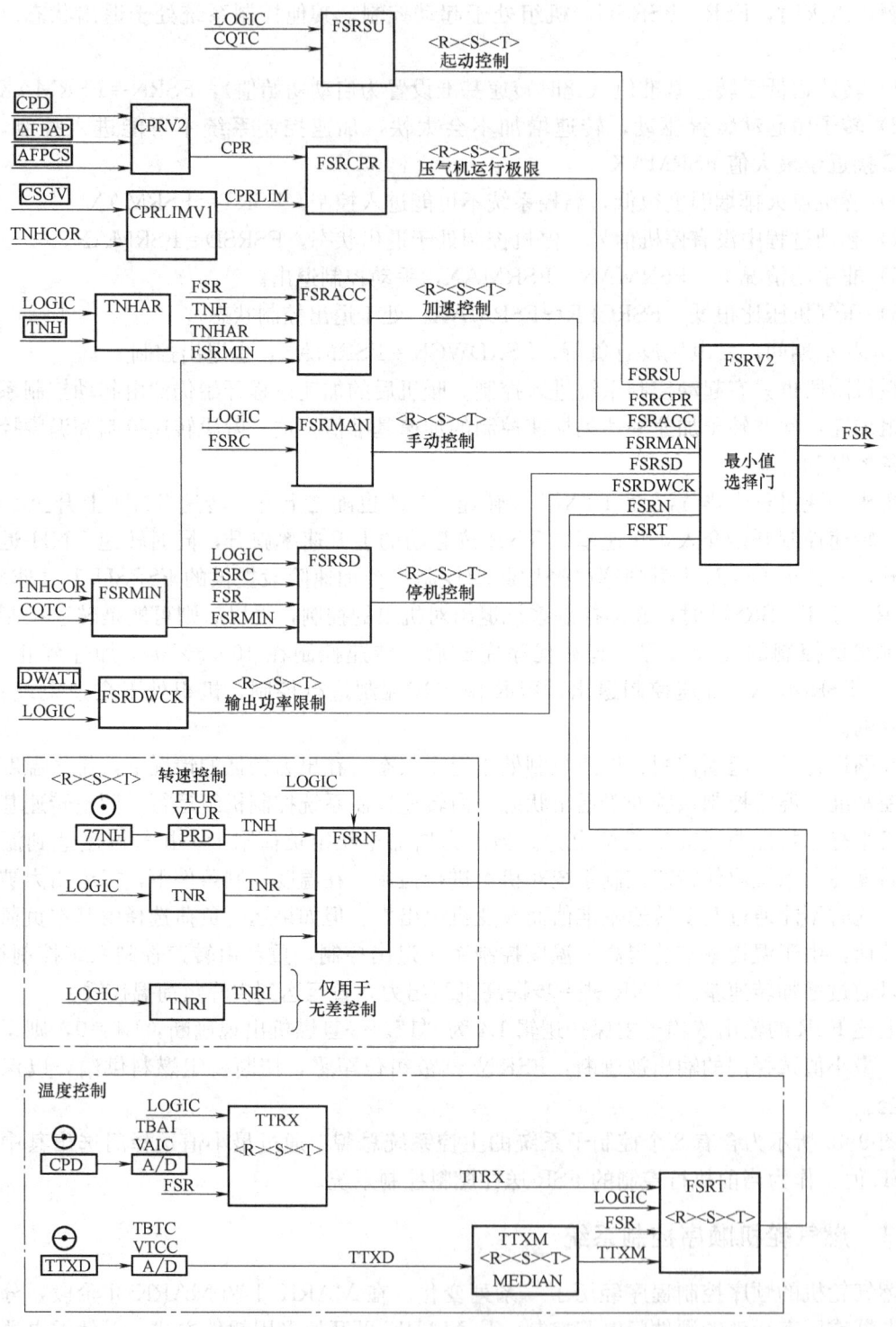

图 9-45 含有 8 个控制子系统的主控系统总貌

就可以直接在接口处理器上完成编程。采用 BBL（Big Block Language）模块化语言，通过图形调用，把伪触点符号、伪线圈符号和一些较为复杂的计时器、计数器甚至更大一些的专用大程序块编辑在一起，组成恰当控制程序，编制全部或修改部分 CSP，较 MARK Ⅳ 直观便捷的多。

MARK Ⅵ 控制盘更加人性化，只需在人机接口计算机上打开 Toolbox 下的 ***.m6b 应用程序文件即可。通过调用 SBLIB 和 TURBLIB（或 Industry Block）模块化程序以及各种宏（Micro）和模块（Module），按照需要把它们组合到各个任务中，即可完成编程和修改工作。

1. 起动顺序控制

起动顺序控制，完成包括从起动机起动、带动燃机转子转动、点火、加速直至额定转速等整个起动过程中的顺序逻辑控制。起动程序安全控制燃气轮机从零转速加速至额定转速，整个过程要求燃气轮机热通道的低周疲劳为最小，既保证起动迅速，又不能产生太大热应力。另外，起动程序还涉及一系列辅机、起动机和燃气轮机控制系统的顺序控制命令。起动程序必须根据送来的信号进行判断，及时查验各有关设备所处状态，对相关设备进行适时运作。这些程序的顺序逻辑不仅与实施控制的设备有关，还和保护回路相关。

起动程序发出各项控制指令首先依赖于当前燃气轮机转子的转速，转速的正确检测对起动过程的完成至关重要。燃气轮机采用电涡流式磁性传感器测量转速。当转速达到一系列关键值时程序将发出一系列控制指令使相应电磁阀、风机等设备动作。燃机轮机控制系统设置的转速级见表 9-7。其中关键的转速逻辑有下列四个：

（1）零转速逻辑 L14HR 当 TNH≤TNK14HR1 时，L14HR=1；TNK14HR1 控制常数为零转速逻辑为"真"的触发值。当 TNH≥TNK14HR2 时，L14HR=0；TNK14HR2 控制常数是转速逐渐变化过程中零转速逻辑为"假"的释放值。当转速介于触发值和释放值之间时，零转速逻辑 L14HR 为"真"或"假"要根据转速的变化趋势来看。TNH 从低于触发值上升，在不超过 $0.5‰n_0$ 的释放值之前，L14HR 的闭锁作用仍保持为"真"；如果转速 TNH 从大于释放值下降，在降至 $0.06‰n_0$ 的触发值以前，零转速逻辑保持为"假"的状态。

当主轴转速低于 L14HR 释放值或在没有转动时，L14HR 触发，逻辑允许信号使离合器开始带电，开始燃气轮机盘车程序。

表 9-7 燃气轮机控制的转速级

名 称	代 号	转速信号	触发值/释放值（$‰n_0$）	主要功能
零转速	14HR	TNK14HR1/2	0.06/0.5	停转信号
冷拖转速	14HT	TNK14HT1/2	8.4/3.2	冷拖
最小点火转速	14HM	TNK14HM1/2	10.0/9.5	进入清吹阶段
清吹转速	14HP	TNK14HP1/2	17.0/16.0	清吹完成、准备点火
升速转速	14HA	TNK14HA1/2	50/46	机组加速
自持转速	14HC	TNKHC1/2	60/50	起动电机脱扣
起励转速	14HF	TNK14HF1/2	95/91	发电机磁场起励
运行转速	14HS	TNK14HS1/2	95/94	起动完成

（2）最小点火转速逻辑 L14HM 当 TNH≥TNK14HM1 时，L14HM=1。当 TNH≤TNK14HM2 时，L14HM=0。在 TNH 由释放值以下上升至触发值前，L14HM 保持为

"假";在 TNH 由触发值以上下降至释放值之前,L14HM 保持为"真"。

最小点火转速逻辑表示燃气轮机达到了允许点火的最小转速。在火花塞点火之前需完成清吹周期,才能点火。在停机过程中 L14HM 最小点火转速逻辑置"0",则提供了燃气轮机停机后再起动的几个允许逻辑。

(3) 加速转速逻辑 L14HA 加速转速逻辑 L14HA 的触发值为 TNK14HA1(典型为 $50\%n_0$),释放值为 TNK14HA2(典型为 $46\%n_0$)。L14HA 的触发主要用于开始 FSR 加速控制;其释放主要用于热停机过程中把 FSR 钳位至零,使燃气轮机熄火。

(4) 运行转速逻辑 L14HS 其触发值和释放值分别为 TNK14HS1 和 TNK14HS2。L14HS 为"真"主要用于表示起动程序已经完成,从而关闭压气机防喘放气阀,停运交流润滑油泵等辅机;L14HS 为"假"主要用于开起压气机防喘放气阀,起动交流润滑油泵等辅机,继续下降转速基准直到最小值。

2. 燃气轮机的起动控制

燃气轮机起动过程是在顺序控制系统的起动控制和主控系统中的起动控制共同作用下完成的。前者给出从起动开始的顺序控制逻辑信号,后者从燃气轮机点火开始控制燃料命令信号 FSR 值,二者相互关系可参见图 9-46。

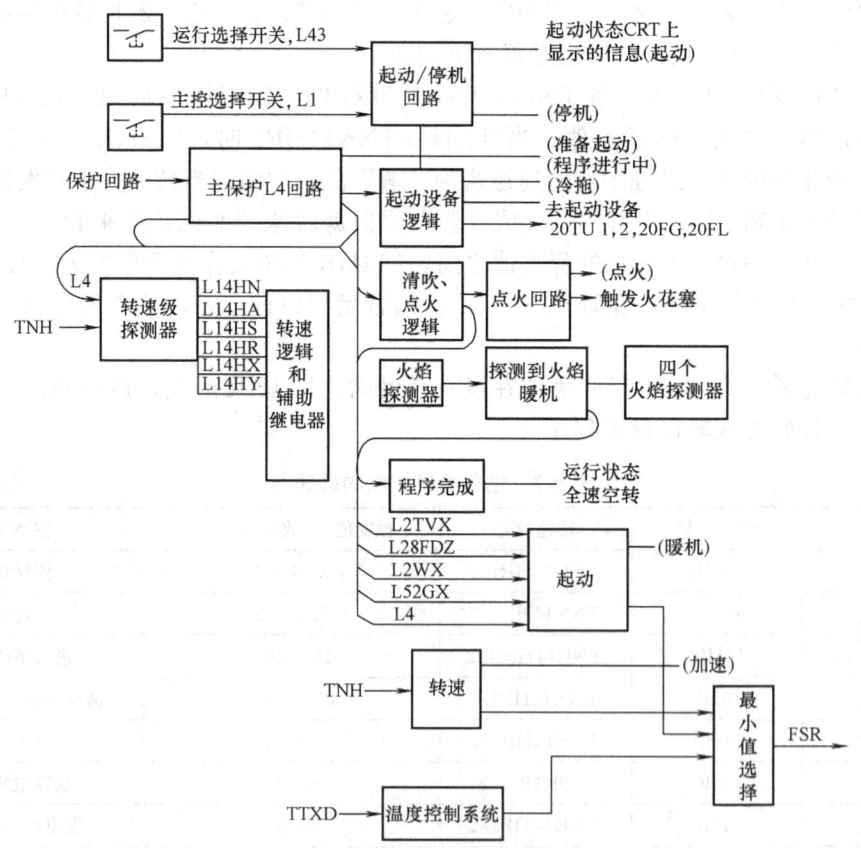

图 9-46 典型燃气轮机起动控制框图

起动控制作为开环控制,用预先设置的燃料命令信号 FSR 来操作。这些预设值包括"最小"、"点火"、"暖机"、"加速"、"最大"值等。具体数值由控制技术条件规定,同时根据现场条件给予适当调整。这些 FSR 数值存储于 MARK Ⅵ闪存中。

起动控制 FSR 信号通过最小值选择门起作用，以保证其他控制功能能按要求限制 FSR。燃料命令信号由控制系统起动软件发出。除三个起动值（点火、暖机、加速）外，软件还设置最大和最小 FSR，并提供手动控制 FSR。按下"MANUAL CONTROL"开关和"FSR GAG RAISE OR LOWER"开关，就可在 FSRMIN 和 FSRMAX 之间手动调整 FSR 给定值。

如果所有保护电路和遮断闭锁都具备了"准备起动允许条件"，起动命令进入起动顺序控制，开始执行起动程序。

一旦轮机主轴开始转动，由发电机作为起动电动机提供转矩。转速继电器指出燃气轮机在清吹和燃烧室点火要求的转速下运转。这时需进行天然气的起动泄漏试验，清吹计时器开始计时，清吹时间长短应以使整个机组换四次空气为准，以保证任何可燃混合物从燃气轮机系统内部清吹干净。清吹计时一般为 1min，对大型的 9E 和 9FA 联合循环机组，特别是燃用气体燃料时，规范中通常规定清吹时间为 10min，甚至 15min。起动设备保持转速直至完成清吹周期。

清吹周期完成后给出燃料流量，点火过程设置了点火 FSR 和点火计时器开始点火计时，点火持续时间一般为 60s 或 30s。火焰检测器输出信号指出燃烧室中已建立火焰，暖机计时器开始计时时，燃料命令信号 FSR 降至暖机值，减少燃料供给以减小点火开始阶段燃机热通道部件的热应力。

点火计时器逻辑为"真"时，若未能建立稳定火焰，将发出点火失败报警。这时，为避免燃料积聚在燃烧室和涡轮机区域，务必要重新进行清吹，甚至要重新回到零转速重新起动机组。

暖机周期完成后，起动控制 FSR 以预定的速率斜升到"加速极限"的给定值，把起动周期设计成能够使加速周期所产生的工作温度适中。这是通过 FSR 缓慢增长来完成的。由于燃料增加，燃气轮机开始进入加速阶段，起动机仍然向燃气轮机主轴提供转矩，直到达到机组的脱扣转速，起动机方能停止工作。转速继电器指出燃气轮机正在加速。

转速继电器触发时，起动过程完成，起动程序就此结束。燃气轮机由转速控制回路控制。相关辅助系统可能出现必要的动作，如进口导叶 IGV 从最小开度开至最小全速角位置。

起动期间，起动控制软件建立最小允许的 FSR 信号值。如前面所述，其他控制回路在起动加速阶段也可以减少和调节 FSR 以完成他们的控制功能。但如果达到温度控制限制，则是不正常的。CRT 上将显示正在进行限制或正在进行控制的 FSR。

MARK Ⅵ系统中的最小 FSR 限制是为了避免 FSR 的过分降低，以致在过渡过程期间熄火。例如：燃气轮机突然甩负荷，燃气轮机控制系统回路要把 FSR 信号迅速压低，而最小 FSR 给定值则建立了避免熄火的最小燃料流量值。图 9-47 所示为典型的燃气轮机起动曲线。

对于单轴联合循环机组，汽轮机的起动过程按照停机到再次起动的间隔时间可分为冷态起动、温态起动、热态起动，分别对应时间 72h 后、48h 后、8h 后。8h 以内则为极热态起动。联合循环机组起动时间和速率的选择取决于气缸温度和燃气轮机排气温度之间的金属温度匹配程度。

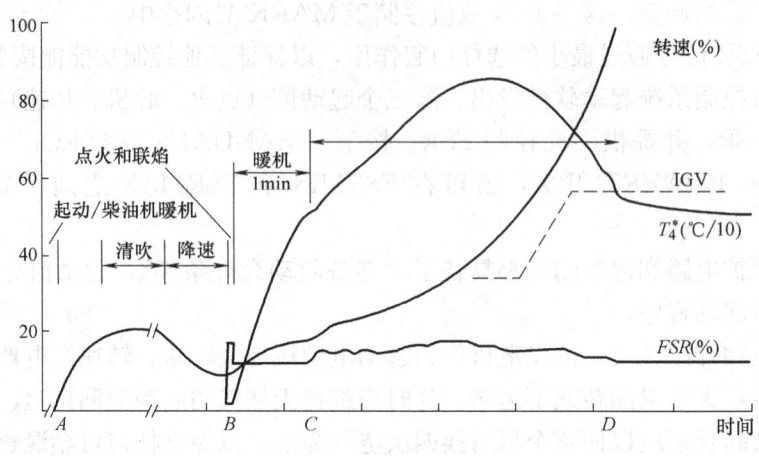

图 9-47 典型燃气轮机起动曲线

3. 燃气轮机正常停机

正常停机亦称热停机（Fired Shutdown），既不同于燃气轮机点火前（冷拖期间的）停机，也不同于紧急停机。此外，燃气轮机在一些不是很严重的故障情况下会发出自动停机的 L94AX 信号，使机组逐渐降负荷、逐渐降转速直至熄火停机，与正常停机类似。他们的停机过程是按顺序步骤逐步进行，而非采用突然切断燃料的方式。

正常停机在人机接口起动显示页面上进行操作。操作员在 MASTER CONTROL 主控区选择 STOP 停机命令，在弹出窗口中单击 OK 按钮，将会通过 L1STOP_CPB 发出 L94X 命令。如果此时发电机断路器在闭合状态，则转速/负荷基准 TNR 开始下降，以正常速率减少 FSR 和负荷。逆功率继电器动作，立即断开发电机断路器。随后转速基准 TNR 继续下降，转速也逐渐下降。转速降至 K60RB（25%～45%n_0）常数设定值时，FSR 被钳位到零；燃料截止阀关闭，燃机熄火，进入惰走程序。

9.2.4 进口导叶（IGV）的控制

大功率机组中大都采用了压气机进口导叶 IGV（Inlet Guide Vane），可以根据燃气轮机运行需要改变 IGV 角度，调整压气机进气流量。

早期 IGV 控制只有开、关两种位置状态，通过限位开关指示其所处位置：在燃气轮机修正转速（TNHCOR）为 85% 以下时，IGV 处于 34°的关闭状态；修正转速在 85%～100%区域时，IGV 从全关开启至全开的 84°，如图 9-48 所示。此后，IGV 发展到连续可调，采用线性可变差动变压器 LVDT 的 96TV 变送器作为 IGV 开启角度测量的反馈，使得 IGV 角度控制更加随意和准确，更能切合燃气轮机运行的需要。此外，还增加了 57°最小全速角位置。当修正转速达到 100%时，IGV 处于最小全速角位置，而后随机组并网后负荷的增加逐渐开启至 84°的全开位置。对于进口导叶全开或全关角度的设置也因机组不同而有所不同，全关角度通常采用

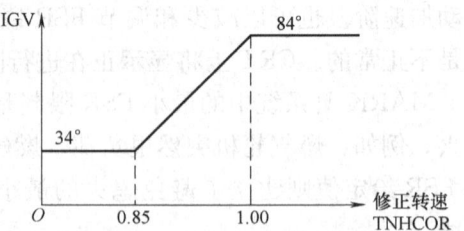

图 9-48 早期进口导叶 IGV 的两位控制方式

34°，另有一些机组采用 32°或 38°。全开角度多采用 84°，个别机组采用 88°。

燃气轮机运行主要针对下列三种情况来调整 IGV 的开度：

1) 在起动或停机过程中，燃气轮机转子以部分转速旋转，此时可以通过关小 IGV 角度，减少进入压气机的空气流量避免压气机出现喘振，扩大压气机稳定工作的范围。此外，起动过程中关小 IGV，压气机流量减小，机组的起动阻力矩变小，减小起动过程中的压气机功耗，可减小起动装置的配置功率。起动功率不变可缩短起动时间。

2) IGV 温控。通过对 IGV 开度进行控制，实现对燃气轮机排烟温度的控制。该控制主要针对燃气轮机联合循环机组。在联合循环运行机组中，燃气轮机排烟进入后面的余热锅炉进行热量回收。燃气轮机排烟温度接近余热锅炉设计工况温度时，可保证余热锅炉正常工作，获得理想的效率。燃气轮机排烟温度与其所带负荷有关。部分负荷条件下可适当关小 IGV，减少空气流量，维持较高的排烟温度。这样可在燃气轮机效率基本不变的条件下获得较高的余热锅炉-汽轮机效率，总的联合循环效率也相应较高。

3) 满足联合循环机组金属温度匹配的要求。对于单轴联合循环机组或没有旁通烟囱的联合循环机组，燃气轮机排气温度随负荷增加而逐步上升，余热锅炉向汽轮机提供的主蒸汽温度也随燃气轮机排烟温度上升而上升。汽轮机执行冷态起动时，需要有合理的温度梯度确保气缸有足够的膨胀时间，这就要求限制燃气轮机排气温度，保证其与汽轮机气缸温度差值维持在 110℃以内。这可通过适当打开 IGV 增大空气流量，实现对燃气轮机排气温度的限制。

1. IGV 控制原理

IGV 控制原理及其基准输出信号与线性可变差动变压器 LVDT 的 96TV 的位置反馈信号进行比较，利用二者差值推动执行机构把 IGV 调整到目标位置。

IGV 控制基准是关于燃气轮机修正转速的函数。修正转速由燃气轮机实际转速经修正之后得到，如式（9-29）所示。IGV 控制基准包括：部分转速控制基准、IGV 温度控制基准和手动控制基准。控制基准的算法如图 9-49 所示。

$$\text{TNHCOR} = \text{TNH} \times \sqrt{\frac{\text{CQKTC\_RT}}{460°\text{F} + \text{CTIM}}} \tag{9-31}$$

式中　CQKTC_RT——压气机的温升率（540°F）；
　　　CTIM——压气机进气温度。

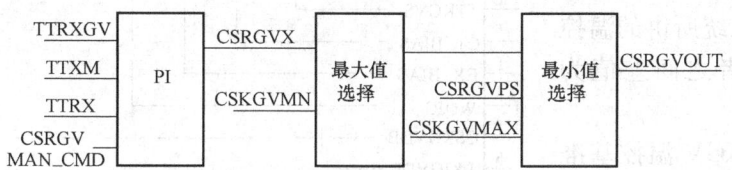

图 9-49　IGV 控制基准算法

注：TTXM—透平排气温度；TTRX—排气温度控制基准；TTRXGV—IGV 温度控制基准；
CSRGVMAN_CMD—IGV 手动控制指令；CSRGVX—IGV 温度和手动控制基准；
CSKGVMN—IGV 最小全速角（49°）；CSRGVPS—部分转速 IGV 控制基准；
CSKGVMAX—IGV 全开（89.5°）；CSRGVOUT—IGV 的伺服输出基准。

部分转速控制基准算法如图 9-50 所示。图 9-50 中的上半部分用以计算修正转速。部分转速控制基准通过中间值选择门选择输出，CSKGCMAX（84°）为中间值选择门上限输入，CSKGVPS3（34°）为其下限输入。另外一个输入通常被中间值选择门选中作为部分转速控制基准。

$$CSRGVPS = (TNHCOR - CSKGVPS1) \times CSKGVPS2 \tag{9-32}$$

CSKGVPS1（78.9%）决定了 IGV 开启的起始点，CSKGVPS2（6.67°/%）决定了开启的速率。部分转速控制的角度范围极限为 34°~57°，而不可能达到 84°的全开位置，如图 9-51 所示。必须在 CSRGVX＞CSRGVMIN 的情况下，才能继续开启至 84°。

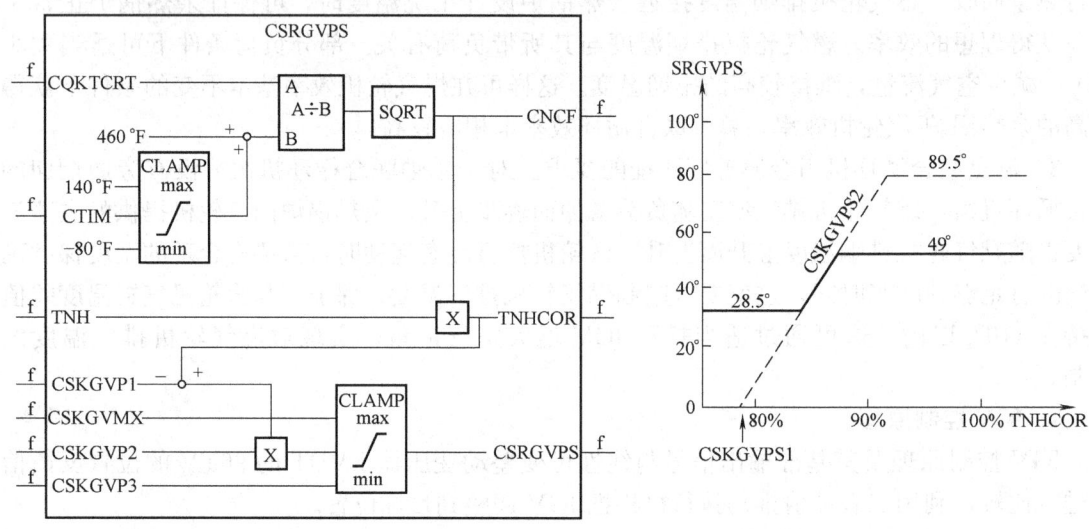

图 9-50 部分转速控制基准算法　　图 9-51 部分转速 IGV 控制范围

图 9-52 给出了 IGV 温控基准的算法。其中 CPD 为压气机排气压力；TTKGVC 为 IGV 温控 CPD 基准拐点（132.1psi）；TTKGVI 为 IGV 温控排气温度基准等温线（1035°F）；TTKGVS 为 IGV 温控排气温度斜率（1.726°F/psi）。经压气机出口压力偏置修正的 IGV 温控线和主控系统所讲的温控线相吻合，二者之间差值为 CSKGVDB。

根据 TTRXGV 温控基准送至图 9-49 中计算 CSRGVX 的 IGV 角度基准，其输入还包括手动 IGV 基准。最小全

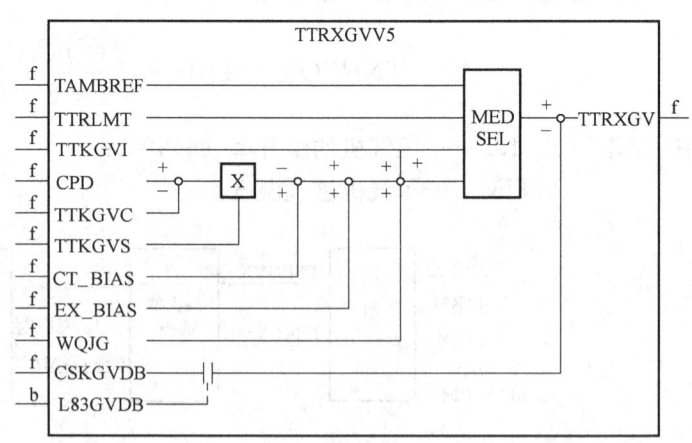

图 9-52 IGV 温控基准算法

速角 57°、全开角 84°和部分转速角度基准经最小值选择门，最终输出 CSRGVOUT 作为 IGV 的角度控制基准值。

2. IGV 的动作

以 34°~57°~84°的角度设置机组为例，机组正常起动时，IGV 开始保持全关（处于最小开度位置），直到转速达到额定转速。之后 IGV 逐渐开启，在全速空载或带 20% 以下负荷时，开启至最小全速角位置（57°）。发电机断路器闭合后，通过压气机放气阀和 IGV 配合动作，维持压气机具有一定的喘振裕度。

对于简单循环燃气轮机发电机组，在排气温度达到单循环的 IGV 温控给定点之前，保持处于最小全速角位置。相同工况条件下，单循环温控线始终比基本温控线低 300°F。图 9-53 中 A 点为燃气轮机起动程序结束后 IGV 的最小全速角工作点。在达到单循环温控给定点 B′ 之后，随负荷增加逐渐增加 IGV 开度，燃气轮机运行点沿单循环 IGV 温控线移动，直至达到 C′ 点。在 C′ 点，IGV 处于全开位置，即 84°。之后如进一步增加负荷，燃气轮机排烟温度将超过单循环温控线，但排烟温度仍要受基本温控线制约，直至达到图 9-53 中所示 D 点位置。此外，还可以采用恒定控制常数 CSKGVSSR（700°F）控制排烟温度，据此调整 IGV 开度。

联合循环发电机组采用 IGV 温控方式运行，在达到联合循环 IGV 温控给定点之前，保持最小全速角位置（见图 9-54）。在相同 CPD 偏置点条件下，联合循环温控线较燃机基本温控线低 10°F，随着燃气轮机输出功率增加，IGV 保持最小全速角不变，燃气轮机排烟温度增加，直至达到 IGV 温控线上的 B 点。之后 IGV 开度将随燃气轮机输出功率增加而逐渐开启，燃气轮机运行点将沿 IGV 温控线变化，直至达到 C 点。在 C 点，IGV 已处于全开位置。之后若继续增加功率，则燃气轮机排烟温度将超过 IGV 温控线，直至增加至基本温控线上对应的 D 点。燃气轮机停机过程中 IGV 的变化与起动过程相反。

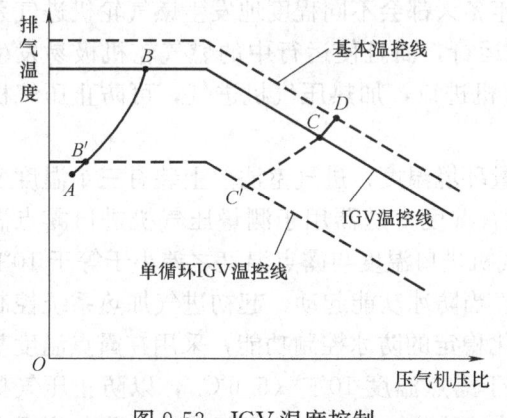

图 9-53 IGV 温度控制

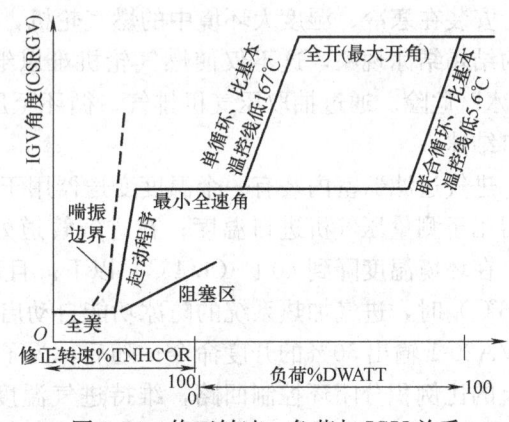

图 9-54 修正转速、负荷与 IGV 关系

操作员可随时通过人机接口 HMI 选择投入或不投入 IGV 温控方式，联合循环机组一般全部采用 IGV 温控方式运行。考虑到分轴联合循环机组简单循环运行的可能性，需要在运行人员操作界面上设置选择按钮。根据选择，控制系统将自动改变程序和相应控制常数，使 IGV 回到控制系统当时规定的开度位置上。接口计算机 HMI 的二级菜单中有"进口导叶校正（INLET GUIDE VANE CALIB）"和"进口导叶控制（INLET GUIDE VANE CONTROL）"两项，前者用于调试过程中校正 IGV 显示值与实际角度的一致性、调整线性可变差动变压器 LVDT 的 96TV 的位置等自动校正工作。操作者可以利用后者选择或退出 IGV 温控、显示汽轮机气缸温度匹配状态，及 IGV 手动控制功能的操作，必要时可通过该显示页面中选择字段的"开/关"来操控起闭 IGV。

9.2.5 压气机入口抽气加热控制

压气机入口抽气加热主要被 9FA 机组所采用。通过气动伺服调节系统，从压气机排气缸抽出部分高温、高压空气，经手动阀、气动控制阀，适时引入燃气轮机进气系统入口，加热压气机进气。进气抽气加热系统如图 9-55 所示。在气动控制阀全开的情况下，抽气量最多占压气机排气量的 5%。

气动控制阀 VA20-1 通过气动伺服执行器 65EP-3 保证其处于控制系统输出命令要求的开度位置，同时通过 4～20mA 变

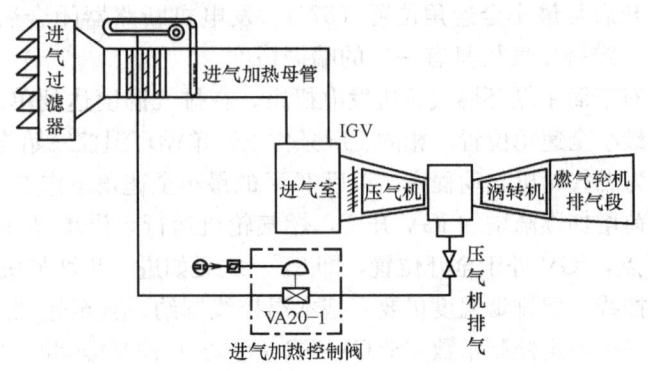

图 9-55 进气抽气加热系统

送器对其所在位置进行反馈，可实现位置故障检测。并且配备机械行程极限位置限位开关进行保护。

气动控制阀有三个控制基准：压气机进口防冰控制基准、预混燃烧方式扩展基准和压气机运行保护基准。在此三个基准中选取最大值作为控制阀位置的命令 CSRIHOUT。

1. 压气机进口防冰控制基准

安装在寒冷、湿度大环境中的燃气轮机，每年冬天都会不同程度地发生燃气轮机进气系统的结霜结冰现象，这不仅使燃气轮机难以继续运行，而且使运行中的燃气轮机极易发生"吞冰"危险。通过抽取压气机排气，循环至压气机进口，加热压气机进气，可防止压气机进口结冰。

进气过滤器室内装有一个温度变送器用于测量环境温度；进气室法兰上装有三个温度变送器用于测量压气机进口温度；在进气管道处装有湿度变送器用于测量压气机进口露点温度。在环境温度降到 40°F（4.4℃）以下，且压气机进口温度与露点温度之差小于等于 10°F（5.6℃）时，进气加热系统的防冰功能自动启用。当防冰功能起动，起初进气加热系统控制阀 VA20-1 输出 50% 的开度命令；随后，为了优化稳定的防冰控制功能，采用在露点温度基础上的比例积分闭环控制回路，维持进气温度大于露点温度 10°F（5.6℃），以防止压气机进口产生凝结水，或在压气机进口温度低于 0℃ 时，对燃气轮机安全运行造成危险。当露点传感器出现故障时，环境温度偏置基准用作后备控制，对压气机进气加热系统进行控制。

此外，MARK Ⅵ 提供了手动防冰加热控制，操作员可从 MARK Ⅵ 人机接口给 VA20-1 控制阀发出手动命令。其需要和其他一些入口抽气加热基准一起经过最大值选择门以后形成 VA20-1 控制阀的控制基准。

2. 干式低 NO_x 燃烧器入口抽气加热控制基准

9FA 机组的 DLN2.0 燃烧器可采用预混燃烧方式。燃烧之前，燃料和空气预先混合，控制火焰面温度低于空气中 N_2 和 O_2 发生化学反应生成 NO_x 的起始温度 1650℃，能够有效降低 NO_x 的排放水平。但预混燃烧可燃混合物的可燃极限范围较窄，且低温条件下火焰传播速度较低，CO 的排放量就会增大。燃气轮机负荷在较大范围变化时，为防止燃烧室熄

火，必须保证火焰温度的稳定。机组处于温控方式时，可通过调节进口导叶 IGV 角度来调节进入压气机的空气流量，使燃烧温度稳定，保证预混方式正常进行。

在正常的最小 IGV 角度和排气温度控制下，预混燃烧模式只能发生在基本负荷的 70%以上。为了扩大预混燃烧方式的范围，可以通过降低允许的最小 IGV 角度，使排气温度的可控范围扩大，从而使得预混燃烧方式能被扩展到更低的负荷（大概为基本负荷的 40%）来实现。但减小 IGV 角度，扩展预混燃烧模式至较低负荷，必然会导致压气机设计喘振裕度减小；同时，IGV 角度的减小还会导致较大的压降和总温下降，其一级静叶在一定环境温度下可能结冰。

通过在压气机排气缸抽取最高为 5%的排气，在压气机入口处与入口气流混合实现再循环技术能够有效地解决 IGV 减小所造成的上述问题。预混燃烧扩展方式的进气加热控制，用计算的进气加热系统质量流量与估算的压气机总的空气流量百分比表示，为进口导叶 IGV 开度的函数，二者关系如图 9-56 所示。

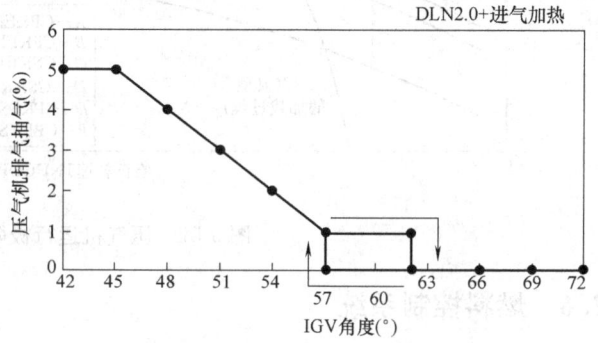

图 9-56　IGV 开度与压气机排气抽气量的关系

入口加热流量采用比例积分控制方式，通过 VA20-1 控制阀调节。百分比形式的抽气质量流量信号作为控制器的反馈，比例积分控制命令值为 IGV 角度的函数。比例积分控制输出为 VA20-1 控制阀的 DLN 控制基准。

压气机抽气流量的百分比由计算得出的加热进气质量流量除以估算的燃气轮机总的空气流量信号得到。对于抽气质量流量的计算，是在燃气轮机 MARK Ⅵ控制系统内设计 ANSI/ISA S75.01 的可压缩流体控制阀方程式（通过进气加热控制阀 VA20—1 的质量流量就是根据此方程式计算出来的）；利用 96BH-1、2 压力变送器测量控制阀 VA20—1 的进口压力和压降；压气机排气温度信号作为抽气温度。然后利用控制阀前、后压力 96BH-1/2、压气机排气温度、控制阀特性系数 C_v 三个参数，根据控制阀方程算出质量流量。

3. 压气机运行保护基准

燃气轮机压气机设计运行须低于其极限压比之下，而极限压比是 IGV 开度和修正转速的函数。在极冷的大气温度、IGV 角度很小、燃气初温很高、燃料组分热值很低、燃烧室水/蒸汽的喷注量等多种因素的共同作用下，有可能导致压气机压比接近于设计的极限值。

作为压气机工作极限保护的进气抽气加热，其特点可以用图 9-57 所示的压气机运行极限来表示。图 9-57 作为一个保护控制基准被引入到 SPEEDTRONIC 的软件中。压气机压比根据压气机进、出口压力传感器测量经计算后得出，作为闭环控制的反馈信号。如前面所述，进气抽气加热量采用比例积分控制进行调节，以此作为保护的基准和压比测量的反馈。抽气量最大为压气机排气流量的 5%就足以限制压气机的压比。

另外，还可通过 IGV 温度控制来抑制压比。通过启用闭环的比例积分控制，抑制温度控制曲线，迫使 IGV 打开，从而增加压气机运行的极限值。燃气轮机主控系统中的燃料控制 FSRCPR 作为备用限制控制只在负荷快速变化或进气抽气加热系统有故障时才会起作用。

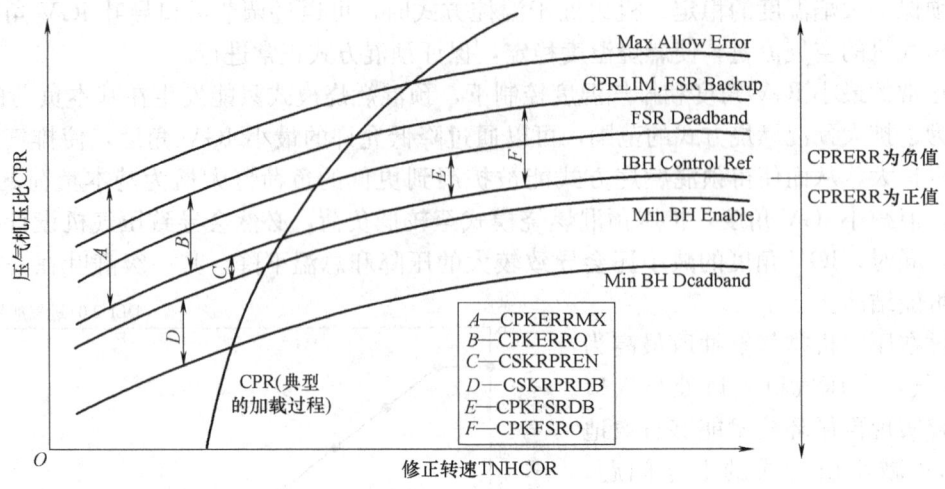

图 9-57　压气机运行极限示意图

9.2.6　燃料控制系统

燃气轮机通常配备液体、气体双燃料系统，燃机运行时可选择单一燃料，也可采用气、液混合燃料。燃料的选择、转换控制、混合比例计算和流量控制均通过燃料控制系统实现。

在 MARK Ⅵ 主控系统中最终确定燃料行程基准 FSR 的输出量，燃料控制系统根据 FSR 确定进入燃烧室的燃料总量。燃料总消耗量为

$$G_f \propto FSR \times TNH \tag{9-33}$$

燃料控制系统通过燃料分解器把总燃料消耗率分解为两种燃料的适当比例。

1. 燃料分解器

为适应液、气混合燃料运行，计算机控制算法把 FSR 分解为 FSR1（液体燃料行程基准）和 FSR2（气体燃料行程基准）两部分，即 FSR＝FSR1＋FSR2。燃料分解器算法如图 9-58 所示。

如果具备燃料转换条件，则 L83FZ＝1；同时，如果已选择液体燃料，则 L83FL＝1，FX1 将以斜升率所规定的速率向上积分。

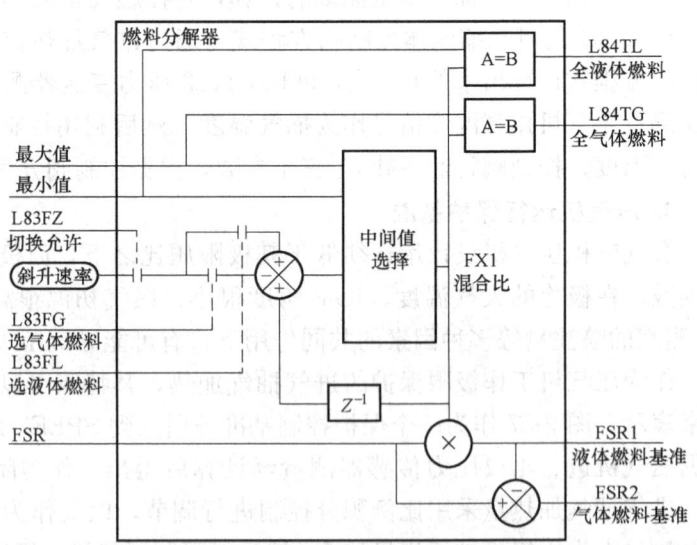

图 9-58　燃料分解器工作原理

在具备燃料转换条件时，如果选用气体燃料，则 L83FG＝1，FX1 将以斜升率所规定的速率向下积分，逐渐减小。

输出的 FSR 与 FX1 的乘积为液体燃料行程基准 FSR1，即

$$FSR1 = FSR \times FX1 \tag{9-34}$$
$$FSR2 = FSR - FSR1 \tag{9-35}$$

由此实现燃料的分解。

2. 燃料的切换和吹扫

若燃气轮机正在使用液体燃料运行，需切换为气体燃料，则 L83FG 置 1，同时 L83FL=0。这时切换允许逻辑 L83FZ 尚未置 1，FX1 和 FSR2 保持不变；FSR2 从零跳变到起始值，气体控制阀微微打开，泄去高压，建立由速比阀控制的燃料气体压力 p_2。

随后 L83FZ=1，燃料分解器向下积分，FX1 和 FSR1 减少，FSR2 逐渐增加。这个过程中泄去压力 p_2，并向燃料气母管充气。延时 30s 后，L83FZ=0，FX1=0，完成切换过程。L84TG=1，使液体燃料泵离合器释放，20FL 电磁阀失电使液体燃料截止阀关闭，并用雾化空气清吹液体燃料喷嘴。切换过程如图 9-59a 所示。

由气体燃料向液体燃料切换与上述过程类似。若正在使用气体燃料运行，则 L83FG 置 0，L83FL 置 1。由于 L83FZ 尚未置 1，FX1 和 FSR2 保持原值；FSR1 由零跳变至起始值，以免 FSR1 增加时液体燃料传送延迟。但如果此时气体燃料压力低，则免除 30s 延时时间。此过程中燃料分解器向上积分，FX1 和 FSR1 逐渐增加而 FSR2 逐渐减小，切换过程如图 9-59b 所示。

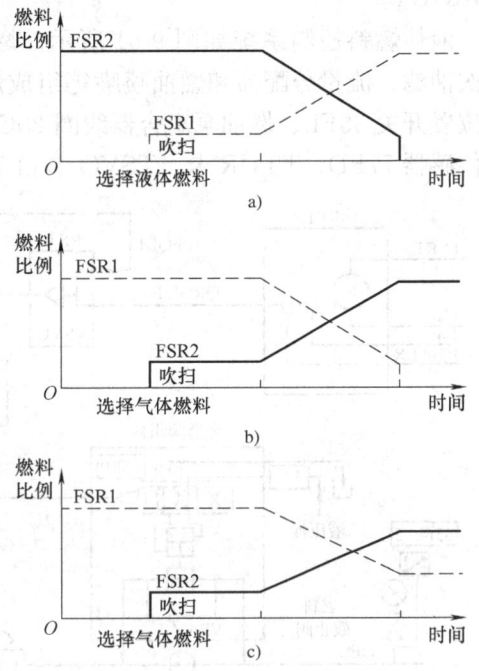

图 9-59 燃料切换过程

燃气轮机也可由单一燃料切换为气、液混合燃料。选择混合燃料时，L83FM=1，L83FG 和 L83FL 都为 0。通过操作员发出命令使燃料分解器的 FX1 维持在某一个混合比值，维持 FSR1 和 FSR2 的适当比例。其变化过程如图 9-59c 所示。

燃料切换和稳定混合燃料燃烧的燃料比例在选择时应注意以下问题：

1) 燃料选择必须在起动之前或在 25% 额定负荷以上时才能切换，切换过渡过程时间为 30s。

2) 在 25% 额定负荷及天然气燃料少于 60% 或 100% 额定负荷及天然气燃料少于 30% 额定负荷时，不能燃用气、液混合燃料，以避免喷嘴压比低于 1.02 而损坏燃油泵。

3) 液体燃料不能长时间小于 10%，以免过量燃油再循环导致燃油过热引起泵的损坏。

混合燃料的允许使用条件如图 9-60 所示。

任何使用双燃料系统的机组，特别是

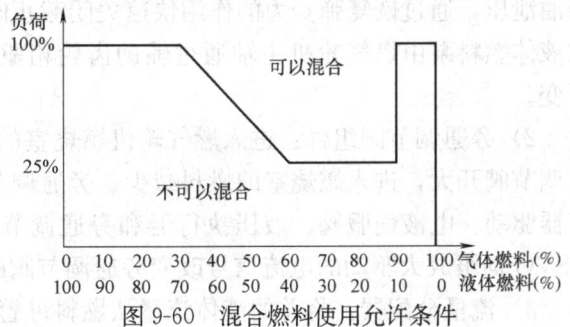

图 9-60 混合燃料使用允许条件

在运行过程中进行燃料切换的机组,必须设置两套燃料系统各自的吹扫装置和相应的控制程序,以保证对双燃料喷嘴的冷却,以及防止燃料喷嘴的积炭、堵塞和爆燃。

3. 液体燃料控制

液体燃料行程基准 FSR1 与转速 TNH 相乘后作为液体燃料流量基准,即

$$FQROUT = FSR1 \times TNNH \tag{9-36}$$

该基准作为控制计算机的输出指令,经 D/A 转换后进入液体燃料系统的硬设备。设备根据 FQROUT 调整液体燃料流量 $q_{\text{沿}}$,确保液体燃料流量的燃料分配器转速信号 FQL1＝FQROUT。

液体燃料控制系统如图 9-61 所示。燃料初滤、燃料截止阀、燃料泵、燃料泵限压阀、二次油滤、流量分配器和燃油喷嘴等组成燃料供应回路。燃料压力开关 63FL-2、燃料截止阀位置开关 33FL、燃油泵离合器线圈 20CF、旁通调节阀及其伺服阀 65FP、流量分配器转速传感器 77FD、TTUR 卡、TSVO 卡和 VSVO 卡等完成对液体燃料供应的控制。

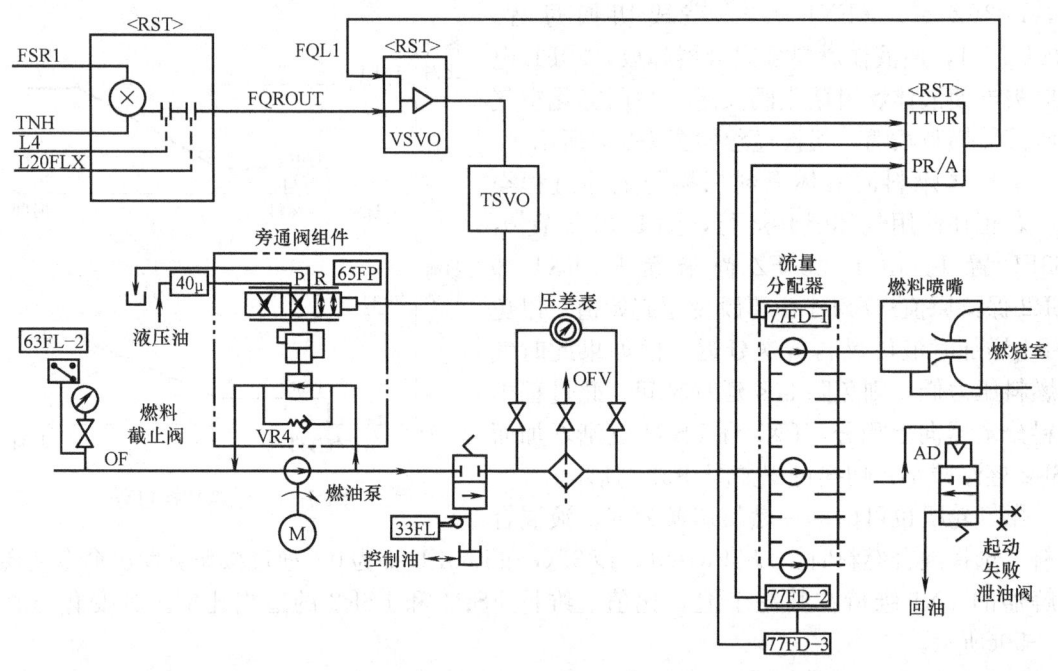

图 9-61 液体燃料控制系统

1) 燃料截止阀:用于快速切断燃料。当主保护逻辑 L4＝0 时,通过 20FL 电磁阀使控制油泄压,通过恢复弹簧力的作用快速关闭截止阀,切断燃料,遮断燃气轮机。定排量容积式液体燃料泵由燃气轮机主轴通过辅助齿轮箱驱动。在额定转速运行时,燃料泵排量固定不变。

2) 旁通调节阀组件:进入燃气轮机燃烧室的燃料通过改变旁通燃料流量进行调节。旁通调节阀开大,进入燃烧室的燃料减少。旁通调节阀开度由电液伺服阀 65FP 控制的液压执行器驱动。电液伺服阀、液压执行器和旁通调节阀组成旁通阀组件。电液伺服阀根据来自 VSVO 伺服放大驱动的电流信号改变旁通调节阀的开度。

3) 流量分配器:将总的液体流量从燃料母管均匀地分配给 n 个燃烧室。燃料流量分配

器由 n 个同轴的定排量泵组成，在燃料流的驱动下转动，每个定排量泵对应一个燃料喷嘴。由于定排量泵尺寸完全相同，并同步转动，因此送到每个喷嘴的燃料流量都是相同的，不受喷嘴安装位置高低差异等因素的影响。燃料流量分配器的总流量正比于转速。借助于3个转速传感器77FD测量燃料流量分配器的转速，并且经TTUR卡转换为FQL1模拟信号。

4) 电液伺服阀：来自驱动板VSVO卡和端子板TS-VO卡的三组电流信号送至电液伺服阀的线圈，电液伺服阀叠加三个线圈产生的感应电流使力矩电动机偏转，推动滑阀。滑阀移动改变了液压油的流向，控制液压执行器的运动方向，最终拖动燃料旁通调节阀。电液伺服阀结构及其工作原理如图9-62所示。

永久磁铁和电枢铁心组成力矩马达。电枢铁心上绕有三组线圈，R、S、T三个控制器的VSVO卡的三个输出分别连接到其中一组线圈，三个控制器输出的电流通过绕组的磁场叠加。输入电流产生的磁场与永久磁铁的磁场相互作用，使得电枢铁心

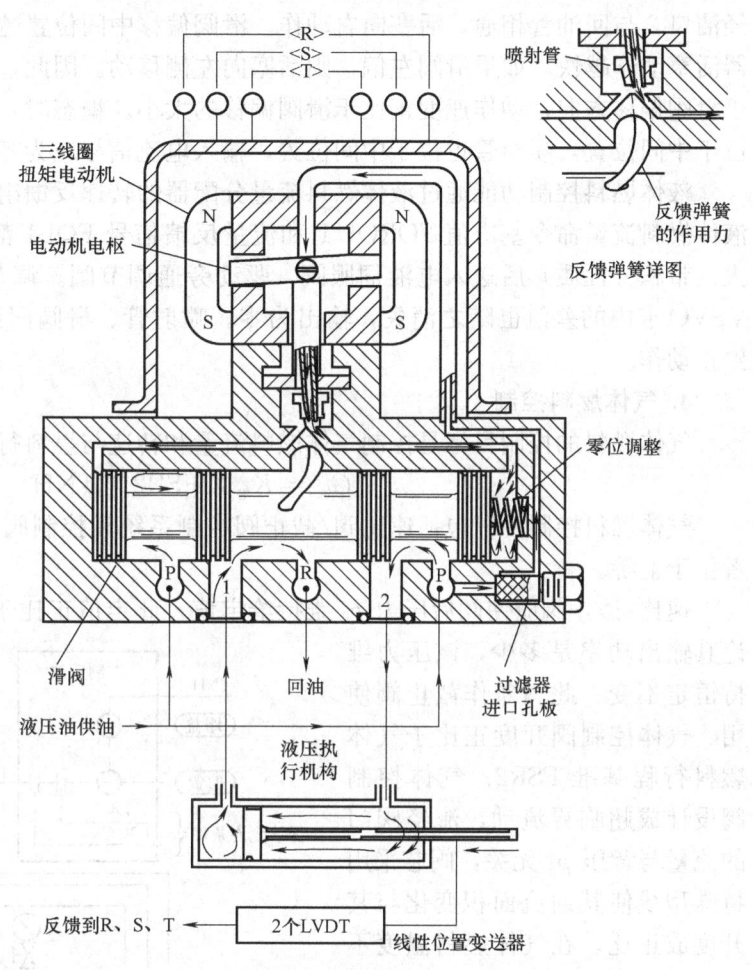

图 9-62 电液伺服阀结构及其工作原理

可绕其转动轴偏摆，把电流信号转换为电枢铁心的机械位移信号。电流信号改变就会改变电枢铁心上的电磁力，在电枢上产生不平衡力矩，导致电枢铁心发生偏转。同时带动反馈弹簧变形，产生反方向的力矩以抵消不平衡力矩。最后在新的位置得到平衡。此时，电枢铁心的位置偏转正比于输入电信号的变化。

电枢铁心与喷射管相连，10.34MPa的高压油进入喷射管，由喷射管射出，通过左、右两侧通道作用于滑阀的两个端面。当喷射管处于中间位置时，滑阀两端油压相等，并保持在中间位置，保证1、2两个油口处于关闭位置。1、2两个油口控制液压执行器油缸活塞两侧的进油和出油。油口都处于关闭位置时，液压执行器活塞固定不动。如电枢铁心带动喷射管左偏，滑阀左侧油压高于右侧，滑阀在压差作用下右移；同时反射弹簧带动喷射管向右，直到喷射管再返回（接近于）中间位置，滑阀两端压力恢复相等，但滑阀已在某个偏右位置。反馈弹簧给电枢铁心的逆时针方向的力矩，正好抵消引起喷射管左偏的不平衡顺时针方向的

电磁力矩。滑阀的位移和输入线圈的电流信号的变化成正比。如果输入电流极性相反，则滑阀反向位移。滑阀位移的大小决定了通过油口 1、2 的油流方向和大小，从而控制了液压执行器活塞运行的方向和速度。滑阀右偏时，高压油经左侧油口 1 进入液压执行器左侧，右侧经油口 2 与回油管相通，活塞向右动作。滑阀偏移中间位置越多，油口开度越大，液压执行器活塞动作越快。如果滑阀左偏，则活塞向左侧移动。因此，液压执行器活塞动作方向取决于滑阀偏移方向，动作速度正比于滑阀偏移的大小。稳态时，液压执行器将停止动作，滑阀位于中间位置，喷射管也位于中间位置，输入电流信号应为零。

液体燃料控制功能通过液体燃料流量分配器的转速反馈组成的闭环随动系统实现。来自液体燃料流量命令基准值 FOROUT 和流量反馈信号 FQL1 都输入至 TTUR 卡。经差值放大（带积分性质）后送入电液伺服阀，驱动旁通调节阀。调节完毕后，FQL1＝FOROUT，VSVO 卡内的差值也随之消失，输出为零。喷射管、滑阀回到中间位置，液压执行器活塞停止动作。

4. 气体燃料控制

气体燃料的控制目标是控制气体燃料流量和转速与燃料行程基准的乘积成正比，即

$$G_{fg} = K_{fg} \times FSR2 \times TNH \tag{9-37}$$

气体燃料控制系统包括速比阀/截止阀控制系统和控制阀控制系统组成。二者串联，前者位于上游。

速比/截止阀应使阀后压力 p_2 维持给定值，此定值正比于转速 TNH。机组并网后，无论其输出功率是多少，该压力维持恒定不变。此阀兼作截止阀使用。气体控制阀开度正比于气体燃料行程基准 FSR2。气体控制阀设计成超临界流动，流经阀门的流量与背压 p_3 无关，阀芯采用特殊型线使其通流面积变化与其开度成正比。在气体燃料温度不变的情况下，通过气体控制阀的流量与 FSR2 和 TNH 的乘积成正比。因此，气体燃料控制回路包括了速比/截止阀控制回路和控制阀控制回路。

（1）速比/截止阀控制回路 速比/截止阀控制回路如图 9-63 所示。燃气轮机转速信号 TNH 在软件中乘以适当增益常数并经偏置调整，输出对应的 FPRG，经硬件处理实现 D/A 转换。压力传感器 96FG 测量压力 p_2，并按规定的正比关系转换成 FPG 模拟

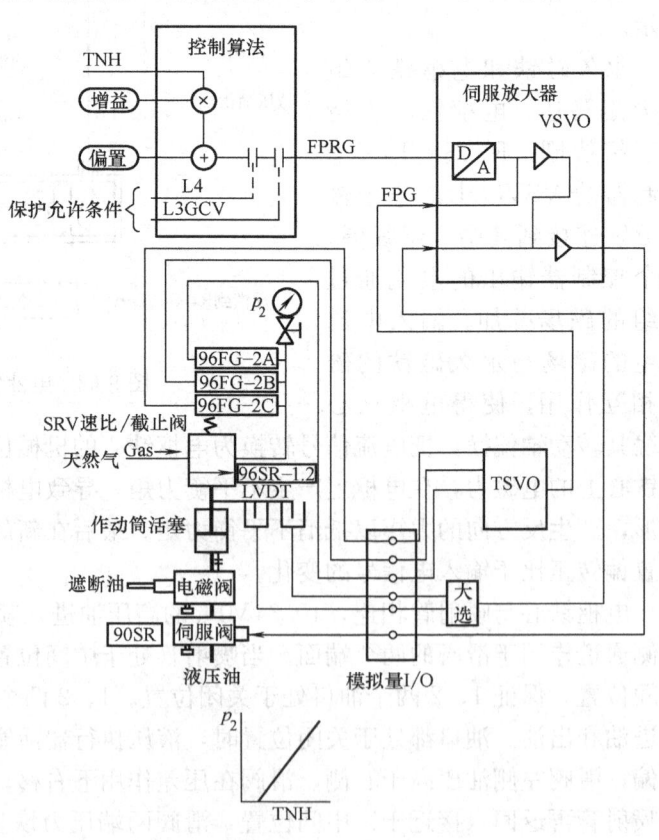

图 9-63　速比/截止阀控制回路

量,依次在硬件中输出速比/截止阀的控制信号。

速比/截止阀所处阀位经 LVDT 测量并转换成位置量的模拟信号 POS1 反馈至硬件电路,由压力反馈信号和位置反馈信号构成两个闭环回路。FPRG 和 FPG 在一级运算放大器 PI 前进行比较,若有差别,则不断改变其阀位基准输出,直到差值消失。再由一级 PI 的输出与阀位反馈信号 POS1 在二级 PI 前比较,若有差别,则不断改变其输出,直到此差别消失。速比阀位置随两级 PI 输出而变。稳态时,FPG=FPRG,完成压力 p_2 正比于转速 TNH 的线性控制。

速比阀兼作截止阀,其液压执行器单侧进油,液压驱动开阀,关阀靠弹簧推动。机组遮断时,电磁阀 20FG 失电,遮断油卸压,速比/截止阀在弹簧推动下快速关闭,切断机组燃料供给。

(2) 气体燃料控制阀控制回路　气体燃料控制阀回路如图 9-64 所示。

该回路实现控制阀开度随 FSR2 而变化。FSR2 乘以适当增益常数并加以调零偏置后成为 FSROUT,作为控制阀的阀位基准进入 VSVO 卡;96GC-1、2 两个 LVDT 测量阀位给出的阀位反馈信号也送入 VS-VO 卡,选择较大的位置信号,在 PI 运算放大器前与 FSROUT 比较,如果存在差值,则 VSVO 卡将改变送到电液伺服阀的输出电流,驱动液压执行器,直到差值消失,实现 FSR2 和控制阀开度间的线性关系。速比阀/截止阀和控制阀的联

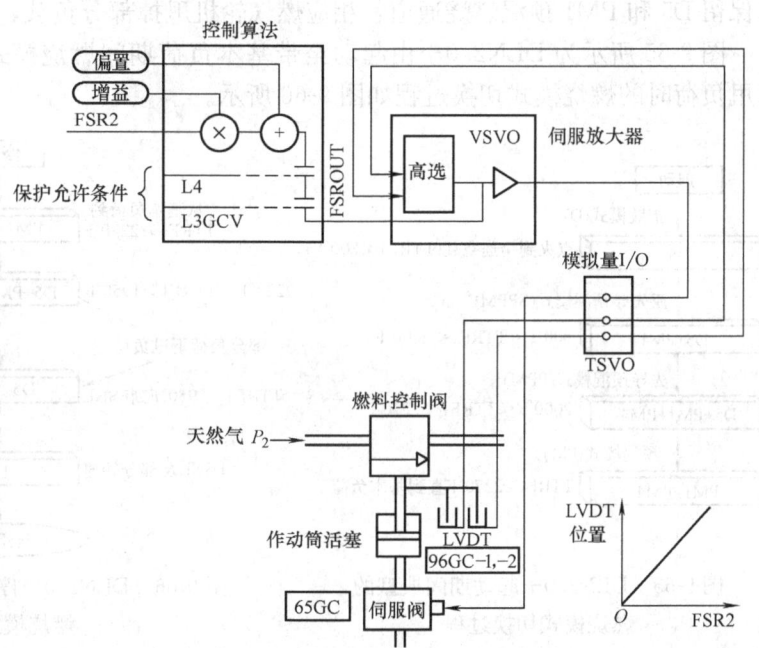

图 9-64　气体燃料控制阀回路

合控制结果使气体燃料流量正比于 FSR2 和 TNH 的乘积。

主控系统通过最小值选择门输出的燃料行程基准 FSR 分解为 G1、G2、G3 三个部分,分别在不同工况下按不同参数输出燃料量。DLN2.0+燃烧室包含 5 种基本配气模式,即五种燃烧模式:

1) 扩散燃烧模式 (D)。燃气轮机起动从点火至全速空载期间 (停机亦相同),采用该燃烧模式。天然气直接由 G1 供给每个燃烧室的 5 个扩散燃烧喷嘴。PM4 的预混通道用压气机出口抽气进行空气吹扫。

2) 亚先导预混模式 (SPPM)。燃气轮机起动至全速空载后,直至加载至燃烧基准温度 (TTRF1) 在 2000°F (1093℃),此时大约在 10% 额定负荷,这期间采用该燃烧模式。停机过程时,从 TTRF1 降至 1950°F (1065℃) 开始至全速空载期间也采用该燃烧模式。

该燃烧模式下,燃料气通过 G1 直接供给每个燃烧室的 5 个扩散燃烧喷嘴,同时通过

G2 给 PM1 喷嘴提供燃料。PM4 预混通道用压气机出口抽气进行空气吹扫。

3) 先导预混模式（PDM）。燃气轮机继续增加负荷，TTRF1 在 2000~2270°F（1093~1243℃）的范围内采用这种燃烧模式。停机过程中采用该燃烧模式的 TTRF1 范围为 2220~1950°F（1216~1065℃）。

此燃烧模式下，燃料气分别从 DGCV、PM1GCV 和 PM4GCV 通道进入喷嘴。直至预混燃烧模式时，DGCV 关闭。

4) 预混燃烧模式。燃气轮机负荷继续增加，TTRF1 增至 2270°F（1243℃）以后，或在停机过程中，负荷递减至 TTRF1 低于 2220°F（1216℃）以前均采用预混燃烧模式。

预混燃烧模式下，DGCV 已经关闭，天然气仅送至 PM1GCV 和 PM4GCV 环管，PM1/PM4 流量比值控制在 0.18 左右，不超过 0.2，对应燃气轮机负荷范围大约为 50%~100%。

5) 甩负荷时 D5 和 PM1 的燃烧模式。机组在从先导预混或预混燃烧模式下甩负荷时，只保留 D5 和 PM1 预混燃烧通道，相应燃气轮机甩掉部分负载，防止机械超速。

图 9-65 所示为 DLN2.0+由起动至带基本负荷期间燃烧模式的切换过程。其正常停机及甩负荷时的燃烧模式切换过程如图 9-66 所示。

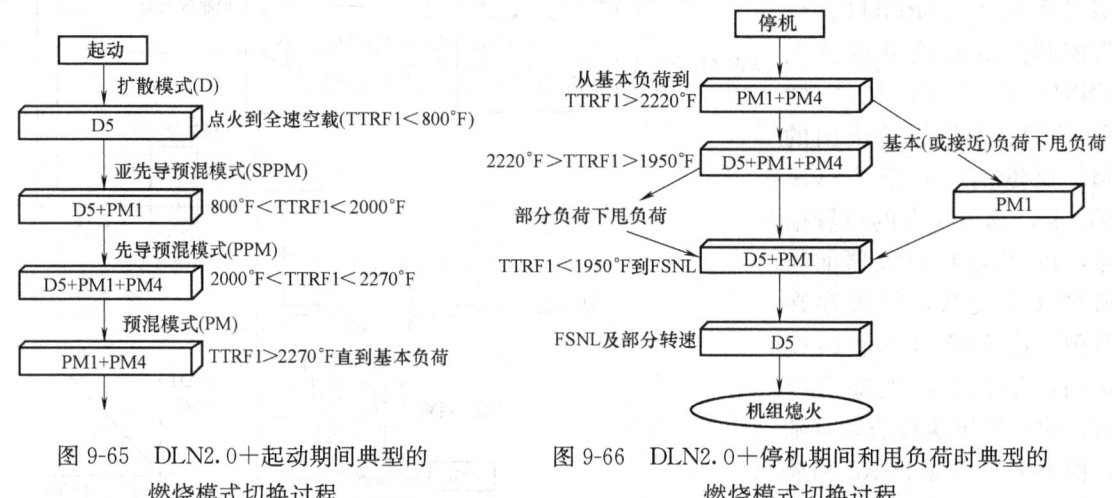

图 9-65 DLN2.0+起动期间典型的燃烧模式切换过程

图 9-66 DLN2.0+停机期间和甩负荷时典型的燃烧模式切换过程

燃烧基准温度（Combustion Reference Temperature）TTRF1 作为燃烧模式切换的依据，是根据涡轮机排气平均温度 TTXM、压气机排气压力 CPD 和压气机进气喇叭口空气湿度 CTIM 计算而获得的一个基准数据值，是 DLN 燃烧室必不可少的控制基准。TTRF1 的计算公式为

$$TTRF1 = TTXM \times TTKRn\_F1 + TTKRn - F4 + CPD + TTKAPC \times TTKRn - F2 + CTIM \times TTKRn\_F3 \tag{9-38}$$

式中　TTXM——涡轮机排气平均温度；
　　　CPD——压气机排气压力；
　　　CTIM——压气机进气温度；
　　　TTKAPC——大气压力修正常数；
　　　TTKRn＿Fn——控制常数。

在燃料控制中涉及气体、液体燃料的双燃料是一种总称。液体燃料可以使用柴油、重

油、原油甚至渣油；气体燃料大都使用热值较高的天然气（包括 LNG），但也可采用人工煤气、焦炉煤气和其他气体燃料。双燃料的控制以天然气和柴油作为基本控制，考虑燃料的变化导致的其他一些附加机械设备的增加以及燃烧机理的一定改变，对双燃料控制系统的软、硬件都需进行一些修改。图 9-67 所示为基本的双燃料控制系统示意图。

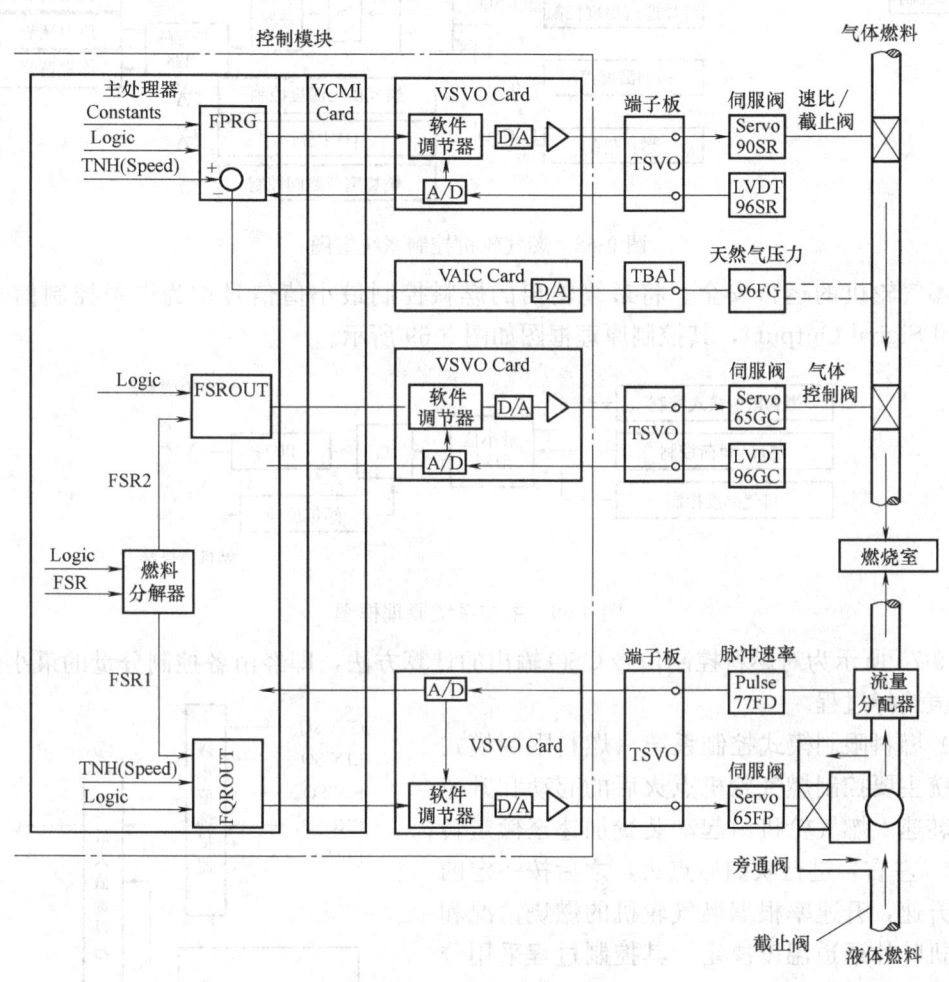

图 9-67 双燃料控制系统总图

9.3 燃气轮机控制系统 DIASYS Netmation 简介

三菱公司生产的燃气轮机采用 DIASYS Netmation 成套控制系统。DIASYS-IDOL＋＋软件工具用于数据库所有信息的管理及集成电站控制逻辑的设计、维修、监视和诊断等。作为一种用户友好系统，其对于系统配置控制逻辑的修改，完成系统维护各方面的工作提供了许多方便功能。燃气轮机控制系统框图如图 9-68 所示，主要包括自动负荷调节、转速控制、温度控制、进口导叶控制等。

1. 主控系统

主控系统的三个燃料控制信号送入最小值选择器，采用最小值信号控制燃气轮机的燃料

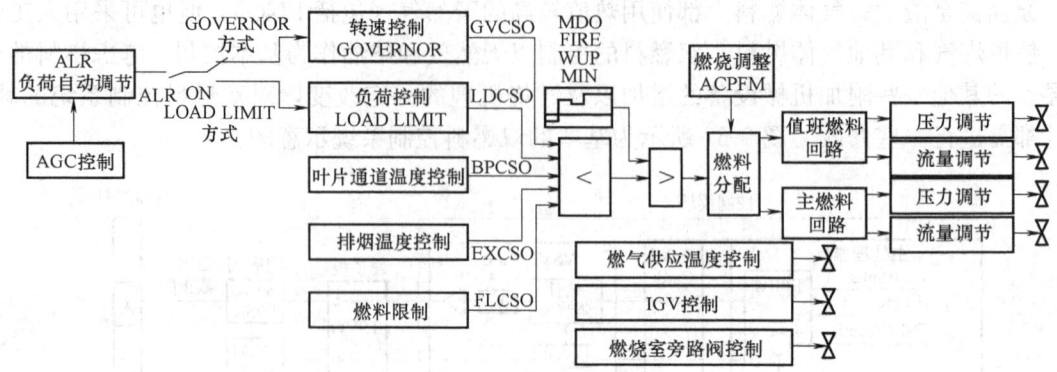

图 9-68　燃气轮机控制系统框图

来保证燃气轮机的运行安全。将最终输出的燃料控制最小值信号作为燃料控制信号 CSO（Control Signal Output），其控制原理框图如图 9-69 所示。

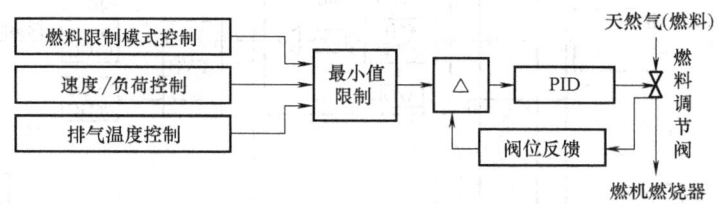

图 9-69　主控系统原理框图

图 9-70 所示为对燃料控制信号 CSO 输出的计算方法，即经由各控制分量的最小值选择和最大值选择过程。

（1）燃料限制模式控制系统　燃料限制模式控制系统主要控制燃气轮机点火后的起动和升速至额定转速。燃气轮机由起动装置加速至额定转速的 20% 左右，进行吹扫后点火，之后按一定的升速率升速，升速率根据燃气轮机的燃烧情况和燃气轮机叶片通道温度决定。其控制过程采用分段控制和最小值选择门控制相结合的方式进行。

（2）速度/负荷控制系统　速度/负荷控制系统用于控制燃气轮机的并网和带一定的负荷，其控制过程和方式都比较简单。对于单轴 M701F 燃气-蒸汽联合循环机组，在负荷小于 50% 时只采用自动调节方式，只有在负荷大于 50% 之后才允许采用其他控制方式。

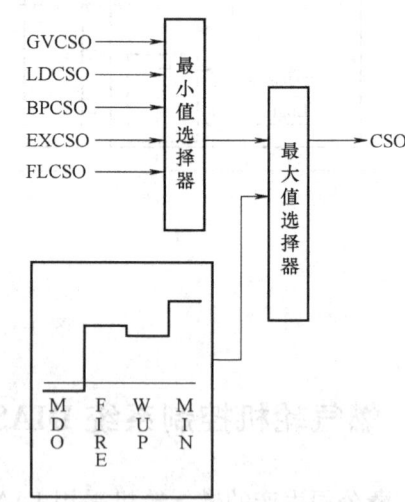

图 9-70　控制信号的最大值和最小值选择

（3）温度控制系统　温度控制系统用于控制燃气轮机带不同负荷时的涡轮机工作温度不超过某一固定值，对于 M701F 机组，此固定值为 1400℃。由于涡轮机工作温度无法长期直接测量和控制，往往通过间接测量压气机的进、出口压力，利用排气温度来计算工作温度。工作温度与排气温度之间的关系可表示为

$$T_2 = T_1 \times (p_2/p_1)^{1-\frac{1}{\gamma}} \tag{9-39}$$

式中 T_2——燃气轮机排气温度（K）；

T_1——燃气轮机工作温度（K）；

p_2——压气机进口压力（MPa）；

p_1——压气机出口压力（MPa）；

γ——可变参数。

温度控制分为叶片通道温度控制和燃气轮机排气温度控制。叶片通道温度控制主要用于机组起动至带负荷前的一段时间；燃气轮机带负荷后转入排气温度控制。两者的切换时间约为10～15min。

燃气轮机排气温度传感器分别布置在涡轮机第四级的后面和燃气轮机出口，前者设置16个测量点，后者的测量点为6个。两处均采用取平均值的计算方法得到燃气轮机排气温度。

温度控制指令框图如图9-71所示。排气温度设定值分别送至叶片通道温度控制和排气温度控制两个回路，计算与实际温度的偏差值进行PI计算后分别作为主控系统中的温度控制信号。同时，

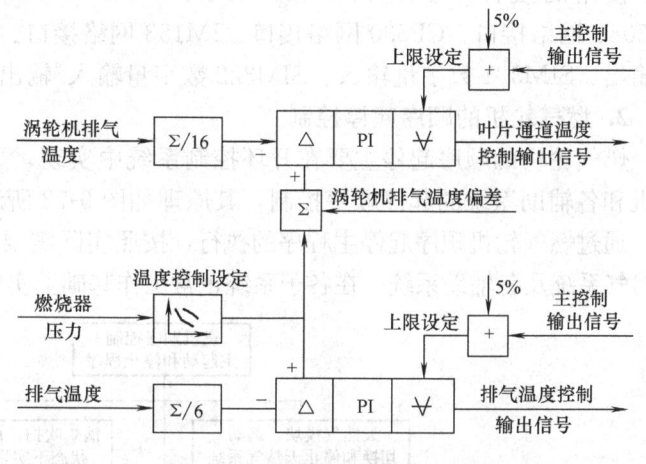

图9-71 温度控制指令框图

采用主控制信号加5%的上限设定对温度控制信号进行限制，这样可以保证温度控制信号扰动时不会引起燃料量在增加时的急剧变化，也不会因为燃料扰动引起温度在增加时的急剧变化，保证燃气轮机的工作温度不会急剧升高，提高了燃气轮机温度的控制质量。

2. 顺序控制系统

顺序控制系统与主控制系统和保护系统紧密配合，以保证燃气轮机的起动和停机按预先设定的程序进行。例如，接到起动指令后，能够控制燃气轮机按规定的程序自动将其起动。另外，点火、加速至额定转速期间还涉及一系列辅机的顺序控制。

3. 进口导叶 IGV 控制系统

M701F 燃气轮机的 IGV 开度在 34°～－4°之间，最小开度为 34°，最大为－4°。实际应用中，最大开度，一般设为 2°～－4°以保留一定的余量。在 IGV 控制中，当燃料增加时，IGV 的开度也随之增加，以保证排气温度恒定。由于 M701F 型燃气轮机的 IGV 控制主要用来提高燃气轮机效率，故在调试时一般不改变 IGV-MW 之间的关系。

9.4 燃气轮机控制系统 TELEPERM XP 简介

1. 控制系统结构特点

西门子燃气轮机的控制系统均采用 TELEPERM XP 系统，包括工程师站、操作员终端、PU 和 SU 服务器、WINTS 系统、GPS 主时钟装置、AP 开环控制柜、Simadyn 闭环控

制柜、S5-95F 故障安全型保护柜、Measurement 测量柜、远程 I/O 柜及网管等与外界的接口装置。整个网络系统分为 Terminal Bus 和 Plant Bus 两层，两层网络合起来称为 SINEC H1 总线系统。

燃气轮机利用框架式 Simadyn D 系统实现闭环控制功能，主要包括转速控制、负荷控制、排气温度控制、燃料量计算、燃烧方式切换、阀位控制、起动控制等。系统硬件主要包括 PM6 控制器、EM11 框架 I/O、EA12 框架 I/O、CS7＋SS52 Profibus DP 总线接口、CSH11 以太网接口、CS12、CS22 框架连接、AddFEM 多功能 I/O 模块等。

燃气轮机的顺序起停、辅助系统控制、模拟量保护功能通过 AP 开环控制系统实现。系统中使用的模块主要包括电源、CPU、IM324R/IM304 冗余接口、CP1430 网络接口、IM308C 网络接口、CP530 网络接口、IM153 网络接口、SIM331 模拟量输入、SIM332 模拟量输出、SIM321 数字量输入、SIM322 数字量输入/输出等。

2. 燃气轮机的顺序起停控制

燃气轮机的顺序起停主要在开环控制系统中实现，采用 SGC 自控制算法来实现对燃气轮机和各辅助系统的起停顺序控制，其原理如图 9-72 所示。

通过燃气轮机顺序起停主程序的执行，按照实际需要，自动起动如锅炉吹灰、盘车系统、天然气系统及各辅助系统。在各子系统正常工作基础上实现对燃气轮机的顺序起停控制。

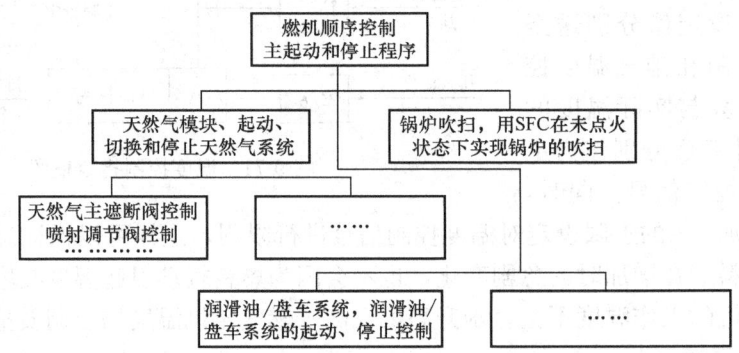

图 9-72 燃气轮机的顺序起停控制

3. 排气温度控制

燃气轮机控制同样采用排气温度作为控制对象。实际应用中考虑压气机出口温度、涡轮机转速等影响因素，用计算得出的校正排气温度来进行控制。排气温度设 24 个测点，沿圆周分布，计算时取其中 6 个测点的平均值作为实测排气温度，其控制原理如图 9-73 所示。

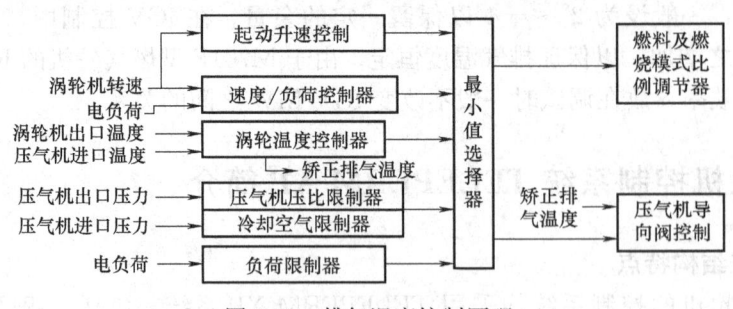

图 9-73 排气温度控制原理

复习思考题

9-1 燃气轮机发电机组对调节系统有何要求？

9-2 什么是直接转速调节和间接转速调节？二者之间有何区别？

9-3 什么是无差调节和有差调节？并网运行燃气轮机不能采用无差调节系统的原因是什么？

9-4 燃气轮机运行过程中为什么要平移其静态特性曲线？如何才能对静态特性曲线进行平移？如何利用同步器改变负荷在并列运行机组之间的分配？

9-5 哪些因素会影响调节系统动态过程？采取哪些措施可以改善调节系统的动态特性？

9-6 简述 Mark Ⅵ 主控系统的工作原理，分析燃气轮机由起动至带满负荷过程中分别由哪个控制系统控制机组运行。

9-7 简述 Mark Ⅵ 转速控制的基本原理。如何设置转速基准 TNR 以应对电网频率的波动？

9-8 如何通过对燃气轮机排烟温度的控制实现控制涡轮机入口温度的目的？环境温度对排气温度控制基准有何影响？

9-9 顺序控制系统中关键的转速级逻辑有哪几个？顺序控制和主控系统的起动控制如何配合完成机组的起动过程。

9-10 燃气轮机进口导叶的主要功能有哪些？简单循环和联合循环的 IGV 运作方式有何区别？

9-11 简述压气机入口抽气加热系统的主要功能和三个控制基准、预混燃烧方式扩展至低负荷范围的工作机理。

9-12 简述电液伺服阀的工作原理。液体燃料控制和气体燃料控制之间的主要区别是什么？

9-13 分析气体燃料控制回路的组成和工作原理。速比/截止阀如何实现控制气体燃料供给与转速成正比？

第 10 章 燃气轮机保护系统

燃气轮机保护系统和控制系统是不可分割的一个整体。燃气轮机正常运行时，由控制系统实施控制，使其在所要求的参数下运行。当机组由于不可预测的原因而偏离正常运行参数时，保护系统应报警并指示出故障的由来，以便运行人员能够及时分析故障原因并排除故障。如果燃气轮机发电机组关键参数超过临界值或控制设备故障危及机组安全运行时，保护系统应在报警的同时使机组执行自动停机，甚至快速切断燃料供给，遮断机组。

本章将主要介绍 MARK Ⅵ 的主要保护功能，包括超速保护、超温保护、熄火保护、振动保护和燃烧监测保护。同时简单介绍三菱公司和西门子公司的燃气轮机保护系统。

10.1 通用燃气轮机保护系统

燃气轮机保护系统包括多个子系统。保护系统既响应简单的逻辑遮断信号，如润滑油压力过低、润滑油母管温度过高、继电保护信号等，也响应如超速、超温、燃烧监测和熄火等更为复杂的参数。为此，一些保护系统和部件通过在 SPEEDTRONIC 系统内的主控和保护回路起作用，而另一些机械系统直接作用于轮机部件。可通过燃料控制阀和燃料截止阀两个独立装置切断机组燃料供给。各保护系统独立于控制系统，以免控制系统故障而阻碍保护装置正常动作的可能性。9FA 单轴联合循环燃气轮机典型的保护系统如图 10-1 所示。

MARK Ⅵ 的保护系统和控制系统一样，由三冗余处理器对测量信号进行表决后实施。根据被测参数在控制和保护中的重要程度不同，采用不同的输出信号表决方式。例如：燃气轮机转速、压气机出口压力等分别采用三个独立的传感器测量后又分别被送至〈R〉、〈S〉、〈T〉控制器或〈X〉、〈Y〉、〈Z〉处理器；振动、阀门位置及轮间温度等采用双重冗余传感器测量；另一些参数只以单传感器测量再分送至各个冗余处理器。对于输出，MARK Ⅵ 采用了 2/3 表决冗余控制和保护方案以保证机组的安全可靠运行。

10.1.1 超速保护

燃气轮机作为一种高速旋转机械，其转动部件的承受应力和转速有着密切的关系。离心力和转速平方成正比，转速升高时，因离心力造成的应力将会迅速增加。转速升高 $20\%n_0$ 时，应力就接近额定转速时的 1.5 倍。设计叶片、叶轮等紧密配合的转动部件的允许转速通常是按高于额定转速 20% 以内考虑的。如果转速升高至不允许数值，将导致燃气轮机设备的严重损坏，为此燃气轮机都必须装设超速保护装置。超速保护装置可分为机械式和电子式两种。当燃气轮机转速超过一定限度（通常为 $110\%n_0 \sim 112\%n_0$）时，超速保护装置动作，迅速切断燃气轮机燃料供给，使其停止运转。

1. 机械超速保护

机械超速保护主要由危急遮断器、超速遮断机构和限位开关组成。机械超速保护系统作为电子超速保护系统的后备，其遮断整定值比电子超速系统略高一些（一般为 $112\%n_0$）。

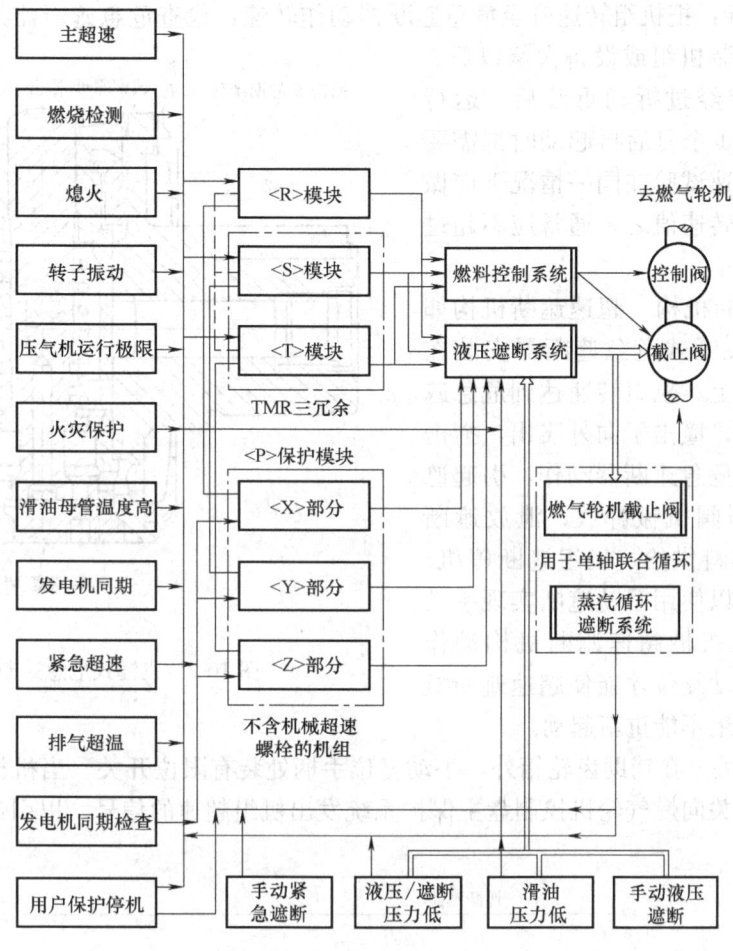

图 10-1　9FA 单轴联合循环燃气轮机典型的保护系统

在燃气轮机转速达到危急遮断器整定值时通过超速螺栓跳闸，关闭燃料截止阀。遮断动作完全独立于燃气轮机控制盘，不管电子超速保护是否起作用，只要达到设定值，都将引起停机。

(1) 危急遮断器　危急遮断器有飞锤式和飞环式两大类。图 10-2 所示为飞锤式危急遮断器，由撞击子、撞击子壳、释放弹簧及调整螺母组成。

撞击子重心偏离旋转轴中心 6.5mm，并被弹簧压在塞头端。旋转轴转速低于飞出转速时，撞击子离心力小于弹簧力，一直维持在安装座上不动作。当转速升高并超过飞出转速时，撞击子离心力超过弹簧力，将飞出并走完全部行程。撞击子行程由限位衬套凸肩进行限制。撞击子飞出后会撞击脱扣杠杆，使危急遮断机构动作，切断燃料供给，机组停止运行。当燃气轮机转速降低时，飞锤离心力减小。当转速降低到小于弹簧力时，飞锤在弹簧力作用下回到原来位置，对应转速称为复位转速。撞击子动作转速可通过改变弹簧预紧力进行调整。

遮断器动作是否可靠，必须通过试验才能判定。试验方式包括：

1) 手动试验：主要目的是了解危急遮断器机构的动作情况。试验可在机组运行状态或静止时的挂闸状态下进行，手动脱扣。通常在机组起动、停机和实际进行超速试验前先进行此项试验。

2) 超速试验：把机组转速升至危急遮断器动作转速，检查危急遮断器的动作是否符合运行要求。新安装机组或设备大修以后、调节和保安系统经过拆动重装后、运行2000h后或停机1个月后再起动时都需要做超速试验。超速试验在同一情况下应做两次，两次动作转速值之差通常应不超过规定转速的0.6%。

(2) 超速遮断机构　超速遮断机构如图10-3所示。飞锤式危急遮断器安装在辅助齿轮箱主轴上。机组转速达到危急遮断器动作转速后，撞击子向外飞出，撞击脱扣杠杆机构使危急遮断器动作，引起遮断油路中的遮断阀机械释放，泄放遮断油，切断机组燃料供给，机组遮断停机。超速遮断机构可以使用手动遮断实现手动遮断停机。一旦机械超速遮断机构动作后，必须通过手动复位才能使超速遮断机构复位，否则机组不能重新起动。

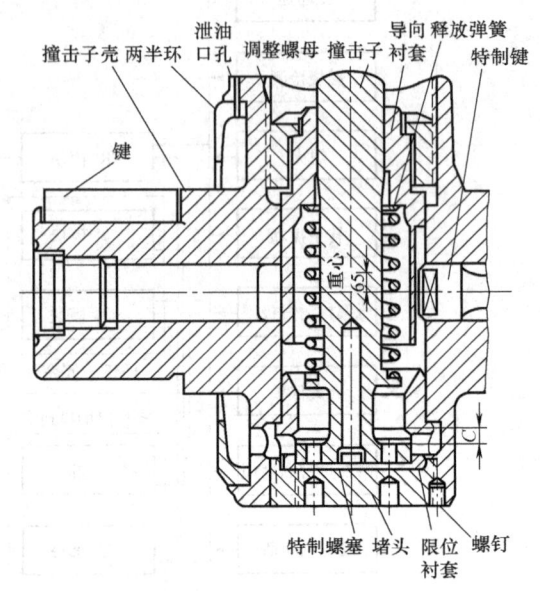

图10-2　飞锤式危急遮断器

(3) 限位开关　在辅助齿轮箱外，手动复位手柄处装有限位开关。当机械超速保护系统动作时，限位开关向燃气轮机控制盘主保护系统发出机组超速的信号，以引起机械超速保护系统动作。

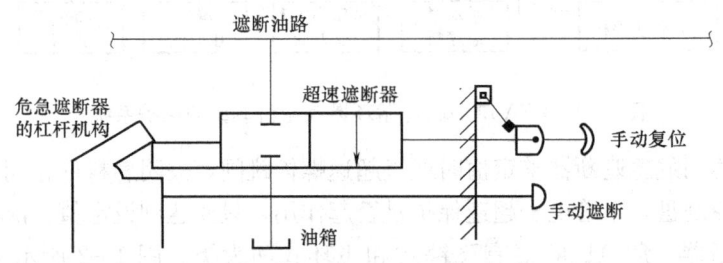

图10-3　超速遮断机构

2. MARK Ⅵ电子超速保护系统

MARK Ⅵ电子超速保护分为主超速保护和应急超速保护，如图10-4所示。主超速保护和应急超速保护分别在〈Q〉控制模块和〈P〉保护模块中独立完成。

在〈Q〉控制模块中，由磁性测速传感器测量的转速信号与超速整定值（典型值为$110\%n_0$）进行比较。当转速达到整定值时，超速遮断逻辑为1，并把其传送至主保护电路，使机组切断燃料从而停机。回路中的比较器后设置寄存器，超速信息寄存在寄存器里予以闭锁，即使机组转速信号小于超速整定值，寄存器仍会保留超速信息而不能复位，保持机组处于遮断状态，无法进行重新起动。显示屏上始终显示"电子超速遮断"的信息，直至排除故障，通过主复位信号予以复位。

从转速传感器来的信号输入至TTUR端子板，经由VTUR I/O卡表决，然后再通过TR-

PG 输出遮断信号驱动遮断电磁线圈。其他保护遮断信号在表决后，同样通过 TRPG 输出遮断信号驱动遮断电磁线圈。

MARK Ⅵ 的紧急超速保护由独立的〈P〉保护模块完成。同样采用内部三重冗余的结构，由完全相同的〈X〉、〈Y〉、〈Z〉组成冗余保护。〈P〉保护模块通过 TPRO 端子板接受另外三个转速传感器的转速信号输入，并传送至 VPRO 卡，经过表决后再通过该模块的端子卡 TREG 完成由〈X〉、〈Y〉、〈Z〉冗余保护电磁线圈输出信号的硬件表决，以此从它供电的另一端来遮断这些（遮断）电磁线圈。

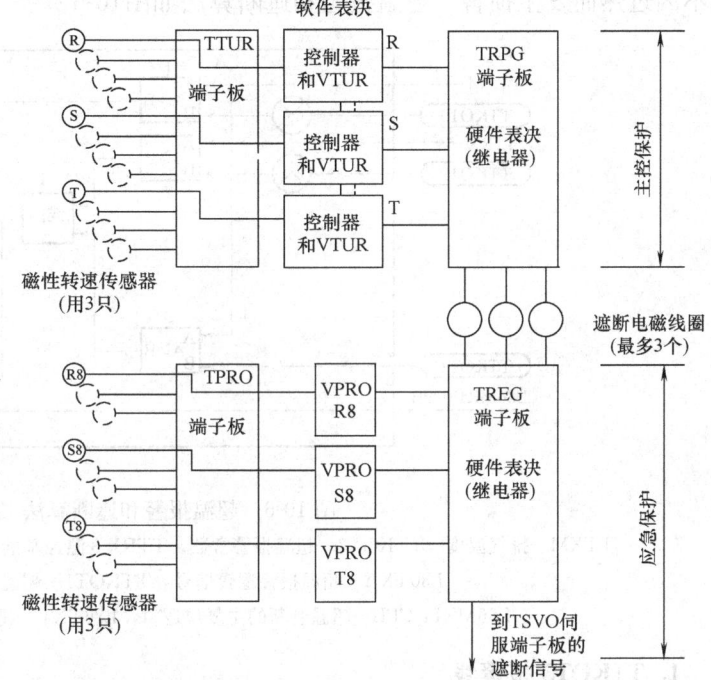

综上所述，主超速遮断通过 TRPG 端子板输出，与电子遮断电磁线圈的正极连接；而紧急超速遮断通过 TREG 端子板输出，与电子遮断电磁线圈的负极连接，在它们的协同作用下驱动三个 ETD（电子遮断）电磁线圈。

图 10-4 主超速保护和应急超速保护

对于 9FA 单轴联合循环机组，燃气轮机和汽轮机分别拥有各自的 MARK Ⅵ 控制系统，因此其电子超速保护的设置比较特殊。通常在燃气轮机 MARK Ⅵ 控制算法中配置一个主超速保护，在汽轮机控制算法中配置主超速保护和紧急超速保护。即同一轴系中配置两套冗余的主超速保护和一套应急超速保护。

10.1.2 超温保护

当机组在某大气温度下运转时，燃气轮机温控器投入运行后，可使涡轮机前温 T_3^* 维持在额定参数，对应温控基准线上的某一点。当大气温度升高时，该点在温控器控制下沿温控基准线 TTRX 向左上方移动；当大气温度降低时，该点在温控器控制下沿温控基准线向右下方移动。当温控器发生故障时，涡轮机前温 T_3^* 失控，有可能因燃料流量过大而使其超过额定设计参数，轻则会降低涡轮机叶片的寿命，重则会使涡轮机叶片烧毁。为防止此类故障造成严重后果，MARK Ⅵ 保护系统设置了三道超温保护，如图 10-5 所示。

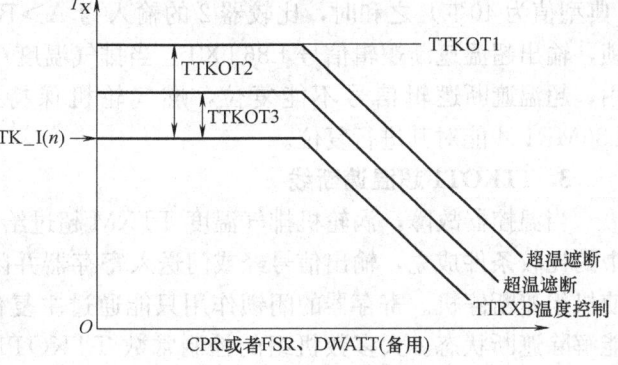

图 10-5 MARK Ⅵ 超温保护

超温保护系统作为温度控制系统的后备,仅在温控回路发生故障时起作用,保护燃气轮机不因过热而发生损害。超温报警和遮断算法如图10-6所示。

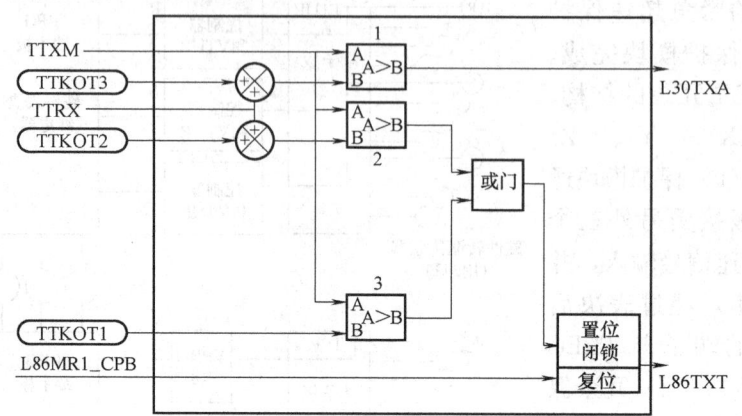

图 10-6　超温报警和遮断算法

TTXM—排气温度　TTKOT3—超温报警常数　TTRX—温控基准　TTKOT2—超温遮断常数
L30TXA—超温报警逻辑信号　TTKOT1—超温遮断常数
L86MR1 _ CPB—超温遮断的主复位逻辑　L86TXT—超温遮断逻辑信号

1. TTKOT3 报警线

TTKOT3 报警线是在温控基准线 TTRX 的基础上向上平移一个由 TTKOT3 常数(典型值为 25℉)所确定的温度差值。当燃气轮机在温控器控制下运行时,涡轮机排气温度 TTXM 应小于温控基准 TTRX 加上超温报警常数所确定的给定值。若比较器 1 的输入为 A<B,则比较器输出为"0",表示正常。当温控器故障造成 T_4^* 温度 TTXM 大于温控基准 TTRX 加上 TTKOT3 之和时,比较器 1 的输入为 A>B,发出超温报警逻辑信号 L30TXA 而报警并显示"排气温度高"。当排气温度恢复到正常值时,即 A<B,报警自动解除和复位。超温报警逻辑信号同时送至转速控制系统,减小转速控制器的给定值以降低机组功率和减小涡轮机前温 T_3^*,确保涡轮机前温不超过额定值,不致引起机组遮断。此时机组将在转速控制系统控制下运行。

2. TTKOT2 超温遮断线

当温控器故障,排气温度 TTXM 大于温控基准 TTRX 与超温遮断常数 TTKOT2 常数(典型值为 40℉)之和时,比较器 2 的输入为 A>B,经或门输入寄存器将超温故障信号闭锁,输出超温遮断逻辑信号 L86TXT。当排气温度 TTXM 恢复正常时,因寄存器的闭锁作用,超温遮断逻辑信号不能复位,燃气轮机保持遮断状态。只有通过主复位逻辑信号 L86MR1 才能对其进行复位。

3. TTKOT1 超温遮断线

当温控器故障,涡轮机排气温度 TTXM 超过给定的超温遮断值 TTKOT1 时,比较器 3 中的比较条件成立,输出信号经或门送入寄存器并闭锁,输出超温遮断逻辑信号 L86TXT,使机组遮断停机。寄存器的闭锁作用只能通过主复位逻辑信号 L86MR1 对其进行复位,才能解除遮断状态。大多数机组的控制常数 TTKOT1 往往等于或接近于 TTRX 与控制常数 TTKOT2 之和水平部分的数值。

超温报警和遮断保护确保了燃气轮机运行中出现故障时，涡轮机前温 T_3^* 不会过高，以保证机组的安全。

10.1.3 熄火保护

1. 熄火保护的功能

（1）用于起动程序系统　在燃气轮机起动过程中，监测燃烧室是否点火成功非常重要。当机组点火程序触发后，一旦有两个火焰探测器检测到火焰且能够稳定 2s 以上，就算点火成功，允许起动程序继续进行，进入燃气轮机暖机过程。若点火开始计时 1min 后，仍没有检测到火焰，则判断点火失败，发出信号，切断机组燃料供给，起动程序终止。

（2）用于保护系统　火焰检测系统类似于其他保护系统，具有自我检测作用。当燃气轮机在低于起动过程最小点火转速时，所有通道都必须指示"无火焰"。若有通道误动作而指出"有火焰"，则会被火焰检测系统作为"火焰检测故障"而报警，机组不能起动。

燃气轮机正常运行过程中有一个火焰探测器探得无火焰将作为"火焰检测故障报警"，燃气轮机继续运行。当有两个火焰探测器都指示"无火焰"时就会遮断机组。熄火保护在 MARK-V 中是由三冗余的〈P〉保护模块完成；在 MARK Ⅵ 中是通过三冗余的〈Q〉控制模块来完成。

2. 火焰检测系统

熄火保护基于火焰探测器来实现。火焰检测系统框图如图 10-7 所示。火焰检测系统一般采用四个火焰检测通道，每个通道输出逻辑信号 L28FDn 同时送至燃气轮机控制系统，以便在起动过程中判断点火是否成功和运行时提供燃烧室熄火报警或遮断保护。

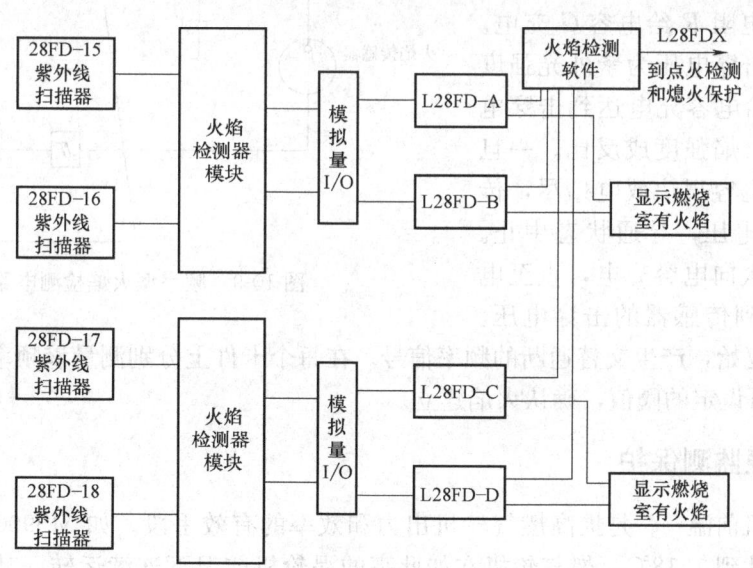

图 10-7　火焰检测系统框图

火焰探测器数量取决于机组型号、燃烧系统类型和某些情况下的燃料品种。DLN-1 燃烧系统需要 8 个火焰探测器才能分别对主、辅燃烧区进行火焰检测；DLN-2 燃烧系统和其他多数扩散燃烧机组一样，需要 4 个火焰探测器。某些航改型燃气轮机只需要两个火焰探测器。

碳氢燃料火焰光谱成分偏于紫外线，因此火焰检测系统通常采用对紫外线光谱较敏感的检测器，通过感受紫外线来判断燃烧室是否点火成功。图 10-8 所示为采用铜阴极检测器的火焰检测电路。由振荡器将 28V 直流电压逆变为高压的直流电压，再经整流器将高压交流电整流滤波后产生 350V 的高压直流电以供给铜阴极检测器作为电源使用。紫外线传感器正、负极性不能接反（黑色端子为正极，白色端子为负极）。燃烧室有火焰时，紫外线传感器就会探得火焰，使铜阴极检测器处于导通状态。350V 的直流电压经电阻和二极管给电容 C_2 充电；当电容上的电压足够高时，比较放大器的输出电压相应升高到足以使晶体管导通，使逻辑信号 FL1 转为"0"，指示火焰已经存在。

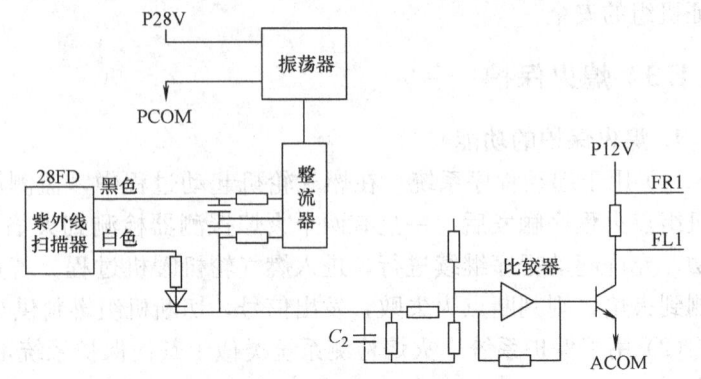

图 10-8　铜阴极火焰检测电路

P28V—28V 的直流电源电压　PCOM—电源地线　FR1—输出信号
P12V—12V 的直流电源电压　ACOM—模拟量地线　FL1—输出的逻辑信号

图 10-9 中给出了另外一种火焰检测电路。+335V 的直流电压由三冗余的保护卡件和高选卡件来供应。用该直流电压通过电阻 R 给电容 C 充电。火焰传感器的击穿电压为紫外光强度的单值函数，给电容充电达到击穿电压所需时间和火焰强度成反比。一旦传感器导通，电容很快放电殆尽，传感器两端失去电压，导通状态中止。然后，电源再次向电容充电，直至电容电压重新达到传感器的击穿电压。

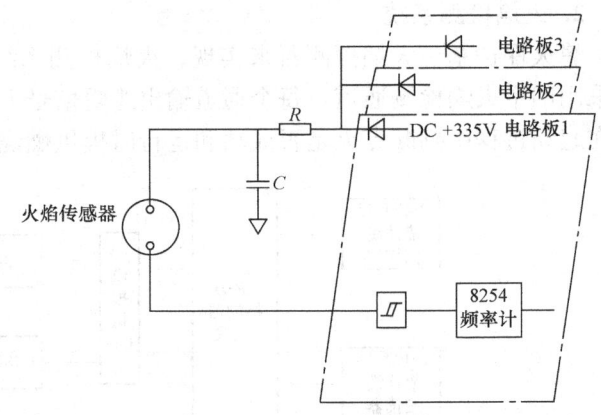

图 10-9　频率型火焰检测电路

这个过程周而复始，产生交替通断的频率信号。在每个卡件上分别测量该频率值，当其高于 I/O 配置文件所设定的阈值，确认火焰建立。

10.1.4　燃烧监测保护

提高涡轮机前温 T_3^* 是提高燃气轮机出力和效率的有效手段。如 MS9001FA 型燃气轮机涡轮机前温达到 1318℃，燃气轮机在如此高的涡轮机前温下连续运转，其燃烧室或过渡段难免会出现破裂、损坏等故障。燃气轮机在运行中很难对这些高温部件进行实时监测并及时发现故障。由于燃料流量分配器故障引起的各燃烧室燃烧温度不均匀，以及由于燃烧室破裂、燃烧不正常或过渡段破裂引起的涡轮机进口温度场不均匀，都会引起涡轮机进口流场和排气温度流场的严重不均匀。因此，可通过测量排气温度场是否均匀间接预报燃烧系统是否正常。

1. 燃烧监测软件

为准确测量涡轮机排气温度场是否均匀，应在涡轮机排气通道尽可能多地布置测温热电偶。MARK Ⅵ控制和保护系统在排气通道安装了18～31只（MS6000B为18只，MS9000E为24只，MS9000FA为31只）均匀分布的排气测温热电偶。理想情况下，所有热电偶测得的排气温度应该完全相等，但实际上是不可能的。即使机组在稳定正常运转时，排气温度场也不可能完全均匀，各热电偶测量数据总是有所差别。因此，有必要规定一个合理的标准，确定机组在正常情况下允许热电偶测量结果有多大的温度差，称之为允许分散度 S_{allow}。一旦超出该规定值，即认为燃烧不正常或测温系统不正常。

另外，燃气轮机在不同工况运行时，涡轮机前温 T_3^* 和排气温度 T_4^* 都不相同。机组负荷高时，燃气轮机的燃料量大，涡轮机前温必然高些。反之，机组在低负荷时，涡轮机前温和排气温度也相应要低一些。排气温度的高低不同会影响到分散度。排气温度高，热电偶所测量排气温度之间的偏差相应较大；排气温度低时，不同热电偶所测得排气温度间的偏差值也较小。因此排气温度允许分散度不能取为常数。MARK Ⅵ保护系统用压气机的出口温度来表征机组工况变化时的排气温度变化。压气机出口温度高意味着单轴燃气轮机机组的压比较高，涡轮机前温较高，故排气温度较高；相反，压气机出口温度低时排气温度也低。压气机出口温度是计算排气温度允许分散度的主要依据之一。

允许分散度的计算公式为

$$TTXSPL = TTXM \times TTKSPL4 - CTDA \times TTKSPL3 + TTKSPL5 \quad (10-1)$$

式（10-1）中，TTKSPL4典型值为0.12～0.145；TTKSPL3为0.08；TTKSPL5为30°F，9FA机组取60°F。

压气机排气温度CTDA经中间值选择器1把其值限制在最大值TTKSPL1和最小值TTKSPL2之间，中间值选择器1的输出送至计算允许的分散度2处作为计算排气温度允许分散度的依据。同时，涡轮机排气温度信号也送至计算允许的分散度2处。计算允许的分散度2的输出结果由中间值选择器3限定在上限TTKSPL5和TTKSPL7之间。经过中间值选择器3的输出值作为机组运行时允许的排气温度分散度TTXSPL，并经修正系数修正后作为燃烧正常与否的判断标准。允许分散度和燃烧监测算法如图10-10所示。

2. MARK Ⅵ燃烧监测原理

燃气轮机正常运行时，排气温度热电偶将测量到的排气温度数值送至计算机。根据温度控制算法，计算机首先将全部排气温度数值按大小排队，计算最高排气温度和最低排气温度之差 S_1 送至比较器1和2的A端；计算最高排气温度和第二低排气温度之差 S_2 送至比较器3的A端；计算最高排气温度和第三低排气温度之差 S_3 送至比较器4的A端。用实际排气温度的分散度和允许的排气温度分散度相比较判断燃烧是否正常。

3. MARK Ⅵ燃烧监测保护

燃烧监测判别原理如图10-11所示。结合图10-10和图10-11对燃烧监测保护原理简述如下：

（1）排气热电偶故障　如果热电偶测量得到的最大排气温度分散度和允许分散度之比，即图10-11中横坐标 S_1/S_{allow} 的数值超过了常数 K_2，则发出热电偶故障的报警逻辑信号L30SPTA。

正常情况下，排气温度分散度 S_1 应小于允许的分散度 S_{allow}。当 $S_1 > S_{allow}$ 时，说明燃烧

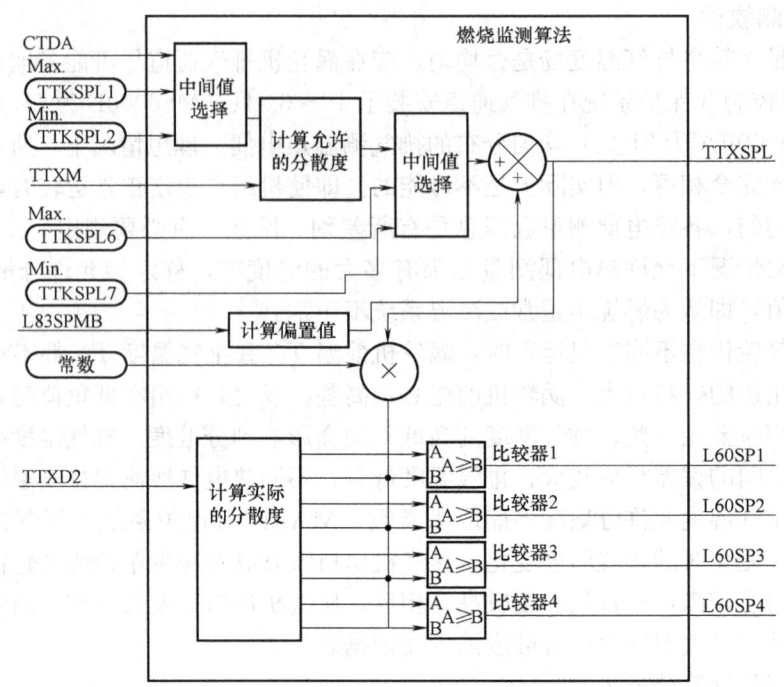

图 10-10　允许分散度和燃烧监测算法

CTDA—压气机出口温度　TTKSPL1—压气机出口温度的上限值　Max—最大值即上限
TTKSPL2—压气机出口温度的下限值　Min—最小值即下限　TTXM—涡轮机出口的平均排气温度
TTKSPL6—允许分散度的上限值　TTKSPL7—允许分散度的下限值　TTXSPL—允许的分散度
L83SPMB—燃烧监测使能故障　TTXD2—涡轮机出口的实际排气温度　L60SP1—燃烧故障报警和条件遮断　L60SP2—燃烧故障报警和条件遮断　L60SP3—燃烧故障报警和条件遮断　L60SP4—燃烧故障遮断

不正常。但 $S_1 > K_2 S_{allow} = 5 S_{allow}$，即排气温度分散度是允许值的 5 倍以上，这显然是不可能的。所以认为是热电偶故障使测量失常，发出热电偶故障的报警是合理的。

(2) 燃烧故障报警　若燃烧不正常使排气温度的分散度 S_1 超过了允许的分散度 S_{allow}，即图 10-11 中的横坐标 $S_1/S_{allow} > K_1$ 且图 10-10 中的比较器 1 的输入端 A>B，则产生燃烧故障报警。

(3) 排气温度分散度过高遮断　燃烧不正常致使排气温度分散度过高，需要遮断机组时主要有如下两种条件遮断情况：

1) 第一种条件遮断需满足下列三个条件：

① $K_1 < S_1/S_{allow} < K_2$，此时说明热电偶工作正常，但所测量的排气温度分散度超过了

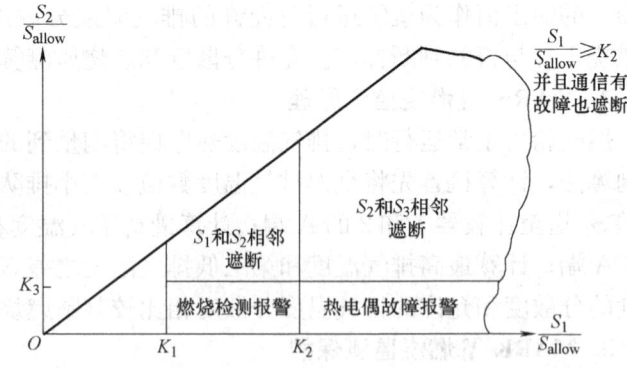

图 10-11　燃烧监测判别原理

S_{allow}—允许的排气温度分散度　K_1—常数，典型情况 $K_1=1.0$
K_2—常数，典型情况 $K_2=5.0$　K_3—常数，典型情况 $K_3=0.8$

允许的分散度，相当于上述燃烧故障报警情况，则比较器 1 的输入端 A＞B，输出报警和条件遮断的逻辑信号 L60SP1。

② $S_2/S_{allow}＞K_3=0.8$。最高排气温度与第二低排气温度之差超过允许值的 0.8 倍。此时比较器 3 的输入端 A＞B，产生条件遮断逻辑信号 L60SP3。

③ 指示排气温度最低和第二低的两个热电偶在排气管道上的安装位置是相邻的。

只满足条件①和②时，说明燃烧不正常，但只报警不遮断机组。即指示排气温度最低和第二低的两个热电偶在排气通道上的安装位置不是相邻时，机组仍可运行且只报警。但当上述三个条件均成立时，机组遮断停机。

第一种条件遮断主要出于下述考虑：沿排气通道布置的热电偶用以监测排气温度的分散度和均匀度。如测量到的排气温度最低点和第二个低点是相邻的，并且分散度 S_1 和 S_2 又都超过了允许值，说明在此区域内排气温度异常（低于正常值）或者说此区域是排气温度场的一个低温区，且超过了允许的情况。可以推断是某个燃烧室或过渡段的破损造成排气温度场的不均匀，因此应立即遮断停机。

2) 第二种条件遮断也包含三个条件：

① $S_1/S_{allow}＞K_2=5.0$。对应上述排气温度的热电偶故障报警情况，此时比较器 2 的输入端 A＞B，输出报警和条件遮断逻辑信号 L60SP2。

② $S_2/S_{allow}＞K_3=0.8$。和第一种条件遮断的条件②相同，即排气温度分散度 S_2 超过了允许值，说明排气温度第二低热电偶所在排气通道位置排气温度过低，超过了允许值。比较器 3 的输入端 A＞B，输出报警和条件遮断的逻辑信号 L60SP3。

③ 指示排气温度第二低和第三低的热电偶是相邻的。

条件①说明排气温度热电偶有一个已经出现故障，其测量值不可信；由条件②可知排气温度分散度 S_2 已经超过正常允许的数值，表明此热电偶所在区域为不正常的低温区；条件③指出排气温度第三低和第二低的热电偶安装位置相邻，进一步证实了第二低热电偶所在区域确为不正常的低温区域。考虑已有一个热电偶发生故障，为安全起见，机组遮断停机。

(4) 报警或遮断　当 $S_3/S_{allow}＞K_4=0.75$ 时，即热电偶测量得到的最高排气温度与第三低排汽温度之差 S_3 大于 0.75 倍的允许分散度时，就认为燃烧不正常。比较器 4 的输入端 A＞B，输出报警逻辑信号 L60SP4。如连续 5min 不退出报警状态，则输出逻辑遮断信号 L60SP4Z，使机组主保护系统动作而遮断停机。

(5) 遮断停机　当 $S_1/S_{allow}＞K_1$，而且 MARK Ⅵ 系统的数据出现通信故障使 L3COMM_IO=1 时，也将使机组主保护动作而遮断停机。

根据最近推出的燃烧监测保护程序，为避免某一只热电偶出现异常偏高的情况，在计算三个实际分散度值 S_1、S_2、S_3 时不再采用最高温度值与各个低值进行比较，而是采用次高温度值参与计算，以排除故障热电偶的异常过高温度信号引起燃烧监测保护的误报警和误遮断。这对提高机组可利用率是有利的，其效果有待进一步实践验证。

4. 燃烧监测保护的退出

燃气轮机在处于某些变工况的过渡阶段时，燃料量处于调整过程中，这种不稳定的工况必将引起涡轮机进、排气温度场处于不均匀的状态，若在此时投入燃烧监测系统，将可能引起机组的误报警或保护误动。因此，当燃气轮机处于起动或正常停机、加减负荷等不稳定的工况期间应将燃烧监测系统切除，以避免引起报警和遮断。待工况稳定后，再将其投入监测功能。

燃烧监测退出控制考虑过渡过程实际分散度的瞬时增大，在正常允许分散度上增加了一个温度偏置值，其变化范围典型值在 0～200°F 之间，如图 10-12 所示。在稳态工作时，偏置值为 0°F。在出现如负荷快速变化的过渡过程时，偏置值可陡升至 200°F，通常维持该值 2min 之后过渡过程条件结束，然后偏置值成指数状以 2min 的时间常数衰减至 0°F。

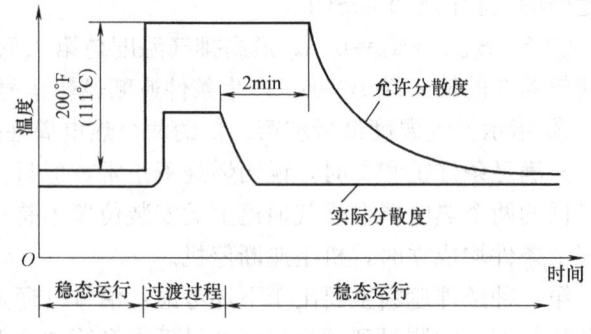

图 10-12　燃烧监测保护的退出

引起偏置陡升至 200°F 的过渡条件包括：燃料的切换、燃气轮机的起动和停机、负荷变化由调节器 RAISE 或 LOWER 信号的产生和由于 FSR 的快速变化而产生的负荷变化。

10.1.5　振动保护

作为高速旋转设备的燃气轮机、汽轮机和发电机，运行过程中通常存在着一定的振动。如果振动太大，则会给机组的安全可靠运行带来严重危害。

1. 机组振动的危害

（1）对燃气轮机的影响　燃气轮机在高速旋转时，如果振动较大，有可能出现压气机或涡轮机叶片断裂或转子与外壳、动叶和静叶发生碰擦，使机组发生重大事故。因此，严格限制燃气轮机振动量是十分必要的。

（2）对电子测速元件的影响　在燃气轮机调速系统中广泛采用频率-电压转换电路作为转速测量元件，通过磁性测速传感器将转速信号转换为与之相应的脉冲电压，如图 10-13 所示。

磁性测速传感器由齿轮、磁钢和线圈等组成。磁钢和齿轮间的间隙大约为 1.1～1.4mm。当齿轮的齿转过磁钢时，由于磁阻的变化使得通过磁钢的磁通量发生变化，并在线圈中感应出交流电压。交流电动势的频率 f 与齿轮的转速 n 和齿轮齿数 Z 成正比，即 $f=nZ/60$。如果取 $Z=60$，则 $f=n$，这样就简化为交流电压频率等于齿轮每分钟的转数，通过数字频率计可直接指示齿轮每分钟的转数。

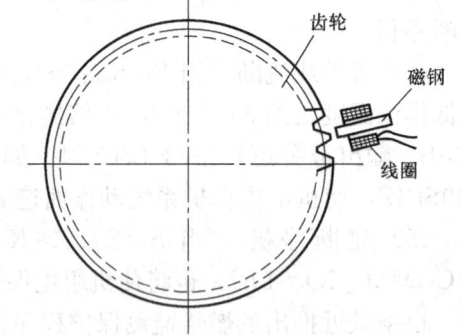

图 10-13　磁性测速传感器

磁性测速传感器的磁钢和齿轮的间隙很小，当机组振动较大时，此间隙会产生忽大忽小的现象，有可能会引起数据转换的失误，出现丢转速现象，即测量到的指示转速较实际转速偏低，使得转速控制系统依据失准。对超速保护系统而言，实际转速比指示转速偏高更加危险。因此，机组振动不能过大，以确保磁性测速传感器和检测电路的指示正确。

(3) 对轴承和轴系的影响　振动过大会影响轴承和轴承油膜的稳定。对于机组的轴系而言，特别是单轴机组的长轴系，振动过大会影响其基础定位，甚至影响轴系的对中。这些因素往往会形成恶性循环，促使振动的进一步加剧。

(4) 对危急遮断器的影响　轴振动较大时可能会出现危急遮断器的误动作。通常飞锤中心旋转半径一般为几个毫米，因此，轴只要振动 1mm 左右就足以使危急遮断器产生误动作。

上述论述的前提是轴振动相位必须在与危急遮断器飞锤中心线的方向相吻合时才能得到最大的作用力。虽然这种情况概率很小，但依然存在这种可能性。

考虑振动对机组安全可靠运行的影响，必须对机组振动加以限制并设置振动保护系统。

2. MARK Ⅵ振动保护系统

MARK Ⅵ振动保护由几个独立通道组成。振动传感器分别安装在燃气轮机、汽轮机和发电机的轴承座上。早期的机组上采用电磁式振动传感器，通过悬挂在线圈中的永久磁铁与线圈的相对运动，产生相应的感应电动势，将电动势放大后作为振动大小的指示。在控制系统中，将传感器的输出通过双屏蔽电缆连接到 MARK Ⅵ 的 TVIB 端子板上，在分别送至〈Q〉模块的 VVIB 模拟量 I/O 处理卡，经过与 MARK Ⅵ 给定的报警和遮断值常数进行比较后，发出报警和遮断机组的命令。

电磁式振动传感器又称速度型传感器，是一种基于电磁感应原理工作的传感器。根据其结构特点，又可分为气隙式（衔铁式）、动圈式和动铁式等。图 10-14 中给出了一种动圈式传感器结构。

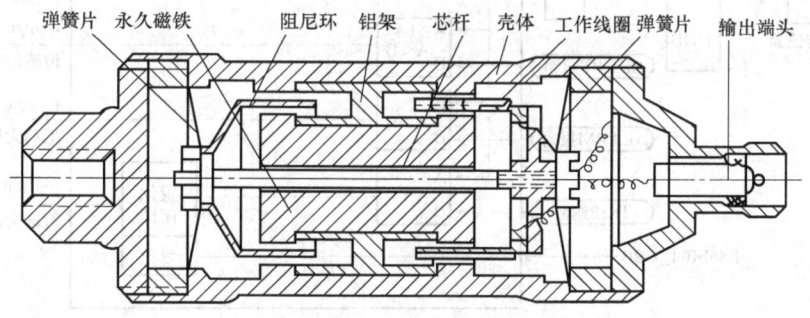

图 10-14　动圈式传感器结构

圆柱形永久磁铁用铝架固定在圆筒形的外壳里，借助于外壳的磁导体形成一个磁路。在外壳与永久磁铁之间形成两个环形气隙。工作线圈放在右侧气隙中，阻尼环置于左侧气隙，二者通过芯杆连接，并用弹簧片支承于外壳上。测量时将传感器固定在被测物体上，传感器外壳随被测物体一起振动。由于支承弹簧足够软，当振动频率超过一定范围后，由线圈、阻尼环和芯杆组成的可动部分近似地保持不动，这样可动部分即与外壳产生相对运动，使线圈在工作气隙中切割磁力线而产生感应电动势。感应电信号由输出端头传出，传送至测量电路。

除电磁式传感器外，目前机组上越来越多地开始采用位移型振动传感器。位移型传感器又称接近度传感器，它是一种非接触式的间隙测量传感器。电涡流传感器是这种传感器的典型代表。采用励磁电源产生高频电流，在探头端头形成高频交变磁场，利用交变磁场电涡流原理测量涡流探头与被测金属表面之间的距离变化。被测物与探头间距离越近，其涡流损失越大；反之越小。在一定测量范围内，间隙大小与涡流损失大小成正比。

位移型传感器可静态测量间隙变化，例如对燃气轮机1号轴承处由于推力轴承磨损引起位置变化的监视、测量转子的轴向位移、在汽轮机中测量气缸的膨胀，以及气缸和转子之间的胀差等。这些都是测量相对位置的位移量，或者说相互之间的距离。同时，这种传感器通过物体间相对运动最大到最小间隙的测量可以得出位移的变化量，通过位移和速度间的微分关系可以得知振动的速度值，适用于机组的振动测量。这种传感器测量振动时往往在水平方向和垂直方向各安装一只探头，监视轴颈和轴承的相对振动情况。实际上出于安装位置的原因，通常采用各倾斜45°仍然构成相对为90°的正交系统。

位移型传感器还可用于主轴转角位置矢量（Key Phasor，鉴相器也称键相器）的测量，称为转子的轴编码器。根据 x 和 y 方向的正交系统，再借助于鉴相器的编码功能，可以确定转子的不平衡量和需要安装平衡质量块的位置，可在现场完成动平衡工作，并绘制出轴心轨迹。

MS9001FA 机组的每个轴承座上安装了两个速度型振动传感器，并在每个轴承处以与水平方向成45°夹角正交安装两个位移型振动传感器。

3. MARK Ⅵ振动保护系统工作原理

振动保护系统原理如图10-15所示。

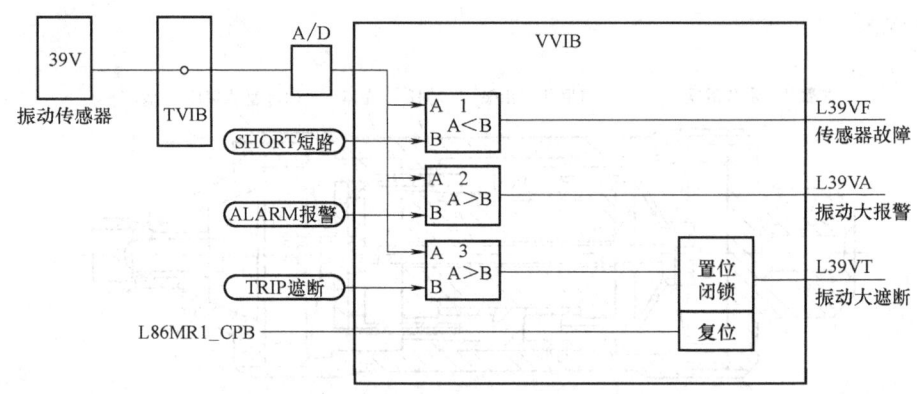

图 10-15　振动保护系统原理

（1）传感器失效报警　采用振动传感器测量机组的实际振动数值时，若所测数值为零或远远低于机组正常工作的振动数值，则可以断定是传感器出了故障。任何输入通道的失效，都将显示"振动传感器失效"的信息。当检测到传感器开路或短路故障并持续存在一定时间时，则显示"振动传感器故障"。此时燃气轮机不中断运行，但该报警应引起运行人员警觉，必要时尽快更换新的传感器。比较器1就是基于上述原理设计的。

振动传感器测量信号经输入/输出模拟量转换进行功率放大后再输入至 A/D 转换器，将振动值以数字量来表征。A/D 的输出送至处理器中第一个比较器的 A 端。燃气轮机正常运转时振动应不小于 SHORT 这一给定值，即 A≥B。当传感器发生开路或短路故障时，其测量值很小，即 A<B。当比较器输出逻辑信号 L39VF=1 时，指示传感器失效，由保护电路发出传感器失效报警信号。

位移型振动传感器与速度型振动传感器功能基本相同，但所有探头的输入连接、保护功能的算法一般都配置在汽轮机 MARK Ⅵ 的 ＊＊＊＊.M6B 文件中。而速度型传感器配置于燃气轮机的 MARK Ⅵ 的 ＊＊＊＊.M6B 文件中的。

位移型振动传感器检测算法如图 10-16 所示。如果送至 HLTH1 输入端的逻辑信号值为 0，或者探头指示出现故障，会发出探头故障报警。

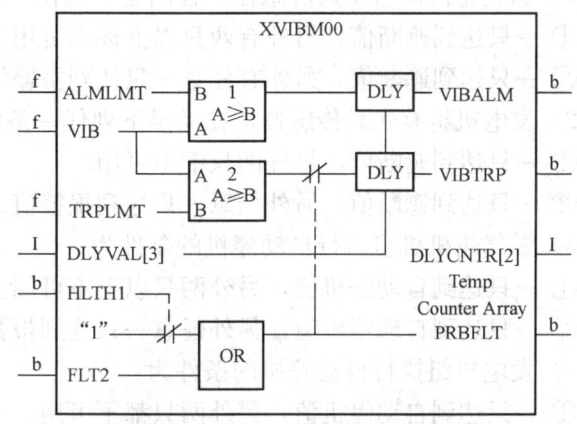

图 10-16　位移型振动传感器检测算法

(2) 燃气轮机振动大报警　燃气轮机正常运转振动应大于由 SHORT 所规定的常数值，但机组振动也不能太大。根据机组运行情况和对机组振动大小的要求，其上限值以报警常数 ALARM 给出。当送入比较器 2 的 A 端的实际振动值大于送入比较器 2 的 B 端的报警常数 ALARM 时，满足 A>B 条件，输出逻辑信号 L39VA=1，送至保护电路，发出振动大报警，但机组仍维持运转。当振动值减至使比较器 2 中 A<B 时，L39VA=0，报警自动解除。各种重型燃气轮机振动报警值均为 12.7mm/s。

对于安装在 1～8 号轴承上的位移型振动探头，其中任意一个振动值大于 0.1524mm 时都将出现振动大报警。为消除偶然因素的影响，增加了延时 1s 后才发出振动大报警的功能。

(3) 燃气轮机振动大遮断　振动保护算法以 TRIP 控制常数规定燃气轮机的最大振动允许值，并送入比较器 3 的 B 端。当送入比较器 3 的 A 端的实际振动值大于 TRIP 控制常数时，比较器 3 中 A>B，输出信号经人工或自动复位选择器后，送入寄存器，发出机组振动过大遮断逻辑信号 L39VT=1，寄存器的闭锁作用使得机组遮断停机后无法重新起动以确保安全。故障解除后，必须输入主复位逻辑信号 L86MR1_CPB 使"置位/闭锁和复位"块复位。重型燃气轮机规定的振动遮断值为 25.4mm/s。

对于安装于 8 个轴承的位移型振动传感器探头而言，其中任意一个测量值大于 0.2286mm 都将导致整个机组遮断，经 1s 的延时后，发出遮断报警信号。

(4) 燃气轮机振动大自动停机　在 MARK Ⅵ 应用软件中，振动检测算法新增了振动大自动停机保护。当振动达到 24.13mm/s 的自动停机设定值时，将采用比遮断跳机更为温和的方式，即自动停机。高负荷条件下的跳机会给机组带来很大冲击，高温部件要承受更大的热应力，严重损伤机组的使用寿命，并会对其他辅助设备造成不利影响，还有可能导致下次起动出现振动或其他异常情况。自动停机保护将很大程度上有利于对机组的保护。

对于 8 对位移型振动传感器，其中任意一个测量值大于 0.216mm 时都将导致整个机组的自动停机。在自动停机之前，一旦任意一个测量值达到 0.19mm，MARK Ⅵ 系统都将会先发出报警，要求运行人员主动执行正常停机操作。

(5) 振动检测算法　对于速度型传感器，其振动大报警值为 12.7mm/s (0.5in/s)，自动停机值为 24.1mm/s (0.95in/s)，遮断值为 25.4mm/s (1in/s)。机组首先把传感器分成若干组，燃气轮机 39V-1A、1B 为冗余的一对，39V-2A、2B 为冗余的一对，发电机组 39V-4A、4B 为冗余的一对，39V-5A 为单独一个。

1）燃气轮机机组 4 只传感器，在满足下列任一条件时跳机：
① 一只达到遮断值，另外有两只以上都不可用。
② 一只达到遮断值，另外有任意一只达到报警值。
2）发电机组有三只传感器，在满足下列任一条件时跳机：
① 一只达到遮断值，另外两只都不可用。
② 一只达到遮断值，另外任意一只达到报警值。
3）燃气轮机机组执行自动停机的条件为：
① 一只达到自动停机值，另外两只以上不可用。
② 一只达到自动停机值，另外任意一只达到报警值。
4）发电机组执行自动停机的条件为：
① 一只达到自动停机值，另外两只都不可用。
② 一只达到自动停机值，另外任意有一只达到报警值。

从上述跳机和自动停机条件可以看出，虽然有一只传感器测量值达到跳机值，但还需顾及另外传感器的状态才能确定是否实施跳机。这是与位移型传感器的判别条件完全不同的。

10.1.6 液压遮断油系统

当燃气轮机运行中出现故障需要遮断停机时，MARK Ⅵ保护系统经遮断油系统切断机组的燃料。除遮断功能外，在机组正常起动和停机过程中，还给燃料截止阀提供液压信号。在使用双燃料系统的燃气轮机中，遮断油系统还具有切换燃料的功能。

1. 液压遮断油系统的主要部件

遮断油系统如图 10-17 所示，主要包括下列部件：

（1）进口节流孔板　来自润滑油母管的油经进口节流孔板后进入遮断油系统。合理选择进口节流孔板尺寸可以控制从润滑油母管进入遮断油系统的油流量。既要保证机组正常运行时能为遮断装置提供足够的油流量，使其可靠工作，又能在机组故障时不因遮断油流量过大致使燃气轮机的润滑用油量减少过多。节流孔板后的管路为遮断油主管路，其油压为遮断油压力。

（2）机械超速遮断装置　如果机组转速超过超速螺栓的设定值，将引起遮断油压迅速下降，以切断进入燃气轮机的燃料，并通过限位开关 12HA 发出机组被遮断信号。运行人员发现机组有故障时，也可以通过超速遮断机构的手动遮断推杆使机组遮断。超速机构一旦动作，遮断油系统将保持打开并处于泄油状态，直到推手动复位杆手动复位。

（3）手动遮断装置　位于遮断油主管路上的手动遮断装置是一个手动的两位阀门。机组正常运转时，处于常关位置，因此也被称为常关两位阀门。当发现机组有故障时，可手动打开此阀门泄放遮断油，使遮断油压迅速下降，切断燃料，遮断机组。

（4）节流孔板和止回阀组件　遮断油主管路的母管分为液体燃料遮断油支路和气体燃料遮断油支路。在每个单独的遮断油支路上都有一个节流孔板和止回阀组件，用以限制支路的遮断油流量。在机组正常运行时，遮断油经节流孔板和止回阀组件的节流孔为每个支路建立正常的遮断油油压以维持燃料截止阀打开，止回阀处于关闭状态，允许燃料进入燃烧室，使

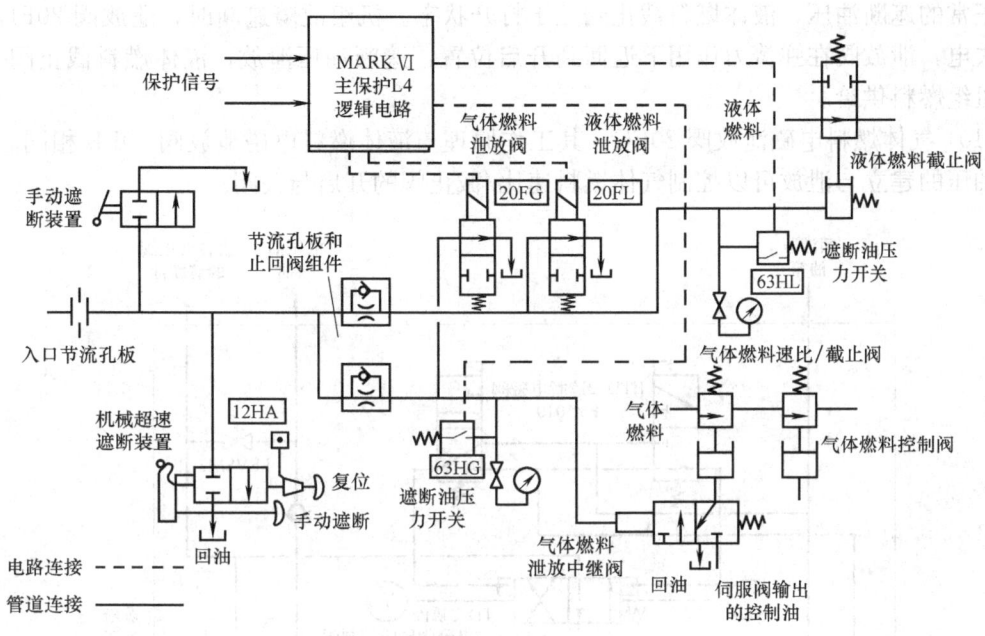

图 10-17 遮断油系统

机组正常运转。当位于遮断油主管路上的遮断装置动作时，经超速遮断装置泄放遮断油，此时节流孔板和止回阀组件的止回阀正向导通并打开，加速遮断油的泄放，使得截止阀迅速关闭，切断燃料而停机。

(5) 遮断油压力开关 液体燃料遮断油支路上和气体燃料遮断油支路上分别配备有压力开关 63HL 和 63HG。当遮断装置动作，遮断油压下降至压力开关的设定值或其他故障引起遮断油压下降至压力开关设定值时，压力开关动作，发出遮断油压低信号给 MARK Ⅵ 主保护系统。

(6) 液体燃料截止阀 液体燃料截止阀是一个液压控制的常关两位阀。当没有遮断油压时，在弹簧力作用下处于关闭状态；机组正常运行时，遮断油压正常建立时，截止阀打开。当遮断装置动作使遮断油泄放时，遮断油压降低，截止阀关闭切断机组燃料。

(7) 气体燃料速比/截止阀 SRV 作为截止阀，当机组故障遮断时，通过遮断油压或者液压油压的泄压迅速关闭，以此切断机组的气体燃料供应。作为速比阀，可以根据转速信号 TNH 自动调整气体燃料控制阀前的天然气压力 p_2。

(8) 气体燃料泄放中继阀 中继阀是一个由遮断油压控制的两位三通阀。当机组正常运转时，中继阀在遮断油压作用下处于左位工作状态，此时气体燃料压力调节系统的伺服阀输出的控制油可以调节气体燃料速比/截止阀的开度，以使气体燃料调节阀前的气体燃料压力满足给定值的要求，速比/截止阀起压力调节的作用。当机组故障遮断装置动作使机组遮断时，遮断油压下降，中继阀在弹簧作用下处于右位工作状态，控制油压被切断，存留在速比/截止阀液压缸内的油经中继阀泄放掉，速比/截止阀在弹簧力作用下迅速关闭，切断气体燃料而遮断停机。

(9) 液体燃料电磁泄放阀 20FL 液体燃料电磁泄放阀是由电磁线圈控制的常开两位阀。机组正常运行时，电磁泄放阀 20FL 的电磁线圈带电，泄放阀处于关闭状态，使遮断油系统建立正常的遮断油压，液体燃料截止阀处于打开状态。机组故障遮断时，泄放阀 20FL 电磁线圈失电，泄放阀在弹簧力作用下返回到开启位置，遮断油压泄放，液体燃料截止阀关闭，切断机组燃料供给。

（10）气体燃料电磁泄放阀 20FG　其工作原理与液体燃料电磁泄放阀 20FL 相同。通过遮断油压的建立与泄放可以控制气体燃料速比/截止阀的开启与关闭。

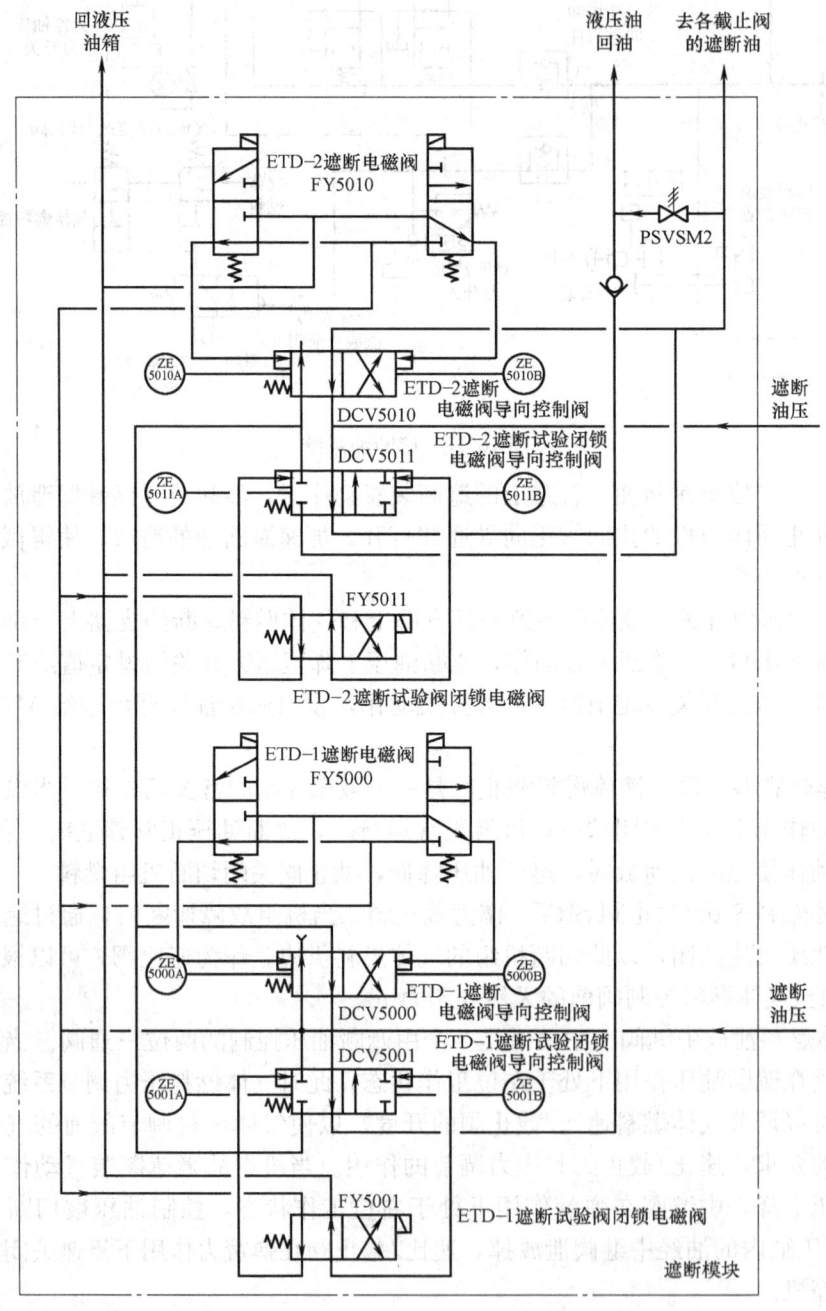

图 10-18　9FA 的 ETD-1、2 遮断保护和遮断试验模块

2. MARK Ⅵ保护系统的遮断

当机组出现超速、超温、振动过大等故障时，主保护逻辑 L4 信号置零，经继电器驱动模块的 2/3 硬件表决后，使机组遮断主保护继电器 4X 失电，导致燃料泄放阀 20FL 和 20FG 电磁线圈失电，泄放遮断油。遮断油压降至整定值后，关闭液体燃料截止阀和气体燃料速比/截止阀，机组遮断停机。当使用泄放阀 20FL 和 20FG 遮断停机时，节流孔板和止回阀组件中的止回阀处于关闭状态，这样能更迅速地泄放掉遮断油，加快气体燃料速比/截止阀和液体燃料截止阀的关闭速度，避免机组故障的扩大化。换言之，节流孔板和止回阀组件的引入，减小了截止阀的时间常数，以及机组遮断时动态过程的超调量。而动态过程时间的缩短，有利于机组的安全可靠运行，提高了机组故障期间的应变能力。

9FA 机组燃用天然气原料，其遮断设置有所不同。它采用 ETD1（FY5000）和 ETD2（FY5010）两个遮断电磁阀完成遮断油压的泄放。ETD1 和 ETD2 两个电磁阀还与跳闸试验闭锁电磁阀（FY5001 和 FY5011）、跳闸试验导向控制阀（DCV5000、DCV5001 和 DCV5010、DCV5011）协调完成离线 ETD 和在线 ETD 电子跳闸试验，如图 10-18 所示。

另外，9FA 机组的遮断油回路里增加了 IGV 紧急遮断电磁阀。通过 20TV 电磁阀可以泄放遮断油压，或者实现由于遮断油压丧失而迅速关闭 IGV 的目的，如图 10-19 所示。

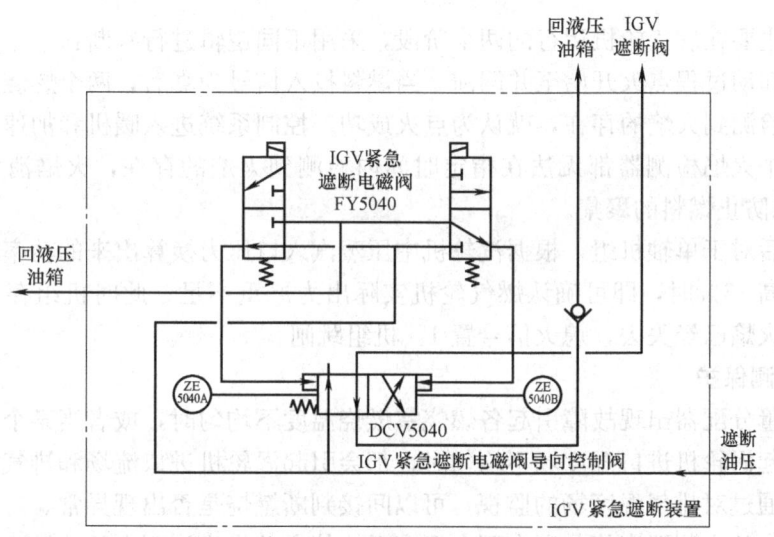

图 10-19　9FA 机组的 IGV 遮断系统结构

10.2　三菱公司燃气轮机保护系统简介

三菱公司燃气轮机保护系统主要包括超温保护、熄火保护和燃烧监测保护等。

1. 超温保护

超温保护同样应用叶片通道温度和排气温度两类测点。当同类测点实际测量到的平均值超过其基准值温度 45℃，或者排气温度平均值大于 620℃，或者叶片通道温度均值大于 680℃，都将由保护系统发出跳闸信号，关闭燃料截止阀，执行紧急停机。

2. 熄火保护

M701F 型燃气轮机在第 18 和第 19 号火焰筒各安装了两个火焰探测器，用于判断点火是否成功。熄火保护逻辑如图10-20所示。

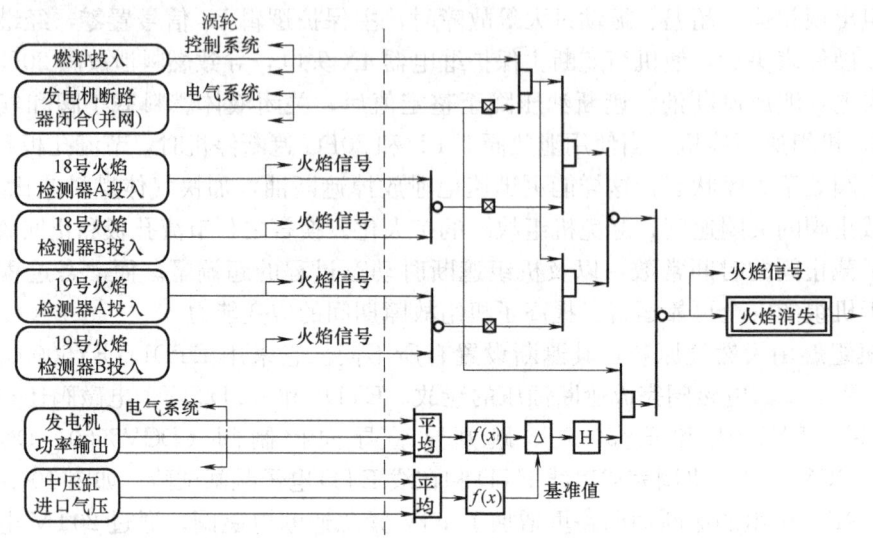

图10-20 M701F熄火保护逻辑

熄火保护主要在燃气轮机运行的两个阶段，采用不同逻辑进行判断：

（1）用于起动过程点火开始至并网前 当燃料投入信号为真后，两个燃烧室都至少有一个火焰探测器检测到火焰的存在，就认为点火成功。控制系统进入暖机和加速过程。如果同一燃烧室的两个火焰检测器都无法在指定时间内检测到火焰的存在，火焰消失信号逻辑为1，机组跳机以防止燃料的聚集。

（2）并网后对于单轴机组，根据汽轮机中压蒸汽入口压力换算出来的功率输出比实际发电机功率输出高13%时，即可确认燃气轮机实际出力严重不足。此时机组存在逆功率，则认为燃烧筒中火焰已经失去，熄火信号置1，机组跳闸。

3. 燃烧监测保护

当燃料流量分配器出现故障引起各燃烧室燃烧温度不均匀时，或者当某个火焰筒破裂或过渡段破裂引起涡轮机进口温度场不均匀时，都会引起涡轮机进口流场和排气温度场的明显不均匀现象。通过对排气温度场的监视，可以间接判断燃烧是否出现异常。

将某个测点的实测温度值与所有测点温度平均值之差作为该测点的分散度，当分散度超过+30℃或-60℃时，则具备跳机条件。为避免因单个测点热电偶本身的失效而导致误跳机，还需判断与超限测点相邻的两个测点是否也存在一定程度的分散度（超过±7℃）。例如：2号测点分散度超过+30℃或-60℃，且相邻的1号或3号测点分散度超过±7℃时，则因2号叶片通道温度波动大而跳机。

此外，保护系统还监视每个测点温度的变化趋势。当某个测点温度的分散度的变化速度超过规定值时，自动执行正常停机程序。

除了常规的通过温度进行燃烧监测外，还在燃烧室上设置了20个压力波动检测传感器。另外，在3、8、13、18号火焰筒上环形对称布置4个加速度传感器，分别检测燃烧室的压力波动和压力波动加速度，通过压力来进行燃烧监视。

当燃烧出现不稳定时，燃烧火焰的脉动会影响到周围空气压力场的变化，甚至会引起火焰筒壳体振动的变化。利用这些传感器分别对各个火焰筒壳体振动及周围压力波动进行连续不断地检测，可以更加直接地监视燃烧状况。

当这 24 个信号中有 1 个超过报警值时，则发出报警，操作员应该手动减负荷；如果有 2 个超过减负荷报警值时，机组需在 1min 内快速减负荷至 50% 额定负荷；如果仍然超过减负荷报警值，则立即跳机；如果有 2 个超过跳机值，则马上跳机。

10.3 西门子公司燃气轮机保护系统简介

1. 涡轮机温度保护

排气温度测量热电偶沿圆周分布，取其中的 6 个测点作为燃气轮机排气温度高保护用途。如果 6 个信号中的 3 个或 3 个以上达到或超过保护值，则遮断燃气轮机；如果在闭环控制系统中计算出的校正排气温度达到保护值，则同样遮断燃气轮机。

另外，燃气轮机温度保护设冷点和热点保护，用以监测燃气轮机的燃烧状况。冷点保护用 1 个测量点的测量值与 24 个测点的平均值进行比较，如果相邻的 2 个测点与平均值的偏差都达到设定值以上，则报警；如果相邻的 3 个测点与平均值的偏差超过设定值，则发出关机信号；如果相邻的 4 个测点与平均值的偏差超过设定值，则直接遮断燃气轮机。热点保护也用 1 个测量点的测量值与 24 个测点的平均值进行比较，如果超过设定值，则相应进行报警或遮断机组。涡轮机温度保护原理如图 10-21 所示。

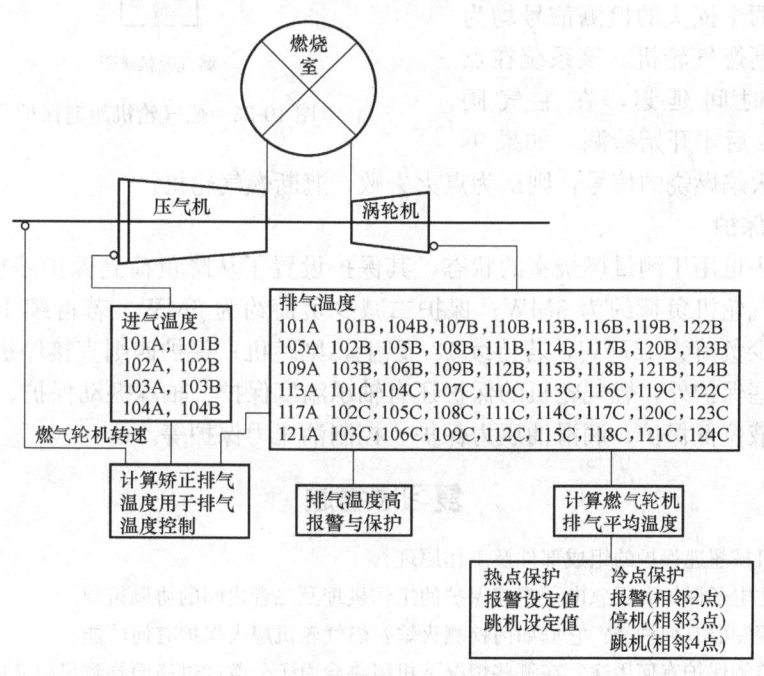

图 10-21 涡轮机温度保护原理

2. 压气机喘振保护

喘振是持续时间很短的现象，对喘振保护的测量和处理逻辑都要求非常迅速。检测压气机入口高流速处和低流速处之间的压差，当转速达到一定值后，如果此压力差异很小，则认为喘振很可能发生，将快速遮断机组。

3. 超速保护

在压气机轴承座处安装了 6 个测速模块，其中 3 个同时送入 Simadyn D 控制系统的两块 AddFEM 模块中，作为转速的反馈信号用于控制。6 个信号分别为两组三取二表决来实现超速保护，如图 10-22 所示。

从实施保护的方式上，又可分为硬件超速保护和软件超速保护。硬件超速保护是把 3 个通道的超速信号直接接入保护回路中，如果 2 个以上的通道达到保护值，则直接从电路上切断对主燃料阀门驱动电磁阀的电源，不需经过任何控制器的处理直接跳机。软件超速保护则是把 3 个通道的超速信号送入 95F 保护系统中，用该系统的中断保护功能来实现快速动作跳机。

4. 火焰监视系统

火焰监视保护通过检测燃烧器组的状态来监视燃烧室的火焰燃烧状况。如果在运行期间两个探头的检测信号均为无火焰，则遮断燃气轮机。该系统在点火时增加了时间延迟，在主气阀（ESV）打开 3s 后才开始检测，如果 9s 内没有检测到火焰燃烧的信号，则认为点火失败，遮断燃气轮机。

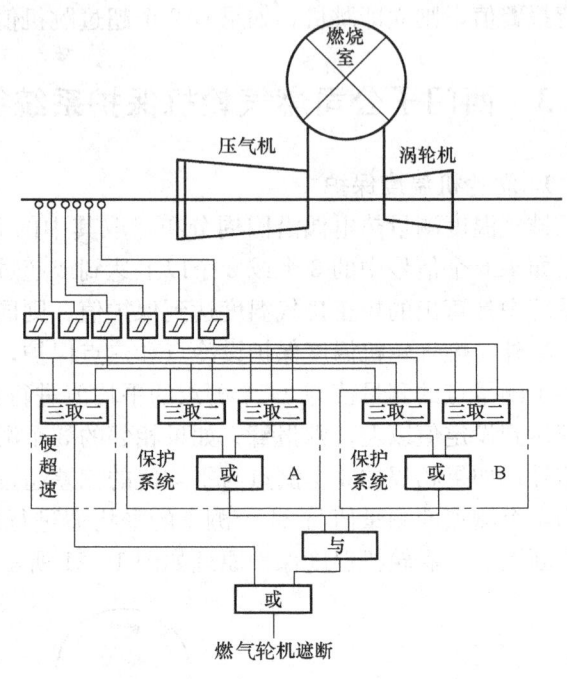

图 10-22 燃气轮机超速保护原理

5. 加速度保护

加速度探头也用于测量燃烧室的状态，其保护设置了从降负荷到保护停机 4 个设定值。保护一减少燃气轮机负荷约为 6MW；保护二减少负荷约为 6MW，若持续 19s 以上，则跳机；保护三减少负荷为 15MW，若持续 13s 以上，则跳机；保护四则直接停机。

除以上这些保护外，燃气轮机的保护还有轴承温度保护、轴承振动保护、进气压力低保护、润滑油箱液位低保护、润滑油压力保护、控制油压力保护等。

复习思考题

10-1 简述机械超速保护的组成部件及工作原理。

10-2 分析主电子保护和紧急电子超速保护的工作机理及二者之间的协调机制。

10-3 火焰探测器有何种类？它们如何检测火焰？燃气轮机熄火保护有何功能？

10-4 燃烧监测保护有何用途？在哪些情况下机组将会由于分散度过高而导致机组遮断？

10-5 在哪些工况条件下燃烧监测保护需要退出？如何退出？

10-6 燃气轮机振动大会给机组带来哪些危害？

10-7 简述动圈式速度型振动传感器的工作原理。

10-8 燃气轮机保护系统如何通过遮断油系统实现对机组的遮断？

第 11 章 燃气轮机组的运行与维护

燃气轮机和以其为基础构成的燃气-蒸汽联合循环发电机组带负载时的正常运行维护是最基本、最经常的工作。所谓正常运行是指机组相关参数在允许范围内波动时，负载维持不变或缓慢变化的状况。在正常运行中，首先要确保设备工作的安全性，在机组出现不正常工况时，必须尽快采取措施，恢复主、辅机的正常运行条件，或限制负载直至停机。其次要保证机组运行的经济性，确保机组在合理工况下工作。

11.1 燃气轮机起动

11.1.1 正常的起动过程

燃气轮机起动是指机组从静止零转速状态加速至全速空载、并网及带满负荷的过程。燃气轮机通常采用自动程序控制起动，机组调试时可以分段进行。结合燃气轮机主控系统和顺序控制系统，机组起动过程可分为以下几个阶段：

1. 起动前的检查、准备阶段

机组起动前，必须对相关设备、系统进行详细、全面地检查，确认设备具备起动条件和确定应该采取的措施，掌握设备现状和特性。当一切设备准备就绪，方可开始起动操作。

2. 起动盘车

利用盘车装置较大的转矩，克服转子的惯性和静摩擦把转子缓慢转动起来。检查机组动、静部分有无摩擦和异常声响。通常规定燃气轮机起动前盘车系统必须至少连续运行 1h。

3. 冷拖、清吹

盘车运行后，起动装置带动转子升速，至清吹转速（约为 $20\%\sim25\%n_0$），利用压气机出口空气对机组进行一定时间的吹扫，吹掉可能漏进机组热通道中的燃料气或因积油产生的油雾。清吹时间以能够将排气道体积至少三倍的空气吹除掉为准，以避免爆燃。对无旁通烟囱联合循环机组，每次点火前都应进行清吹，并适当延长清吹时间。

此外，冷拖还用于机组假起动或起动失败时，以及运行停机及熄火以后，其目的在于吹掉燃烧室内积存的燃料和冷却机组。所谓"假起动"即燃气轮机由起动机带动至点火转速，只喷油而不点火，主要用于机组检修后检查机组或燃料系统的密封性和工作情况。

4. 点火、暖机

清吹结束后，机组转速降至点火转速（$15\%\sim20\%n_0$）。点火时给出较大的燃料行程基准 FSR，即相应燃料量较多，点火装置连续点火 30~60s。若火焰探测器探测到燃烧室中的火焰，满足点火成功判定条件，则控制系统给出暖机信号，机组进入暖机阶段。通过暖机让机组高温燃气热通道中的受热部件、气缸与转子均匀受热膨胀，减少它们的热应力以及保证机组在起动过程中有良好的热对中，防止转子与静子间出现过大的相对膨胀而发生碰擦。暖机时间为 1min，与点火阶段燃料量相比，暖机阶段燃料供给量有所减少。

5. 升速

暖机计时器发出信号,暖机阶段结束,机组进入升速阶段。升速阶段中,燃料行程基准 FSR 由控制系统按控制规范规定上升。机组在起动机和涡轮机自发功率作用下,转速迅速上升。机组升速过程中应严密监视机组的振动情况。转子通过临界转速时的振动变化是分析燃气轮机通流部分结垢或异常的有效途径。

随着机组转速上升,燃气轮机空气流量增加,压气机出口压力增加,燃料量同时增加,涡轮机自发功率将逐渐增大。当机组转速在起动机帮助下升至 $50\% \sim 60\% n_0$ 的范围,且涡轮机已有足够剩余功率满足机组升速要求时,起动机将脱开而停止工作,这称为脱扣。脱扣之后燃气轮机将依靠自身输出功率加速至空载工况。

在机组起动过程中低转速情况下,转子的加速主要是依靠起动机所提供的转矩来实现的。点火后,涡轮机开始产生转矩。机组转速达到自持转速 n_s 时,涡轮机输出的转矩正好等于压气机的阻力矩,但没有多余的转矩可以用来加速转子。因此,起动机不能停止工作,将带动转子继续增速至脱扣转速。此时依靠燃气涡轮机产生的转矩可以满足后面转速继续增加的需要,这时才能把起动机脱开,停止工作。

6. 全速空载

机组转速达到 $95\% n_0$ 时,运行转速继电器发出信号,压气机防喘放气阀关闭,辅助润滑油泵停止运转。机组继续加速至全速空载状态运行,其转速略高于电网频率。

图 11-1 所示为 MS7001E 型燃气轮机起动过程中燃料行程基准 FSR、转速与涡轮机排气温度随时间的变化曲线。

燃气轮机投运时的标准起动曲线是比较和评价机组以后运行过程中参数变化的一个很好的参考标准。燃气轮机起动过程中从起动信号发出开始,转子开始转动、点火、暖机、起动机脱扣及全速空载等各个环节对应的时间、转速、燃料流量和排气温度等均可自动记录下来。一旦机组出现故障,通过起动过程所记录的曲线和标准起动曲线对比,能很快找出故障所在部位或整定值的变化及有关零件损坏情况。

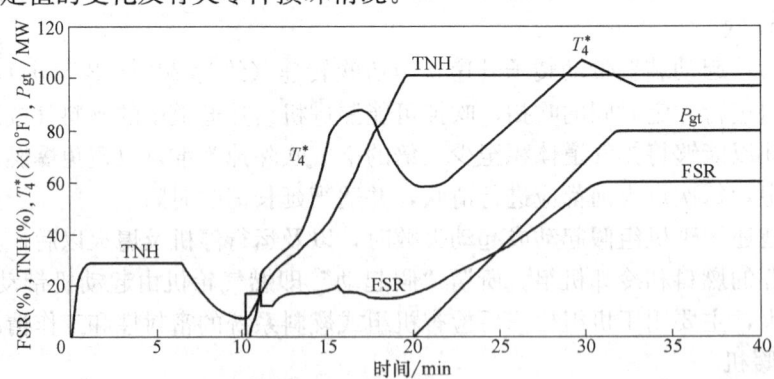

图 11-1 MS7001E 型燃气轮机起动过程中燃料行程基准 FSR、
转速与涡轮机排气温度随时间的变化曲线

11.1.2 并网、带负荷

1. 同期阶段

机组进入全速空载状态后,由同期控制接替起动控制,实现机组的并网。所谓同期,即发电机发出的交流电的频率、电压和相位与电网的这三个参数相匹配。当同期条件满足时，发电机断路器自动闭合，完成并网。

2. 带负荷

机组完成同期并网后，由转速控制系统控制机组运行。机组可按如下方式带负荷：

1）如果运行人员没有下达带负荷指令，并网后，机组自动加载至旋转备用负荷（5%额定负荷），以防止系统频率升高、机组逆功率保护动作。

2）选择自动带基本负荷运行指令，机组将按规定的升负荷速率自动加载。MS7001E 燃气轮机加载至满负荷的时间为 12min；机组带满基本负荷后，将由转速控制进入温度控制状态。

3）选择某一中间负载值进行加载。首先要向控制盘输入负载指令值，而后按预选值进行加载，机组以规定的速率进行加载。

4）操作员可以选择手动加载。通过控制盘上调节速度及控制整定点升/降的按钮来进行。手动加减负载的速率是自动加减负载速率的两倍。手动加载数值只能在基本负载以内。

11.1.3 快速起动和快速加载起动

燃气轮机运行方式一般可分为应急型、尖峰负荷型、中间负荷型和基本负荷型四大类。它们的年运行小时数、年起动次数、连续运行时间数以及起动加载时间存在很大差异，见表 11-1。

表 11-1 单循环电站燃气轮机运行方式

类型		应急型	尖峰负荷型	中间负荷型	基本负荷型
使用指标	工作时间/（h/a）	<500	500~2000	2000~6000	>6000
	起动次数/（次/a）	>500	100~500	20~100	<20
工况	连续运行时间（h/次）	<1	1~20	20~300	>300
	起动和加载时间/min	<5	<25	<35	<40

对担任应急或尖峰负载的机组，在有些情况下需要机组尽快投入运行。为实现机组快速起动，需对起动过程中的相关参数进行调整。

1）重新调整点火转速信号触发值，在转速达到 $10\% \sim 12\% n_0$ 时提前动作，进行点火。

2）减少或取消暖机时间。

3）提高升速过程中的 FSR 上升速率。

4）提高排气温度上升速率，典型值由 2.8℃ 提高至 8.4℃。

5）提高机组加速率限制；典型值从 $1\% n_0/s$ 改为 $2\% n_0/s$。

快速加载起动仅在加载时升负荷速率与手动加载相同，起动过程和正常起动是相同的。表 11-2 所示为部分燃气轮机典型的起动时间。

表 11-2 通用单循环电站燃气轮机典型起动时间

燃气轮机型号	起动方式	起动装置	柴油机暖机时间/min	燃气轮机升速时间/min	到全速空载的总时间/min	到基本负荷的总时间/min
MS5001P	正常起动	柴油机	2	7.17	9.17	13.17
	快速起动	柴油机	0.5	7.17	7.67	9.67
	紧急起动	大型柴油机	0.5	4.0	4.5	5.0

(续)

燃气轮机型号	起动方式	起动装置	柴油机暖机时间/min	燃气轮机升速时间/min	到全速空载的总时间/min	到基本负荷的总时间/min
MS6001B	正常起动	柴油机	2	10.0	12.0	16.0
	快速起动	柴油机	0.5	6.67	7.17	9.17
MS7001FA	正常起动	电动机/变频器	—	9.0	9.0	21.0
MS9001E	正常起动	电动机	—	8.17	8.17	20.17
	快速起动	电动机	—	8.17	8.17	9.67
MS9001FA	正常起动	电动机/变频器	—	9.0	9.0	21.0

11.1.4 起动过程中的参数变化

起动过程中涡轮机入口燃气初温 T_3^* 在点火后不久将出现峰值；由于燃气涡轮机部件的吸热影响使得排气温度 T_4^* 变化较前者更为平缓，如图 11-2 所示。

将燃气轮机起动过程画在压气机性能曲线上，可得图 11-3 所示的起动过程线。图中 n_i 为点火转速，n_s 为自持转速，n_b 为脱扣转速。点火转速 n_i 处燃气初温 T_3^* 有一突升，起动过程线向上弯曲，突增量越大起动越快，但此时机组易发生喘振，且部件暂时热应力大，热冲击现象严重。在防喘放气阀关闭后，压气机性能曲线发生突变，起动过程线出现突跳，由图中 a 点变至 a' 点。因此，燃气轮机起动过程中要限制 T_3^*。对于重型燃气轮机，起动过程中的 T_3^* 要比设计工况下燃气初温 T_3^* 低 200~300℃ 或更大一些。

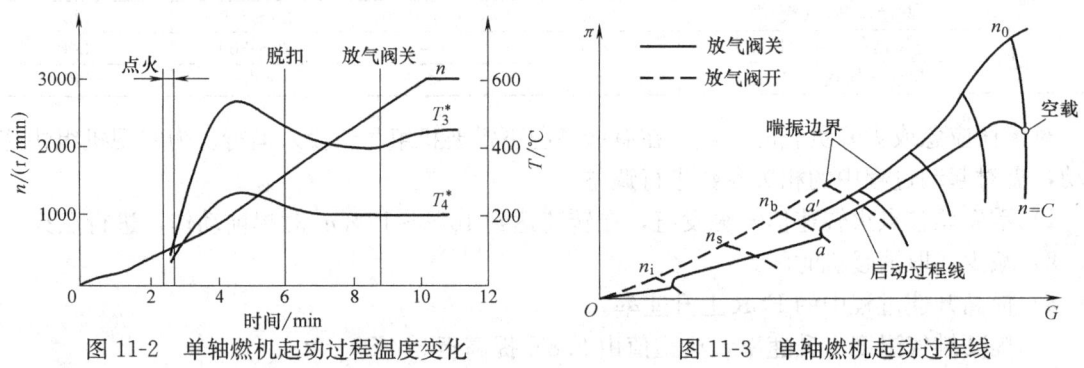

图 11-2 单轴燃机起动过程温度变化　　图 11-3 单轴燃机起动过程线

燃气轮机升速过程中的燃料行程基准 FSR 有两次减少，如图 11-4 所示。主要是因为起动之前冷的部件在吸足热量后不再从燃气中吸收热量，稍小些的 FSR 仍能满足机组加速的需要；其次，机组升速至运行转速后，不需再继续升速，对燃气涡轮机的输出功率要求减小，所以 FSR 又减少一些。同时，FSR 在加速过程中的两次减少也有利于对燃气温度的控制，降低热冲击现象对热部件的影响。

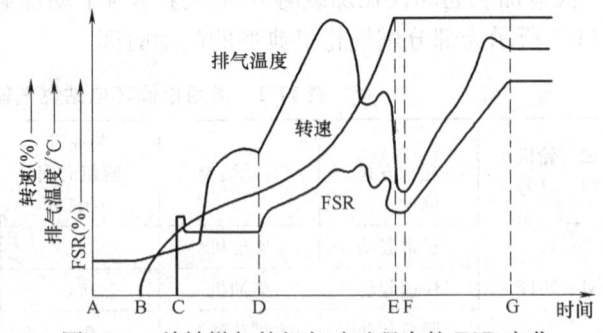

图 11-4 单轴燃气轮机起动过程中的 FSR 变化

起动过程中燃料量的变化如图 11-5 所示。为使起动时点火可靠,初始喷入的燃料量较多,暖机时适当减少,在升速过程中随转速升高而增加。加速至全速空载后,转速系统投入工作,G_f 降至空载时的相应数值。从图 11-5 中可以看出,暖机后的燃料量 G_f 不断增加,但与之相应的燃气初温和排烟温度随机组转速变化先上升至峰值而后又下降。这是因为压气机在较低转速范围时,空气流量随转速的升高增量较小,而燃料流量 G_f 在点火时的突增量较大,且随后 G_f 还在增加,因此燃气初温 T_3^* 很快增加。当压气机加速至较高转速范围时,空气流量随转速增加的变化量较大,但 G_f 的增量仍与原来差不多,使得 T_3^* 的升高变慢。当压气机进口可转导叶开启后,空气流量突增,T_3^* 最终由升高变为降低而出现峰值。涡轮机排气温度 T_4^* 因此也出现峰值,只是由于热部件的吸热作用,其变化曲线的峰值要平坦一些。

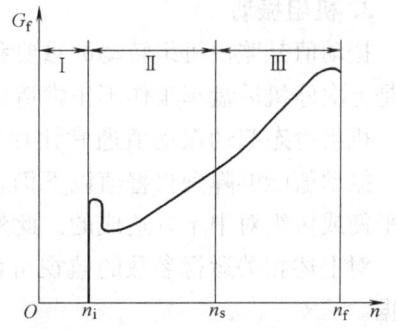

图 11-5 起动过程中燃料量的变化

11.2 燃气轮机发电设备的运行监视

为维持机组的正常运行,运行人员应监视并控制机组的各主要参数;监视机组调节系统、自动装置及机组独立部件和机构的工作情况;检查并试验保护元件、事故信号及备用设备自动投入装置的可靠性;定期试验或切换备用设备;定期抄表,填写运行日志,切换操作簿和设备故障登记;定期向不集中润滑部件添加润滑剂。

如果燃气轮机以联合循环方式运行,运行人员还应根据负载变化,对运行机组间的负载进行合理分配,调整燃气轮机、余热锅炉、汽轮机在变工况时的参数变化,完成相应的切换操作。

燃气轮机运行检查主要包括与负载对应的排烟温度、振动、燃料流量和压力、排烟温度场、润滑油压力变化和起动时间等。记录机组正常起动过程及稳定状态下运行的关键参数。所谓稳定状态是指在 15min 内叶轮室温度变化不超过 2.8℃。

1. 排烟温度变化和温度场分布偏差变化

通过对排烟温度变化及温度场分布偏差变化的分析可以判断燃料分配系统、燃烧室和高温部件的工作状况。

通过观察和比较相关数据可以得到机组负载和排烟温度之间的对应关系。环境温度和大气压力对排烟温度也有一定影响。过高的排烟温度可能是由于零部件的磨损、过量漏气或压气机积垢等因素造成的。

对于燃烧液体燃料的机组,燃油流量分配器对燃料分配不均匀以及个别喷嘴工作不良将会造成排气温度场不均匀。若流量分配器和喷嘴工作都正常,则排气温度偏差大可能是由于燃烧室、高温通道部件损坏或热电偶自身故障的原因。因此,通过对排气温度场的严密监视可以及早发现故障点,以便及时采取措施,将部件的损坏率减小到最低限度。

2. 燃料流量与压力变化

燃料流量与机组出力大小之间也有一定的对应关系,而燃料流量又与燃料系统压力相关联。通过监测燃料系统工作压力变化可以判断燃料系统中油滤、喷嘴和管路等是否堵塞及测试仪表是否工作正常。

3. 机组振动

振动值是监视机组转动的重要参数。如果机组在某次起动过程中振动值突然增加，则往往是上次停机后盘车工作不正常造成的。为防止这种情况发生，停机后要对盘车过程进行监视。机组冷态起动振动值通常比热态起动振动值高一些，甚至超过报警值。机组达到全速后，振动值能够降到报警值以下仍属正常情况。若一直存在振动不正常情况，则可能是转子不平衡或机组对中不好造成的。此外，燃烧振荡也有可能造成机组振动。

对上述相关运行参数的监视可作为有效安排机组维修工作和下一次停机时所需材料的依据。

4. 涡轮机叶轮间温度

燃气轮机在每一级叶轮前后的间隙处都安装有温度测点，用于测量涡轮机叶轮间的温度。由于热通道部件的冷却空气通道阻塞而引起的冷却空气量减少、涡轮机密封磨损、涡轮机转子变形过大、燃烧系统故障、排气扩压器变形过大或热电偶安装位置不正确等诸多原因都可能造成轮间温度高的现象。涡轮机叶轮间温度长时间过高，会给热通道部件造成永久性的损害，应找到其原因并设法消除。

燃气轮机首次起动时，应严密监视涡轮机叶轮间温度变化，如果温度持续升高，应检查外部冷却空气回路，在确定没有其他异常的情况下，可稍微扩大冷却空气的孔板尺寸增加冷却空气量，以保证机组的安全运行。

此外，燃气轮机起动中的相关参数、停机惰走时间等也需准确记录。这有助于及早发现潜在问题，及时采取措施，避免部件损坏等事故的发生。

11.3 燃气轮机的停运

燃气轮机发电机组从带负荷的正常运行状态到静止状态的过程称为停机。停机过程的实质是燃气轮机各金属部件的冷却过程，起主导作用的是停止向燃气轮机燃烧室供给燃料的过程。

燃气轮机停运方式可分为如下几种：

(1) 正常停机（也称热态停机） 当接到电网调度命令或运行中发现影响机组正常运行的故障，但无需采取紧急停机时，可以进行正常停机。停机过程中，逐步减少燃料量，并在较低转速时切断燃料。减速过程中热部件产生的暂时热应力与加速过程作用方向相反，减速越快，热应力也越大。一般重型燃气轮机都以暂时热应力来限制减载速度。

(2) 自动停机 机组运行中，在检测到压气机进气过滤器压差高、轴承振动传感器失效等影响机组正常、安全运行的因素时，将自动触发燃气轮机的减负载、停机程序。

(3) 保护跳机 机组运行中，控制系统如果检测到超速、超温、振动、熄火保护和燃烧监测保护系统动作等危及机组安全运行的因素时，将直接切断燃料供给，机组迅速停机。

(4) 手动紧急停机 当运行中发现存在危及人身、设备安全运行的因素时，迅速手动切断机组燃料供给，机组迅速停机。

11.3.1 正常停机

正常停机包括停机前的准备工作、减负载、解列及降低转速等过程。正常停机曲线如图11-6所示。

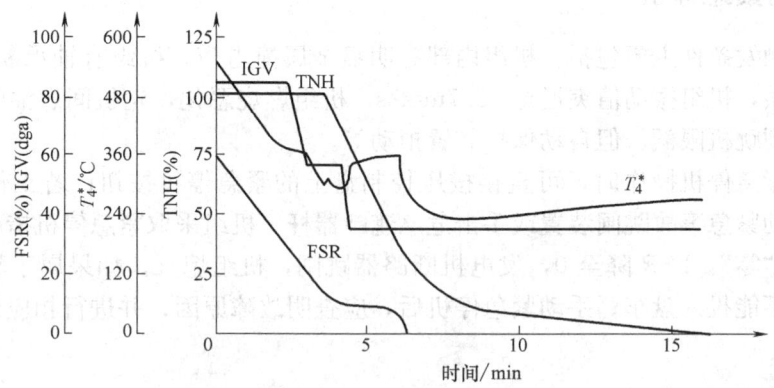

图 11-6 燃气轮机带基本负荷下正常停机的动态特性曲线

正常停机程序为：

运行人员通过接口计算机向机组发出停机指令，主控系统将产生信号。在发电机断路器处于闭合状态时，转速/负荷给定点 TNR 开始下降，以正常速率减少 FSR，机组开始减负载。机组厂用电切换为由备用电源供电。

当发电机负载降至零并出现逆功率时，逆功率继电器动作，发电机断路器跳闸，发电机与电网解列。之后燃料行程基准 FSR 继续降低，机组开始减速。

转速下降至运行转速（$95\% n_0$），压气机防喘放气阀打开，压气机可转导叶逐渐关小，辅助润滑油泵、辅助液压油泵等辅助设备投入工作。

在正常情况下，FSR 逐渐下降，直至降至约 $20\% n_0$ 转速或火焰探测器指明熄火时，FSR 钳位至零，关闭燃料截止阀从而切断燃料，主燃油泵离合器失电，机组进入惰走。

转速降至零转速时，盘车装置投运，机组开始冷机程序。

停机过程中应注意检查机组各部位振动情况、内部声音以及润滑油母管的油压；记录机组熄火转速和惰走时间，通过惰走时间长短判断燃气轮机设备的某些性能，并检查设备的某些缺陷；盘车投入后，应加强监视转子振动情况，倾听机组内部声音，并注意烟囱的冒烟情况，防止燃油漏入燃烧室贴壁自燃。

11.3.2 冷拖停机

所谓冷拖停机，即机组仅由起动机带动，至规定转速后运转 10min 左右，停运起动机，测定惰走时间。在机组内部没有增大阻力的异常情况下，测定时间应不大于允许的正常数值。

PG917E 燃气轮机的冷拖和惰走曲线如图 11-7 所示。惰走曲线形状和惰走时间因机组不同而异，与转子转动惯量、摩擦鼓风损失和机械损失等诸多

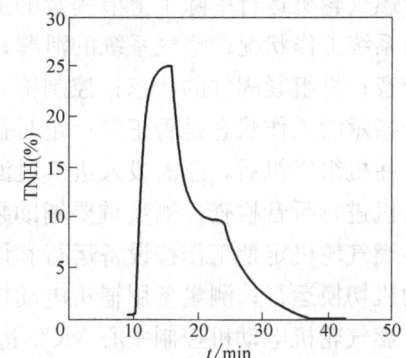

图 11-7 PG917E 燃气轮机的冷拖和惰走曲线

因素有关。在起动机停运初期，机组转速较高，摩擦鼓风功耗很大，转速下降较快。随着机组转速的下降，下降速率逐步减小。当机组转速进一步降至某一值后，轴承油膜破坏，由于机械损失而产生的阻力迅速增大，转子能量很快被阻力所消耗，机组转速又一次快速下降。

11.3.3 手动紧急停机

手动紧急触发条件主要包括：机组内部有明显金属撞击声，机组有轴承断油或冒烟时，压气机发生喘振，机组振动值突增至 12.7mm/s，机组燃烧恶化，轮机间燃油管路大量漏油及运行参数达到跳机限额、但自动保护装置拒动等。

采取手动紧急停机操作时，可直接按压控制盘上的紧急停机按钮；若工作人员在辅机间，则扳动手动紧急事故跳闸装置或手击危急遮断器杆。机组采取紧急停机措施后，主保护逻辑立即转为"零"，FSR 降至 0，发电机断路器跳闸，机组熄火。如果属于轮机转动部分故障，停机后不能投入盘车。手动紧急停机后，应查明故障原因，并进行相应处理。

11.3.4 冷机

正常停机后应立即进行盘车冷机，以防止转子弯曲和叶片变形。盘车时间一般不应少于 24h，直至涡轮机轮间温度低于 60℃后，才可以停止盘车。冷机过程中不可打开燃气轮机舱室门或打开保温板来加速冷却。另外，在冷机过程中的任何时刻，机组均可再次起动、带负荷。

11.4 燃气轮机日常检查与维护

燃气轮机的日常检查与维护是为机组安全、经济运行而进行的经常性的全面检查，以及平时对燃气轮机发电机组进行有效维护。它包括从机组起动至正常运行中的监视检查、停机后的检查维护以及定期试验工作。

燃气轮机电站需要根据不同设备制造厂商的不同型号机组制订相应机组的日常检查项目和检查工艺，制订依据主要是各厂商提供的运行维护知识手册、设备运行方式和运行状况、燃料种类等。

11.4.1 日常检查项目

燃气轮机运行中除了上节提及的主要参数外，还需要检查和监视：润滑油箱油位变化；燃料系统工作状况；空气系统的泄漏；燃料进出口压力和温度；润滑油压力和温度；机组有无杂音；机组紧固件的状态；控制柜（盘）所有指示灯是否有故障；电动机控制中心 MCC 运行指示的工作状态是否正常；定时抄表记录参数和填写运行日志。

在机组停机后，还需投入进气过滤器反吹系统运行 2~4h，定时检查记录顶轴油压，对发电机进行听音检查，测量重要辅助泵的电流等。

燃气轮机定期工作按设备运行和设备维护岗位进行划分，主要包括：有主备选择设备的电动机切换运行；测量备用辅机电动机的绝缘；燃气轮机冷油器的切换运行；过滤器切换运行；燃气轮机电动机控制中心 MCC 进线开关连锁试验；燃气轮机处于备用状态下的紧急停机按钮试验；停机后进行的应急润滑油泵自投试验；燃气轮机性能试验，分析其性能变化的原因；压气机、涡轮机的离线水洗；用孔探仪检查压气机叶片有无磨损现象、热通道部件有无过烧、腐蚀、外物击伤和结垢现象；润滑油油样化验，检查是否乳化和机械杂质超标；电动机轴承加润滑油脂；各油滤、气滤、水过滤器的更换和清洗。

燃气轮机的日常维护、定期维修项目和检查方法应根据设备制造厂商维护手册和相关配套辅助设备的行业规范制订。

11.4.2 燃气轮机的清洗

燃气轮机运行中，经进口空气过滤器虽然能够滤除空气中大部分的灰尘等有害物质，但其余不能被滤除的污染物将会沉积在压气机叶片上，使压气机被污染；对于燃烧重油的燃气轮机，重油燃烧后的残渣进入燃气轮机热通道，也会沉积在涡轮机叶片上形成积垢。如果积垢中含有腐蚀性物质，将会加剧和稳定积垢的沉积。无论是压气机还是涡轮机结垢，都会使机组出力和热效率下降，对机组造成严重损害，恶化机组的运行可靠性。因此，燃气轮机配备了水洗系统，对压气机及涡轮机叶片进行定期水洗，使之保持较稳定的出力，以延长机组使用寿命。

燃气轮机水洗系统通常由水箱、溶液箱、水洗泵及加热器、电磁阀、压力调节器等组成，典型的水洗系统如图 11-8 和图 11-9 所示。除盐水来自厂内其他系统或专

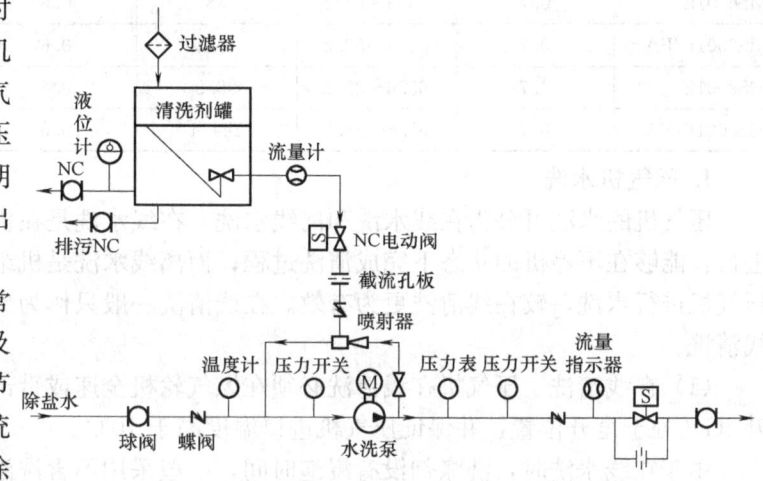

图 11-8 燃气轮机水洗系统（一）

门建立的水洗用清洁水罐，其 pH 值要求在 6～8，固体水溶物及 K+Na 的质量分数应分别小于 10×10^{-6}mg/kg 和 25×10^{-6}mg/kg。在需要清洗剂水洗时，可打开清洗剂罐出口阀门，

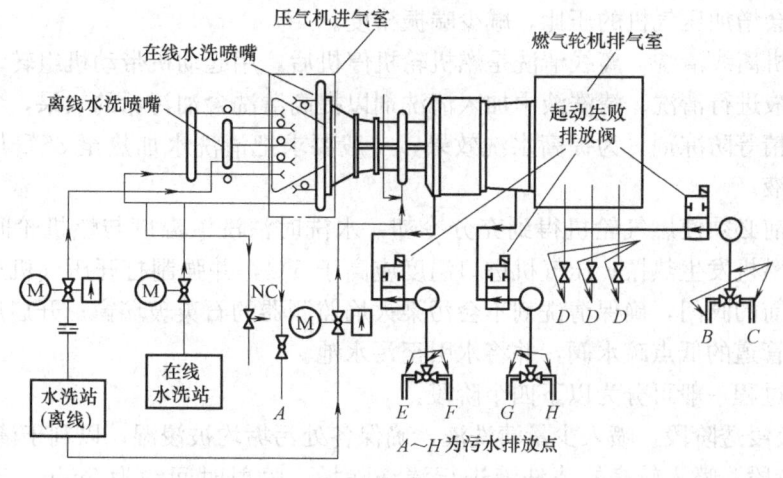

图 11-9 燃气轮机水洗系统（二）

使清洗剂自然流向喷射器低压端至水洗泵前，与水混合进入机组，清洗剂要求的化学成分见表11-3。为达到水洗效果，注入到机组的水或水的清洗剂溶液的流量和压力等参数都有一定要求，见表11-4。压气机进口装设若干水洗喷嘴，涡轮机水洗水源则通过雾化空气管路经过燃烧室进入涡轮机。

表 11-3　清洗剂要求的化学成分　　　　　　　　　　（单位：10^{-6}mg/kg）

碱金属总量	镁+钙	矾	铅	锡+铜	硫	氯
≤25	≤5	≤0.1	≤0.1	≤10	≤50	≤40

表 11-4　水或清洗剂溶液的注入参数要求

机组型号	在线水洗			离线水洗		
	压力/MPa	温度/℃	流量/(L/min)	压力/MPa	温度/℃	流量/(L/min)
MS6001B	0.7	65.6~82.2	38	0.6	65.6~82.2	159.6
MS6001F/FA	0.7	65.6~82.2	49.4	0.6	65.6~82.2	171
MS9001E	0.7	65.6~82.2	98.8	0.6	65.6~82.2	273.6
MS9001F/FA	0.7	65.6~82.2	144.4	0.6	65.6~82.2	444.6

1. 压气机水洗

压气机的水洗可分为在线水洗和离线水洗。在线水洗是在机组全速或带一定负载条件下进行，能够在不停机的状态下完成清洗过程；而离线水洗是机组在盘车转速时将清洗液喷入压气机进行水洗，较在线清洗更为有效。在线清洗一般只作为离线清洗的补充，不能代替离线清洗。

（1）在线清洗　压气机在线清洗必须在燃气轮机全速或带部分负载条件下进行，进口导叶IGV处于全开位置，并保证压气机进口温度高于10℃。

由于在线水洗时，洗涤剂没有浸泡时间，一般采用不含洗涤剂的除盐水。若机组在沿海条件下使用，则在线水洗下来的盐分将被带至涡轮机中，加剧涡轮机的热腐蚀现象。因此，需在停机后喷水清洗积盐。

此外，在线水洗可能会导致火焰探测器镜片上产生水雾，导致燃气轮机因熄火保护动作而跳机，并且会增加压气机的压比，减少喘振裕度。

（2）压气机离线清洗　离线清洗是燃机轮机停机后，用起动机带动机组转动，自压气机进口喷入清洗液进行清洗。清洗液中加入清洗剂以提高清洗含油污垢的效果，冬季清洗还需加入甲醇或酒精等防冻剂。为提高水洗效果，一般要求把清洗水加热至85℃与清洁剂相混合后作为清洗液。

离线水洗前必须使燃气轮机得到充分冷却，水洗时清洗液温度与燃机轮间温差不超过65℃，以防止燃机发生热振；压气机进口温度应高于5℃，并强制打开压气机进口导叶；关闭火焰监测器前的阀门，确保清洗剂不会污染火焰监测器的石英玻璃窗；开启压气机和涡轮机本体及相关管道的低点疏水阀，并将水引至污水池。

离线水洗过程一般可分为以下四个阶段：

1）浸湿及浸透阶段：喷入少量清洗液，确保各处污垢均被浸湿，以利于清洗。

2）清洗阶段：喷入较多的清洗液进行清洗除垢，喷射时间约为5min，流量控制见表11-4。然后让清洗剂浸泡20min。

3）漂洗阶段：喷入较多的水进行漂洗，清洗时间为 15～20min。可目视检查压气机进口、进口导叶、一级动叶等的清洁程度；也可从排放出的水的清洁度来进行判断。

4）干燥阶段：将机组内所有液体排出。可采用先拖动燃气轮机、然后停机、再拖动、最后停机的方法清除所有积水，整个过程约需 20～60min。

某些机组可把浸湿与清洗两个阶段合并，即只有清洗、漂洗和干燥三个阶段。停机清洗所需的清洗剂数量可根据机组大小、结垢情况、清洗剂成分和清洗经验确定。

2. 涡轮机的水洗

涡轮机只有离线水洗，没有在线水洗。涡轮机水洗必须对机组进行停机冷却。燃气轮机在高速盘车状态下通过涡轮机进口加装的喷嘴喷入清洗液，使结垢层浸泡约 20～30min，以便水能透过表面的 MgO 垢层，泡松紧贴金属壁面的 $MgSO_4$。排尽水后，起动机组，结垢层将受热膨胀而自动剥落清除。

水洗结束后，恢复机组正常起动前的状态，并在 24h 以内使燃气轮机在全速空载状态下运转 5min，以干燥机组。

对于涡轮机热通道结垢严重的机组，通用公司建议一次水洗干燥后立即起动至空载运行，停机后涡轮机叶轮间温度降至 150℃后，再进行第二次水洗，并起动烘干。这种方式特别适用于燃气轮机和余热锅炉-汽轮机分期建设的分轴联合循环发电机组做性能验收试验前的燃气轮机水洗。

对燃烧重油或原油的燃气轮机，压气机和涡轮机往往是一起进行水洗的。

燃气轮机运行过程中，及时清洗压气机和涡轮机通流部分的积垢和油污可以保持机组出力和排气温度与原正常值接近，降低燃料消耗，确保机组经济运行。

压气机积垢速度主要与周围环境大气状况、空气过滤情况、润滑油密封情况等因素相关，可通过功率、压比等性能指标的下降程度判断机组积垢程度。一般规定功率下降达 2% 或更多时，并确认是由积垢所致，就需对压气机进行清洗。

涡轮机积垢速度主要取决于燃油中的钒含量，此外还与机组运行方式相关。经常起停的调峰机组积灰可通过热胀冷缩而自然剥落一部分，机组出力会有所恢复。

制订机组的水洗周期还需考虑对其可运行时间的影响及水洗过程对排烟室等设备的腐蚀等因素的影响。

燃气轮机水洗后功率不能恢复到上一次清洗后的功率，只能恢复大部分，如图 11-10 所示。因此，随运行时间推移，机组功率仍将逐渐下降，但与不进行清洗的机组相比，功率下降速度要慢得多。

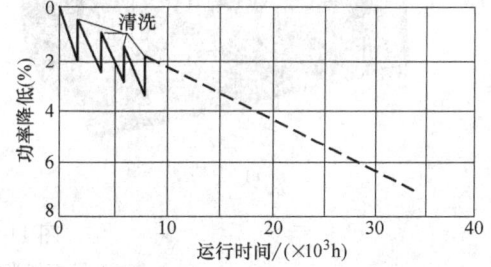

图 11-10　燃气轮机定期清洗的功率变化

3. 燃气轮机发电设备的备用保养

燃气轮机发电机组或以其构成的燃气-蒸汽联合循环发电机组作为调峰机组而经常处于备用状态，设备的备用保养是其中一项重要工作。

通常，燃气轮机停运一周内，可不做任何保养。若有条件，可对压气机、涡轮机进行一次水洗，并对压气机进气过滤器进行反吹或清扫。

若停运时间超过一周,则每周需全速空载运行 1h,对其内部进行干燥,防止湿气冷凝后进入涡轮机的缝隙。

若停运时间超过三周,则应当每天盘车 1h,防止涡轮机叶轮的缝隙内形成腐蚀性积垢。

对于长期停运的燃气轮机,应至少每两个月带负载运行 1h,并记录相关数据。

11.5 燃气轮机的内部孔窥检查

随着工业燃气轮机涡轮机进口温度的提高和劣质燃料的广泛使用,孔窥检查技术应运而生。从 20 世纪 80 年代开始,大型燃气轮机都在气缸上设置了孔窥检查孔。只需把预先开好的检查孔打开,将孔探仪插入,即可对燃气轮机的热通道部分、涡轮机喷嘴和动叶片、压气机叶片等部位进行窥探性直观检查,确定燃气轮机是否需要修理或更换部分零件,或者是否需要清洗通流部分以清除污垢等。特别是对经常出现故障的涡轮机叶片,避免了工作量很大的揭缸检查,达到事半功倍的效果。孔窥检查还可以监视机组情况,以便及时发现故障原因。这样既可避免重大事故的发生,又可避免不必要的解体检修,使机组的维护费用降到最低水平,并获得最长的机组使用寿命,同时确保机组在良好的状况下安全工作。

孔探仪是借助光学原理,采用高性能的光导纤维做成,直径仅为 $9\sim30\mu m$,在表面涂以很薄的一层折射率很低的玻璃来形成反射镜面,纤维就能把一端进入的光传递至另一端。由数万根这样的纤维组成纤维束能有效地传递光线。当每根纤维在两端的排列位置精确一致时,则能准确地传送物像。把这种传光纤维用于孔探仪后,通常能做成任意弯曲的柔性孔探仪,如图 11-11 所示。

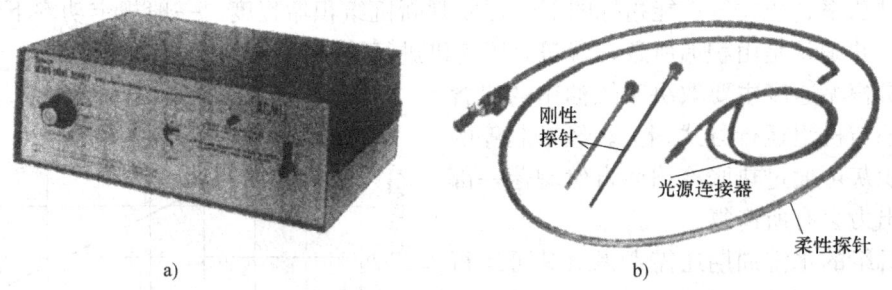

图 11-11 孔探仪
a) 孔探仪光源 b) 孔探仪探针

压气机部分主要对其后面的一级或几级叶片进行检查,燃烧室的火焰筒和各级涡轮机叶片一般都需要检查。检查孔布置因部件的不同而异。图 11-12 所示为通用公司的 PG7001 燃气轮机的检查孔分布。

对于火焰筒的检查,是将喷油嘴拆去后从该处插入孔探仪检查火焰筒。当用柔性孔探仪时,从喷油嘴装配口深入后,还能对整个燃气导管和涡轮机一级静叶的进气边进行检查。各处检查孔的位置布置应使孔探仪有尽可能大的观察范围。

腐蚀、疲劳、异物撞击是造成燃气轮机叶片和热通道部件损坏的主要原因。由于燃气轮机不同部件的工作环境不同,孔窥检查内容也有所不同,具体内容为:

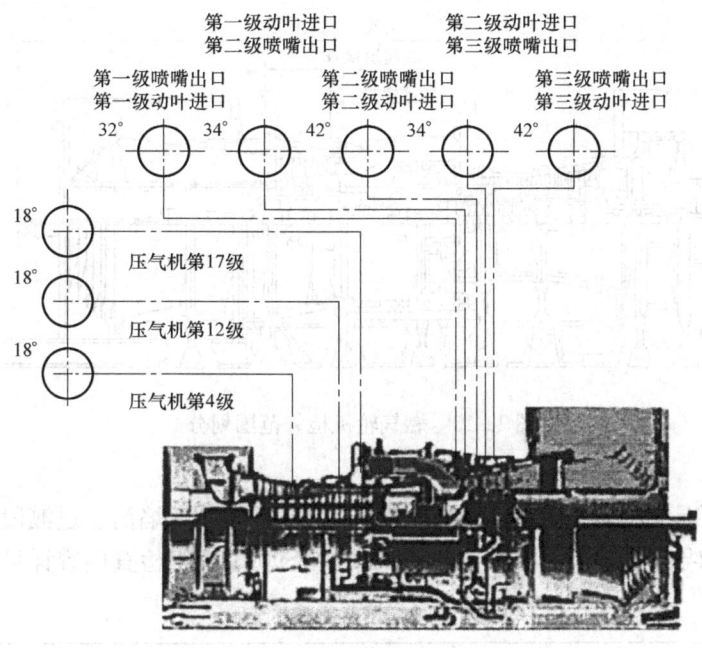

图 11-12　PG7001 燃气轮机检查孔分布

1) 压气机叶片：异物损坏、积灰、腐蚀、顶部间隙变化、叶片尾沿和静叶根部的锈蚀。
2) 火焰筒、过渡段：裂纹、金属缺损、热腐蚀、热斑点、积炭和涂层脱落。
3) 涡轮机静叶：腐蚀、冷却气孔堵塞、裂纹、排气边弯曲变形、结焦和异物损坏。
4) 涡轮机动叶：腐蚀、裂纹、金属缺损、顶部间隙、锈蚀、局部变形、异物撞击、结垢后表面涂层状况。

为保证光纤的高折射率涂层和物镜的安全，在插入纤维镜时涡轮机轮间温度务必低于 82℃。为提高检查质量，孔探仪检查前应对燃气轮机进行一次水洗。孔窥检查周期与燃气轮机选用燃料相关。燃用气体燃料或轻柴油的机组在每次燃烧系统检查时或每年至少进行一次检查；若以重油为燃料，则在每次燃烧系统检查时或每半年就必须进行一次检查。

11.6　燃气轮机发电设备的检修

和其他发电动力设备一样，燃气轮机需要一个合适的维修和检修计划，以确保机组安全可靠的经济运行和经常处于良好的备用状态。根据机组所处环境、运行方式、机组性能和技术参数变化以及运行经验来制订最佳运行保养项目和检修周期。以设备工作可靠性为中心，采取相应的定期维修、视情维修和状态监控相结合的维修策略。

燃气轮机维修检查通常按照先高温部件、后其他部件的次序分为燃烧检查、热通道检查和大修三个等级。由于燃气轮机用途不同，使用地区和要求不同，以及燃用燃料不同，其故障发生的情况也不相同，因此维修保养的方式则不可能相同。

11.6.1　燃气轮机检修范围划分

燃气轮机燃烧检查、热通道检查和大修三个等级的检修范围如图 11-13 所示。

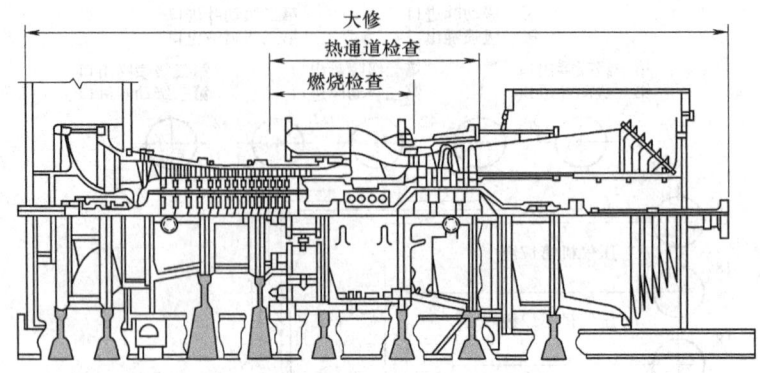

图 11-13 燃气轮机检修范围划分

1. 燃烧检查

燃烧检查主要是针对燃烧部件的检查,包括燃料喷嘴、火焰筒、过渡段、联焰管、火花塞、火焰探测器和导流衬套等组件,通用电气的 MS9001 机组检查内容详见表 11-5。

表 11-5 燃烧检查内容

关键部件	检查内容	可能的问题和措施
火焰筒	外物	修理修复
燃烧室尾段	非正常磨损	—火焰筒
燃料喷嘴	裂纹	裂纹磨蚀磨损
端盖	火焰筒冷却孔堵塞	TBC 修理
过渡段	TBC 涂层情况	—过渡段
联焰管	氧化腐蚀磨蚀	磨损
导流衬套	热斑烧毁	TBC 修理
截止阀	丢失零件	—燃料喷嘴
单向阀	间隙限制	堵塞
火花塞	孔探仪检查压气机和涡轮机	磨蚀磨损
火焰探测器	磨蚀磨损	
软管	联焰管	

检查重点在火焰筒、过渡段和燃料喷嘴。对这些项目进行检查、维护和修理有助于延长涡轮机喷嘴、动叶及复环等下游部件的寿命。机组的火焰筒、过渡段和燃料喷嘴均可拆卸下来并用新的或已修好的部件更换,以减少停机时间。换下的部件进行清洗和修复后用于下次的燃烧检查。

2. 热通道检查

燃气轮机热通道部分的工作温度仅次于燃烧系统,并在高速下旋转,是燃气轮机中工作条件最恶劣的部分。尽管热通道部分的零件采用耐热合金钢,并采用了尽可能完善的冷却技术和抗氧化、抗腐蚀涂层,但发生故障的几率仍然较高,必须进行定期检查。通过开缸检查可以对叶片、喷嘴等部件做直观检查,以消除热通道部件的故障和隐患。通用的 MS9001 机组热通道的检查内容见表 11-6。

表 11-6　MS9001 机组热通道检查内容

关键部件	检查内容	问题及措施
喷嘴（1，2，3） 叶片（1，2，3） 复环 进口导叶和衬套 压气机叶片（孔探仪）	外物 氧化/腐蚀/磨蚀 裂纹 冷却孔堵塞 涂层剩余寿命 喷嘴偏位/变形 非正常磨损 丢失零件 间隙	修理/修复/更换 —喷嘴 焊接修理 重新定位 重涂 —叶片 剥离重涂 焊接修理 蠕变寿命限制 叶冠缺陷处理

3. 大修

大修的目的是检查从机组的进口到排气部分的所有内部转动和静止部件，包括燃烧系统和热通道的检查。表 11-7 给出了大修期间的主要检查内容。

表 11-7　大修时的主要检查内容

关键部件	检查内容	问题及措施
压气机叶片 涡轮机叶轮、叶片 轴颈和密封面 轴承/气封 进气系统 排气系统	外物 氧化/腐蚀/磨蚀 漏气 非正常磨损 丢失零件	修理/修复/更换 复环 裂纹/氧化/腐蚀 叶片 涂层损伤 FOD/擦伤/更换 叶冠变形 蠕变寿命限制 喷嘴 严重损伤 IGV 衬套 磨损 轴承气封 损伤/磨损 压气机叶片 腐蚀/磨蚀 磨损/FOD

在揭缸、拆缸、合缸、上紧固件之前，必须按要求高度顶起气缸，用机械千斤顶在指定的位置顶起气缸，防止气缸变形。

11.6.2　燃气轮机检修周期

通用公司给出了燃气轮机以天然气为燃料、机组正常起停、带基本负载运行、没有蒸汽或水喷注工况条件下的检修间隔期基准，检修间隔期可分为以时间为基准的检修间隔期和以起动次数为基准的检修间隔期，见表 11-8。

表 11-8　通用电气燃气轮机推荐检修周期

机组型号	以时间为基准（h）/以起动次数为基准（次）		
	MS6001B	MS9001E	MS9F/9FA
燃烧检查	12000/800	8000/800	8000/400
热通道检查	24000/1200	24000/900	24000/900
大修	48000/2400	48000/2400	48000/2400

实际机组运行条件和检修间隔基准对应的工况条件有所差别。燃料、负载设定、水或蒸汽喷注、尖峰负载运行、机组遮断、起动方式等诸多因素都会影响燃气轮机的检修间隔期。考虑上述因素的影响，需对通用公司推荐的检修间隔期基准进行修正后才能得出机组的实际检修周期。

1. 以时间为基准的维修间隔期的确定

$$维修间隔期(h) = 推荐的检修间隔期(h) / 维修系数$$

其中

$$维修系数 = 修正的运行时间 / 实际的运行时间$$

$$修正的运行时间 = (K + M \times I)(G + 1.5D + A_f H + 6P)$$

$$实际运行时间 = G + D + H + P$$

式中　G——以天然气为燃料的年基本负载运行时间（h）；

　　　D——以清油为燃料的年基本负载运行时间（h）；

　　　H——以重质燃油为燃料的年基本负载运行时间（h）；

　　　P——年尖峰负载运行时间（h）；

　　　A_f——重质燃油运行加权修正系数（原油为 2~3，重油为 3~4）；

　　　I——水/蒸汽喷射对进口空气流量的百分比；

M、K——蒸汽喷射常数，可按表 11-9 选定。

表 11-9　M、K 蒸汽喷射常数的选定

M	K	喷水控制方式	蒸汽喷射量（%）	第 2、3 级喷嘴材料
0	1	干式	<2.2	GTD-222/FSX414
0	1	干式	>2.2	GTD-222
0.18	0.6	干式	>2.2	FSX414
0.18	1	湿式	>0	GTD-222/FSX414

2. 以起动次数为基准的维修间隔期的确定

$$维修间隔期(h) = 推荐的检修间隔期(次) / 维修系数$$

其中

$$维修系数 = 修正的起动次数 / 实际起动次数$$

$$修正的起动次数 = N_B + 1.3 N_P + 20E + 2F + 8T$$

$$实际起动次数 = N_B + N_P + E + F + T$$

式中　N_B——年基本负载运行的起动、停机循环次数；

　　　N_P——年尖峰负载运行的起动、停机循环次数；

　　　E——年紧急起动次数；

F——年快速升负载起动次数；
T——一年跳机总次数。

累计运行小时和累计起动次数的两个判别方法是独立的，只要其中一项达到规定值，就需进行相应的检查，如图 11-14 所示。图中按 A 线运行的机组，其累计运行时间首先达到检修周期；而按 B 线运行的机组，则是累计起动次数首先达到检修周期，两者都需进行相应的检查。影响维修周期的主要因素是：

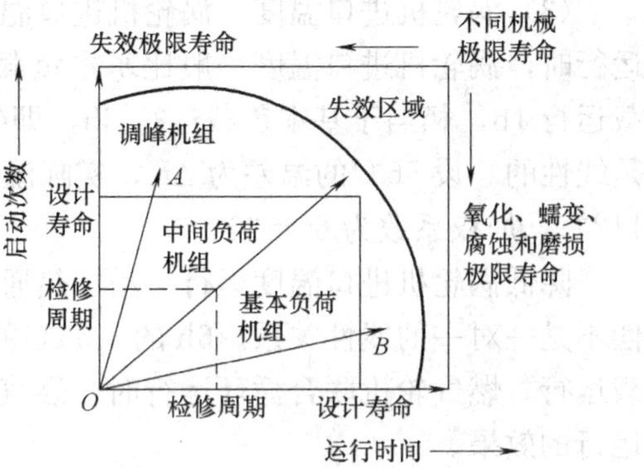

(1) 燃料的种类 燃料中碳的质量分数越高，火焰辐射黑度越大，高温部件受热越强，从而影响其工作寿命。燃料中的灰分和杂质会加速泵、燃油喷嘴及测量元件的腐蚀，也会影响热通道部件的维修时间间隔。

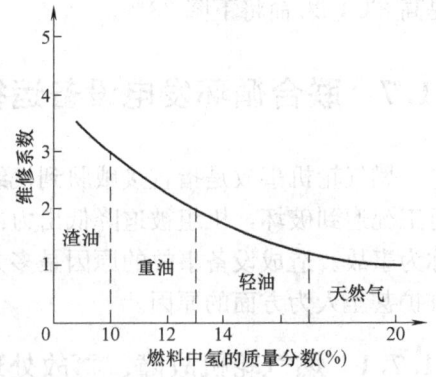

图 11-14 检修周期与运行时间、起动次数的关系

天然气燃烧火焰热辐射强度低，火焰筒壁温比液体燃料有所下降，可延长火焰筒寿命。液体燃料中轻油与其他油种相比，对热通道部件寿命影响最小。重油和原油黏度大，很难雾化，难以组织燃烧，当燃烧过程组织不当时，火焰容易过长，使辐射换热强度增大，导致火焰筒壁温升高，机组负载变动时容易出现积炭、结焦，甚至冒黑烟等现象，对热通道部件寿命影响较大。图 11-15 所示为通用公司用燃料中氢的质量分数来表示与维修系数的关系曲线。

(2) 起动次数和负载循环 燃气轮机在不同负载条件下运行时通常以不同方式损坏，调峰机组的热力机械疲劳是调峰机组的主要寿命限制因素，而蠕变氧化腐蚀是连续运行燃气轮机的主要寿命限制因素。但起动频繁的燃气轮机仍比连续运行起动次数少的同类机组寿命短。图 11-16 所示为起动次数对维修系数的修正曲线。

图 11-15 通用公司燃料中氢的质量分数与维修系数关系修正曲线

如果燃气轮机负载在基本负载以下变动，则对机组寿命没有太大影响。如果在额定负载至尖峰负载之间运行，则维修系数将明显改变，如图 11-17 所示。

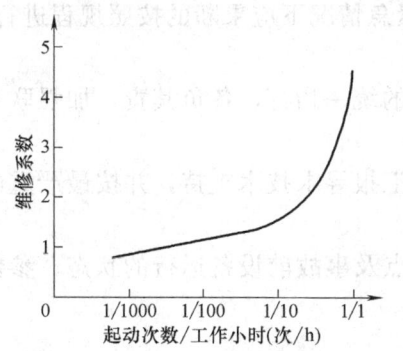

图 11-16 起动次数对维修系数修正曲线

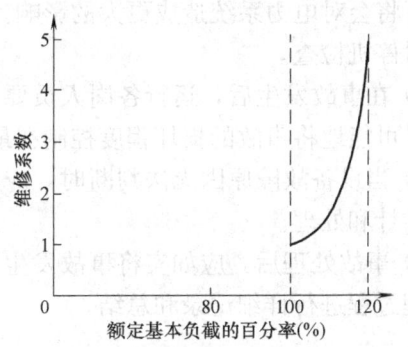

图 11-17 负载量值对维修系数修正曲线

(3) 涡轮机进口温度　涡轮机进口温度是影响高温部件寿命的一个关键因素。尖峰负载运行时，涡轮机进口温度一般比基本负载运行时高56℃。从涡轮机动叶的寿命看，尖峰负载运行1h，相当于基本负载运行6h，即尖峰负载运行小时的加权数为6。并且这种影响不是线性的。设56℃的温差为Δt_0，实际温差为Δt，$\alpha=\Delta t/\Delta t_0$，则加权系数为$6\alpha$。如果$\Delta t=112$℃，加权系数为$6^2=36$。

降低涡轮机进口温度运行会增加热通道部件的寿命，补偿超负载运行的影响。但这种补偿不是一对一的线性关系。6h 的 -56℃ 的部分负载运行才能补偿 1 小时的 $+56$℃ 的尖峰负载运行。燃气轮机联合循环运行时，燃气轮机负载降至 80% 额定负荷以下，才能取得降温运行的效果。

(4) 蒸汽或水喷注　燃气轮机进行蒸汽或水的喷注目的在于控制 NO_x 的排放或增大机组的输出功率。但蒸汽或水的喷入会增加燃气的导热率和比热容，进而增加表面传热系数，从而增强了对涡轮机喷嘴和动叶等高温部件的热传递，导致更高的金属温度。MS7001E 机组在恒定涡轮机初温下，喷注 3% 的蒸汽，燃气表面传热系数将增加 4%，叶片金属温度会提高 8℃，寿命将下降 33%。

11.7　联合循环发电设备运行事故

燃气轮机事故是指直接威胁到机组安全运行或设备发生损坏的各种异常状态。凡正常运行工况遭到破坏，机组被迫降低出力或停运等严重故障，甚至造成设备损坏、人身伤害的统称为事故。造成设备事故的原因是多方面的，有设计制造方面的原因，也有安装检修、运行维护甚至人为方面的原因。

11.7.1　燃气轮机故障、事故处理原则

当燃气轮机运行过程中发生异常或故障，处理时应掌握以下原则：

1) 根据异常和故障的设备反映出来的现象及参数进行综合分析和判断，迅速确定故障原因，必要时立即解列机组，防止故障蔓延、扩大。

2) 在事故处理中，必须首先消除危及人身安全及设备损坏的危险因素，充分评估事故可能的对人身安全和设备损害的后果，及时、果断的进行处理。

3) 在处理事故时必须树立保设备的观念。要认识到如果设备严重损坏以至长期不能投入运行将会对电力系统造成更大的影响。所以，在紧急情况下应果断的按照规程进行处理，必要时停机检查。

4) 在事故发生后，运行各岗人员要服从值班长的统一指挥，各负其责，加强联系和配合，尽可能地将事故的损坏程度控制在最小。

5) 当设备故障原因无法判断时，应及时向上级汇报寻求技术支持，并按最严重的后果予以估计和处理。

6) 事故处理后，应如实将事故发生的时间、地点及事故前设备运行的状态、参数及事故处理过程进行详细记录和总结。

11.7.2 燃气轮机的运行故障、典型事故及处理

1. 压气机喘振

当空气流量减少至某一数值后，压气机将不能稳定工作。在压气机中的空气流量就会强烈地脉动，忽大忽小，压比也会随之波动，时高时低，严重时甚至会出现气流从压气机进口倒流出来的现象，同时伴随有低频的噪音，机组还会产生强烈的振动，这些现象统称为喘振。压气机喘振时，会出现气流的旋转脱离现象。此时，压气机叶片会受到一种周期性的气动力作用。这种交变作用力会导致叶片的疲劳损伤。如果气动力作用频率和叶片的自振频率重合，就会使叶片发生共振，叶片迅速地遭到破坏。

压气机喘振发生的原因可参见本书第3章内容。压气机运行过程中可采用下列措施防止喘振的发生：

1）在起动过程中将进口导叶 IGV 的角度关小，防止在压气机动叶的入口出现正冲角而导致叶片背弧气流脱流，发生喘振工况。在小流量情况下，使进口导叶安装角处于较小数值范围内，防止机组在低负荷条件下出现喘振故障。

2）在压气机通流部分的某一个或若干个截面，安装防喘放气阀。在压气机容易出现喘振工况的某些级后，通过开启防喘放气阀增加放气阀之前各级的流速，避免出现较大的正冲角，从而达到防喘的目的。

此外，燃气轮机运行中要及时对进气过滤器进行反吹清洗和定期更换，避免进气空气过滤器堵塞。机组起动前，应检查防喘放气阀的阀位是否正常，以免阀位错误引起喘振的发生。

2. 热悬挂

燃气轮机起动加速至脱扣转速后，涡轮机排气温度升高至温控线时燃气轮机由速度控制转入温度控制，抑制了燃油量的增加速率进而影响到脱扣后的燃气轮机升速，严重时燃气轮机会一直维持在温控状态无法继续升速，同时伴随运行声音异常，即所谓的"热悬挂"现象，而后燃气轮机转速下降导致起动失败。

产生热悬挂的原因主要在于起动过程线靠近压气机喘振边界。起动机脱扣或机组剩余力矩显著减少，如果在脱扣前操作不当，燃料流量 G_f 增加较快，比原定值高，运行点将靠向喘振边界，压气机中可能发生失速现象，压气机效率 η_c 降低，阻力矩 M_c 增加，起动机脱扣后的剩余力矩 M_{ex} 就可能为零，转子停止升速，就像被挂住一样，故称为热挂。此时如果增加 G_f，涡轮机入口温度 T_3^* 升高，涡轮机输出力矩 M_T 增加，但运行点更靠近喘振边界，η_c 进一步降低使 M_c 增加得比 M_T 更多，剩余力矩 M_{ex} 变为负值，导致转速下降，最终会使起动失败。因此，在发生热挂时，正确的措施是适当减少 G_f，使运行点下移离开喘振边界，压气机脱离失速工况，消除因热挂产生的异常声音，然后再逐渐增加 G_f，如果处理得好，就可以使机组脱离热挂而继续升速，避免起动失败。

靠人工手动操作起动燃气轮机时，燃料流量 G_f 往往不能严格按照预定的规律变化，因而可能产生热挂现象。当改用自动程序控制起动时，G_f 能严格按照给定规律变化，一般是不会产生热挂现象的。如果是由于原来设计不当而导致的热挂，则应减慢 G_f 的增加速率，减慢起动过程，条件允许时还可适当提高起动机的脱扣转速。

对于 MS6001B 系列燃气轮机，在起动液力变扭器和辅助齿轮箱之间装有爪式离合器。

如果在燃气轮机没有达到自持转速的情况下，爪式离合器就提前脱扣，使燃气轮机升速率减小，而此时燃料流量增加率保持不变，就会导致燃油过量，使排气温度升高，过早进入温控，从而导致燃气轮机的起动失败。

此外，压气机进气过滤器堵塞或通流部分受到污染时，其效率降低，特性曲线将变坏，会引起压气机出力不足，导致指示起动时压气机耗功量过大。在起动机功率不足时，就容易使起动失败。

涡轮机通流部分结垢，会导致涡轮机的阻力增加，因而在起动过程中机组的运行线就会向压气机的喘振边界方向移动，甚至进入喘振工况，使机组起动失败。

3. 机组运行振动大

引起燃气轮机运行振动大的原因较多，燃气轮机运行振动大会对其安全运行构成威胁，因此应高度重视。实际运行中引起燃气轮机振动的主要原因和处理方法如下：

1）机组起动过程中达到临界转速时振动略为升高，属正常现象，但在临界转速后振动应下降。按正常程序起动燃气轮机时，机组会快速越过临界转速，如果由于升速较慢引起振动偏高，则应检查并处理升速较慢的原因。

2）起动过程中由于压气机喘振引起的振动偏高，在喘振时压气机内部会发出"嗡…嗡…"声，对于这种情况应检查压气机喘振的原因以及可能会给机组带来的不良影响。

3）机组停机后没有按冷机程序执行，或在冷机过程中对气缸和转子进行非均匀冷却，致使燃气轮机转子临时性弯曲，造成在起动过程中晃动量大，从而引起振动偏大。对于这种情况可通过延长盘车转速下的运转时间或在点火转速下延长暖机时间来消除；如果转子永久性变形，投入运行后仍然没有好转，那么需通过外部纠正才能解决转子的弯曲问题。

4）转子存在不平衡导致的振动偏高，必须对转子进行动平衡来消除。如果是由于叶片断裂或严重的金属脱落而引起的，则必须更换部件。对于5000或6000型燃气轮机，叶片重量存在20～30g的偏差，一般不会对振动造成明显的变化。

5）由于转子内部缺陷（拉杆螺栓紧力不均、轮盘接触不良等）引起的振动，反映在起动过程（特别是冷态起动更为突出）和运行初期的振动较高，但运行一段时间后振动会有所下降，这种情况主要反映出转子在起动后传热不均匀引起转子局部变形，可通过延长起动时间来解决，但严重时需要对转子进行解体大修。

6）由于轴承损坏而引起的振动偏大，一般同时会伴随着机组惰走时间偏短，需要更换轴承；油膜振荡也会引起振动偏大。

7）由于动、静部件相磨引起的振动偏大，必须处理间隙。

8）由于套齿联轴器或传动齿轮磨损、接触不良也会引起机组的异常振动，应修理或更换损坏部件。

9）由于转子中心偏离而引起的振动大，应对转子重新对中。

10）基础不牢、机组地脚螺栓松动、机组滑销系统在热膨胀时受阻等，也可能引起机组振动偏高。

4. 点火失败

点火失败是引起燃气轮机起动失败的常见故障，原因可从以下几个方面进行分析：

（1）燃料系统原因

1）点火燃料的物理、化学性能不能满足点火要求，如轻油热值太低或含水分太多。

2）燃料系统中尚有空气未排除，造成燃料供应脉动现象，使燃料供应不稳定造成熄火。

3）主燃油泵和离合器故障。主燃油泵由辅助齿轮箱通过电磁离合器 20CF 带动，若电磁线圈及绝缘下降，将使电磁线圈磁力不足引起主燃油泵出力不足，造成原油压力低而熄火，导致起动失败。

4）燃油流量分配器卡涩、磨损，造成燃油进油量不足或进油流量分配不均匀。

5）燃油管路中有残留物，如燃用重油机组停机时烧轻油时间不足，管路中有残余重油。

6）燃料系统过滤器堵塞或阀门没有开到位，引起供油量不足，分配不均。

(2) 点火系统原因

1）点火系统的火花塞积炭、氧化或损坏，致使其不能打火或不能起弧并形成点火火炬。

2）点火系统电气回路熔断器烧断，点火变压器绝缘不良或断路，火花塞中间电极接地或接线不良，导引电缆芯绝缘层碳化或产生裂纹而分散放电，电缆接头绝缘下降。

3）采用火焰点火器的机组点火时，点火气体压力不足，或者点火时点火气体压力下降太快，以致燃油在点火期间不能被完全点燃，在点火气体熄火后燃油无法继续维持燃烧，造成点火失败。

因此，在机组起动前应检查火花塞的放电间隙，清除中间电极与侧电极之间可能存在的积炭和异物，定期检查电气回路和点火变压器的绝缘。

(3) 雾化空气系统原因 起动雾化空气泵故障，如传送带打滑、脱落或卡涩等。燃油喷嘴结焦堵塞，或雾化空气通道堵塞。雾化空气压力低，燃油雾化不好，将导致点火失败或燃烧恶化。

(4) 控制系统原因

1）火焰探测系统故障，如火焰探测器信号窗口积灰，导致检测到的信号强度偏小，控制系统误判断为点火不成功而停机。

2）燃油流量测速探头故障，流量反馈信号错误，导致燃油流量没有或过低。

3）燃油伺服阀或燃油旁通阀故障，造成燃油流量异常而点火失败。供油量过多而使火焰熄灭可能产生爆燃，对机组危害性很大；如果供油量太少，则无法维持正常燃烧。

5. 燃烧故障

燃料燃烧不完全或个别燃烧室燃烧不良导致出口温度不均匀，使涡轮机出口处的最大排气温差超过允许值，系统会发出燃烧故障报警。引起燃烧故障的原因主要有：

1）燃油进油量不均匀（主要有流量分配器故障、燃油喷嘴堵塞、燃油管道堵塞等）。

2）雾化不良（主要有雾化空气系统故障、燃油压力偏低等）。

3）燃油喷嘴故障（喷嘴变形）、燃烧室及过渡段故障等。

4）压气机故障。压比低、燃烧及掺冷空气量不足。

5）涡轮机故障（主要有流道堵塞、叶片变形等）。

6. 起动失败

起动过程发生故障导致机组起动不成功的原因很多，主要有以下几方面：

1）起动系统故障。参见燃机起动过程"热挂"中的起动系统问题。

2）点火失败。

3）燃烧故障。

4）机组热挂。

5) 压气机喘振。
6) 压气机进口导叶 IGV 打开故障。
7) 起动过程振动大。
8) 燃油单向阀卡涩。
9) 发电机同期故障。
10) 其他主要辅机故障等。

7. 燃机大轴弯曲

燃机大轴弯曲的主要原因有：
1) 机组运行中振动偏大。
2) 机组动、静部件相磨造成大轴局部过热变形。
3) 轴瓦烧损致轴颈严重磨损。
4) 盘车系统故障造成转子热态无法均匀冷却。

解决该问题，可采取如下措施：
1) 在起动和运行时注意监视机组振动情况，防止振动超标。
2) 停机时应确认盘车投入正常，并按正常运行的要求定期记录燃机轮间温度及其他参数，定期检查盘车的投入和转子的转动情况。禁止强制进行快速冷却。
3) 检修时应使机组充分冷却（轮间温度为 60℃ 以下）后才能停盘车。对于无法等冷却后才能停盘车的检修，应在转子露出部分作记号，在检修过程中定期对转子进行盘动 180°，并有专人负责记录时间及转动角度。热态停盘车时轮间温度不得高于 150℃，停盘车时应同时将辅助润滑油泵置于手动位置，让润滑油自循环进行冷却。
4) 检修揭瓦后的转子，转动前应先将润滑油循环 8h，以清除轴瓦及油路在检修过程遗留的灰尘，第一次起动时应在盘车状态下用听针倾听机组内的声音。

8. 燃机轴瓦烧坏

轴瓦烧损的主要原因有：
1) 轴瓦润滑不好。如油位过低、油质变劣、润滑油压力不足等引起轴瓦失油或润滑油温度偏高。
2) 轴颈处接触不良，造成局部负载过重。
3) 轴瓦温度过高，造成轴瓦内乌金损坏。

针对该问题，解决措施如下：
1) 运行时严密监视轴瓦温度和回油温度。
2) 润滑油过滤器和冷油器切换应使用操作票并在专人监护下，先将备用组注满油后再进行切换操作，并加强对油压和油流的监视，操作应缓慢进行，严防在操作时滑油中断及温度突变而烧毁轴瓦。
3) 停机时应监视润滑油泵运行情况、油温和轴瓦温度，确认燃机盘车投入正常，并且定期记录润滑油压力、温度及其他参数，定期检查盘车的投入和转子的转动情况。
4) 热态停盘车时轮间温度不得高于 150℃，停盘车时应同时将辅助润滑油泵置于手动位置让润滑油自循环进行冷却，以防轴瓦温度过高而烧毁轴瓦巴氏合金。
5) 正常运行时应保持润滑油油位在 1/2 以上。
6) 定期进行润滑油油质化验，有异常时应根据情况监督并采取措施，以保证油质符合标准。

7) 定期对油箱油位计进行校验,并做低油位报警试验。

8) 检修更换新瓦时,应检查瓦面确保其接触良好。

9) 检修揭瓦后的转子转动前应先将润滑油循环 8h,清洗掉检修过程存在轴承箱中的灰尘,检查轴瓦回油油流情况。

9. 燃机严重超速

为防止燃机严重超速,应采取的措施有:

1) 机组运行时各种超速保护均应投入运行,禁止在无保护的情况下运行。

2) 在燃机起动至空载或停机解列时,应严密监视机组转速在额定范围之内,防止因调速控制系统异常而超速;否则应手动降速或紧急停机并记录转速最高值。

3) 定期对燃料截止阀进行动作试验和泄漏试验,检查燃油截止阀动作是否自如,关闭是否严密;否则应进行处理。

4) 定期进行超速试验和甩负荷试验。

10. 燃机通流部分损坏

燃机通流部分损坏的主要原因:

1) 燃烧产物超温。

2) 高温腐蚀。

3) 外来物或热通道部件掉块打击其他部件引起的恶性损坏。

4) 机组振动过高或其他原因引起动、静部件相磨。

为此,在措施方面应考虑:

(1) 燃油方面应注意　为减少对高温部件的高温腐蚀,延长热部件使用寿命,应控制燃油的钠、钾含量及镁钒比在规范之内,即:$Na + K \leqslant 11ppm$,$Mg:V = 3\sim3.5$。严禁燃用有害微金属含量超标的燃料;为减少对燃油喷嘴和热通道部件的冲刷,应严格控制燃油的过滤精度在 $5\mu m$,并定期更换燃油过滤器;降低燃油粘度以改善燃油的雾化程度,确保燃油燃烧完全,在允许范围之内应尽量提高燃油的温度,确保进机油粘度控制在 20cst 以下。

(2) 机组起动、运行方面应注意

1) 机点火时燃油不能过量,点火失败后的再次点火前应检查起动失败排放阀是否把未燃烧的燃料排尽,并根据情况适当延长清吹时间,以除去流道中残留的燃料。

2) 升速过程中应注意燃油参考值 FSR 的上升情况,流量分配器转速的变化情况,涡轮机排气温度、轮间温度以及超温、温差等保护的动作情况,在出现 FSR 控制故障或保护不动作时应停机进行处理。

3) 运行过程中应注意压气机进口可调导叶的开度。

4) 开停机过程中还应注意防喘放气阀的位置与机组转速状态的对应情况,出现不对应且有防喘放气阀实际位置不对、振动异常、主机有异常声响、涡轮机排气温度或 FSR 的异常上升情况时要立即紧急停机。

5) 在起动和运行过程中应监视机组振动情况。

6) 运行过程中应密切监视涡轮机排气温度和排气温差的变化,出现超标且确认热电偶无异常时应尽快停机进行检查。

7) 改善燃油雾化,确保燃烧完全,应跟踪主燃油出口压力、燃油喷嘴前压力和压差情况，保证燃油的喷射压力。

8）在运行过程中跟踪雾化空气压比的变化情况，压比低而出现报警时应进行检查，并控制运行过程中雾化空气的温度。

（3）维护方面应注意

1）定期对雾化空气系统进行低点排污和排水。

2）燃机水洗时应控制轮间温度在149℃以下，水温控制在82℃以上。

3）定期对压气机进口可调导叶的角度进行校验，以确保运行时角度对应及关闭和打开时的限位块不要顶住气缸。

4）应定期对热通道用孔探仪进行检查。

（4）机组大中修时应注意

1）热通道各部件应进行彻底检查，按规范要求严格控制叶片裂纹，对裂纹超标的叶片进行更换或采取止裂措施，防止裂纹扩展。

2）应对热通道各动、静间隙按规范进行控制，以防止起动过程中的动、静摩擦。

3）应对IGV的实际角度与机械指示和控制的显示值进行对比、校验。

4）检修过程中应注意不能有任何东西掉进气缸里，且回装时应进行彻底的检查，以防止有任何物品遗留在热通道里。

11. 润滑油温度高

燃气轮机润滑油温度高的原因有：

1）冷却水泵出力不足、散热风机故障、散热器堵塞或由于水箱水位低引起的冷却水温高。

2）冷油器堵塞，水流偏小且换热效率低。

3）冷却水温度调节阀故障，使进入冷油器的水量偏少。

为此，在措施方面应考虑：

1）运行时应跟踪冷却水泵的出力变化，一般情况下水泵出力的降低是水泵叶轮被（颗粒）冲刷或汽蚀（水温较高或水中含气）引起叶型变化导致的，水泵的出力下降是一个逐步下降的过程，只要在运行中跟踪就可避免由于该原因而导致的油温升高；定期对冷却水系统进行清洗，包括水箱积垢的清理和管路的循环排放；发现有水泵出力下降的趋势则要做好检查安排，必要时更换水泵叶轮。

2）在大、中修时安排检查冷却风机的电动机、轴承及转动情况，定期对冷却水散热器进行清洗。

3）在大、中修时安排冷却水箱水位计校验。

4）定期对冷油器进行清洗。

5）定期对冷却水温度调节阀进行拆检。

12. 燃机排气温差大

燃气轮机排气温度分布不均匀会使叶片形成热应力，加剧气缸的变形。因此，控制燃气轮机排气温差是保证机组正常运行的一个重要环节。燃气轮机排气温差大是由多种原因造成的，主要有：

1）排气热电偶出现故障，此时应对热电偶进行更换、校验或对其通道进行校验。

2）燃油喷嘴或单向阀故障造成喷嘴前压差大，使进入各个燃烧室的喷油量不同，从而使涡轮机排气温度场分布不均。

3）流量分配器故障。由于磨损使流量分配齿轮间隙发生变化，从而使进入各燃烧室的燃油量不相同，造成排气温差大。

4）燃油清洗阀关不严或泄漏。燃油从旁路管跑掉，使进入各燃烧室的燃油量不相同，从而造成排气温度场的不均匀。

5）燃油管道变形或堵塞，使进入各燃烧室的燃油量不相同，从而对排气温度的均匀程度造成影响。

6）雾化空气压比低，雾化空气量偏少，燃油燃烧不完全从而对涡轮机的排气温度场产生影响。

7）火焰筒或过渡段破损，影响火焰筒和过渡段的冷却效果，从而影响排气温度场的分布。

8）叶片积垢不均影响了热通道各部位的通流量，从而对排气温度场造成影响。

9）叶片的冷却空气冷却叶片后进入热通道，（如叶片冷却通道堵塞）也会对排气温度场形成一定的影响。

10）过渡段尾部密封片磨损漏气。

11）燃料喷嘴故障，造成局部温度场温度高。

13. 雾化空气温度高

雾化空气温度高会使液体燃料在喷嘴中发生热分解，并产生积炭，造成燃烧场温度不均匀；不会使液体燃料中的添加剂从燃油中沉淀出来，达不到防腐的目的，同时会造成喷嘴堵塞。由于主雾化空气泵是高转速的精密设备，介质温度过高将造成其过热、膨胀从而产生磨损，降低其压比及使用寿命，甚至损坏。

因此，机组正常运行时，必须控制雾化空气温度不能过高。同时雾化空气亦不能过低，否则易出现水蚀现象，损坏主雾化空气泵叶轮。

引起雾化空气系统温度高的原因及应对措施如下：

1）温度调节阀损坏，调节不正常，毛细感温管或调节薄膜损坏：考虑冷却对象工况相对稳定，调节不频繁，出现此类问题时，可以手动调整冷却水量，保证冷却效果。

2）冷却水压力低、温度高或冷却水量不足：检查该系统，查看冷却水管路是否有渗漏。

3）冷却水系统气塞，冷却不良：打开冷却水系统高点排放阀进行连续放气，直至放尽空气为止。

4）雾化空气冷却器泄漏，雾化空气漏入冷却水系统，造成气塞，冷却不良：如果漏气量小，则可将冷却水放气阀微开，连续排气，维持运行，待停机后再进行处理；如果漏气量大，不能维持雾化空气温度或压力，则只能申请立即停机处理。

5）雾化空气冷却器水侧积垢或部分铜管由于水质原因而堵塞，造成冷却面积减少，冷却不良：这种堵塞有一个渐变的发展过程，要求运行人员在平时运行中，注意观察雾化空气温度的上升趋势，分析原因，在停机后对雾化空气冷却器进行清理和疏通。

6）外循环水中断，或板式换热器内漏。此外，还应对雾化空气冷却器进行定期检查和清理，做预防性除垢和泄漏试验。

复习思考题

11-1 燃气轮机起动主要分为哪几个阶段?机组同期并网后带负荷有哪几种方式?

11-2 为什么燃气轮机起动过程中的排烟温度和燃料供给量的变化趋势不一致?

11-3 燃气轮机有哪几种停运方式?简单描述燃气轮机的正常停运过程。

11-4 燃气轮机水洗系统主要包括哪些设备?在线水洗和离线水洗有何区别?

11-5 哪些因素会影响燃气轮机的检修周期?

11-6 哪些措施可以用来防止压气机喘振?

11-7 什么是"热悬挂"?导致"热悬挂"现象发生的原因是什么?发生"热悬挂"时应该采取什么措施?

参考文献

[1] Claire Soares. Gas Turbines: A Handbook of Air, Land, and Sea Applications [M]. Oxford: Butterworth-Heinemann, 2007.

[2] 刘万琨, 魏毓璞, 赵萍等. 燃气轮机与燃气-蒸汽联合循环 [M]. 北京: 化学工业出版社, 2006.

[3] 杨顺虎. 燃气-蒸汽联合循环发电设备及运行 [M]. 北京: 中国电力出版社, 2003.

[4] Henry Cohen, G. F. C. Rogers, H. I. H. Saravanamuttoo. Gas Turbine Theory 4th ed [M]. Harlow: Addison Wesley Longman, 1996.

[5] Meherwan P-Boyce. Gas Turbine Engineering Handbook [M]. 3rd ed. Gulf Professional Publishing, 2006.

[6] Meinhard T Schobeiri. Turbomachinery Flow Physics and Dynamic Performance [M]. Springer, 2005.

[7] 吴厚钰. 透平零件结构和强度计算 [M]. 北京: 机械工业出版社, 1982.

[8] 岑可法, 姚强, 骆仲泱等. 燃烧理论与污染控制 [M]. 北京: 机械工业出版社, 2008.

[9] 清华大学热能工程系动力机械与工程研究所, 深圳南山热电股份有限公司. 燃气轮机与燃气-蒸汽联合循环装置 [M]. 北京: 中国电力出版社, 2007.

[10] 北京市质量技术监督局. DB11/501—2007 大气污染物综合排放标准 [S]. 北京: 中国环境科学出版社, 2008.

[11] 中华人民共和国国家质量监督检验检疫总局, 中国国家标准化管理委员会. GB 13223—2011. 火电厂大气污染物排放标准 [S]. 北京: 中国环境科学出版社, 2011.

[12] 电力技术编辑部. 国外 IGCC 电站发展现状 [J]. 电力技术, 2009 (10): 81-82.

[13] 焦树健. 燃气-蒸汽联合循环 [M]. 北京: 机械工业出版社, 2002.

[14] 林汝谋, 金红光. 燃气轮机发电动力装置及应用 [M]. 北京: 中国电力出版社, 2004.

[15] 任其智. 燃气轮机的检修 [M]. 北京: 机械工业出版社, 2004.

[16] 中国华电集团公司. 大型燃气-蒸汽联合循环发电技术丛书: 控制系统分册 [M]. 北京: 中国电力工业出版社, 2009.

[17] 中国华电集团公司. 大型燃气-蒸汽联合循环发电技术丛书: 综合分册 [M]. 北京: 中国电力出版社, 2009.

[18] 林公舒, 杨道刚. 现代大功率发电用燃气轮机 [M]. 北京: 机械工业出版社, 2007.

[19] 清华大学电力工程系燃气轮机教研组. 燃气轮机: 下册 [M]. 北京: 水利电力出版社, 1978.

[20] 胡一鸣, 卢如飞. SSS 离合器结构及安装介绍 [J]. 中国科技博览, 2009 (17): 70-71.

[21] 俞立凡, 冯宜. 9F 燃机进气加热系统的经济性和安全性初探 [J]. 电力建设, 2008 (9): 42-45.

[22] 张旋洲. 燃气轮机运行故障及典型事故处理 [J]. 燃气轮机技术, 2006 (1): 64-67.